Definition und Auslegung von datenbasierten Dienstleistungen im Werkzeugbau

Definition and Design of Smart Services in the Tooling Industry

Von der Fakultät für Maschinenwesen
der Rheinisch-Westfälischen Technischen Hochschule Aachen
zur Erlangung des akademischen Grades eines
Doktors der Ingenieurwissenschaften
genehmigte Dissertation

vorgelegt von

Julian Boshof

Berichter/in:

Univ.-Prof. Dr.-Ing. Dipl.-Wirt. Ing. Günther Schuh
apl. Prof. Dr.-Ing. Wolfgang Boos

Tag der mündlichen Prüfung: 03. Dezember 2021

ERGEBNISSE AUS DER PRODUKTIONSTECHNIK

Julian Boshof

Definition und Auslegung von datenbasierten Dienstleistungen im Werkzeugbau

Herausgeber:
Prof. Dr.-Ing. T. Bergs
Prof. Dr.-Ing. Dipl.-Wirt. Ing. G. Schuh
Prof. Dr.-Ing. C. Brecher
Prof. Dr.-Ing. R. H. Schmitt

Band 1/2022

IPT

Bibliografische Information der Deutschen Nationalbibliothek
Die Deutsche Nationalbibliothek verzeichnet diese Publikation in der Deutschen Nationalbibliografie; detaillierte bibliografische Daten sind im Internet über https://portal.dnb.de abrufbar.

Julian Boshof:

Definition und Auslegung von datenbasierten Dienstleistungen im Werkzeugbau

1. Auflage, 2022

Gedruckt auf holz- und säurefreiem Papier, 100% chlorfrei gebleicht.

Apprimus Verlag, Aachen, 2022
Wissenschaftsverlag des Instituts für Industriekommunikation und Fachmedien an der RWTH Aachen
Steinbachstr. 25, 52074 Aachen
Internet: www.apprimus-verlag.de, E-Mail: info@apprimus-verlag.de

Druck: CPI Druckdienstleistungen GmbH, Ferdinand-Jühlke-Straße 7 I 99095 Erfurt

ISBN 978-3-98555-039-5

D 82 (Diss. RWTH Aachen University, 2021)

Vorwort

Die vorliegende Dissertation entstand während meiner Zeit als wissenschaftlicher Mitarbeiter am Lehrstuhl für Produktionssystematik des Werkzeugmaschinenlabors WZL der Rheinisch-Westfälischen Technischen Hochschule Aachen. Mein besonderer Dank gilt meinem Doktorvater Herrn Professor Günther Schuh, Inhaber des Lehrstuhls für Produktionssystematik am WZL. Das durch ihn geschaffene einzigartige Umfeld praxisnaher, visionärer sowie herausfordernder Forschung hat wesentlich zum Gelingen dieser Dissertation beigetragen.

Für die Übernahme des Korreferats möchte ich Herrn Professor Wolfgang Boos danken. Herrn Professor Burkhard Corves danke ich für die Übernahme des Prüfungsvorsitzes und Herrn Professor Robert Pitz-Paal für die Übernahme des Prüfungsbeisitzes.

Zahlreiche Industrieprojekte in der Branche Werkzeugbau bilden die Basis dieser Dissertation. Im Zuge dessen möchte ich mich herzlich für die enge Zusammenarbeit mit Herrn Professor Wolfgang Boos und Dr. Tobias Hensen von der WBA Aachener Werkzeugbau Akademie GmbH bedanken. Meine persönliche und fachliche Weiterentwicklung ist insbesondere auch auf das außergewöhnliche globale Branchennetzwerk der WBA zurückzuführen. Dieser kontinuierliche Kontakt zu Industrieunternehmen der Branche Werkzeugbau ermöglichte mir zudem die Validierung meiner Dissertation. Dafür bedanke ich mich bei den Herren Bernd Ströhlein und Rainer Renner der fischer Werkzeug- und Formenbau GmbH sowie bei den Herren Michael Stepper und Daniel Ast der Fritz Stepper GmbH & Co. KG.

Ein besonderer Dank gilt meinen ehemaligen Kolleginnen und Kollegen am WZL, vor allem aus der Abteilung Unternehmensentwicklung. An die gegenseitige Unterstützung, enorme Leistungsbereitschaft sowie die vielen gemeinsamen Stunden auch abseits der Arbeit werde ich stets in bester Erinnerung zurückdenken. Unvergesslich bleiben für mich auch zahlreiche nationale sowie internationale Dienstreisen, insbesondere mit David Goertz, Jan Wiese, Tim Ochel, Dr. Felix Stracke und Dr. Johan de Lange. Herzlich bedanken möchte ich mich auch bei Max Busch und Tim Graberg für viele fruchtbare sowie inspirierende Diskussionen zu meiner Dissertation. Sehr dankbar bin ich auch für die Zusammenarbeit mit Dr. Christoph Kelzenberg als Leiter der Abteilung Unternehmensentwicklung. Zahlreiche Anregungen und Ratschläge haben meinen Dissertationsprozess begleitet. Durch das in mich und meine Arbeit gesetzte Vertrauen wurden mir frühe Projektleitungen sowie die Gruppenleitung übertragen, was mir stets Gestaltungs- und Weiterentwicklungsfreiheiten erlaubte.

Mein allergrößter Dank gilt meinen Eltern, meiner Schwester und meinen Großeltern für unendliche Fürsorge, Unterstützung sowie Vertrauen in allen meinen Lebensphasen. Ihr habt mir diese Promotion ermöglicht. Mein ebenso großer Dank gilt dem unvergleichlichen und liebevollen Rückhalt meiner Freundin Amelie. Nur durch deine Rücksichtnahme, dein Verzicht auf sehr viel gemeinsame Zeit sowie deine stets positive und humorvolle Art konnte ich diese Dissertation verfassen. Ich freue mich auf die gemeinsame Zeit mit dir. Meiner Familie und Amelie widme ich diese Arbeit.

Köln, im Dezember 2021 — Julian Boshof

Kurzzusammenfassung

Die deutsche Branche Werkzeugbau ist im internationalen Wettbewerb insbesondere durch die führende Rolle hinsichtlich der Qualität, der Komplexität und der Präzision der hergestellten Werkzeuge charakterisiert. Durch die qualitative sowie quantitative Zunahme von Konkurrenzprodukten anderer globaler Wettbewerber verlieren diese traditionellen Wettbewerbsdifferenzierungsmerkmale jedoch zunehmend an Wirkung.

Ein besonderes Potenzial zur Erzeugung neuer Differenzierungsmerkmale innerhalb der Branche Werkzeugbau liegt in datenbasierten Dienstleistungen. Durch die Sammlung und Auswertung von Daten während der Werkzeugnutzung können hochgradig spezifische und auf den Kunden individuell angepasste Zusatzleistungen neben dem eigentlichen Kernprodukt offeriert werden. Datenbasierte Dienstleistungen erfordern tiefgreifendes Branchenwissen und intensives Know-how über kundenseitige Produktionsprozesse. Dieses Wissen liegt in der deutschen Branche Werkzeugbau, im Gegensatz zu Werkzeugbaubetrieben aus Niedriglohnländern, durch langjährige Geschäftsbeziehungen vor. Darüber hinaus ist der Werkzeugbau grundsätzlich für datenbasierte Dienstleistungen prädestiniert, da er als Befähiger der Serienproduktion eine Vielzahl von Möglichkeiten besitzt, den Kunden entlang des gesamten Werkzeuglebenszyklus durch kundenindividuelle Dienstleistungen zu begleiten. Datenbasierte Dienstleistungen sind innerhalb der deutschen Branche Werkzeugbau bislang jedoch kaum verbreitet. Der Fokus des Leistungsangebots liegt in der Regel auf dem Kernprodukt Werkzeug. Folglich laufen Geschäftsaktivitäten in der deutschen Branche Werkzeugbau fast ausschließlich produktzentriert ab. Werkzeugbaubetriebe stehen zur erfolgreichen Wettbewerbsdifferenzierung daher vor der Herausforderung, datenbasierte Dienstleistungen aktiv zu definieren und so auszulegen, dass sie kundenspezifische Mehrwerte generieren.

Eine systematische Unterstützung der Definition und Auslegung datenbasierter Dienstleistungen im Werkzeugbau ist das Ziel der im Rahmen dieser Dissertation erarbeiteten Methodik. Nach einer initialen Analyse der Kundenbedürfnisse erfolgt in einer weiteren Phase die anforderungsgerechte Definition des werkzeugbauspezifischen datenbasierten Leistungsangebots. Diese Erkenntnisse bilden die Grundlage für die darauf folgende Auslegung und Spezifizierung datenbasierter Dienstleistungen für die Branche Werkzeugbau. Im Zuge dessen werden datenbasierte Dienstleistungen in vier verschiedenen Komplexitätsstufen differenziert betrachtet. Die entwickelte Methodik wird anhand von zwei Fallbeispielen der fischer Werkzeug- und Formenbau GmbH sowie der Fritz Stepper GmbH & Co. KG validiert.

Der wissenschaftliche Beitrag dieser Arbeit besteht in der ganzheitlichen Beschreibung eines systematischen und werkzeugbauspezifischen Vorgehens zur Definition und Auslegung von datenbasierten Dienstleistungen. Die entwickelte Methodik bildet einen Lösungsansatz für Werkzeugbaubetriebe, um die Potenziale datenbasierter Dienstleistungen zu nutzen und als Pioniere im globalen Wettbewerb wahrgenommen zu werden.

Abstract

In international competition, the German tooling industry is characterized by its leading role with regard to the quality, complexity and precision of the tools produced. However, due to the qualitative as well as quantitative increase of rival products offered by other global competitors, these traditional competitive differentiators are increasingly losing their effect.

A particular potential for generating new differentiators within the tooling industry can be seen in smart services. By collecting and evaluating data during tool use, highly specific and customized additional services can be offered alongside the actual core product. Smart services require in-depth knowledge about the industry as well as the customer's production processes. In contrast to tool shops from low-wage countries, the German tooling industry can draw on extensive knowledge resulting from long-standing business relationships with the customers. In addition, the tooling industry is especially predestined for smart services. This is due to the fact that the tooling industry as an enabler of series production has a multitude of possibilities to support the customer along the entire tool life cycle with individual services. However, smart services are hardly widespread within the German tooling industry so far. The existing service offer is usually focused on the tool as the core product. Consequently, business activities in the German tooling industry are almost exclusively product-centric. In order to successfully differentiate themselves from competitors, tool shops are therefore faced with the challenge of actively defining smart services and designing them in such a way that they generate customer-specific benefits.

The methodology elaborated within this dissertation offers a systematic approach for the definition and design of smart services in the tooling industry. After an initial analysis of the customer's needs, the toolmaking-specific definition of a smart service is conducted. These findings form the basis for the subsequent design and specification of smart services for the tooling industry. In the course of this, smart services are examined in four different levels of complexity. The elaborated methodology is validated using two practical examples of the tool shops fischer Werkzeug- und Formenbau GmbH and Fritz Stepper GmbH & Co. KG.

The scientific contribution of this work is the holistic description of a systematic and toolmaking-specific approach for the definition and design of smart services. The developed methodology enables tool shops to realize the potentials of smart services and to be perceived as pioneers in global competition.

I Inhaltsübersicht

II Inhaltsverzeichnis

III Abkürzungen und Formelzeichen

Abkürzung	Beschreibung
acatech	Deutsche Akademie der Technikwissenschaften e. V.
A_d	Gesamtaufwand einer datenbasierten Dienstleistung
AK_i	Zeilensumme des Aufwandskriteriums i
aktual.	aktualisierte
ALS	Arburg Leitrechnersystem
Art.-Nr.	Artikelnummer
Aufl.	Auflage
Bd.	Band
BDE	Betriebsdatenerfassung
BDI	Bundesverband der deutschen Industrie e. V.
bearb.	bearbeitete
BIP	Bruttoinlandsprodukt
BMBF	Bundesministerium für Bildung und Forschung
bspw.	beispielsweise
BMWi	Bundesministerium für Wirtschaft und Energie
B2B	Business-to-Business
CA	Computer-aided
CAD	Computer-aided Design
CAQ	Computer-aided Quality
ca.	circa
CBR	Case-Based-Reasoning
CIRP	Collège International pour la Recherche en Productique
CNC	Computerized Numerical Control
Co.	Compagnie
CPS	Cyber-physisches System

CPPS	Cyber-physisches Produktionssystem
CRISP-DM	Cross-Industry Standard Process for Data Mining
CRM	Customer Relationship Management
CSV	Comma-Separated Value
d. h.	das heißt
DIN	Deutsches Institut für Normung e. V.
DL	Dienstleistung
DSP	Digital Signal Processing
ELT	Extract-Load-Transform
ERG	Existence-Relatedness-Growth
ERP	Enterprise Resource Planning
erw.	erweiterte
et al.	et alii (lateinisch: und weitere)
ETL	Extract-Transform-Load
e. V.	eingetragener Verein
f.	folgende Seite
ff.	fortfolgende Seiten
FEM	Finite-Elemente-Methode
FICO	Fair Isaac Corporation
GA_i	Relativer Gewichtungsfaktor des Aufwandskriteriums i
GDL	Goods-Dominant Logic
GmbH	Gesellschaft mit beschränkter Haftung
GN_i	Relativer Gewichtungsfaktor des Nutenkriteriums i
HMI	Human Machine Interface
Hrsg.	Herausgeber
Hz	Hertz
i. A. a.	in Anlehnung an
IFRS	International Financial Reporting Standards
IIoT	Industrial Internet of Things

IKT	Informations- und Kommunikationstechnologie
Int.	Intelligentes
IoP	Internet of Production
IoT	Internet of Things
IPT	Fraunhofer-Institut für Produktionstechnologie IPT
IT	Informationstechnik
ITU	International Telecommunication Union
Jg.	Jahrgang
KDD	Knowledge Discovery in Databases
KG	Kommanditgesellschaft
KHz	Kilohertz
kNN	k-Nearest-Neighbor
Kundenbedürf.	Kundenbedürfnisse
MAS	Multiagentensystem
MES	Manufacturing Execution System
MHz	Megahertz
Mio.	Millionen
MIT	Massachusetts Institute of Technology
MMS	Mensch-Maschine-Schnittstelle
Mrd.	Milliarden
N_d	Gesamtnutzen einer datenbasierten Dienstleistung d
NIST	National Institute of Standards and Technology
NK_i	Zeilensumme des Nutzenkriteriums i
NoSQL	Not only Standard Query Language
Nr.	Nummer
P.-entw.	Produktentwicklung
PfA	Pay-for-Availability
PfE	Pay-for-Equipment

PfU	Pay-for-Use
PLM	Product Lifecycle Management
PoP	Pay-on-Production
RFID	Radio Frequency Identification
RoI	Return on Invest
RWTH	Rheinisch-Westfälische Technische Hochschule
S.	Seite(n)
SCADA	Supervisory Control and Data Acquisition
SCM	Supply Chain Management
SDL	Service-Dominant Logic
SEMMA	Sample, Explore, Modify, Model, Assess
S.-prod.	Serienproduktion
SPS	Speicherprogrammierbare Steuerung
SQL	Standard Query Language
SRM	Supplier Relationship Management
$TA_{i,d}$	Teilaufwand des Aufwandskriteriums i
TCO	Total Cost of Ownership
$TN_{i,d}$	Teilnutzen des Nutzenkriteriums i
überarb.	überarbeitete
USA	United States of America
vbw	Vereinigung der Bayerischen Wirtschaft e. V.
VDI	Verein Deutscher Ingenieure e. V.
VDMA	Verband Deutscher Maschinen- und Anlagenbau e. V.
vgl.	vergleiche
vollst.	vollständig
WZB	Werkzeugbau
WZL	Werkzeugmaschinenlabor WZL der RWTH Aachen University
z. B.	zum Beispiel

IV Abbildungsverzeichnis

1 Einleitung

Zu Beginn der vorliegenden Arbeit erfolgt eine motivierende Einleitung in die Thematik. Hierzu wird die grundsätzliche Ausgangssituation der deutschen Industrie beschrieben. Im Anschluss erfolgt ein Übertrag der Problemstellung auf die deutsche Branche Werkzeugbau als zentraler Betrachtungsfokus der Dissertation. Hieraus wird im nächsten Schritt die Zielstellung mit der zentralen Forschungsfrage abgeleitet. Nachfolgend wird der Forschungsansatz beschrieben, mit dem eine Beantwortung der Forschungsfrage gelingt. Die Einleitung endet mit der Präsentation des Aufbaus der Arbeit.

1.1 Ausgangssituation

Seit Beendigung des Zweiten Weltkriegs wird in Deutschland bis heute ein starker Anstieg des gesellschaftlichen Wohlstands verzeichnet. Ein signifikanter Anteil dieser Entwicklung kann dem Industriesektor zugeschrieben werden. Die deutsche Industrie ist im internationalen Vergleich durch eine hohe Leistungsstärke charakterisiert, die sich insbesondere in der Hochwertigkeit ihrer Produkte und Dienstleistungen äußert. Kennzahlen zum Industriestandort Deutschland belegen die Bedeutung für die Bundesrepublik. So können etwa sieben Millionen sozialversicherungspflichtige Beschäftigte sowie rund 60 % der gesamten Forschungs- und Entwicklungsausgaben dem deutschen Industriesektor zugeschrieben werden.[1] Des Weiteren trägt das produzierende Gewerbe (ohne Baugewerbe) von 2005 bis 2020, mit einem leicht schwankenden Wert um etwa 25 %, einen relativ konstanten sowie signifikanten Anteil zur deutschen Bruttowertschöpfung bei[2].

Innerhalb der Industriegüterbranche sind allerdings zunehmende und insbesondere vielfältige Herausforderungen zu erkennen. Hierzu zählen bspw. der durch die Globalisierung anwachsende Wettbewerbsdruck, die Rückgänge von Produktmargen, die Erhöhung der Produktreifegrade und die zunehmende Kommoditisierung von Produkten. Folglich müssen die bisherigen Geschäftsmodelle der deutschen Industrie infrage gestellt werden, um auch zukünftig erfolgreich im internationalen Wettbewerb zu agieren.[3] Ein besonderes Potenzial zur Adressierung dieser Herausforderungen wird der vierten industriellen Revolution, der sogenannten Industrie 4.0, zugesprochen[4]. Unter Industrie 4.0 wird die echtzeitfähige, intelligente, horizontale und vertikale Vernetzung von Menschen, Maschinen, Objekten sowie informations- und kommunikationstechnologischen Systemen zur dynamischen Beherrschung von komplexen Systemen verstanden[5]. Viele produzierende Unternehmen versuchen die proklamierten markt-

1 Vgl. BMWi (Industriestrategie 2030), 2019, S. 6.
2 Vgl. Statistisches Bundesamt (Volkswirtschaftliche Gesamtrechnungen), 2020, S. 61.
3 Vgl. Kolz (Datenbasierte Dienstleistungen), 2020, S. 1.
4 Vgl. Schuh et al. (Datengetriebene Geschäftsmodelle), 2020, S. 53.
5 Vgl. Schuh et al. (Implement it), 2018, S. 6.

und wertschöpfungsseitigen Potenziale durch die Entwicklung von Industrie 4.0-Anwendungen für sich zu nutzen[6]. Dennoch muss seit dem Ausruf von Industrie 4.0 im Jahr 2011 innerhalb der deutschen Wirtschaft konstatiert werden, dass bisher kein, wie ursprünglich erwartet, merklicher Anstieg der deutschen Bruttowertschöpfung durch Industrie 4.0 zu verzeichnen ist[7].

Die Hauptursache hierfür ist, dass ein Großteil der produzierenden Unternehmen bisher lediglich versucht, durch Industrie 4.0-Anwendungen die internen Wertschöpfungsprozesse, z. B. fertigungstechnologische Prozesse, wie etwa Fräsprozesse, zu optimieren. Der deutschen Industriegüterbranche gelingt es dagegen bisher nicht, ihr bestehendes Leistungsangebot durch die Potenziale von Industrie 4.0 digital zu veredeln bzw. zu erweitern und hierdurch marktseitig neuartige, datenbasierte Geschäftsmodelle zu offerieren. Im Unterschied zu unternehmensinternen Monetarisierungseffekten weisen diese nämlich ein entscheidendes Differenzierungsmerkmal auf – sie sind zahlungswirksam.[8]

Für die Realisierung von datenbasierten Geschäftsmodellen sind datenbasierte Dienstleistungen erforderlich[9]. Mittels datenbasierter Dienstleistungen können die technischen Möglichkeiten von Industrie 4.0 in individuelle datenbasierte Geschäftsmodelle überführt und anschließend monetarisiert werden[10]. Neben diesen Monetarisierungseffekten, die aus datenbasierten Dienstleistungen resultieren, weisen sie einen weiteren fundamentalen Vorteil auf. Durch die Sammlung sowie Auswertung von Daten während der Produktnutzung des Kunden können hochgradig individuelle und auf den Kunden[11] spezifisch angepasste Zusatzleistungen neben dem eigentlichen Kernprodukt offeriert werden[12]. Diese Individualität von datenbasierten Dienstleistungen wird im Vergleich zu analogen Dienstleistungen deutlich überschritten. Hierdurch wird dem Kunden ein hochgradig personalisierter Zusatznutzen bereitgestellt[13]. Im Zuge dessen ermöglichen datenbasierte Dienstleistungen die Beschleunigung der sogenannten Servicetransformation. Seit einigen Jahren vollziehen viele produzierende Unternehmen den Wandel vom Produkt- zum Dienstleistungsanbieter. Dies bedeutet, dass neben den Produktangeboten zusätzlich Dienstleistungen in das Portfolio integriert werden, um im nationalen und internationalen Wettbewerb neue Differenzierungspotenziale zu erzeugen.[14] Der kundenzentrierte Charakter von datenbasierten Dienstleistungen hilft somit bei der Ausgestaltung neuer Produkt-Service-Kombinationen und trägt zur aktiven Lösungsentwicklung von kundenseitigen Problemen bei[15]. Die zunehmende Offerierung von Dienstleistungen, neben dem eigentlichen Kernprodukt, ist auch innerhalb der Branche Werkzeugbau, dem Betrachtungsbereich dieser Arbeit, in den vergangenen Jahren zu erkennen (vgl. Kapitel 2.3.3.2).

---

6 Vgl. Kelzenberg (Datenstrukturmodell im Werkzeugbau), 2020, S. 2.

7 Vgl. Boos et al. (Tooling in Germany 2020), 2020, S. 21.

8 Vgl. Schuh et al. (Strategien der Datenmonetarisierung), 2021, S. 144.

9 Vgl. Paluch (Smart Services), 2017, S. 164.

10 Vgl. Boos et al. (Tooling in Germany 2020), 2020, S. 21.

11 Zur besseren Lesbarkeit wird in dieser Arbeit durchgehend das generische Maskulinum verwendet (z. B. Kunde). Dies gibt keinerlei Auskunft über das Geschlecht und stellt keine implizierte Geschlechterdiskriminierung dar. Menschen jeden Geschlechts mögen sich gleichermaßen angesprochen fühlen.

12 Vgl. Frank et al. (Smart Services), 2018, S. 306.

13 Vgl. Strobel et al. (Smarte Dienstleistungen), 2019, S. 509.

14 Vgl. Bruhn; Hadwich (Servicetransformation), 2016, S. 5.

15 Vgl. Schuh; Gudergan (Management industrieller Dienstleistungen), 2016, S. 2.

Die Branche Werkzeugbau nimmt eine befähigende Rolle für die Realisierung der Serienproduktion ein. Aufgrund der Tatsache, dass die deutsche Branche Werkzeugbau als Bindeglied zwischen Produktentwicklung und Serienproduktion agiert, beeinflusst sie maßgeblich die eingangs erwähnte wirtschaftliche Leistungsfähigkeit in Deutschland.[16] Zuvor wurde erläutert, dass die aktuellen Herausforderungen der deutschen Industrie durch datenbasierte Dienstleistungen adressiert werden können. Gelingt es der Branche Werkzeugbau, anforderungsgerechte datenbasierte Dienstleistungen zu offerieren, würde dies durch die Schnittstellenfunktion starke Multiplikatoreffekte für die gesamte deutsche Wirtschaft bedeuten.

1.2 Problemstellung

Die aktuelle Ausgangssituation der deutschen Industrie trifft insbesondere auf die Branche Werkzeugbau zu. Diese ist im internationalen Wettbewerb vor allem durch die führende Rolle hinsichtlich der Qualität, der Komplexität und der Präzision der hergestellten Werkzeuge am Hochlohnstandort Deutschland charakterisiert. Allerdings verlieren diese traditionellen Wettbewerbsdifferenzierungsmerkmale zunehmend an Wirkung, da sie mittlerweile häufig als Voraussetzungen angesehen werden.[17] Die Ursachen hierfür liegen in qualitativ und quantitativ steigenden Konkurrenzprodukten anderer globaler Wettbewerber der Branche Werkzeugbau. So schaffen es Werkzeugbaubetriebe aus Märkten mit deutlich geringeren Faktorkosten, wie z. B. Osteuropa oder Asien, immer häufiger, die Qualität der gefertigten Werkzeuge auf ein deutsches Niveau zu heben. Hinzu kommt, dass in den beiden größten Werkzeugbaumärkten China und USA wachsende Investitionen innerhalb der Branche zu verzeichnen sind.[18] Daher ist davon auszugehen, dass die traditionellen Wettbewerbsdifferenzierungsmerkmale der deutschen Branche Werkzeugbau langfristig bei hohen Faktorkosten nicht mehr aufrechterhalten werden können. Folglich ist es für die deutsche Branche Werkzeugbau besonders wichtig, neue Differenzierungsmerkmale durch datenbasierte Dienstleistungen neben dem eigentlichen Kernprodukt zu schaffen. Über dieses Differenzierungspotenzial hinaus beinhalten datenbasierte Dienstleistungen für die hiesige Branche Werkzeugbau den weiteren Vorteil, dass der Imitationsgrad von datenbasierten Dienstleistungen um ein Vielfaches schwieriger ist als vom Kernprodukt Werkzeug. Datenbasierte Dienstleistungen erfordern tiefgreifendes Branchenwissen und intensives Know-how über kundenseitige Produktionsprozesse. Dieses Wissen liegt in der deutschen Branche Werkzeugbau, im Gegensatz zu Werkzeugbaubetrieben aus Niedriglohnländern, durch langjährige Beziehungen bzw. Partnerschaften vor[19]. Der Werkzeugbau ist grundsätzlich für datenbasierte Dienstleistungen sehr prädestiniert, da er als Befähiger der Serienproduktion eine Vielzahl von Möglichkeiten besitzt, den Kunden entlang des gesamten Werkzeuglebenszyklus durch kundenindividuelle Dienstleistungen zu begleiten[20].

[16] Vgl. Schuh et al. (Customer Integration), 2015, S. 275.
[17] Vgl. Boos et al. (Tooling in Germany 2020), 2020, S. 4.
[18] Vgl. Boos et al. (World of Tooling), 2018, S. 5.
[19] Vgl. Boos et al. (Tooling in Germany 2020), 2020, S. 20.
[20] Vgl. Kühn (Lebenszyklusorientierte Leistungssysteme), 2016, S. 3.

Die Offerierung von datenbasierten Dienstleistungen ist innerhalb der deutschen Branche Werkzeugbau bislang allerdings kaum verbreitet[21]. Der Fokus des Leistungsangebots liegt in der Regel auf dem Kernprodukt Werkzeug. Geschäftsaktivitäten laufen in der deutschen Branche Werkzeugbau daher fast ausschließlich produktzentriert ab[22]. Punktuell offerierte datenbasierte Dienstleistungen führen oftmals zu einer sehr geringen Marktakzeptanz. Dies ist insbesondere auf unausgereifte datenbasierte Leistungsangebote sowie auf eine fehlende Fokussierung der tatsächlichen Kundenbedürfnisse zurückzuführen.[23]

Deutschen Werkzeugbaubetrieben muss daher ein fundamentaler Wechsel des bisherigen Branchenverständnisses gelingen. Während die Branche von ihren Kunden, aber auch von ihrem eigenen Verständnis, als Auftragsfertiger wahrgenommen wird bzw. agiert, muss sie sich zu einem Anbieter von Lösungen entwickeln, der die Bedürfnisse seiner Kunden antizipiert[24]. Es müssen datenbasierte Dienstleistungen angeboten werden, die individuell und anforderungsgerecht auf die Kunden ausgerichtet sind und einen nicht imitierbaren Nutzen für diese erzeugen. Werkzeugbaubetriebe stehen zur erfolgreichen Wettbewerbsdifferenzierung folglich vor der Herausforderung, datenbasierte Dienstleistungen aktiv zu definieren und so auszulegen, dass sie kundenspezifische Mehrwerte generieren. Die Werkzeugbaubetriebe welchen es gelingt, diese Herausforderung zu bewältigen, besitzen die große Chance, als Pioniere im Wettbewerb wahrgenommen zu werden und über neue Abrechnungsmodalitäten zusätzliche Einnahmequellen zu generieren[25].

1.3 Zielsetzung

Die **übergeordnete Zielsetzung** der vorliegenden Dissertation ist die Erarbeitung eines Lösungsansatzes, um Möglichkeiten aufzuzeigen, mittels datenbasierter Dienstleistungen langfristige Differenzierungspotenziale im Wettbewerb für Werkzeugbaubetriebe zu erzielen. Die Realisierung von datenbasierten Dienstleistungen erlaubt Werkzeugbaubetrieben, ihren Kunden umfassende Problemlösungen entlang des gesamten Werkzeuglebenszyklus zu offerieren. Durch den Lösungsansatz sollen insbesondere Werkzeugbaubetriebe an Hochlohnstandorten wie etwa Deutschland profitieren.

Bislang existiert kein Lösungsansatz, der die anforderungsgerechte Definition und Auslegung datenbasierter Dienstleistungen im Werkzeugbau adressiert. Die Auslegung und Bewertung von datenbasierten Dienstleistungen auf Basis digital vernetzter Produkte ist durch eine hohe Komplexität geprägt. Eine Vielzahl von Parametern und deren Abhängigkeiten müssen hierfür berücksichtigt werden.[26] Daher ist die größte Schwachstelle bestehender Lösungsansätze für datenbasierte Dienstleistungen im industriellen Umfeld, dass diese eine holistische Betrachtung aller zu berücksichtigenden Parameter vermissen lassen. Hinzu kommt, dass ein Großteil bestehender Lösungsansätze eine Differenzierung zwischen verschiedenen Komplexitätsstu-

21 Vgl. Boos et al. (Tooling in Germany 2020), 2020, S. 21.
22 Vgl. Boos et al. (Intelligente Werkzeuge), 2018, S. 6.
23 Vgl. Boos et al. (Intelligente Werkzeuge), 2018, S. 21.
24 Vgl. Schuh et al. (Subskriptionsmodelle), 2020, S. 293.
25 Vgl. Boos et al. (Strukturkrise bewältigen), 2020, S. 25.
26 Vgl. Anke; Krenge (Wirtschaftlichkeit von Smart Services), 2016, S. 1275.

fen datenbasierter Dienstleistungen vernachlässigt. Die Auslegung datenbasierter Dienstleistungen unterscheidet sich bspw. hinsichtlich der notwendigen infrastrukturellen Voraussetzungen oder Interaktionsprozesse zwischen Kunde und Werkzeugbaubetrieb anhand der Komplexität der jeweiligen datenbasierten Dienstleistungen. Des Weiteren wird bislang nicht systematisch untersucht, wie datenbasierte Dienstleistungen in Form von Ertragsmodellen für unterschiedliche Anwendungsfälle wirtschaftlich abgerechnet werden können. Zudem werden werkzeugbauspezifische Kriterien wie die Berücksichtigung von Einzel- und Kleinseriencharakteristika unzureichend adressiert (vgl. Kapitel 3.4).

Die **konkrete Zielsetzung** der vorliegenden Dissertation ist folglich die Entwicklung einer Methodik zur Definition und Auslegung von datenbasierten Dienstleistungen im Werkzeugbau. Im Zuge dessen sollen die Rahmenbedingungen der Branche Werkzeugbau ganzheitlich Berücksichtigung finden, sodass eine operative Anwendbarkeit der Methodik von Werkzeugbaubetrieben gewährleistet ist.

Gemäß KUBICEK repräsentiert Forschung einen Lernprozess. Besonders wichtig in diesem Lernprozess ist die Formulierung einer grundlegenden Forschungsfrage, um den Betrachtungsbereich der Forschung einzugrenzen und den Forschungsprozess stringent durchführen zu können.[27] Zusammenfassend lautet die handlungsleitende Forschungsfrage der vorliegenden Dissertation wie folgt:

Wie muss eine Methodik zur Definition und Auslegung von datenbasierten Dienstleistungen im Werkzeugbau gestaltet sein?

Eine Konkretisierung dieser handlungsleitenden Forschungsfrage erfolgt im Rahmen von Kapitel 3.5 mittels weiterer untergeordneter Forschungsfragen.

1.4 Forschungsansatz der Arbeit

Der Forschungsansatz der vorliegenden Dissertation beruht auf dem allgemeinen Forschungsverständnis des Lehrstuhls für Produktionssystematik am Werkzeugmaschinenlabor WZL der RWTH Aachen University. Die wissenschaftlichen Grundlagen für den Forschungsansatz der Arbeit werden im Folgenden detailliert und basieren dabei auf den Ausarbeitungen von bereits verfassten Arbeiten wie bspw. von KÜHN[28], SALMEN[29] oder HENSEN[30].

Die wissenschaftliche Forschung kann gemäß BINDER UND KANTOWSKY als ein Prozess zur Erkenntnisgewinnung bezeichnet werden. Die Autoren verwenden hierfür die Metapher einer Reise, in deren Verlauf unerschlossene Landschaften entdeckt werden. Die hierbei gesammelten Erkenntnisse werden anschließend als eine neue Wirklichkeit der Forschungs- bzw. Wissenschaftsgemeinschaft („scientific community“) zur Verfügung gestellt. Zur Veröffentlichung dieser neuen Erkenntnisse ist allerdings vorab das Forschungsparadigma bzw. die

27 Vgl. Kubicek (Heuristische Bezugsrahmen), 1977, S. 24 ff.
28 Vgl. Kühn (Lebenszyklusorientierte Leistungssysteme), 2016.
29 Vgl. Salmen (Digital vernetzter Werkzeugbau), 2016.
30 Vgl. Hensen (Strategische Auslegung), 2017.

grundlegende Erkenntnisperspektive der Forscher zu erläutern, da Forschung nicht ohne wertende Entscheidungen durchführbar ist.[31] Dieses Forschungsparadigma wird von GUBA UND LINCOLN als ein nicht weiter zu begründendes „belief system" beschrieben, das als grundlegende Überzeugung der Forscher akzeptiert werden müsse und dessen Wahrheit nicht beweisbar sei[32]. Damit die grundlegende Erkenntnisperspektive näher erläutert werden kann, wird zunächst eine Einordnung der vorliegenden wissenschaftlichen Arbeit in das Spektrum der Wissenschaften durchgeführt. Hierfür erfolgt die Unterteilung der Wissenschaften in Formal- und Realwissenschaften nach ULRICH UND HILL (vgl. Abbildung 1).

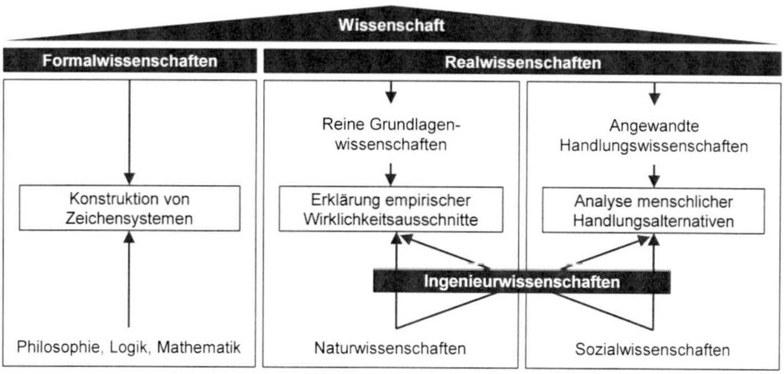

Abbildung 1: Wissenschaftssystematik[33]

Zielsetzung der **Formalwissenschaften** ist es, Zeichensysteme inklusive Regeln zu deren Verwendung zu konstruieren[34]. Die Aussagen der Formalwissenschaften sind rein theoretischer Natur, da sie analytisch sind und nicht in der Praxis beobachtet oder widerlegt werden können. Hieraus resultiert, dass Erkenntnisse nur auf Richtigkeit geprüft werden können, indem logische bzw. theoretische Widersprüche gesucht werden.[35] Zu den Formalwissenschaften können bspw. die Philosophie, die Logik und die Mathematik gezählt werden[36].

Die **Realwissenschaften** repräsentieren hingegen die empirische Beschreibung, Erklärung und Gestaltung von sinnlich wahrnehmbaren Wirklichkeitsausschnitten[37]. Für die Überprüfung der synthetischen Aussagen der Realwissenschaften sind Faktenanalysen erforderlich[38]. ULRICH UND HILL zufolge lassen sich die Realwissenschaften in die reinen Grundlagenwissenschaften und die angewandten Handlungswissenschaften untergliedern. Bei den reinen Grundlagenwissenschaften werden Erklärungsmodelle gebildet, um die Erklärung von Wirklichkeitsausschnitten zu ermöglichen. Es wird somit ein theoretisches Ziel verfolgt. Die Naturwissenschaften wie z. B. die Physik oder die Chemie sind Vertreter dieser reinen Grundlagen-

[31] Vgl. Binder; Kantowsky (Technologiepotenziale), 1996, S. 3.
[32] Vgl. Guba; Lincoln (Qualitative Research), 1994, S. 107.
[33] I. A. a. Ulrich; Hill (Wissenschaftstheoretische Grundlagen), 1976, S. 305.
[34] Vgl. Ulrich; Hill (Wissenschaftstheoretische Grundlagen), 1976, S. 305.
[35] Vgl. Schanz (Wissenschaftstheoretische Grundfragen), 1987, S. 2039.
[36] Vgl. Ulrich; Hill (Wissenschaftstheoretische Grundlagen), 1976, S. 305.
[37] Vgl. Ulrich; Hill (Wissenschaftstheoretische Grundlagen), 1976, S. 305.
[38] Vgl. Schanz (Wissenschaftstheoretische Grundfragen), 1987, S. 2039.

wissenschaften. Im Gegensatz hierzu untersuchen die angewandten Handlungswissenschaften das Verhalten und Handeln von einzelnen Menschen, Gruppen und ganzen Gesellschaften. Es wird somit ein praktisches Ziel verfolgt. Vertreter der angewandten Handlungswissenschaften sind die Sozialwissenschaften wie z. B. die Soziologie oder die Betriebswirtschaftslehre.[39]

Die **Ingenieurwissenschaften** werden den Realwissenschaften zugeordnet. Vor diesem Hintergrund muss allerdings einschränkend erwähnt werden, dass die Ingenieurwissenschaften weder vollständig zu den angewandten Handlungswissenschaften noch zu den reinen Grundlagenwissenschaften zählen.[40] Bei der vorliegenden Arbeit handelt es sich jedoch um eine ingenieurwissenschaftliche Arbeit, die eindeutig den Handlungswissenschaften zugeordnet werden kann. Diese Zuordnung liegt einerseits an der methodischen Bearbeitung eines Problems des menschlichen Handelns sowie andererseits an den Schnittmengen zur Betriebswirtschaftslehre.

Nachdem beschrieben wurde, dass die vorliegende Arbeit den angewandten Handlungswissenschaften zugeordnet wird, sind die Überzeugungen des Forschers anzugeben, damit die grundlegende Erkenntnisperspektive vollumfänglich erläutert werden kann. Als Teil des Vorverständnisses dieser Arbeit werden daher alle Überzeugungen des Forschers durch die Erläuterung der vorwissenschaftlichen und wertgebundenen Annahmen für diese Arbeit erläutert. Hierdurch gelingt es, das sogenannte Subjektivitätskriterium wissenschaftlicher Arbeiten zu umgehen[41]. Das Grundverständnis und die damit zusammenhängenden Überzeugungen des Forschers werden in der Wissenschaftstheorie auch als Paradigma bezeichnet[42]. Innerhalb der Betriebswirtschaftslehre existieren mit dem faktortheoretischen Ansatz nach GUTENBERG[43], dem Systemansatz nach ULRICH[44] sowie dem entscheidungstheoretischen Ansatz nach HEINEN[45] insgesamt drei relevante Paradigmen[46]. In der vorliegenden Arbeit wird der Systemansatz von ULRICH als grundlegende Wissenschaftstheorie verwendet, da der Ansatz von ULRICH praxisnah, offen sowie integrativ ist und somit einen großen Bezug zu den Ingenieurwissenschaften aufweist[47].

Ein weiterer wichtiger Bestandteil des Forschungsprozesses ist, neben der grundlegenden Erkenntnisperspektive, die **Forschungsmethodologie**. Der Forschungsprozess repräsentiert die Vorgehensweise zur Gewinnung von Erkenntnissen. POPPER zufolge startet dieser Erkenntnisgewinn „nicht mit Wahrnehmungen, [...] Beobachtungen, [...] der Sammlung von Daten oder von Tatsachen, sondern [...] mit Problemen“[48]. Mithilfe der angewandten Handlungswissenschaften soll die Lösung der Probleme erfolgen.

39 Vgl. Ulrich; Hill (Wissenschaftstheoretische Grundlagen), 1976, S. 305.
40 Vgl. Ulrich (Systemorientierter Ansatz), 1971, S. 47.
41 Vgl. Ulrich; Hill (Wissenschaftstheoretische Grundlagen), 1976, S. 306.
42 Vgl. Kuhn (Wissenschaftliche Revolution), 1988, S. 25.
43 Vgl. Gutenberg (Betriebswirtschaftslehre), 1951.
44 Vgl. Ulrich (Unternehmung als System), 1968.
45 Vgl. Heinen (Betriebswirtschaftslehre), 1968.
46 Vgl. Ulrich; Hill (Wissenschaftstheoretische Grundlagen), 1976, S. 308 f.
47 Vgl. Ulrich; Hill (Wissenschaftstheoretische Grundlagen), 1976, S. 308 f.
48 Vgl. Popper (Logik der Sozialwissenschaften), 1975, S. 104.

Das Forschungsvorhaben wird den angewandten Handlungswissenschaften zugeordnet und der Systemansatz von ULRICH als grundlegende Wissenschaftstheorie verwendet. Aus diesem Grund orientiert sich die vorliegende Arbeit an der explorativen Forschung als Forschungsmethodologie. Diese eignet sich besonders, da die explorative Forschung auf Basis von systematischem Erfahrungswissen analytische Lösungen und theoretische Aussagen als Forschungsziel verfolgt[49]. Für die explorative Forschung wird der Forschungszyklus nach TOMCZAK als Grundlage verwendet (vgl. Abbildung 2).

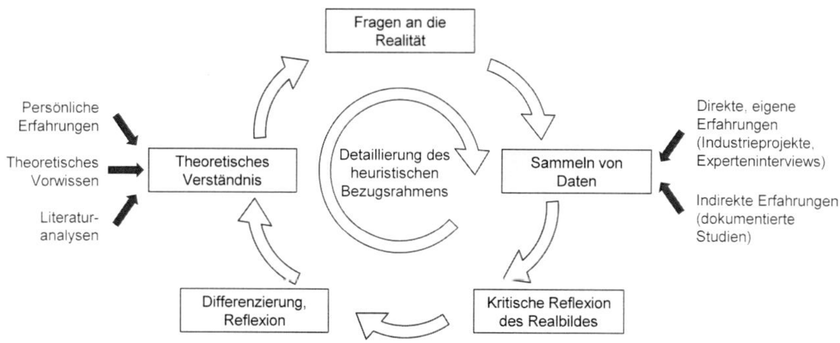

Abbildung 2: Forschungsmethodisches Vorgehen[50]

Kennzeichnend für die explorative Forschung nach KUBICEK ist, dass die Entwicklung wissenschaftlicher Aussagen durch einen „geleiteten und auf systematischem Erfahrungswissen basierenden Lernprozess […], der sowohl die Gewinnung von Erfahrungswissen als auch seine kreative Umsetzung in theoretische Aussagen problematisiert" erfolgt[51]. Das Ziel dieses Forschungsvorgehens lautet, Fragen an die Realität zu stellen, um die hieraus gewonnenen Erkenntnisse in der Theorie zu verarbeiten. Diese Verarbeitung erzeugt neue Fragen, die schließlich zu neuen Erkenntnissen der Realität führen.[52]

Um die Systematik der explorativen Forschung anwenden zu können, ist ein **heuristischer Bezugsrahmen** erforderlich, welcher den Mittelpunkt des explorativen Forschungsprozesses darstellt. Der heuristische Bezugsrahmen repräsentiert das Vorverständnis des Autors und lenkt den Forschungsprozess durch die Richtungsvorgabe hin zur Lösung praxisrelevanter Probleme.[53] Laut TOMCZAK ist „ein theoretisches Problem bzw. ein generelles Phänomen […], das nicht genügend verstanden bzw. unzureichend beherrscht wird", die initiale Ursache für die Entwicklung eines heuristischen Bezugsrahmens[54]. Bereits in Kapitel 1.2 wurde die Problemstellung der vorliegenden Arbeit erörtert, weshalb der heuristische Bezugsrahmen im Folgenden entwickelt werden kann.

49 Vgl. Kubicek (Heuristische Bezugsrahmen), 1977, S. 13.
50 I. A. a. Tomczak (Forschungsmethoden), 1992, S. 84.; vgl. Kubicek (Heuristische Bezugsrahmen), 1977, S. 14 f.
51 Vgl. Kubicek (Heuristische Bezugsrahmen), 1977, S. 13.
52 Vgl. Kubicek (Heuristische Bezugsrahmen), 1977, S. 14.
53 Vgl. Tomczak (Forschungsmethoden), 1992, S. 84.
54 Vgl. Tomczak (Forschungsmethoden), 1992, S. 84.

Dieser besteht aus insgesamt sechs Teilen (vgl. Abbildung 3). Das Themenfeld Werkzeugbau besitzt eine zentrale Stellung innerhalb des heuristischen Bezugsrahmens, da es den Betrachtungsbereich dieser Arbeit repräsentiert. Da das Forschungsvorhaben die Definition und Auslegung datenbasierter Dienstleistungen beinhaltet, steht das Themenfeld Werkzeugbau in direkter Verbindung mit den Themenfeldern Dienstleistung und Industrie 4.0. Die kombinierte Betrachtung von Werkzeugbau und Dienstleistungen ermöglicht die Erarbeitung von sogenannten Produkt-Service-Kombinationen, bei denen neben dem eigentlichen Kernprodukt noch zusätzliche Dienstleistungen dem Kunden offeriert werden können. Falls diese Dienstleistungen datenbasiert erbracht werden sollen, ist eine datenbasierte Vernetzung, z. B. des Kernprodukts, zwingend erforderlich, weshalb eine direkte Verknüpfung beider Elemente vorliegt. Die gleiche Voraussetzung der datenbasierten Vernetzung gilt für die Nutzung von Industrie 4.0 im Werkzeugbau. Produkt-Service-Kombinationen und die datenbasierte Vernetzung stellen schließlich in Kombination den Kern zur Definition und Auslegung von datenbasierten Dienstleistungen im Werkzeugbau dar.

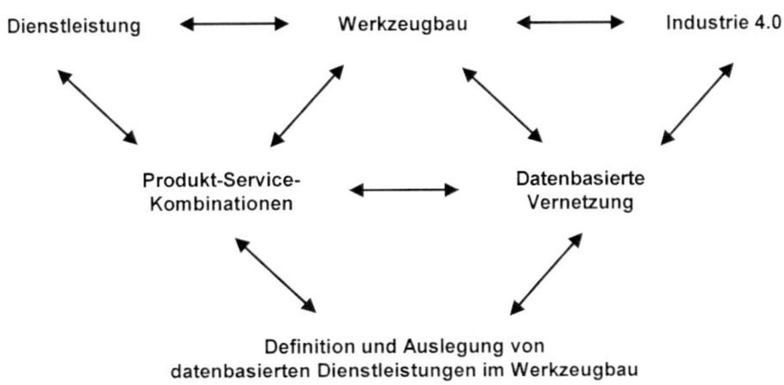

Abbildung 3: Heuristischer Bezugsrahmen[55]

Die Grundlage für die Problemdefinition und Ausarbeitung des Forschungsvorhabens bildet das Erfahrungswissen des Autors. Als wissenschaftlicher Mitarbeiter am Lehrstuhl für Produktionssystematik in der Abteilung Unternehmensentwicklung des Werkzeugmaschinenlabors WZL der RWTH Aachen University wurde dieses Erfahrungswissen seit 2017 kontinuierlich aufgebaut. Im Zuge von Lehr- und Weiterbildungsveranstaltungen sowie von Industrieberatungs- und Forschungsprojekten bildete die Branche Werkzeugbau als Betrachtungsbereich dieser Arbeit den Gegenstand der Tätigkeiten. Dabei beschränkt sich das Erfahrungswissen zum Werkzeugbau nicht alleine auf die deutsche Branche Werkzeugbau, da auch eine Vielzahl von internationalen Industrieberatungs- und Forschungsprojekten durchgeführt wurden. Inhaltliche Schwerpunktthemen dieser Projekte waren insbesondere die strategische Ausrichtung von Unternehmen in Bezug auf die digitale Transformation und die Überarbeitung des traditionellen Leistungsangebots hin zu digital vernetzten Produkten. Die hierbei erlangten Erfahrungen wurden im Zuge von mehreren Workshops in Kolloquien, Vorträgen, Seminaren und Arbeitskreisen zu datenbasierten Dienstleistungen im Werkzeugbau präsentiert sowie durch anschließende Diskussionen und Korrespondenzen spezifiziert. Bestehende Ansätze und

[55] Eigene Darstellung.

Ideen zur potenziellen Entwicklung von datenbasierten Dienstleistungen im Werkzeugbau wurden daher stets kritisch reflektiert und weiterentwickelt. Es wurde auch das intensive Studium der forschungsrelevanten Literatur in den Themenbereichen Werkzeugbau, Industrie 4.0 und datenbasierten Dienstleistungen durchgeführt. Dieses praktische und theoretische Erfahrungswissen erlaubte die Entwicklung einer Lösung, die dem Verständnis von ingenieurwissenschaftlicher Forschung folgt und aus einer praktischen Problemstellung entstanden ist.

1.5 Aufbau der Arbeit

Der Aufbau der vorliegenden Arbeit ist angelehnt am Forschungsprozess zur angewandten Forschung nach ULRICH. Auf Grundlage von identifizierten Praxisproblemen werden entsprechende Regeln und Modelle analytisch abgeleitet, die einen allgemeingültigen Lösungsansatz darstellen. Dieser muss anschließend wiederum in der Praxis validiert werden. ULRICH unterteilt den Prozess der angewandten Forschung in sieben Phasen.[56] Abbildung 4 zeigt diese Phasen in Zusammenhang mit dem Aufbau der vorliegenden Arbeit.

Abbildung 4: Aufbau der Arbeit im Kontext der Phasen angewandter Forschung nach ULRICH[57]

Im zentralen Fokus des **ersten Kapitels** steht die Beschreibung der Ausgangssituation und der Problemstellung. Darauf aufbauend wird die Zielsetzung der Arbeit in Form einer handlungsleitenden Forschungsfrage festgelegt. Des Weiteren wird der dieser Arbeit zugrunde liegende Forschungsansatz präsentiert. Zuletzt wird der Aufbau der Arbeit dargestellt.

[56] Vgl. Ulrich (Management), 1984, S. 192 f.
[57] I. A. a. Ulrich (Management), 1984, S. 193.

Im **zweiten Kapitel** werden die Grundlagen des Betrachtungs- und Gestaltungsbereichs dieser Arbeit erörtert. Hierfür wird das Kapitel in die drei Themenbereiche Industrie 4.0, datenbasierte Dienstleistungen und Werkzeugbau unterteilt. Für alle Themenbereiche werden die relevanten Begrifflichkeiten erläutert und in einen Gesamtkontext eingeordnet. Neben den Begrifflichkeiten werden insbesondere die Voraussetzungen beschrieben, um datenbasierte Dienstleistungen im Werkzeugbau zu definieren und auszulegen. Aus allen Erkenntnissen des zweiten Kapitels erfolgt schließlich die Ableitung des Handlungsbedarfs aus der Praxis.

Das **dritte Kapitel** dient der Analyse, Darstellung und Bewertung bereits existierender wissenschaftlicher Ansätze, welche für die Beantwortung der Forschungsfrage verwendet werden können. Hierfür wird zunächst eine Systematik zur Bewertung in Gestalt eines Bewertungs- und eines Anforderungssystems entwickelt. Basierend auf der anschließenden Analyse und Bewertung aller Konzepte, wird letztlich der Handlungsbedarf aus der Theorie abgeleitet.

Auf Grundlage der zuvor hergeleiteten Handlungsbedarfe aus Theorie und Praxis erfolgt im **vierten Kapitel** die Konzeption einer Methodik zur Definition und Auslegung datenbasierter Dienstleistungen im Werkzeugbau. Hierfür werden zunächst die Systemtheorie als Bestandteil der Systemtechnik sowie die Modelltheorie erläutert. Im Anschluss erfolgt die Herleitung eines Ordnungsrahmens der Methodik, welcher sich aus spezifischen Methodikbausteinen zusammensetzt. Darauf aufbauend erfolgt die Herleitung des Grobkonzepts zur Lösung der handlungsleitenden Forschungsfrage und dessen Unterforschungsfragen. Abschließend wird das im dritten Kapitel entwickelte Anforderungssystem mit dem Grobkonzept der Methodik abgeglichen.

Im **fünften Kapitel** werden die einzelnen Schritte des zuvor definierten Grobkonzepts der Methodik inhaltlich detailliert. Des Weiteren werden die Wechselwirkungen zwischen den einzelnen Methodikschritten beschrieben. Die Konkretisierung und die Spezifizierung der einzelnen Schritte bilden die detaillierte Gesamtmethodik, die zur Beantwortung der handlungsleitenden Forschungsfrage dient.

Im Rahmen des **sechsten Kapitels** wird eine Validierung der entwickelten Methodik zur Definition und Auslegung datenbasierter Dienstleistungen im Werkzeugbau durchgeführt. Hierfür werden zwei Fallbeispiele aus der Praxis verwendet. Zunächst wird die jeweilige Ausgangssituation der Unternehmen erläutert. Anschließend erfolgt eine Beschreibung der unternehmensspezifischen Anwendung der Methodik. Darauf aufbauend werden die Ergebnisse der Fallbeispiele anhand der gestellten Anforderungen kritisch reflektiert.

Das **siebte Kapitel** ist das letzte Kapitel der vorliegenden Arbeit. Es stellt abschließend die Ergebnisse der Dissertation in zusammengefasster Form dar. Darüber hinaus wird ein Ausblick für den Bedarf zukünftiger Forschungsaktivitäten im Anwendungskontext gegeben.

2 Grundlagen

Im zweiten Kapitel werden die Grundlagen des Gestaltungs- und Betrachtungsbereichs erläutert. Hierbei wird auf Begrifflichkeiten und Ausgangssituationen eingegangen, die für die Bearbeitung der Fragestellung dieser Arbeit von zentraler Bedeutung sind. Zu Beginn des Kapitels wird das Themenfeld Industrie 4.0 genauer erörtert. Hierbei wird insbesondere ein Fokus auf die notwendigen Voraussetzungen zur Realisierung von datenbasierten Dienstleistungen gelegt. Im zweiten Teil des Kapitels werden datenbasierte Dienstleistungen im Speziellen thematisiert. Darauf aufbauend werden die beiden Themenfelder Industrie 4.0 und datenbasierte Dienstleistungen in Verbindung zueinander gesetzt. Im letzten Teil des Kapitels erfolgt eine detaillierte Beschreibung der problemrelevanten Aspekte der Branche Werkzeugbau. Diese bildet den Betrachtungsbereich für die vorliegende Arbeit. Abschließend wird der praxisrelevante Handlungsbedarf aus den erarbeiteten Erkenntnissen abgeleitet.

2.1 Industrie 4.0

Das folgende Kapitel befasst sich mit den Grundlagen des Begriffs Industrie 4.0 in produzierenden Unternehmen. Hierfür werden zunächst die relevanten Begrifflichkeiten zum Themenfeld Industrie 4.0 definiert und voneinander abgegrenzt. Daran anschließend werden die technologischen Befähiger von Industrie 4.0 beschrieben. Im Zuge dessen erfolgt eine genauere Betrachtung relevanter Aspekte zur Nutzbarmachung von Daten im Produktionsumfeld, um alle Grundlagen für ein genaues Verständnis von datenbasierten Dienstleistungen in Kapitel 2.2 zu schaffen.

2.1.1 Begriffsdefinition und Abgrenzung

Das Themenfeld Industrie 4.0 erzeugt in der Wissenschaft, der Industrie, den Medien und der Gesellschaft ein reges Interesse, welches sich in Form verschiedenster Definitionen und Begrifflichkeiten direkter und verwandter Themenbereiche äußert. Im Folgenden werden daher alle verständnisrelevanten Begrifflichkeiten für das vorliegende Forschungsvorhaben erläutert und voneinander abgegrenzt. Hierfür wird insbesondere näher auf Industrie 4.0, Digitalisierung sowie digitale Vernetzung eingegangen.

2.1.1.1 Industrie 4.0

Erstmals wurde der Begriff Industrie 4.0 im Jahr 2011 im Rahmen der Hannover Messe vom Bundesministerium für Bildung und Forschung (BMBF) ausgerufen. Die deutsche Bundesregierung greift Industrie 4.0 als Kernelement in ihrer Hightech-Strategie auf, welche dabei helfen soll, die Führungsposition des deutschen Produktionsstandorts auszubauen[58]. Konkret bedeutet die vierte industrielle Revolution die vollständige Durchdringung der Industrie, ihrer Pro-

[58] Vgl. BMWi (Industrie 4.0), 2015, S. 1 f.

dukte sowie ihrer Dienstleistungen mit vernetzter Informations- und Kommunikationstechnologie (IKT)[59]. Das Werkzeugmaschinenlabor WZL der RWTH Aachen University definiert im Zuge dessen Industrie 4.0 als echtzeitfähige, intelligente, horizontale und vertikale Vernetzung von Menschen, Maschinen, Objekten und IKT-Systemen zur dynamischen Beherrschung komplexer Systeme[60]. Dies führt zu neuen Produkten und Dienstleistungen und resultiert in umfangreichen Veränderungen in der industriellen Auftragsabwicklung[61]. Unter IKT werden sämtliche Technologien verstanden, welche die Speicherung, Verarbeitung und Kommunikation von Daten und damit die Generierung von Informationen ermöglichen[62].

Im Zuge der Erläuterung von Industrie 4.0 ist es zielführend, die vorherigen industriellen Revolutionen in Bezug auf eine **historische Entwicklung hin zum Zeitalter von Industrie 4.0** zu beschreiben. Die erste industrielle Revolution startete gegen Ende des 18. Jahrhunderts und wurde angetrieben durch die Einführung von Wasser- und Dampfkraft. Die daraus entstandenen Arbeits- und Kraftmaschinen leiteten hin zu mechanischen Produktionsanlagen, wie bspw. den mechanischen Webstuhl. Die (Teil-)Mechanisierung in der Textil-, Eisen- und Stahlindustrie führte somit zu einer Produktivitätssteigerung der hergestellten Güter.[63] Die zweite industrielle Revolution war ab Beginn des 20. Jahrhunderts geprägt durch die arbeitsteilige Massenproduktion bzw. Fließbandarbeit mithilfe elektrischer Energie. Hierdurch konnte die Produktivität, im Vergleich zur ersten industriellen Revolution, nochmal deutlich gesteigert werden.[64] Zu Beginn der 1970er Jahre startete die dritte industrielle Revolution. Charakteristisch hierfür waren, dass Elektronik und die IKT eine Automatisierung der Produktionsprozesse ermöglichten. Das Besondere im Zuge der dritten industriellen Revolution war außerdem, dass Elektronik und IKT eine automatisierungsgetriebene Rationalisierung sowie eine variantenreiche Serienproduktion möglich machten.[65]

Um ein besseres Verständnis des Themenfelds Industrie 4.0 zu erlangen, ist es sinnvoll, den **Industrie 4.0-Entwicklungspfad** zu erläutern. In der Literatur existieren eine Vielzahl verschiedener Reifegradmodelle, welche Industrie 4.0 als einen weiterführenden Entwicklungspfad, ausgehend von der Digitalisierung, beschreiben. FIEDLER ET AL. führen einen Vergleich von Industrie 4.0-Reifegradmodellen durch[66]. Diese Arbeit orientiert sich am Industrie 4.0 Maturity Index der ACATECH. Er wurde von den führenden Lehrstühlen der Produktionsforschung in Deutschland entwickelt und besitzt folglich die größte wissenschaftliche Eignung für produzierende Unternehmen.

Der Industrie 4.0 Maturity Index definiert sechs aufeinander aufbauende Entwicklungsstufen von der Digitalisierung hin zu Industrie 4.0. Für jede dieser Stufen werden die notwendigen Fähigkeiten des Unternehmens sowie der jeweilige Nutzen beschrieben.[67] Abbildung 5 visualisiert diese sechs Entwicklungsstufen.

59 Vgl. Salmen (Digital vernetzter Werkzeugbau), 2016, S. 23.
60 Diese Definition ist angelehnt an die „Plattform Industrie 4.0" des BMWi und BMBF.
61 Vgl. Sendler (Industrie 4.0), 2013, S. 1.
62 Vgl. Krcmar (Informationsmanagement), 2015, S. 8.
63 Vgl. Bauernhansl (Vierte Industrielle Revolution), 2017, S. 1.
64 Vgl. Reinhart; Zühlke (CIM zu Industrie 4.0), 2017, S. XXXI.
65 Vgl. Bauernhansl (Vierte Industrielle Revolution), 2017, S. 3.
66 Vgl. Fiedler et al. (Reifegradmodell), 2018, S. 49 f.
67 Vgl. Schuh et al. (Industrie 4.0 Maturity Index), 2017, S. 15.

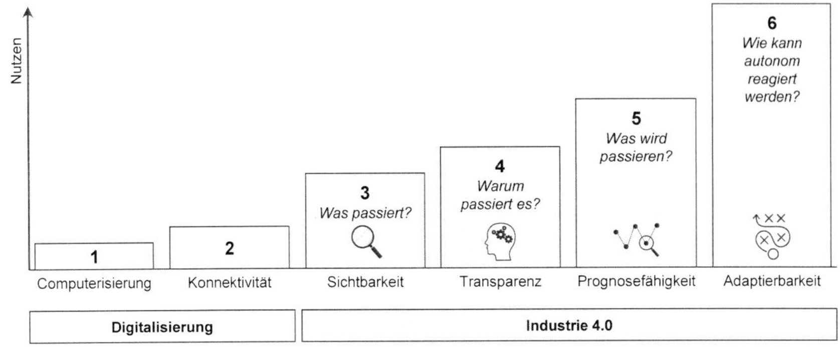

Abbildung 5: Stufen des Industrie 4.0-Entwicklungspfads[68]

Ausgangspunkt für den Industrie 4.0-Entwicklungspfad sind die *ersten beiden Stufen*. Die Computerisierung als Stufe 1 und die Konnektivität als Stufe 2 bilden die Voraussetzung für Industrie 4.0 und repräsentieren Elemente der Digitalisierung (vgl. Kapitel 2.1.1.2). Die Digitalisierung selbst kann somit nicht mit Industrie 4.0 gleichgesetzt werden. Sie muss vielmehr als Startpunkt für die Transformation hin zu Industrie 4.0 verstanden werden.[69] Hauptziel der *dritten Stufe* ist die Sichtbarkeit (z. B. von Produktionsprozessen, Maschinen etc.) durch die Erzeugung eines digitalen Schattens[70]. Der digitale Schatten beschreibt dabei „das hinreichend genaue Abbild der Prozesse in der Produktion, der Entwicklung und angrenzenden Bereichen mit dem Zweck, eine echtzeitfähige Auswertungsbasis aller relevanten Daten zu schaffen“[71]. Durch den digitalen Schatten kann ein Unternehmen bspw. gewünschte Parameter während eines Produktionsprozesses überwachen. Im Zuge der *vierten Stufe* wird der durch den digitalen Schatten erfasste Unternehmenszustand analysiert, um zu verstehen, warum gewisse Ereignisse stattfinden. Damit Ursachen erkannt werden können, müssen die Datenmengen, die der digitale Schatten erzeugt, mithilfe von Methoden und Technologien der Massendatenverarbeitung (z. B. Big Data[72, 73]) analysiert werden.[74] Die darauf aufbauende *Stufe fünf* beinhaltet die Prognose verschiedener Zukunftsszenarien[75]. Hierfür müssen Wirkzusammenhänge zwischen den Daten erkannt werden[76]. Folglich werden Unternehmen in die Lage versetzt,

68 Vgl. Schuh et al. (Industrie 4.0 Maturity Index), 2017, S. 16.
69 Vgl. Schuh et al. (I4.0: Implikationen für Unternehmen), 2016, S. 42.
70 Vgl. Schuh et al. (Industrie 4.0 Maturity Index), 2017, S. 16 f.
71 Vgl. Bauernhansl et al. (WGP-Standpunkt I4.0), 2016, S. 23.
72 Vgl. Lanquillon; Mallow (Advanced Analytics mit Big Data), 2015, S. 55 ff.
73 Big Data wird allgemein mit den „drei V“ definiert. Die drei V lauten Datenmenge (Volume), Geschwindigkeit (Velocity), in der die Daten verarbeitet werden müssen sowie Datenheterogenität bzw. Datenvielfalt (Variety). Innerhalb dieser drei Dimensionen wird bei Big Data das durchschnittliche Maß signifikant überschritten, sodass traditionelle Datenbank- und Softwaresysteme nicht mehr anwendbar sind. Innerhalb der letzten Jahre werden die drei V mit der Richtigkeit bzw. Echtheit (Veracity) von Daten und dem Wertbeitrag (Value) der Daten für die beabsichtigte Aktivität um zwei weitere V zur Definition von Big Data ergänzt. Vgl. Freiknecht; Papp (Big Data), 2018, S. 11 ff.; vgl. Demchenko et al. (Big Data Issues), 2013, S. 49 f.
74 Vgl. Schuh et al. (Industrie 4.0 Maturity Index), 2017, S. 17.
75 Vgl. Schuh et al. (Industrie 4.0 Maturity Index), 2017, S. 18.
76 Vgl. Kent et al. (High-Performance Analytics), 2013, S. 100.

zukünftige Ereignisse zu antizipieren und frühzeitig erforderliche Reaktionsmaßnahmen einzuleiten[77]. Die *höchste Entwicklungsstufe* von Industrie 4.0 beschreibt die autonome Reaktion eines technischen Systems. Dies bedeutet, dass die Daten des digitalen Schattens so Verwendung finden, dass ohne menschliches Zutun Entscheidungen mit den positivsten Auswirkungen in kürzester Zeit getroffen und hieraus resultierende Maßnahmen autonom umgesetzt werden.[78] Die präsentierten Entwicklungsstufen des Industrie 4.0 Maturity Index verdeutlichen, dass die Realisierung von Industrie 4.0 in Produktionsunternehmen als ein evolutionärer Prozess verstanden werden muss[79]. Hierbei ist es für Unternehmen nicht zwangsläufig sinnvoll, die höchste Entwicklungsstufe von Industrie 4.0 umzusetzen, weil schon vorherige Entwicklungsstufen ein optimales Aufwand-Nutzen-Verhältnis bedeuten können.

Die Erläuterung des Begriffsverständnisses von Industrie 4.0 resultiert in zwei zentralen Erkenntnissen. Zum einen beinhaltet Industrie 4.0 per Definition die digitale Vernetzung. Zum anderen ist die Digitalisierung die elementare Voraussetzung für Industrie 4.0. Daraus resultierend werden die Digitalisierung sowie die digitale Vernetzung im Folgenden genauer beschrieben.

2.1.1.2 Digitalisierung

Unter Digitalisierung wird grundsätzlich die Erfassung, Aufbereitung und Speicherung von Daten verstanden[80]. Kern der Digitalisierung ist die Wandlung von analogen Größen, also zeit- und wertkontinuierlich vorliegenden Zuständen, in äquivalente Digitalwerte[81]. Es wird hierbei von digitaler Signalverarbeitung analoger Signale (DSP) gesprochen. Der Wandlungs- bzw. Umsetzungsprozess geschieht dabei in den drei Stufen Abtastung, Quantisierung und Codierung.[82] Analoge Werte werden hierdurch in eine für den Computer verarbeitbare Form, wie z. B. für die Speicherung und Analyse, transformiert[83]. Ein weiterer Vorteil ist, dass durch die Digitalisierung Daten mithilfe intelligenter Suchmaschinen schneller gefunden und miteinander in Relation gesetzt werden können. In Summe wird durch die Digitalisierung somit der Aufwand der Informationsbeschaffung verringert.[84]

Die Digitalisierung der Produktion erstreckt sich über einen langen Zeitraum. Als Startschuss gilt die in den 1960er Jahren begonnene Entwicklung der Computerized Numerical Control-(CNC-)Technologie. Im Laufe der Jahre wurden immer weitere Bereiche entlang der Wertschöpfungskette durch digitale Anwendungen unterstützt und erweitert, wie z. B. durch Enterprise Resource Planning-(ERP-)Systeme oder durch Computer-aided-(CA-)Systeme. Neben der Digitalisierung der Produktion entwickelten sich zahlreiche IKT. Speziell um die Jahrtausendwende war ein signifikanter Anstieg des industriellen Vernetzungsgrads zu verzeichnen, unter anderem durch das Internet oder WLAN. Diese Technologien realisieren grundsätzlich

[77] Vgl. Boos et al. (Smart Tooling), 2016, S. 10.
[78] Vgl. Schuh et al. (Industrie 4.0 Maturity Index), 2017, S. 18.
[79] Vgl. Kagermann et al. (Zukunftsprojekt Industrie 4.0), 2013, S. 29.
[80] Vgl. Boos et al. (Digital Vernetzen), 2016, S. 9.
[81] Vgl. Salmen (Digital vernetzter Werkzeugbau), 2016, S. 60.
[82] Vgl. Karrenberg (Signale, Prozesse, Systeme), 2012, S. 280 f.
[83] Vgl. Kast et al. (Gestaltungshinweise), 2016, S. 55.
[84] Vgl. Hamidian; Kraijo (Digitalisierung), 2013, S. 5.

neue Möglichkeiten der Konnektivität und Datenverarbeitung und bereiten dadurch den Weg in die vierte industrielle Revolution (vgl. Abbildung 5).[85]

2.1.1.3 Digitale Vernetzung

Ein zentrales Element von Industrie 4.0 ist die ganzheitliche digitale Vernetzung. Hierbei wird zwischen einer sogenannten horizontalen und vertikalen Vernetzung unterschieden.[86] Unter **vertikaler Vernetzung** wird die Integration der verschiedenen IT-Systeme entlang der unterschiedlichen Hierarchieebenen eines Produktionssystems zu einer durchgängigen Lösung verstanden[87]. Es soll auf diese Weise eine durchgängige Kommunikation im Unternehmen aufgebaut werden. Die vertikale Vernetzung besitzt als Betrachtungshorizont somit lediglich das Unternehmen selbst. Die Vision der vertikalen Vernetzung in einem Unternehmen betrifft fünf Ebenen, welche in der Literatur häufig durch die sogenannte Automatisierungspyramide beschrieben werden. Die heutige industrielle Automatisierung wird durch die Unternehmensleit-, Betriebsleit-, Prozessleit-, Steuerungs- und Feldebene repräsentiert.[88] Die vertikale Vernetzung verspricht hierarchielose Kommunikationsstrukturen, in denen das Produkt selbst die Produktion steuert. Dies bedeutet, dass zukünftig die zuvor beschriebene starre Struktur der Automatisierungspyramide durch ein flexibles, dezentral organisiertes Unternehmenssteuerungsnetzwerk ersetzt werden wird.[89] Auf diese Weise lassen sich mit vertikaler Vernetzung im unternehmensinternen Wertschöpfungsprozess erhebliche Produktivitätssteigerungen und Ressourcenoptimierungen realisieren[90].

Die **horizontale Vernetzung** beschreibt hingegen, wie die durchgängige vertikale Vernetzung in einem einzelnen Betrieb über die Unternehmensgrenzen hinweg auf mehrere Unternehmen, also auf ein Wertschöpfungsnetzwerk, ausgeweitet wird.[91] Es sollen somit die unternehmensinternen Produktivitäts- und Flexibilitätsvorteile auf das gesamte Wertschöpfungsnetzwerk übertragen werden. Auf diese Weise können der Gesamtressourceneinsatz, unternehmensübergreifende Prozesse und die Logistikketten in globalen Wertschöpfungsketten, in Abstimmung mit den übrigen Wertschöpfungspartnern, zeitoptimiert und koordiniert werden.[92]

2.1.2 Technologische Befähiger von Industrie 4.0

Nachdem alle relevanten Begrifflichkeiten zum allgemeinen Verständnis von Industrie 4.0 erläuternd beschrieben wurden, wird im Folgenden analysiert, welche technologischen Befähiger für Industrie 4.0 existieren. Hierfür werden zunächst Cyber-physische Systeme (CPS) und das Internet of Things (IoT) eingeführt. Des Weiteren wird erläutert, inwiefern Daten für Industrie 4.0-Anwendungen erhoben, verarbeitet, gespeichert und analysiert werden können.

85 Vgl. Bauernhansl et al. (WGP-Standpunkt I4.0), 2016, S. 6 f.
86 Vgl. Bischoff (I4.0 im Mittelstand), 2015, S. 16.
87 Vgl. Kagermann et al. (Zukunftsprojekt Industrie 4.0), 2013, S. 24.
88 Vgl. Bauernhansl (Vierte Industrielle Revolution), 2017, S. 11.
89 Vgl. Kleinemeier (Automatisierungspyramide), 2017, S. 219.
90 Vgl. Kempermann; Lichtblau (Dienstleistungspotenziale), 2014, S. 8.
91 Vgl. Kagermann et al. (Zukunftsprojekt Industrie 4.0), 2013, S. 24.
92 Vgl. Kempermann; Lichtblau (Dienstleistungspotenziale), 2014, S. 10.

2.1.2.1 Cyber-physische Systeme

Ein zentrales befähigendes Element von Industrie 4.0 sind CPS[93]. In CPS kommt es zur Verbindung von realen, physischen Objekten mit der informationstechnischen Welt[94]. Sie können somit als Brücke zwischen der virtuellen Welt der Informationssysteme und physischen Welt der Objekte verstanden werden[95]. CPS repräsentieren die Erweiterung physischer Systeme um Sensorik, Aktorik sowie Softwareunterstützung, die über die Fähigkeit zur Datenverarbeitung und über eine Schnittstelle zur Kommunikation (z. B. zur Mensch-Technik-Interaktion) verfügen[96, 97]. Die Aufgabe von CPS besteht darin, die Rechenleistung und die physischen Elemente über das Internet oder eine andere Kommunikations- bzw. Vernetzungsinfrastruktur zu koppeln und zu koordinieren. Aufgrund der Einbindung von Sensorik und Aktorik in das Gesamtsystem werden neuartige Funktionen für die Datenintegration und Systemsteuerung in Echtzeit ermöglicht.[98]

Die Integration bzw. Einbettung von CPS im produzierenden Gewerbe wird als Cyber-physisches Produktionssystem (CPPS) bezeichnet. Die charakteristischen Elemente von CPPS sind flexible, autonome und sich selbst konfigurierende Produktionsressourcen, die untereinander sowie mit Produkten kommunizieren und in der Lage sind, situationsspezifische Entscheidungen zu treffen. Hierdurch kann der Fertigungsprozess durchgängig betrachtet werden.[99] Diese Vernetzung der Produktion erzeugt einen enormen Daten- und Informationsaustausch. Hieraus resultiert das Potenzial hoher Transparenz über die industrielle Produktion.[100]

2.1.2.2 Internet of Things

Ein weiteres zentrales befähigendes Element von Industrie 4.0 ist das sogenannte Internet of Things (IoT – Deutsch: Internet der Dinge). Der Begriff IoT wurde das erste Mal im Jahr 1999 von ASHTON[101], dem Mitbegründer des Auto-ID Centers am Massachusetts Institute of Technology (MIT), verwendet[102]. ASHTON beschrieb mit dem Begriff initial ein System, in welchem Objekte aus der physischen Welt durch Sensoren mit dem Internet verbunden werden[103]. Seit der erstmaligen Begriffsverwendung wurden durch die technologischen Weiterentwicklungen eine Vielzahl unterschiedlicher Definitionen und Verständnisauffassungen zum IoT in der Wissenschaft formuliert[104]. Folglich wird im weiteren Verlauf der Arbeit die Definition der global sowie neutral agierenden International Telecommunication Union (ITU), als Sonderorganisation der Vereinten Nationen, verwendet. Die ITU definiert das IoT als eine globale Infrastruktur, die fortgeschrittene Dienste ermöglicht, indem sie (physische und virtuelle) Dinge auf der

---

[93] Vgl. Kagermann et al. (Zukunftsprojekt Industrie 4.0), 2013, S. 5.
[94] Vgl. Geisberger; Broy (agendaCPS), 2012, S. 17.
[95] Vgl. Weiber et al. (Butler-Services), 2017, S. 65.
[96] Vgl. Reinhart; Zühlke (CIM zu Industrie 4.0), 2017, S. XXXIV.
[97] Vgl. Sisinni et al. (Industrial Internet of Things), 2018, S. 4726.
[98] Vgl. Pöppelbuß; Durst (Smart Service Canvas), 2017, S. 94.
[99] Vgl. Bauernhansl et al. (WGP-Standpunkt I4.0), 2016, S. 11.
[100] Vgl. Reinhart; Zühlke (CIM zu Industrie 4.0), 2017, S. XXXIV.
[101] Vgl. Ashton (That 'Internet of Things' Thing), 2009.
[102] Vgl. Kramp et al. (Introduction to the IoT), 2013, S. 1.
[103] Vgl. Rose et al. (The IoT: An Overview), 2015, S. 12.
[104] Vgl. Greer et al. (CPS and IoT), 2019, S. 9 f.

Grundlage interoperabler IKT miteinander verbindet[105]. Das IoT ist somit ein Informationsnetzwerk von physischen Objekten, das die Interaktion und Kooperation dieser Objekte ermöglicht, um gemeinsame Ziele zu erreichen[106].

Bei der Verwendung des Begriffs IoT in einem industriellen Kontext wird in diesem Zusammenhang vom sogenannten Industrial Internet of Things (IIoT – Deutsch: Industrielles Internet der Dinge) gesprochen[107]. Die ITU definiert das IIoT als einen auf dem IoT basierenden Ansatz zur Realisierung eines industriellen Wandels durch die Nutzung bestehender und neuer IKT[108].

Die wissenschaftlichen Konzepte des IoT und CPS sind parallel in zwei unterschiedlichen akademischen Kreisen entstanden. Das CPS hat seinen originären Ursprung in der Steuerung und Systemtechnik, wohingegen sich das IoT primär aus Sicht der Netzwerk- und Informationstechnologie entwickelt hat[109]. Abbildung 6 zeigt, dass sowohl das IoT als auch das CPS als infrastrukturelle bzw. technische Voraussetzungen für die Realisierung von Industrie 4.0 verstanden werden müssen[110].

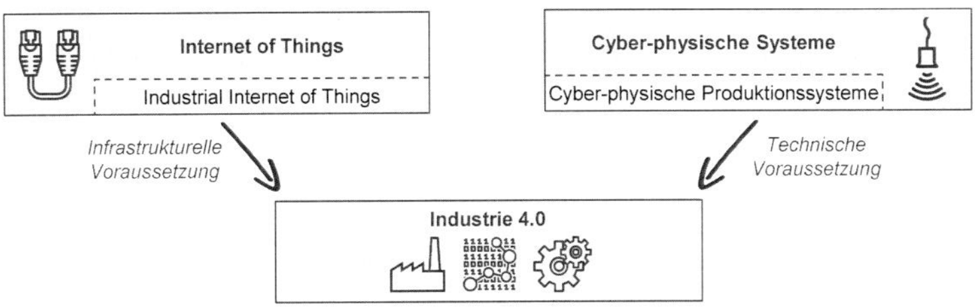

Abbildung 6: Voraussetzungen für Industrie 4.0[111]

Durch die Beschreibung des IoT bzw. IIoT sowie des CPS bzw. CPPS wird deutlich, dass diese Datenmengen erzeugen. Der Umgang mit Datenmengen ist daher für Industrie 4.0 entscheidend. Im weiteren Verlauf der Arbeit wird hergeleitet, dass datenbasierte Dienstleistungen einen Mehrwert auf Basis von Daten generieren (vgl. Kapitel 2.2.2.2). Folglich werden in den nächsten Kapiteln alle relevanten Themenfelder zur Nutzbarmachung von Daten im Produktionsumfeld beschrieben.

2.1.2.3 Datenquellen

Datenquellen beschreiben den Ursprungsort, an dem Daten generiert werden. Im Folgenden wird ein Überblick von verschiedenen Datenquellen im Produktionsumfeld gegeben. In der

[105] Vgl. International Telecommunication Union (Overview of Industrial IoT), 2018, S. 1.
[106] Vgl. Atzori et al. (Preface IoT), 2010, S. V.
[107] Vgl. Boyes et al. (The IIoT: An Analysis Framework), 2018, S. 1.
[108] Vgl. International Telecommunication Union (Overview of Industrial IoT), 2018, S. 2.
[109] Vgl. Greer et al. (CPS and IoT), 2019, S. 10.
[110] Vgl. Kagermann et al. (Zukunftsprojekt Industrie 4.0), 2013, S. 18.
[111] I. A. a. Uygun; Reynolds (Manufacturing Innovation Ecosystems), 2017, S. 693.

Literatur existiert eine Unterteilung von Datenquellen in die zwei Kategorien interne und externe Datenquellen[112, 113].

Alle Datenquellen, die sich innerhalb eines Unternehmens befinden, werden als **interne Datenquellen** bezeichnet. Dazu zählen bspw. Systeme der Unternehmensleitebene, des Supply Chain Managements und des Kundenmanagements.[114] Um ein Verständnis zu erlangen, welche internen Datenquellen existieren, soll auf das Konzept der Automatisierungspyramide zurückgegriffen werden, welches bereits kurz in Kapitel 2.1.1.3 erwähnt wurde. Dieses bildet den Betrachtungsrahmen für die Beschreibung jeglicher Datenverarbeitungsschritte auf allen Hierarchieebenen eines produzierenden Unternehmens. Jede Hierarchieebene wird dabei in Verbindung mit einem einzusetzenden IT-System gebracht. MEUDT ET AL. führen einen umfassenden Literaturvergleich existierender Ansätze für Automatisierungspyramiden durch[115]. Die Autoren beschreiben das Modell von SIEPMANN auf Basis ihrer Analyse als besonders geeignet, da es einen hohen Detaillierungsgrad und zahlreiche Übereinstimmungen mit anderen bestehenden Modellen aufweist[116]. Deshalb wird in der vorliegenden Arbeit ebenfalls dem Automatisierungspyramidenmodell nach SIEPMANN gefolgt (vgl. Abbildung 7).

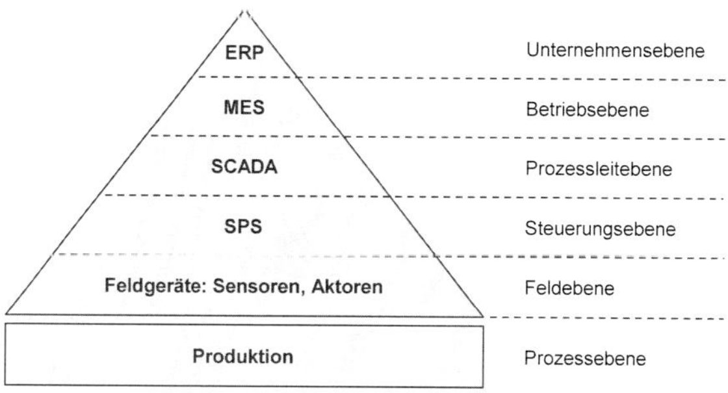

Abbildung 7: Automatisierungspyramide in der industriellen Fertigung[117]

Auf der Prozessebene werden Daten der Produktionsprozesse, z. B. durch Radio Frequency Identification (RFID), erfasst. Auf der Feldebene bzw. dem Shopfloor werden Daten über Sensoren generiert. Auf der Steuerungsebene werden mithilfe der Speicherprogrammierbaren Steuerung (SPS) erste Rückführungen auf die Aktoriksteuerung durchgeführt. Auf der Prozessleitebene findet häufig ein Supervisory Control and Data Acquisition System (SCADA) zur Überwachung und Steuerung von technischen Prozessen Anwendung. Das Manufacturing Execution System (MES) übernimmt auf der Betriebsebene die Steuerung, Lenkung und Kontrolle einer Produktion. Schließlich findet auf der Unternehmensebene häufig ein ERP-System Anwendung und übernimmt Aufgaben wie z. B. Grob- und Personalplanung.[118]

---

[112] Vgl. Stackowiak et al. (Big Data), 2015, S. 117 f.
[113] Vgl. Appelfeller; Feldmann (Digitale Transformation), 2018, S. 84 ff.
[114] Vgl. Stackowiak et al. (Big Data), 2015, S. 117.
[115] Vgl. Meudt et al. (Automatisierungspyramide), 2017, S. 3 f.
[116] Vgl. Meudt et al. (Automatisierungspyramide), 2017, S. 5.
[117] I. A. a. Siepmann (I4.0 Technologische Komponenten), 2016, S. 49.
[118] Vgl. Siepmann (I4.0 Technologische Komponenten), 2016, S. 49 f.

Externe Datenquellen repräsentieren solche Quellen, deren Datengenerierung außerhalb eines Unternehmens stattfindet. Hierzu zählen Daten von dritten Unternehmen wie z. B. Marketingdienstleister oder aber auch Daten von Social Media Plattformen. Im industriellen Kontext gehören zu externen Datenquellen aber insbesondere auch Produktionsdaten, die über Sensorik oder Ton- und Bildaufnahmen bei externen Unternehmen generiert werden.[119] Sensoren generieren Daten in der Regel über physikalische Schnittstellen (Eingänge), welche die Umgebung erfassen. Anschließend werden die Eingangssignale in elektrische Signale (Ausgänge) umgewandelt, die von den Kommunikations- und Rechengeräten verstanden bzw. weiterverarbeitet werden[120]. Sensoren können anhand der verwendeten Signalform in zwei unterschiedliche Arten unterteilt werden. Während analoge Sensoren Informationen über kontinuierliche Zustände innerhalb der Produktionsumgebung (z. B. Temperatur) darstellen können, liefern digitale Sensoren diskrete Zustände während der Produktionszeit (z. B. Zählen von Produkten).[121] Zusätzlich zur Signalform wird ein Sensor durch die Messgröße selbst beschrieben. Im industriellen Umfeld messen die relevantesten Sensorarten Kraft und Druck, Temperatur, Weg, Geschwindigkeit, Beschleunigung, Drehmoment, Strukturdefekte, Rauheit, Schichtdicke, Topografie oder Farbe.[122]

2.1.2.4 Datenvorverarbeitung

Charakteristisch für die generierten Daten von unterschiedlichen Datenquellen ist, dass sie oftmals mit abweichender Syntax, mit Messfehlern und Ausreißern behaftet, teils redundant sowie auf verschiedenen Aggregationsstufen auftreten[123, 124]. Damit hieraus resultierende Auswertungsfehler vermieden werden, ist eine Harmonisierung der Daten zwingend erforderlich. Die Grundlage hierfür bildet ein genaues Verständnis über die eingehenden Datenströme, eine Definition der benötigten Zielqualität der Daten sowie die daraus abgeleitete notwendige Datenvorverarbeitung[125]. Oberstes Ziel der Datenvorverarbeitung ist daher die Erzeugung einer möglichst hohen Datenqualität.

Generell wird die Datenqualität aus der Perspektive des Nutzers als die Eignung der Daten für die weitere Verwendung definiert. Dies impliziert, dass die Datenqualität als eine relative Größe betrachtet werden muss.[126] Zur Vergleichbarkeit existieren daher vier verschiedene Dimensionen an Datenqualität. Die Dimension der *intrinsischen Datenqualität* beschreibt die objektive Richtigkeit sowie die Vertrauenswürdigkeit einer oder mehrerer Datenquellen. *Kontextuale Datenqualität* setzt die Daten in Zusammenhang mit der Zielsetzung und beschreibt die Sinnhaftigkeit bzw. Wertigkeit der Daten für das jeweilige Projekt. Die Dimension *repräsenta-*

119 Vgl. Stackowiak et al. (Big Data), 2015, S. 117 f.
120 Vgl. Rayes; Salam (Internet of Things), 2019, S. 70.
121 Vgl. Boos et al. (Intelligente Werkzeuge), 2018, S. 16.
122 Vgl. Boos et al. (Intelligente Werkzeuge), 2018, S. 16 ff.
123 Vgl. Behme (Business-Intelligence), 1996, S. 32.
124 Vgl. Oliveira et al. (Data Quality Problems), 2005, S. 220 ff.
125 Vgl. Oliveira et al. (Data Quality Problems), 2005, S. 219.
126 Vgl. Li (Data Quality), 2012, S. 58.

tive Datenqualität steht für die einheitliche Darstellung und einfache Interpretierbarkeit der Daten. Schließlich beinhaltet die *Zugänglichkeit der Datenqualität* die Themenfelder Datensicherheit und Möglichkeiten der Datenabfrage.[127]

Das Transformieren eingehender, unverlässlicher Daten in qualitativ höherwertige sowie verlässliche Daten nennt sich Datenvorverarbeitung und ist der zwingend erforderliche Startpunkt für eine zielgerichtete Datenverarbeitung[128]. Das Vorgehen der Datenvorverarbeitung kann dabei in die vier Schritte Datenreinigung, Datenintegration, Datenreduktion und Datentransformation unterteilt werden (vgl. Abbildung 8)[129, 130].

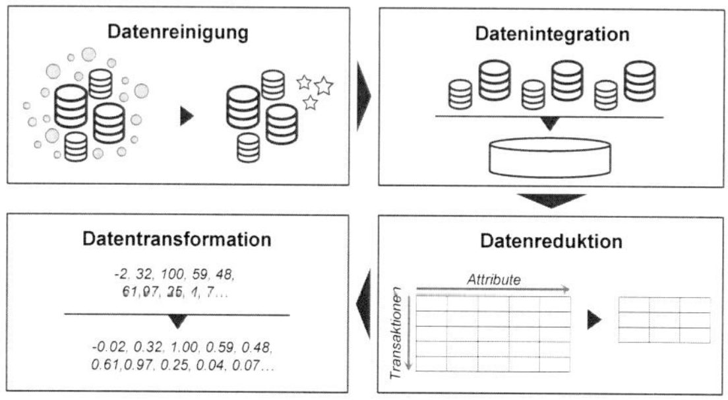

Abbildung 8: Vorgehen der Datenvorverarbeitung[131]

Ziel der **Datenreinigung** ist die Minimierung bzw. Beseitigung von Fehlern und Unstimmigkeit der Datenströme, um negative Auswirkungen auf die Resultate der Datenanalyse zu reduzieren[132]. Aufgrund der Vielzahl existierender Fehlertypen muss die Datenreinigung als ein iterativer Prozess verstanden werden. Um eine Datenreinigung durchführen zu können, müssen zunächst die Fehler durch ein Datenscreening identifiziert werden. Hierfür kann neben statistischen Methoden auch auf die Erfahrungen und Erwartungen des Untersuchenden zurückgegriffen werden.[133] Folgende typische Fehler können beim Datenscreening auftreten[134, 135, 136]:

- Zufällige Fehler: Rauschen, also zufällige Schwankungen (z. B. Messschwankungen),
- Systematische Fehler: Falsche Kalibrierung, falsche Skalierung oder Drifteffekte,
- Fehlende Werte einzelner Attribute in Datensätzen: Lückenhafte Arrays[137] eindimensionaler Datenpunkte (im Folgenden Tupel genannt),
- Syntaxfehler und unrealistische Datenpunkte: Falsche Syntax oder unrealistische Datenbereiche,

[127] Vgl. Wang; Strong (Data Accuracy), 1996, S. 18 ff.
[128] Vgl. Grzegorzewski; Kochanski (Data Preprocessing), 2019, S. 27.
[129] Vgl. Grzegorzewski; Kochanski (Data Preprocessing), 2019, S. 38.
[130] Vgl. Han et al. (Data Mining), 2012, S. 85 ff.
[131] I. A. a. Han et al. (Data Mining), 2012, S. 87.
[132] Vgl. van den Broeck et al. (Data Cleaning), 2005, S. 966.
[133] Vgl. van den Broeck et al. (Data Cleaning), 2005, S. 967.
[134] Vgl. Oliveira et al. (Data Quality Problems), 2005, S. 221 ff.
[135] Vgl. Grzegorzewski; Kochanski (Data Preprocessing), 2019, S. 38 f.
[136] Vgl. Runkler (Data Mining Methoden), 2010, S. 21 ff.
[137] Unter einem Array werden mehrere Variablen des gleichen Typs unter einem gemeinsamen Namen zusammengefasst. Vgl. Dausmann et al. (Programmiersprache), 2011, S. 124.

- Synonyme: Syntaktisch unterschiedliche Werte mit einer eigentlich semantisch gleichen Bedeutung,
- Falschschreibung: Menschliche Fehleingaben,
- Redundanz: Deckungsgleiche Tupel, die mehrfach auftreten,
- Ausreißer: Singulär stark abweichende Datenpunkte sowie
- Inkonsistenz: Widersprüchliche Datenpunkte innerhalb oder zwischen einzelnen Tupeln.

Für die Datenreinigung können abhängig vom Fehlertyp unterschiedliche Methoden angewendet werden[138]:

- Ignorieren fehlerhafter Tupel,
- manuelle Korrektur von Datenpunkten,
- Austausch fehlender Datenpunkte mit globalen Konstanten wie „Unknown" oder „Null",
- Austausch fehlender Datenpunkte mit zentralen Tendenzen wie Mittelwert oder Median,
- Austausch fehlender Datenpunkte mit klassenspezifischen Tendenzen sowie
- Austausch fehlender Datenpunkte mit dem wahrscheinlichsten Wert, z. B. mittels Regression.

Innerhalb des nächsten Schrittes, der **Datenintegration**, wird der Prozess beschrieben, wie verschiedene Datenströme ihrer jeweiligen Datenquellen zusammengeführt und vereinheitlicht werden können. Hierdurch stehen diese in Datenbanken zum weiteren Datenmanagement zur Verfügung.[139] Die Beibehaltung inhärenter Charakteristika von Einträgen, bei gleichzeitiger Zusammenführung der verschiedenen Datenströme, ist die zentrale Herausforderung dieses Schrittes der Datenvorverarbeitung. Durch die Datenintegration wird eine regelbasierte und somit automatisierbare Behandlung von Daten aus verschiedenen Datenquellen möglich[140].

Die Motivation der **Datenreduktion** ist, den Umfang eines Datensatzes zu reduzieren, um die benötigte Zeit für alle weiteren Datenverarbeitungsschritte zu verkleinern, aber dennoch die Integrität der Originaldaten zu bewahren[141, 142]. Für die Datenreduktion existieren verschiedene Methoden. Bei der *Reduktion der Dimensionen* werden die Anzahl der Variablen und Attribute innerhalb eines Datensatzes reduziert. Techniken zur *Reduzierung der Anzahl von Daten* ersetzen dagegen die ursprüngliche Datenmenge durch alternative, kleinere Formen der Datendarstellung. Hierbei werden mithilfe parametrischer Statistik Modelle entwickelt, welche die Datengesamtheit als mathematische Funktion darstellen können und gleichzeitig ein geringeres Datenvolumen aufweisen. Es gibt viele andere Möglichkeiten, Methoden der Datenreduktion zu realisieren. Bei der Datenreduktion ist darauf zu achten, dass die für die Datenreduktion

[138] Vgl. Han et al. (Data Mining), 2012, S. 88 f.
[139] Vgl. Stackowiak et al. (Big Data), 2015, S. 119 f.
[140] Vgl. Stahl; Staab (Vermessung des Datenuniversums), 2017, S. 25.
[141] Vgl. Grzegorzewski; Kochanski (Data Preprocessing), 2019, S. 38.
[142] Vgl. Han et al. (Data Mining), 2012, S. 99.

aufgewendete Rechenzeit stets kleiner ist als die hieraus resultierende Zeiteinsparung der Datenweiterverarbeitung.[143]

Der letzte Schritt der Datenvorverarbeitung ist die **Datentransformation**. Ziel hierbei ist die Umwandlung der Daten, welche eine effizientere Analyse und das Verstehen von Mustern innerhalb dieser ermöglicht[144]. Für die Datentransformation existieren verschiedene Methoden, welche *Datenglättung*, *Merkmalskonstruktion*, *Aggregation*, *Normierung* bzw. *Standardisierung* sowie *Diskretisierung* heißen[145]. HAN ET AL. nennen des Weiteren die sogenannte *Konzept-Hierarchiegenerierung* als weitere Methode. Diese bezieht sich allerdings auf die Datentransformation von Nominaldaten[146]. Da während des Produktionsbetriebs in der Regel keine bzw. nur wenige Nominaldaten gesammelt werden, wird im Folgenden auf eine nähere Erläuterung dieser verzichtet.

Die *Datenglättung* eignet sich, um Ausreißer und Rauschen (z. B. von Zeitreihendaten) zu filtern. Hierbei kommen statistische Methoden wie der gleitende Median oder der gleitende Mittelwert zum Einsatz. Diese Methoden setzen jeden Datenpunkt mit seiner Umgebung in Verbindung und minimieren hierdurch lokale Schwankungen. Symmetrisch gleitende statistische Maße können zur Glättung verwendet werden, wenn die Zeitreihe bereits vorliegt und im Nachgang gefiltert werden soll (Offline-Betrieb). Asymmetrisch gleitende statistische Maße eignen sich dagegen für die sofortige Filterung von Zeitreihen (Online-Betrieb).[147]

Manchmal enthalten die Merkmale in den Originaldatensätzen die erforderlichen Informationen, jedoch nicht in einer geeigneten Form zur Datenauswertung. In diesem Fall können mit der *Merkmalskonstruktion* neue Merkmale aus den ursprünglichen Merkmalen entwickelt bzw. konstruiert werden. Ein Beispiel ist die Berechnung einer neuen physikalischen Größe aus anderen vorliegenden physikalischen Größen, wie etwa die Dichte als volumenbezogenes Gewicht.[148]

Wenn mehrere Datenpunkte zu einem neuen Datenpunkt mit einer zusätzlichen Abstraktionsebene zusammengefasst werden sollen, ist eine Anwendung der *Aggregation* sinnvoll. Durch eine Aggregation wird das Ziel verfolgt, Analysen auf unterschiedlichen Abstraktionsebenen gleichzeitig zu ermöglichen.[149] Es existiert eine Vielzahl unterschiedlicher Aggregationsfunktionen (z. B. Summierung, Mittelwert etc.), die für den jeweiligen Anwendungsfall ausgewählt werden müssen[150].

Normierung bzw. *Standardisierung* ermöglicht eine Vergleichbarkeit einzelner Dimensionen. So kann bspw. die Wahl der Maßeinheit einer Dimension (z. B. Kilogramm und Gramm) den Wertebereich der auftretenden Messwerte verändern. Dies kann jedoch zu einer ungewollten Gewichtung einzelner Variablen führen, weil sich die ursprünglichen relationalen Beziehungen

[143] Vgl. Han et al. (Data Mining), 2012, S. 99 f.
[144] Vgl. Han et al. (Data Mining), 2012, S. 111.
[145] Vgl. Han et al. (Data Mining), 2012, S. 112.
[146] Nominalskalierte Daten werden auch als kategorial oder diskret bezeichnet. Beispiele für Nominaldaten sind bspw. die Parteizugehörigkeit oder das Geschlecht. Vgl. Rasch et al. (Quantitative Methoden), 2004, S. 141.
[147] Vgl. Runkler (Data Mining Methoden), 2010, S. 26 f.
[148] Vgl. Tan et al. (Introduction Data Mining), 2014, S. 57.
[149] Vgl. Han et al. (Data Mining), 2012, S. 110 f.
[150] Vgl. Beliakov et al. (Aggregation Functions), 2007, S. 31.

einzelner Dimensionen ändern[151]. Um eine Abhängigkeit von der Wahl der Maßeinheiten zu vermeiden, sollten die Daten daher normiert bzw. standardisiert werden[152]. Hierfür zu verwendende Methoden sind bspw. die Dezimalskalierung, Min-Max-Normierung oder die Standardabweichungsnormierung[153].

Die *Diskretisierung* beschreibt eine weitere mögliche Methode zur Datentransformation. Wenn ein Austausch von Teilbereichen des ursprünglichen Datensatzes mit diskreten Werten höherer Ordnung erfolgen soll, kommt die Diskretisierung zum Einsatz. Hierdurch werden Daten reduziert und deren weitere Interpretation vereinfacht.[154] Ein Beispiel ist die Einteilung von Bereichen der kontinuierlichen Uhrzeit eines Tages in diskrete Tagesabschnitte wie den Morgen, Mittag, Abend oder die Nacht. Zentrale Herausforderung der Diskretisierung ist jedoch die Festlegung einer Anzahl diskreter Werte. Das präsentierte Vorgehen zur Datenvorverarbeitung und hierfür zu verwendende Methoden verdeutlichen, dass die Datenvorverarbeitung in der Regel einen nicht unerheblichen Arbeits- und Zeitaufwand beansprucht[155].

2.1.2.5 Datenbanken

Der Begriff Datenbank bezeichnet eine selbständige und auf Dauer ausgelegte Datenorganisation, welche einen Datenbestand sicher und flexibel verwalten kann. Die Hauptaufgabe einer Datenbank ist die Speicherung von Daten, auf die Anwender bzw. Benutzer zugreifen können.[156] Es existieren verschiedene Typen von Datenbanken, die meistens anhand der Struktur unterschieden werden, wie Daten in der jeweiligen Datenbank gespeichert werden. Die Hauptgruppen hierbei sind relationale SQL (Standard Query Language) und nicht-relationale NoSQL (Not only Standard Query Language) Datenbanken.[157] Charakteristisch für relationale Datenbanken ist, dass die Daten nach Themenfeldern in Tabellen abgelegt werden und hierdurch starr in Beziehung zueinander stehen[158]. NoSQL Datenbanken sind dagegen flexibel, horizontal skalierbar und beinhalten das Ziel, die Starrheit der relationalen Datenbanken zu überwinden[159].

SQL Datenbanken wurden erstmals innerhalb der 1970er Jahre entwickelt und repräsentieren aktuell immer noch die Mehrheit der sich in Verwendung befindenden Datenbanken[160]. Für die Auswertung von Big Data sind SQL Datenbanken allerdings nicht ausgelegt[161]. Ihr Einsatz konzentriert sich lediglich auf eine hochoptimierte Verarbeitung von Daten für Standardberichte oder Dashboards (z. B. auf Basis von Daten aus dem ERP-System). NoSQL Datenbanken bieten dagegen die Kapazität und Verarbeitbarkeit für alle Arten von Daten (z. B. Sensordaten während des Produktionsbetriebs).[162] Sowohl für SQL als auch NoSQL Datenbanken

---

151 Vgl. Tan et al. (Introduction Data Mining), 2014, S. 64.
152 Vgl. Han et al. (Data Mining), 2012, S. 113.
153 Vgl. Kantardzic (Data Mining Concepts), 2011, S. 33 f.
154 Vgl. Kantardzic (Data Mining Concepts), 2011, S. 73 ff.
155 Vgl. Runkler (Data Mining Methoden), 2010, S. 21.
156 Vgl. Steiner (Grundkurs Datenbanken), 2014, S. 5.
157 Vgl. Roy-Hubara et al. (Database Model Selection), 2019, S. 261.
158 Vgl. Steiner (Grundkurs Datenbanken), 2014, S. 11.
159 Vgl. Appelfeller; Feldmann (Digitale Transformation), 2018, S. 89.
160 Vgl. Roy-Hubara et al. (Database Model Selection), 2019, S. 261.
161 Vgl. Appelfeller; Feldmann (Digitale Transformation), 2018, S. 88.
162 Vgl. Chessell (Foreword), 2017, S. XXVI.

existieren verschiedene Typen des Datenmanagements. Im Folgenden wird auf die bekanntesten Konzepte, das Data Warehouse für SQL Datenbanken und das Data Lake für NoSQL Datenbanken, eingegangen.

Das **Data Warehouse** Konzept beschreibt eine relationale Datenbank, welche der Extraktion, Analyse und Speicherung relevanter Daten aus heterogenen Datenquellen (vgl. Kapitel 2.1.2.3) dient und eine anwendungsorientierte Bereitstellung der historischen Daten zum Ziel hat. Das Data Warehouse fungiert als Datenbank, in der Daten homogen und konsistent zusammengeführt werden und die Heterogenität der jeweiligen Datenquellen überwunden wird. Die Ablage dieser transformierten und heterogenen Daten im Data Warehouse wird als ETL (Extract-Transform-Load)-Prozess bezeichnet.[163] Dies bedeutet, dass Daten vor der Integration in die Datenbank zunächst in das passende Schema transformiert werden müssen[164]. Häufig existieren sogenannte Data Marts in einem Data Warehouse. Sie bilden Teilansichten der unternehmensweiten Datenbank. Hier werden personen- oder organisationsspezifische Daten des Data Warehouse bereitgestellt, die für bestimmte Entitäten einen schnelleren Informationsabruf ermöglichen.[165]

Das **Data Lake** Konzept beschreibt dagegen eine Datenbank, welche die Speicherung und Verarbeitung aller Arten von Daten in ihrer Originalform unterstützt[166]. Die Verwendung von Big Data Technologie (z. B. Hadoop, MapReduce, Spark etc.)[167] ermöglicht hierbei eine Skalierbarkeit und Kosteneffizienz der Datenbank, sodass die Leistungs- und Datenvolumenbeschränkungen eines Data Warehouse überwunden werden[168]. Ziel des Data Lake Konzepts ist die Speicherung aller Daten, obwohl zum Zeitpunkt der Datenspeicherung die Verwendbarkeit einiger Daten nicht bekannt ist. Diese Daten könnten zukünftig jedoch eine Relevanz bekommen. Da die Verwendbarkeit vieler Daten zum Speicherzeitpunkt nicht ersichtlich ist, werden die Daten in ihrer Originalform abgespeichert, um unnötige Datenvorverarbeitungen zu vermeiden.[169] Dem liegt der entscheidende Unterschied zum traditionellen Data Warehouse Konzept zugrunde. Im Data Lake werden die Daten, nachdem sie aus den Datenquellen extrahiert wurden, zunächst geladen und erst danach transformiert. Dies bedeutet, dass der ELT (Extract-Load-Transform)-Prozess im Data Lake vorliegt.[170] Nachdem bislang beschrieben wurde, wie Daten generiert, vorverarbeitet und gespeichert werden können, soll im Folgenden die Datenanalyse erläutert werden.

2.1.2.6 Datenanalyse

Die Datenanalyse verfolgt das Ziel, Wissen aus Daten zu generieren[171]. Die Analyse von Big Data wird als Data Mining bezeichnet[172]. Data Mining wird insbesondere verwendet, um in

[163] Vgl. Appelfeller; Feldmann (Digitale Transformation), 2018, S. 130.
[164] Vgl. Freiknecht; Papp (Big Data), 2018, S. 23.
[165] Vgl. Gabriel et al. (Data Warehouse), 2009, S. 217.
[166] Vgl. Chessell et al. (Hybrid Cloud Architecture), 2017, S. 35.
[167] Vgl. Gorelik (Big Data Lake), 2019, S. 83.
[168] Vgl. Gorelik (Big Data Lake), 2019, S. 76.
[169] Vgl. Gorelik (Big Data Lake), 2019, S. 8.
[170] Vgl. Freiknecht; Papp (Big Data), 2018, S. 23.
[171] Vgl. Borgelt (Datenanalyse), 1997, S. 1.
[172] Vgl. Han et al. (Data Mining), 2012, S. 2.

großen Datensätzen Muster sowie Beziehungen zwischen Daten zu erkennen und hieraus nützliches sowie stellenweise unerwartetes Wissen zu erzeugen. Traditionelle statistische Beschreibungen kommen bei der Auswertung von Big Data an ihre Grenzen. Dennoch bilden diese die Grundlage für Data Mining.[173] Hierzu zählen bspw. Median, Modus, Mittelwert, Quartile, interquartile Reichweite, Varianz oder die Standardabweichung[174]. Im Folgenden werden die wichtigsten Datenanalyseverfahren vorgestellt, die im Rahmen von Data Mining Anwendung finden[175]. Diese lauten Abweichungsanalyse, Regression, Klassifikation, Clustering und Assoziationsanalyse. Für eine detaillierte Erläuterung der Verfahren und ihrer jeweiligen mathematischen Modelle sei auf die entsprechend verwendete Literatur der jeweiligen Zitation verwiesen.

Datensätze enthalten häufig Datenpunkte, die signifikant vom Großteil der Datengrundlage abweichen und daher als sogenannte Ausreißer bezeichnet werden[176]. Die **Abweichungsanalyse** dient der Identifikation von Ausreißern und kann im Kontext der Datenanalyse zwei Funktionen erfüllen. Einerseits können Ausreißer als Teil der Datenvorverarbeitung im Datensatz erkannt und für die weitere Datenanalyse ignoriert bzw. gesondert berücksichtigt werden. Andererseits kann das Erkennen von Abweichungen in der Datengrundlage selbst ein Ergebnis der Datenanalyse darstellen.[177] So können etwa Ausreißer unter außergewöhnlichen Umständen entstanden sein, die von Interesse sind[178]. Diese Form der Abweichungsanalyse wird bspw. im Zuge der Betrugsprävention im Zahlungsverkehr mit Kreditkarten genutzt[179].

Die **Regression** zielt auf eine mathematische Beschreibung des funktionalen Zusammenhangs zwischen einzelnen Variablen bzw. Merkmalen ab[180]. Im Rahmen der Regression wird eine mathematische Funktion erstellt, welche eine optimale Lage innerhalb von Datenpunkten einnimmt. Die optimale Lage ist dann erreicht, wenn die Annäherung der Funktion an die Datenpunkte den geringsten Fehler aufweist.[181] Dieser hierdurch beschriebene funktionale Zusammenhang kann verwendet werden, um die Entwicklung der Ausgangsvariablen prädiktiv zu berechnen[182].

Algorithmen der **Klassifikation** verfolgen das Ziel, eine Zuordnung zwischen einem Datensatz und einer Zielvariablen durchzuführen. Die Realisierung dieser Algorithmen wird in der Regel in zwei Phasen unterteilt. Diese lauten Trainingsphase und Testphase. Das Klassifikationsmodell wird anhand eines Trainingsdatensatzes in der Trainingsphase aufgestellt. In der Test-

173 Vgl. Benjamini; Leshno (Statistical Methods), 2010, S. 523 f.
174 Vgl. Han et al. (Data Mining), 2012, S. 44 ff.
175 Es existiert eine Vielzahl verschiedenster Data Mining Methoden mit unterschiedlicher Komplexität. Für eine vollumfängliche Auflistung und Erläuterung von diesen sei insbesondere auf die Kapitel 6 bis 12 von Han et al. (Data Mining), 2012 verwiesen.
176 Vgl. Hawkins (Identification of Outliers), 1980, S. 1.
177 Vgl. Ben-Gal (Outlier Detection), 2010, S. 117.
178 Vgl. Rousseeuw; Hubert (Statistics for Outlier Detection), 2011, S. 73.
179 Vgl. Malini; Pushpa (Credit Card Fraud Identification), 2017, S. 255.
180 Vgl. Runkler (Data Mining Methoden), 2010, S. 65.
181 Vgl. Darlington; Hayes (Regression Analysis), 2017, S. 18 ff.
182 Vgl. Kantardzic (Data Mining Concepts), 2011, S. 149.

phase wird dieses Modell auf eine bisher ungekennzeichnete bzw. nicht klassifizierte Datenmenge angewandt.[183] Das Klassifikationsmodell dient somit zur Vorhersage von Klassenbezeichnungen für gegebene Daten[184]. Klassifikationsalgorithmen lassen sich in drei Kategorien Eager Learner („Fleißige Lerner"), Lazy Learner („Faule Lerner") und Active Learner („Aktive Lerner") unterteilen. *Eager Learner Algorithmen* erstellen bereits in der Trainingsphase generalisierte Klassifikationen, bevor der Algorithmus auf die eigentlich zu untersuchenden Daten angewandt wird. Eager Learner Algorithmen sind z. B. der Entscheidungsbaum oder die regelbasierte Klassifikation.[185] *Lazy Learner Algorithmen* erstellen Klassifikationen dagegen erst in der Testphase und nicht bereits in der Trainingsphase. Diese Algorithmen erfordern somit zur numerischen Vorhersage von Klassifikationen mehr Aufwand in der Testphase. Beispiele für diese Form der Klassifikationsalgorithmen sind der kNN (k-Nearest-Neighbor) Algorithmus und der CBR (Case-Based-Reasoning) Algorithmus.[186] *Active Learner Algorithmen* sind von einer hohen Effektivität der Klassifikation geprägt und daher besonders geeignet, wenn ein Mangel an Trainingsdaten vorliegt[187]. Ein Beispiel für einen Active Learner Klassifikationsalgorithmus sind Neuronale Netze.

Das **Clustering** beschreibt eine Methode zur Unterteilung bzw. Kategorisierung einer Datenmenge in verschiedene Teilmengen mit unbestimmten Zielvariablen[188]. Innerhalb eines Clusters ähneln sich die Merkmale der jeweiligen Teilmenge und differieren zu den Merkmalen anderer Cluster bzw. Teilmengen[189]. Clustering Algorithmen lassen sich in die vier verschiedene Methoden partitionierendes, hierarchisches, dichtebasiertes und rasterbasiertes Clustering unterteilen[190]. *Partitionierendes Clustering* ordnet Datenpunkte den einzelnen Clustern distanzbasiert zu, mit dem Ziel, die Streuung innerhalb eines Clusters zu minimieren und zwischen den einzelnen Clustern zu maximieren[191]. Wenn eine Datenmenge in verschiedene hierarchische Level unterteilt werden soll, wird *hierarchisches Clustering* verwendet[192]. Ergebnis hierbei ist ein Dendogramm, das eine Gruppierung von Objekten bzw. Datenpunkten auf unterschiedlichen Ähnlichkeitsebenen darstellt[193]. Das *dichtebasierte Clustering* fundiert auf der Idee, Cluster so lange weiter wachsen zu lassen, bis deren Dichte (Objektanzahl oder Datenpunkte) in der näheren Umgebung einen vorab definierten Schwellenwert überschreitet[194]. Beim *rasterbasierten Clustering* wird ein Objekt- bzw. Datenraum in eine definierte Anzahl von Zellen unterteilt, innerhalb derer die Clusteringoperationen erfolgen. Der Hauptvorteil dieser Clusteringmethode ist eine schnelle Verarbeitungszeit.[195]

---

[183] Vgl. Aggarwal (Data Classification), 2015, S. 2.
[184] Vgl. Han et al. (Data Mining), 2012, S. 328.
[185] Vgl. Han et al. (Data Mining), 2012, S. 422 f.
[186] Vgl. Han et al. (Data Mining), 2012, S. 423 ff.
[187] Vgl. Aggarwal et al. (Active Learning), 2015, S. 574.
[188] Vgl. Han et al. (Data Mining), 2012, S. 444.
[189] Vgl. Kantardzic (Data Mining Concepts), 2011, S. 250.
[190] Vgl. Han et al. (Data Mining), 2012, S. 450.
[191] Vgl. Kantardzic (Data Mining Concepts), 2011, S. 252.
[192] Vgl. Han et al. (Data Mining), 2012, S. 457.
[193] Vgl. Rokach (Clustering Algorithms), 2010, S. 278.
[194] Vgl. Han et al. (Data Mining), 2012, S. 449.
[195] Vgl. Han et al. (Data Mining), 2012, S. 450.

Die **Assoziationsanalyse** dient der Erkennung von Mustern innerhalb von Datensätzen. Mithilfe der Assoziationsanalyse kann die Affinität und Abhängigkeit zwischen einzelnen Merkmalen bzw. Variablen erkannt werden[196]. Folglich wird diese Data Mining Methode häufig für die Analyse des Kaufverhaltens verwendet, um z. B. zu erkennen, welche Produkte oftmals in Kombination erworben werden[197]. Um die Assoziationen mathematisch abbilden zu können, greifen Assoziationsalgorithmen auf Konfidenzberechnungen zurück[198].

2.2 Datenbasierte Dienstleistungen

Datenbasierte Dienstleistungen gewinnen innerhalb der Industrie zunehmend an Bedeutung[199]. Die Ursachen dafür sind auf mehrere Aspekte zurückzuführen. Dies sind einerseits äußere Einflüsse wie z. B. die Globalisierung[200] und andererseits die Weiterentwicklung technologischer Befähiger wie Sensorik, Aktorik oder Datenanalyseverfahren[201]. Eine Offerierung von datenbasierten Dienstleistungen ermöglicht es bspw. den Kunden, mithilfe von Externalisierungen der eigenen Aktivitäten die Kosten zu senken. Des Weiteren kann durch generierte Zeit- und Kostenvorteile die Kundenzufriedenheit aufgrund der Erzielung eines zusätzlichen Kundennutzens erhöht werden.[202]

Um den Begriff datenbasierte Dienstleistungen ausführlich beschreiben zu können, ist es erforderlich, das Themenfeld der Dienstleistungen sowie der industriellen Dienstleistungen im Allgemeinen zu erläutern. Dies bildet die Grundlage dafür, dass im weiteren Verlauf des Kapitels eine systematische Definition des Begriffs datenbasierter Dienstleistungen hergeleitet werden kann. Diese Herleitung ist erforderlich, da bislang keine einheitliche wissenschaftliche Begriffsdefinition für datenbasierte Dienstleistungen existiert. Darauf aufbauend wird die Bedeutung datenbasierter Dienstleistungen durch das Konzept der industriellen Servicetransformation erläutert. Abschließend werden die Wertschöpfungspotenziale datenbasierter Dienstleistungen im Zusammenhang mit dem Themenfeld Industrie 4.0 untersucht. Dies gelingt, indem der Anwendungskontext von Industrie 4.0 für datenbasierte Dienstleistungen analysiert wird.

2.2.1 Begriffsdefinition und Abgrenzung

Im Folgenden wird der Begriff Dienstleistung erläutert. Hierfür erfolgt zunächst eine Einordnung in die Gütersystematik. Dies bildet die Basis zur Herleitung einer Definition. Im Anschluss wird die Unterscheidung zwischen Dienstleistungen und industriellen Dienstleistungen beschrieben.

196 Vgl. Thompson (Data Mining Methods), 2014, S. 77.
197 Vgl. Maheshwari (Business Intelligence), 2015, S. 54.
198 Vgl. Han et al. (Data Mining), 2012, S. 254.
199 Vgl. Herterich et al. (Industrielle Dienstleistungen 4.0), 2015, S. 665.
200 Vgl. Boos et al. (Intelligente Werkzeuge), 2018, S. 4.
201 Vgl. Herterich et al. (Industrielle Dienstleistungen 4.0), 2015, S. 665.
202 Vgl. Bruhn; Hadwich (Dienstleistungen 4.0 – Erscheinungsformen), 2017, S. 6.

2.2.1.1 Dienstleistung

Um den Dienstleistungsbegriff terminologisch eindeutig beschreiben zu können, ist es erforderlich, **Dienstleistungen in die Gütersystematik** einzuordnen. Dienstleistungen werden den Wirtschaftsgütern zugerechnet[203]. Güter repräsentieren alle die Mittel, die der menschlichen Bedürfnisbefriedigung nutzbar gemacht werden können[204]. Ein Wirtschaftsgut liegt vor, „wenn das Angebot an einem Gut kleiner ist als die Sättigungsmenge der Nachfrage nach diesem Gut"[205]. Für die Beschreibung des Gutscharakters ordnen CORSTEN UND GÖSSINGER Dienstleistungen wie folgt in die Gütersystematik ein (vgl. Abbildung 9).

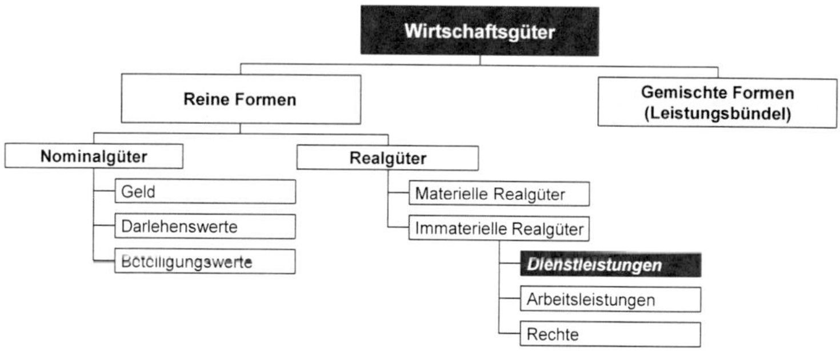

Abbildung 9: Einordnung von Dienstleistungen in die Gütersystematik[206]

Wirtschaftsgüter können in reine und gemischte Formen unterschieden werden, wobei letztere auch als Leistungsbündel bezeichnet werden. Reine Formen lassen sich in Nominal- und Realgüter unterteilen. Zu den Nominalgütern zählen Geld, Darlehenswerte und Beteiligungswerte.[207] Realgüter sind dagegen stets als ein Ergebnis eines Produktionsprozesses zu verstehen[208]. Realgüter werden terminologisch in materielle und immaterielle Realgüter untergliedert[209]. Dabei zählt ein Gut als immateriell, wenn es keine physische Substanz besitzt, also materiell nicht greifbar ist[210]. Dienstleistungen werden neben Arbeitsleistungen und Rechten den immateriellen Realgütern zugeordnet[211].

Die klare Trennung zwischen materiellen Realgütern (Sachleistungen) und immateriellen Dienstleistungen wird in der Literatur vielmals als Dichotomie von Sach- und Dienstleistungen bezeichnet[212]. Allerdings gestaltet sich in der Praxis eine trennscharfe Abgrenzung zwischen materiellen und immateriellen Gütern als schwierig, da viele Marktleistungen sowohl materielle

[203] Vgl. Corsten; Gössinger (Dienstleistungsmanagement), 2007, S. 19.
[204] Vgl. Maleri (Dienstleistungsproduktion), 1991, S. 55 f.
[205] Vgl. Corsten; Gössinger (Dienstleistungsmanagement), 2007, S. 19.
[206] I. A. a. Corsten; Gössinger (Dienstleistungsmanagement), 2007, S. 20.
[207] Vgl. Corsten; Gössinger (Dienstleistungsmanagement), 2007, S. 20.
[208] Vgl. Schuh; Gudergan (Management industrieller Dienstleistungen), 2016, S. 2.
[209] Vgl. Corsten; Gössinger (Dienstleistungsmanagement), 2007, S. 20.
[210] Vgl. Weber et al. (Einführung in die BWL), 2018, S. 3.
[211] Vgl. Corsten; Gössinger (Dienstleistungsmanagement), 2007, S. 20.
[212] Vgl. Engelhardt et al. (Leistungsbündel als Absatzobjekte), 1993, S. 395 ff.

als auch immaterielle Leistungsbestandteile umfassen[213, 214]. HILKE formuliert, dass der erfolgreiche Verkauf einer Sachleistung immer zumindest einer unterstützenden Dienstleistung bedarf[215]. Aus diesem Grund postulieren ENGELHARD ET AL. eine Typologie, um Leistungen realitätsgetreuer unterscheiden und einordnen zu können. Hierfür spannen die Autoren eine zweidimensionale Leistungstypologie auf, bestehend aus dem Integrationsgrad der Prozesse sowie dem Immaterialitätsgrad des Leistungsergebnisses.[216] Der Integrationsgrad beschreibt die Prozessdimension, d. h. die Ausprägung der Mitwirkung des Kunden beim Leistungserstellungsprozess. Der Immaterialitätsgrad bezieht sich dagegen auf die Ausprägung der Materialität des Dienstleistungsergebnisses.[217] Beide Dimensionen setzen sich somit aus den konstituierenden Faktoren für Dienstleistungen zusammen, nämlich der Immaterialität sowie der Integration eines externen Faktors (Kundenintegration)[218]. ENGELHARD ET AL. definieren auf dieser Basis vier verschiedene Leistungstypen (vgl. Abbildung 10).

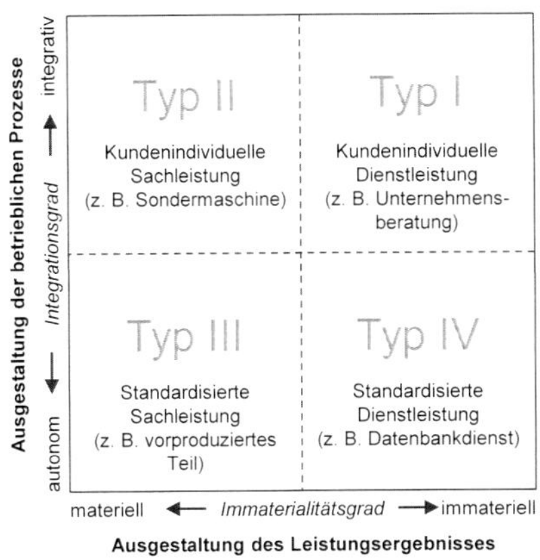

Abbildung 10: Typologie von Leistungen[219]

Die in Abbildung 10 dargestellten Typologien sind nicht als Entweder-oder-Zuordnungen zu verstehen, da beide Achsen als Kontinuum interpretiert werden müssen[220]. Aufgrund der präsentierten Typologie lassen sich Leistungen in jeweils standardisierte sowie kundenindividuelle Sach- und Dienstleistungen einteilen.

213 Vgl. Schuh; Gudergan (Management industrieller Dienstleistungen), 2016, S. 3.
214 Vgl. Shostack (How to Design a Service), 1982, S. 49.
215 Vgl. Hilke (Dienstleistungs-Marketing), 1989, S. 8.
216 Vgl. Engelhardt et al. (Leistungsbündel als Absatzobjekte), 1993, S. 415 ff.
217 Vgl. Engelhardt et al. (Leistungsbündel als Absatzobjekte), 1993, S. 416.
218 Vgl. Haller (Dienstleistungsmanagement), 2017, S. 7 ff.
219 I. A. a. Engelhardt et al. (Leistungsbündel als Absatzobjekte), 1993, S. 417.; i. A. a. Kühn (Lebenszyklusorientierte Leistungssysteme), 2016, S. 13.
220 Vgl. Engelhardt et al. (Leistungsbündel als Absatzobjekte), 1993, S. 416.

Die eindeutige **Definition von Dienstleistungen** wird erschwert, da in der Literatur eine Vielzahl von unterschiedlichen Definitionen des Begriffs Dienstleistung existiert, jedoch kein einheitliches Begriffsverständnis[221, 222, 223, 224, 225]. Die bestehenden Definitionen lassen sich in die drei Gruppen enumerative, negative sowie konstitutive Definition einteilen[226].

Der *enumerative Definitionsansatz* beinhaltet, dass eine Eingrenzung des Begriffs erfolgt, indem Beispiele für Dienstleistungen aufgeführt werden[227]. Nachteilig an diesem Vorgehen ist das Fehlen von eindeutigen Kriterien, um Dienstleistungen zweifelsfrei identifizieren zu können[228]. Die *Negativdefinition von Dienstleistungen* fundiert hingegen auf der direkten Abgrenzung der Dienstleistung zu Sachgütern. Diese Form der Definition wird allerdings als eine „wissenschaftliche Verlegenheitslösung“[229] angesehen, da der Erscheinungsvielfalt von Dienstleistungen hiermit keine ausreichende Rechnung getragen wird[230]. *Konstitutive Ansätze* basieren auf der Beschreibung von Merkmalen, welche für Dienstleistungen charakteristisch und begriffsbildend sind. Hierbei wird das Vorliegen dieser Merkmale als Bedingung von Dienstleistungen festgelegt.[231] Konstitutive Definitionen lassen sich dahingehend untergliedern, ob sie sich an der Tätigkeit, am Prozess, am Ergebnis oder am Potenzial orientieren[232]. Auf Basis der zuvor beschriebenen Erläuterungen richtet sich diese Arbeit somit an einer konstitutiven Definition für Dienstleistungen aus[233, 234, 235].

Die Entwicklung einer allgemein anerkannten konstitutiven Definition von Dienstleistungen gestaltet sich schwierig. RICHTER UND SOUREN verdeutlichen im Zuge dessen die enorme Vielfalt an unterschiedlichen Dienstleistungen als eine zentrale Herausforderung.[236] HILKE sieht jedoch die Schwierigkeit in der Definition des Dienstleistungsbegriffs nicht vorrangig in dieser Vielfalt, sondern vielmehr in der fehlenden Berücksichtigung der drei charakteristischen Phasen von Dienstleistungen (vgl. Abbildung 11). Darauf aufbauend postuliert HILKE, dass jeweils ein eigenes Merkmal für alle diese drei Phasen in einer konstitutiven Dienstleistungsdefinition enthalten sein muss.[237] Da sich eine Vielzahl der führenden Literatur im Themenfeld der Dienstleistungen auf die drei Phasen der Dienstleistung nach HILKE beruft, soll dieser Ansatz auch im vorliegenden Fall zur Erläuterung verwendet werden[238, 239, 240, 241].

---

221 Vgl. Engelhardt et al. (Leistungsbündel als Absatzobjekte), 1993, S. 404.
222 Vgl. Haller (Dienstleistungsmanagement), 2017, S. 13.
223 Vgl. Hertweck (Strategische Erneuerung), 2002, S. 29.
224 Vgl. Hilke (Dienstleistungs-Marketing), 1989, S. 10.
225 Vgl. Maleri (Dienstleistungsproduktion), 1991, S. 1 ff.
226 Vgl. Corsten; Gössinger (Dienstleistungsmanagement), 2007, S. 21.
227 Vgl. Meffert et al. (Dienstleistungsmarketing), 2018, S. 13.
228 Vgl. Corsten; Gössinger (Dienstleistungsmanagement), 2007, S. 21.
229 Vgl. Corsten; Gössinger (Dienstleistungsmanagement), 2007, S. 21.
230 Vgl. Hertweck (Strategische Erneuerung), 2002, S. 30.
231 Vgl. Hertweck (Strategische Erneuerung), 2002, S. 31.
232 Vgl. Meffert et al. (Dienstleistungsmarketing), 2018, S. 13.
233 Vgl. Corsten; Gössinger (Dienstleistungsmanagement), 2007, S. 21.
234 Vgl. Hertweck (Strategische Erneuerung), 2002, S. 31.
235 Vgl. Meffert et al. (Dienstleistungsmarketing), 2018, S. 13.
236 Vgl. Richter; Souren (Dienstleistungsbegriff), 2008, S. 32.
237 Vgl. Hilke (Dienstleistungs-Marketing), 1989, S. 10 f.
238 Vgl. Corsten; Gössinger (Dienstleistungsmanagement), 2007, S. 21 ff.
239 Vgl. Haller (Dienstleistungsmanagement), 2017, S. 10 ff.
240 Vgl. Meffert et al. (Dienstleistungsmarketing), 2018, S. 13 f.
241 Vgl. Schuh; Gudergan (Management industrieller Dienstleistungen), 2016, S. 5 ff.

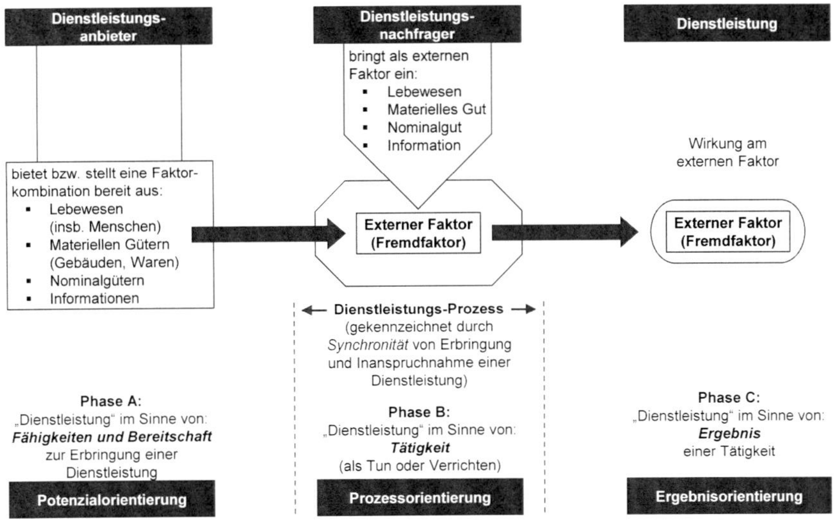

Abbildung 11: Konstitutive Merkmale einer Dienstleistung im phasenbezogenen Zusammenhang[242]

Phase A beschreibt die Situation, bevor die Dienstleistung umgesetzt wird. Dies bedeutet, dass die potenzialorientierte Perspektive die Dienstleistung als die Fähigkeit und Bereitschaft des Anbieters in Form eines Leistungsversprechens beschreibt[243]. Der Anbieter einer Dienstleistung muss somit das Potenzial besitzen, eine Dienstleistung realisieren zu können. Dieses Potenzial liegt vor, wenn der Anbieter leistungsfähig und leistungsbereit ist. Zu diesem Zweck benötigt der Dienstleistungsanbieter verschiedene Faktorkombinationen wie z. B. Menschen oder materielle Güter.[244]

Phase B betrachtet die Ausführung einer Dienstleistung durch die Kombination aus dem leistungsbereiten Potenzial des Dienstleistungsanbieters und dem kundenseitig eingebrachten externen Faktor[245]. Eine Durchführung des Dienstleistungsprozesses kann erst dann ausgeführt werden, wenn der Dienstleistungsnachfrager seinen Faktor integriert. An diesem Faktor wird gleichzeitig die Dienstleistung ausgeübt.[246] Im Zuge dieses Zusammenhangs wird von einer „Synchronität von Dienstleistungserbringung [...] und [...] Inanspruchnahme der Dienstleistung" gesprochen[247]. Weil der Dienstleistungsanbieter auf diesen fremden oder externen Faktor hochgradig angewiesen ist, können Dienstleistungen nicht bevorratet werden. Zusätzlich beeinflusst die Fähigkeit und Bereitschaft des externen Faktors, sich tatsächlich in den Prozess einbinden zu lassen, maßgeblich den Dienstleistungsprozess.[248]

242 I. A. a. Hilke (Dienstleistungs-Marketing), 1989, S. 15.
243 Vgl. Schuh; Gudergan (Management industrieller Dienstleistungen), 2016, S. 6.
244 Vgl. Hilke (Dienstleistungs-Marketing), 1989, S. 11 f.
245 Vgl. Schuh; Gudergan (Management industrieller Dienstleistungen), 2016, S. 6.
246 Vgl. Hilke (Dienstleistungs-Marketing), 1989, S. 12.
247 Vgl. Hilke (Dienstleistungs-Marketing), 1989, S. 12.
248 Vgl. Hilke (Dienstleistungs-Marketing), 1989, S. 12 f.

Phase C fokussiert die Dienstleistung als „Ergebnis einer abgeschlossenen [...] dienstleistenden Tätigkeit“[249]. Es ist somit das Resultat der Dienstleistungserbringung in Gestalt der Eigenschaftsveränderung der bei der Erbringung beteiligten Faktoren und insbesondere des externen Faktors[250]. HILKE beschreibt dieses Ergebnis von immaterieller Substanz[251]. Ausgehend von dieser wissenschaftlich weit verbreiteten Betrachtung der drei Phasen von Dienstleistungen leiten MEFFERT ET AL. eine Dienstleistungsdefinition folgendermaßen ab:

„Dienstleistungen sind selbstständige, marktfähige Leistungen, die mit der Bereitstellung [...] und/oder dem Einsatz von Leistungsfähigkeiten [...] verbunden sind *(Potenzialorientierung)*. Interne [...] und externe Faktoren [...] werden im Rahmen des Erstellungsprozesses kombiniert *(Prozessorientierung)*. Die Faktorenkombination des Dienstleistungsanbieters wird mit dem Ziel eingesetzt, an den externen Faktoren, an Menschen [...] und deren Objekten [...] nutzenstiftende Wirkungen [...] zu erzielen *(Ergebnisorientierung)*.“[252]

Obwohl der Begriff Service oftmals nur Verwendung für Zusatzleistungen von Konsumgüter- und Industriegüterherstellern findet, wird er im Rahmen dieser Arbeit synonym zum Begriff Dienstleistung benutzt, um keine Differenzen zum angloamerikanischen Wortgebrauch entstehen zu lassen[253, 254].

2.2.1.2 Industrielle Dienstleistung

Die vorliegende Arbeit thematisiert Dienstleistungen im industriellen Kontext der Branche Werkzeugbau. Aus diesem Grund ist es notwendig, den vorgestellten, allgemeinen Dienstleistungsbegriff für die Industrie einzugrenzen. Hierfür wird die von HOMBURG UND GARBE entwickelte Systematik industrieller Dienstleistungen als Grundlage verwendet (vgl. Abbildung 12).

Auf Basis dieser Systematik können Dienstleistungen in Bezug auf ihre Nachfrager in zwei Gruppen unterteilt werden. Wenn Dienstleistungen von Unternehmen bzw. Organisationen nachgefragt werden, ist von investiven Dienstleistungen die Rede. Eine Nachfrage von Endkonsumenten wird als konsumtive Dienstleistung bezeichnet.[255] Auf einer weiteren Ebene können investive Dienstleistungen hinsichtlich einer angebotsorientierten Sichtweise differenziert werden. So repräsentieren industrielle Dienstleistungen alle investiven Dienstleistungen, die von Industriegüterunternehmen bzw. von produzierenden Unternehmen angeboten werden[256]. Rein investive Dienstleistungen werden hingegen von Institutionen des tertiären Sektors angeboten, wie z. B. von Kreditinstituten oder Unternehmensberatungen[257].

---

249 Vgl. Hilke (Dienstleistungs-Marketing), 1989, S. 10.
250 Vgl. Schuh; Gudergan (Management industrieller Dienstleistungen), 2016, S. 7.
251 Vgl. Hilke (Dienstleistungs-Marketing), 1989, S. 13 ff.
252 Vgl. Meffert et al. (Dienstleistungsmarketing), 2018, S. 15.
253 Vgl. Haller (Dienstleistungsmanagement), 2017, S. 14.
254 Vgl. Meffert et al. (Dienstleistungsmarketing), 2018, S. 15.
255 Vgl. Garbe (Einfluss industrieller Dienstleistungen), 1998, S. 27 f.
256 Vgl. Garbe (Einfluss industrieller Dienstleistungen), 1998, S. 27 f.
257 Vgl. Schuh; Gudergan (Management industrieller Dienstleistungen), 2016, S. 7 f.

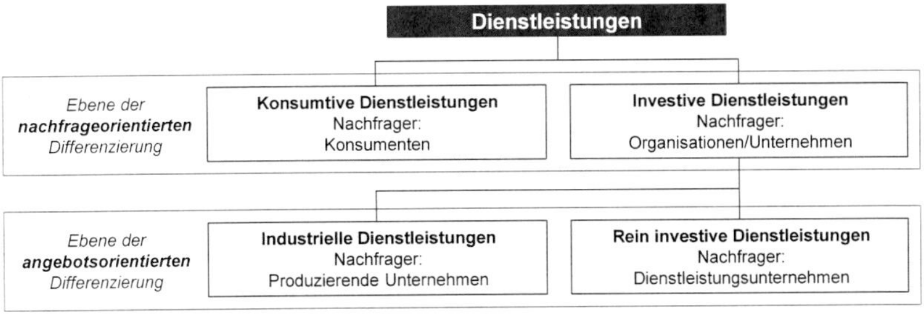

Abbildung 12: Systematik industrieller Dienstleistungen[258]

Industrielle Dienstleistungen können des Weiteren in primäre und sekundäre industrielle Dienstleistungen unterteilt werden. Primäre industrielle Dienstleistungen sind dadurch charakterisiert, dass sie autonom und selbstständig für sich existieren und dabei nicht mit einem Sachgut in Beziehung stehen (z. B. produktunabhängige Schulungen)[259]. Sekundäre industrielle Dienstleistungen beziehen sich dagegen unmittelbar auf ein anderes Absatzobjekt und sind dabei als Bestandteil untrennbar mit diesem verbunden[260]. Nachdem die Systematik industrieller Dienstleistungen vorgestellt wurde, soll im Folgenden der Begriff durch verschiedene Kriterien und ihre jeweiligen Ausprägungen detaillierter systematisiert werden. Hierfür wird der Ansatz von ENGELHARDT UND RECKENFELDERBÄUMER verwendet (vgl. Abbildung 13).

Kriterium	Ausprägungen		
Abnehmer	interner Kunde z. B. innerbetrieblicher Transport	externer Kunde z. B. Betreiber-Service	
Produktbezug	mit Produktbezug z. B. Maschinenreparatur	ohne Produktbezug z. B. Marketingschulung	
Vollzugsobjekt	eigenes Produkt z. B. Inbetriebnahme einer gelieferten Maschine	fremdes Produkt z. B. Reparatur einer Konkurrenzmaschine	
Stellung im Kaufprozess	Pre-Sales-Services z. B. Angebotserstellung	Sales-Services z. B. Verkaufsgespräch	After-Sales-Services z. B. Wartungsleistung
Inhalt	technische Services z. B. Reparatur	kaufmännische Services z. B. Wirtschaftlichkeitsstudie	
Art des externen Faktors	Person z. B. Beratung	Objekt z. B. Maschineninspektion	Informationen z. B. EDV-Programmerstellung
Dominanter Produktionsfaktor	Personal z. B. Kreditvermittlung	Kapital z. B. Computerdiagnose	

Abbildung 13: Kriterien zur Systematisierung industrieller Dienstleistungen[261]

Die Autoren zeigen auf, dass industrielle Dienstleistungen dahingehend unterschieden werden können, ob sie interne oder externe Kunden adressieren und ob sie einen Bezug zu einem Produkt haben. Des Weiteren können industrielle Dienstleistungen an einem eigenen oder an einem fremden Produkt vollzogen werden und innerhalb des Kaufprozesses vor, während oder nach dem eigentlichen Produktverkauf erbracht werden. Industrielle Dienstleistungen können

258 Vgl. Homburg; Garbe (Bestandsaufnahme industrieller Dienstleistungen), 1996, S. 259.
259 Vgl. Schuh; Gudergan (Management industrieller Dienstleistungen), 2016, S. 9.
260 Vgl. Homburg; Garbe (Industrielle Dienstleistungen), 1996, S. 69.
261 I. A. a. Engelhardt; Reckenfelderbäumer (Industrielles Service-Management), 2006, S. 226.

zudem in technische und kaufmännische Services untergliedert werden. Die Art des externen Faktors ist ein weiteres Systematisierungskriterium. So kann der externe Faktor durch eine Person, ein Objekt oder Informationen repräsentiert werden. Schließlich können industrielle Dienstleistungen dahingehend unterschieden werden, ob sich ihr dominierender Produktionsfaktor aus Personal oder Kapital zusammensetzt. Alle genannten Kriterien stellen dabei einen idealtypischen Abgrenzungscharakter dar. In der Praxis sind häufig Mischformen, d. h. Kombinationen von Ausprägungen eines Kriteriums, vorzufinden.[262] Die Kriterien zur Systematisierung von industriellen Dienstleistungen verdeutlichen ihren außerordentlich heterogenen Charakter[263]. Aufbauend auf die vorangegangenen Erläuterungen zur allgemeinen Systematik sowie zu Systematisierungskriterien von industriellen Dienstleistungen können diese wie folgt definiert werden:

„Industrielle Dienstleistungen sind von Industriegüterunternehmen für andere Unternehmen angebotene eigenständige Primärdienstleistungen als auch nicht eigenständige Sekundärdienstleistungen, die an Objekten und/oder Subjekten mit dem Ziel erbracht werden, an ihnen gewollte Wirkungen (Veränderungen oder Erhaltung bestehender Zustände) zu erreichen."[264]

2.2.2 Systematisierung des Begriffs datenbasierter Dienstleistungen

Der wissenschaftliche Diskurs zu datenbasierten Dienstleistungen befindet sich aktuell noch in den Anfängen. Eine Analyse der existierenden Literatur durch GRUBIC verdeutlicht, dass es sich bei datenbasierten Dienstleistungen um ein neues Forschungsfeld mit relativ wenig wissenschaftlichen Beiträgen handelt[265]. Insbesondere im Bereich der industriellen Anwendung steht die Forschung zu datenbasierten Dienstleistungen noch am Anfang[266]. Dies äußert sich in einer uneinheitlichen Terminologie, weshalb bisher kein gemeinsames Begriffsverständnis bzw. keine einheitliche Definition von datenbasierten Dienstleistungen existiert[267, 268]. Im Zuge dessen werden häufig unterschiedliche Begrifflichkeiten verwendet. „Datenbasierte Dienstleistungen"[269, 270], „Smart Services"[271, 272] und „Dienstleistungen 4.0"[273, 274] seien an dieser Stelle nur beispielhaft erwähnt. Für einen umfassenden Überblick über die Vielzahl verwendeter Begrifflichkeiten sei auf HUSMANN[275] verwiesen. Für die vorliegende Arbeit wird der Begriff datenbasierte Dienstleistung festgelegt. Die beschriebenen Randbedingungen machen es zwingend erforderlich, den Begriff datenbasierte Dienstleistungen systematisch zu analysieren und anschließend in eine Definition für die vorliegende Arbeit zu überführen.

---

[262] Vgl. Engelhardt; Reckenfelderbäumer (Industrielles Service-Management), 2006, S. 226 ff.
[263] Vgl. Engelhardt; Reckenfelderbäumer (Industrielles Service-Management), 2006, S. 228.
[264] Vgl. Gudergan (Koordinationsinstrumente industrieller Dienstleistungen), 2008, S. 28.
[265] Vgl. Grubic (Servitization), 2014, S. 121.
[266] Vgl. Jüttner et al. (Design von Smart Services), 2017, S. 339.
[267] Vgl. Biehl (Design Guidelines for Smart Services), 2017, S. 50.
[268] Vgl. Jüttner et al. (Design von Smart Services), 2017, S. 338.
[269] Vgl. Begovic (Datenbasiertes Wissensmanagement), 2018, S. 58 ff.
[270] Vgl. Maaß et al. (Smart Services in der Landwirtschaft), 2018, S. 167.
[271] Vgl. Cedeño et al. (Developing Smart Services), 2018.
[272] Vgl. Kampker et al. (Entwicklung von Smart Services), 2018.
[273] Vgl. Bruhn; Hadwich (Dienstleistungen 4.0 – Erscheinungsformen), 2017.
[274] Vgl. Herterich et al. (Industrielle Dienstleistungen 4.0), 2015.
[275] Vgl. Husmann (Markteinführung datenbasierter Dienstleistungen), 2020, S. 18.

2.2.2.1 Systematisierung bestehender Definitionen

In der Literatur existieren diverse Ansätze zur Definition und Beschreibung von datenbasierten Dienstleistungen. Eine Hauptursache hierfür ist, dass eine Differenzierung der Begrifflichkeiten fehlt und die Diskussion über datenbasierte Dienstleistungen nicht auf Basis einheitlicher Definitionsansätze geführt wird[276]. Aufgrund dessen wird im Folgenden eine systematische Literaturanalyse durchgeführt. Systematische Übersichtsarbeiten helfen bei der Entwicklung eines kollektiven Verständnisses, das auf einer theoretischen Synthese der verfügbaren Forschung basiert[277]. Um bisher existierende Definitionen datenbasierter Dienstleistungen analysieren zu können, wurden ausgewählte Recherchedatenbanken mit definierten Suchbegriffen abgeglichen. Abbildung 14 gibt einen Überblick zu den verwendeten Datenbanken und Suchbegriffen.

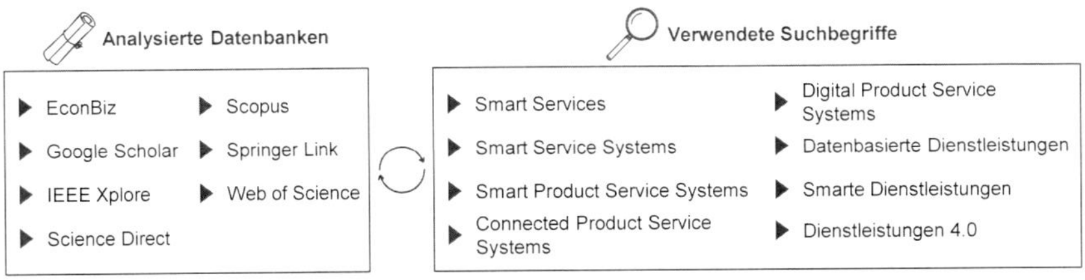

Abbildung 14: Datenbanken und Suchbegriffe zur Systematisierung bestehender Definitionen datenbasierter Dienstleistungen[278]

Die ausgewählten Datenbanken decken den Großteil veröffentlichter wissenschaftlicher Literatur ab. Die verwendeten Suchbegriffe sind an die von HUSMANN identifizierten Begrifflichkeiten im Kontext datenbasierter Dienstleistungen angelehnt[279]. Die Begrifflichkeiten wurden auf Treffer im Titel, Abstract, Keywords und Text der jeweiligen Quellen innerhalb der Datenbanken eingegeben. Alle von der Regel abweichenden Recherchevorgehen der jeweiligen Suchbegriffe und Datenbanken sind in Abbildung 15 entsprechend kenntlich gemacht und erläutert. Die Treffer wurden zunächst während einer ersten Prüfung durch Lesen des jeweiligen Titels, Abstract und Keywords geprüft. Hierdurch konnte eine erste Eignung der jeweiligen Veröffentlichungen für eine Definition datenbasierter Dienstleistungen sichergestellt werden. Die auf Basis dieser ersten Prüfung resultierenden Treffer sind in Abbildung 15 in hellblauen Feldern dargestellt. Durch Bereinigung der Dopplungen ergaben sich insgesamt 74 Veröffentlichungen, die im Anschluss auch textlich untersucht wurden. Durch das genaue Studium konnte eine Vielzahl der Ansätze für die Definition von datenbasierten Dienstleistungen ausgeschlossen werden, da bspw. unterschiedliche Domänen oder Anwendungsfelder im Vergleich zur vorliegenden Arbeit betrachtet werden. Durch dieses Vorgehen ergeben sich schließlich 16 Veröffentlichungen, die im Folgenden für die Definition von datenbasierten Dienstleistungen verwendet werden. Abbildung 15 gibt einen Überblick über die Suchergebnisse des zuvor beschriebenen Vorgehens.

---

276 Vgl. Husmann (Markteinführung datenbasierter Dienstleistungen), 2020, S. 20.
277 Vgl. Chowdhury et al. (Smart PSS), 2018, S. 27.
278 Eigene Darstellung.
279 Vgl. Husmann (Markteinführung datenbasierter Dienstleistungen), 2020, S. 18.

Datenbanken / Suchbegriffe	EconBiz	Google Scholar	IEEE Xplore	Science Direct	Scopus	Springer Link	Web of Science	Zeilensumme	
								Erste Prüfung [c]	Finale Prüfung [c]
Smart Services	71	1.130 [a]	36 [a]	78 [b]	261 [a]	55 [a]	79 [a]		
	15	37	1	3	22	12	6	46	12
Smart Service Systems	5	73 [a]	25	2 [b]	37 [a]	7 [a]	22 [a]		
	1	10	2	0	7	3	5	14	4
Smart Product Service Systems	3	276	2	51	46	16	31		
	1	11	0	3	6	5	3	13	1
Connected Product Service Systems	1	12	1	2	2	1	1		
	1	2	0	0	0	0	0	2	2
Digital Product Service Systems	2	82	1	22	5	6	2		
	0	8	0	2	2	0	1	8	1
Datenbasierte Dienstleistungen	1	123	0	0	0	47	0		
	1	6	0	0	0	5	0	7	3
Smarte Dienstleistungen	1	34	0	0	0	13	0		
	1	2	0	0	0	1	0	2	1
Dienstleistungen 4.0	13	285	0	4	0	97	0		
	1	7	0	1	0	6	0	11	3
							Summe aller Veröffentlichungen [c]:	*74*	*16*

Legende

a: Titel als Sucheinschränkung für den jeweiligen Begriff innerhalb der Veröffentlichungen der jeweiligen Datenbank

b: Titel, Abstract und Keywords als Sucheinschränkung für den jeweiligen Begriff innerhalb der Veröffentlichungen der jeweiligen Datenbank

c: Anzahl um Dopplungen bereinigt

(weiß) Anzahl der Treffer bei Suche des jeweiligen Begriffs in Anführungszeichen in der jeweiligen Datenbank

(grau) Anzahl der Treffer nach erster Prüfung von Titel, Abstract und Keywords

Abbildung 15: Suchergebnisse zur Systematisierung bestehender Definitionen datenbasierter Dienstleistungen[280]

Bei den insgesamt 16 identifizierten Veröffentlichungen handelt es sich um die Arbeiten von ALLMENDINGER UND LOMBREGLIA[281], PORTER UND HEPPELMANN[282], KAGERMANN ET AL.[283], WÜNDERLICH ET AL.[284], ANKE UND KRENGE[285], FREITAG ET AL.[286], KLEIN[287], PALUCH[288], ZOLNOWSKI ET AL.[289], CHOWDHURY ET AL.[290], FRANK ET AL.[291], KAMPKER ET AL.[292], BEVERUNGEN ET AL.[293], HEUERMANN ET AL.[294], STROBEL ET AL.[295] sowie HUSMANN[296].

280 Eigene Darstellung.
281 Vgl. Allmendinger; Lombreglia (Age of Smart Services), 2005.
282 Vgl. Porter; Heppelmann (Smarte Produkte), 2014.
283 Vgl. Kagermann et al. (Smart Service Welt), 2015.
284 Vgl. Wünderlich et al. (Futurizing Smart Service), 2015.
285 Vgl. Anke; Krenge (Wirtschaftlichkeit von Smart Services), 2016.
286 Vgl. Freitag et al. (Smart Service Lifecycle Management), 2017.
287 Vgl. Klein (Design Rules for Smart Services), 2017.
288 Vgl. Paluch (Smart Services), 2017.
289 Vgl. Zolnowski et al. (Data-Driven Business Models), 2017.
290 Vgl. Chowdhury et al. (Smart PSS), 2018.
291 Vgl. Frank et al. (Smart Services), 2018.
292 Vgl. Kampker et al. (Entwicklung von Smart Services), 2018.
293 Vgl. Beverungen et al. (Smart Service Systems), 2019.
294 Vgl. Heuermann et al. (Digitale Dienstleistungen), 2019.
295 Vgl. Strobel et al. (Smarte Dienstleistungen), 2019.
296 Vgl. Husmann (Markteinführung datenbasierter Dienstleistungen), 2020.

Eine genaue Analyse dieser 16 Veröffentlichungen zeigt, dass nicht alle Ansätze eine eigene Definition von datenbasierten Dienstleistungen aufweisen. Vielmehr referenziert die Mehrzahl dieser Ansätze auf andere Quellen, welche jedoch durch diese 16 identifizierten Veröffentlichungen abgedeckt werden. Lediglich ALLMENDINGER UND LOMBREGLIA, KAGERMANN ET AL., ANKE UND KRENGE, KLEIN, PALUCH sowie FRANK ET AL. weisen eigene Definitionen auf. Auch wenn PORTER UND HEPPELMANN keine eigene Definition von datenbasierten Dienstleistungen formulieren, ist ihr Ansatz der intelligenten Produkte (vgl. Kapitel 2.2.4.1) für viele Definitionen von datenbasierten Dienstleistungen elementar. Abbildung 16 verdeutlicht, dass nicht alle identifizierten Veröffentlichungen eigene Definitionen für datenbasierte Dienstleistungen beinhalten. Im linken Teil der Abbildung 16 wird durch Pfeile visualisiert, welche Ansätze sich für die Definition von datenbasierten Dienstleistungen auf bereits existierende Literatur stützen.

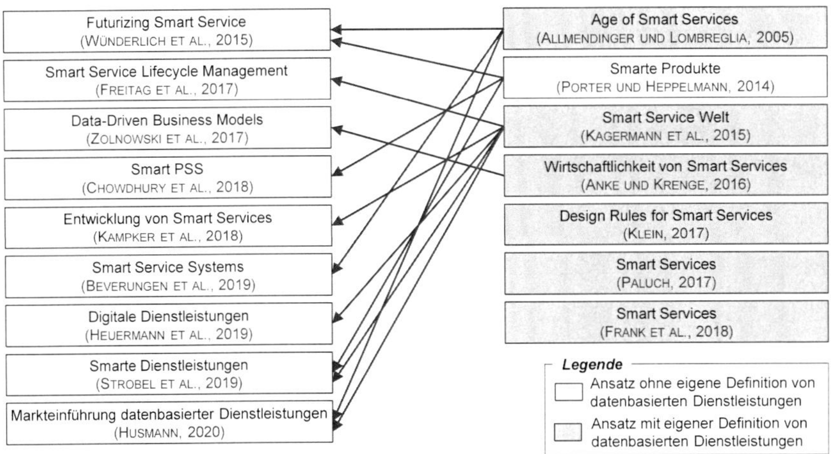

Abbildung 16: Literaturübersicht zur Begriffsdefinition von datenbasierten Dienstleistungen[297]

Im Folgenden werden die Ansätze mit eigenen Definitionen für datenbasierte Dienstleistungen hinsichtlich ihres Begriffsverständnisses einzeln untersucht. Darauf aufbauend erfolgt eine Synthese dieser Erkenntnisse zu einer für die vorliegende Arbeit geltenden Begriffsdefinition.

ALLMENDINGER UND LOMBREGLIA führen den Begriff Smart Services im Jahr 2005 zum ersten Mal ein[298]. In ihrer Veröffentlichung beschreiben sie unter diesem Begriff einen neuen Dienstleistungstyp. Die Autoren formulieren keine direkte Definition, sondern beschreiben vielmehr diverse Merkmale von Smart Services bzw. datenbasierten Dienstleistungen[299]. Die Seitenzahlen zu den jeweiligen Standortnachweisen in der Veröffentlichung von ALLMENDINGER UND LOMBREGLIA werden im Folgenden in Klammern angegeben. Gleiches Vorgehen wird im weiteren Verlauf von Kapitel 2.2.2.1 angewandt. Bei den Merkmalen handelt es sich um folgende:

297 Eigene Darstellung.
298 Vgl. Frank et al. (Smart Services), 2018, S. 307.
299 Vgl. Allmendinger; Lombreglia (Age of Smart Services), 2005, S. 131 ff.

- „build intelligence – that is, awareness and connectivity – into the products“ (S. 131),
- „preemtive“ (S. 132),
- „feedback and insight“ (S. 132),
- „visibility“ (S. 132),
- „four basic business models“ (S. 138).

Kagermann et al. beschreiben datenbasierte Dienstleistungen dagegen als „über das Internet individuell konfigurierte Pakete aus Produkten, Dienstleistungen und Diensten“[300]. Neben diesem Verständnis werden datenbasierte Dienstleistungen um die folgenden charakteristischen Merkmale ergänzt:

- „im Mittelpunkt steht der Nutzer mit seinen [...] Bedürfnissen“ (S. 4),
- „datengetriebene Geschäftsmodelle“ (S. 4),
- „flexible Vernetzung“ (S. 4),
- „automatisierte Kollaboration in digitalen Ökosystemen“ (S. 4),
- „digitale Plattformen“ (S. 4),
- „bedarfsgerecht“ (S. 11),
- „Intelligente Finanzierungs- und Versicherungskonzepte“ (S. 12).

Anke und Krenge definieren datenbasierte Dienstleistungen als „digitale Dienstleistungen für technische Produkte, die als Produkt-Service-System auf Basis von Cyber-[p]hysischen Systemen erbracht werden“[301]. Zusätzlich nennen die Autoren die nachfolgenden Eigenschaften von datenbasierten Dienstleistungen:

- „nutzungsabhängige Kosten für die Datenübertragung“ (S. 1277),
- „externe Services“ (S. 1277),
- „Services als Funktionskombination“ (S. 1278),
- „diverse Kostenarten“ (S. 1278).

Klein identifiziert eine Vielzahl unterschiedlicher Begriffsauffassungen und definiert datenbasierte Dienstleistungen daher wie folgt: „Smart services are technologically-mediated services actively delivered by the provider through accessing a remote asset and exchanging data through built-in control and/or feedback devices“[302]. Diese Definition setzt sich aus sechs charakteristischen Merkmalen zusammen:

- „technological mediation“ (S. 8),
- „active delivery“ (S. 8 f.),
- „accessing“ (S. 9),
- „remote“ (S. 9),
- „asset“ (S. 9),
- „exchanging data“ (S. 9).

[300] Vgl. Kagermann et al. (Smart Service Welt), 2015, S. 4.
[301] Vgl. Anke; Krenge (Wirtschaftlichkeit von Smart Services), 2016, S. 1277.
[302] Vgl. Klein (Design Rules for Smart Services), 2017, S. 8.

Paluch führt die Gedanken von Allmendinger und Lombreglia zum datenbasierten Dienstleistungsbegriff fort. Die Autorin definiert allerdings den Begriff aufgrund der veränderten Rahmenbedingungen neu. Demzufolge sind „Smart Services [...] digitale Dienstleistungen, die über eine intelligent vernetzte IT-Infrastruktur erbracht werden und in Verbindung mit physischen Objekten/Produkten durch kontinuierliche Datensammlung und Analyse einen Mehrwert generieren. Smart-Service-Leistungen umfassen die Überwachung und die Kontrolle von Funktionen, die Steuerung von Aktivitäten, die Leistungsoptimierung und die Automatisierung von Prozessen“[303]. Des Weiteren beschreibt Paluch folgende Merkmale von datenbasierten Dienstleistungen:

- „Aufbau neuer Geschäftsmodelle“ (S. 166),
- „Erschließung neuer Geschäftsfelder“ (S. 167),
- „Leistungsoptimierung“ (S. 167),
- „Kundenfokussierung“ (S. 167),
- „digitale Plattform“ (S. 171).

Frank et al. definieren „Smart Services [als] digitale Dienstleistungen, welche eine Sachleistung und ggf. eine physische Dienstleistung ergänzen bzw. auf deren Daten aufbauen. Smart Services unterscheiden sich von einem digitalen Feature darin, dass sie mit einem spezifischen Erlös- bzw. Geschäftsmodell am Markt angeboten werden und damit eine eigenständige Marktleistung sind. Smart Services können zwar getrennt von der zugehörigen Sachleistung gehandelt, aber nicht erbracht werden.“[304]. Im Zuge dessen werden physische Dienstleistungen als „Marktleistungen, welche primär durch einen Menschen in der physischen Umgebung erbracht werden“[305], beschrieben. Außerdem nennen Frank et al. folgende Charakteristika für datenbasierte Dienstleistungen:

- „Funktionen von Cyber-Physischen Systemen als Service“ (S. 306),
- „aus [...] Daten einer Sachleistung Mehrwert generieren“ (S. 306),
- „Produkt-Service-Systeme“ (S. 307).

Abbildung 17 zeigt einen geordneten Überblick der einzelnen Merkmale der zuvor beschriebenen Begriffserläuterungen. Hierbei werden insbesondere solche Merkmale aufgeführt, die eine inhaltliche Deckungsgleichheit zwischen den verschiedenen Definitionen aufweisen. Abbildung 17 verdeutlicht, dass sich aus den bestehenden Begriffsdefinitionen zu datenbasierten Dienstleistungen insgesamt sechs Merkmale für ein synthetisiertes Begriffsverständnis ableiten lassen. Alle Ansätze beschreiben, dass für die Erbringung von datenbasierten Dienstleistungen eine Kombination aus physischen und digitalen Komponenten erforderlich ist. Hieraus resultiert zusätzlich die Notwendigkeit der Integration von IKT als eine Art technische Voraussetzung von datenbasierten Dienstleistungen. Weiterhin kann die Generierung eines Mehrwerts auf Basis von Daten als ein Merkmal von datenbasierten Dienstleistungen abgeleitet werden. Bis auf Anke und Krenge ist dieses Merkmal in allen anderen Ansätzen wiederzufin-

303 Vgl. Paluch (Smart Services), 2017, S. 165.
304 Vgl. Frank et al. (Smart Services), 2018, S. 307.
305 Vgl. Frank et al. (Smart Services), 2018, S. 307.

den. Drei der sechs Ansätze beschreiben zudem, dass datenbasierte Dienstleistungen bedarfsgerechte und individuelle Leistungen für Kunden repräsentieren. Des Weiteren können aus fast allen Ansätzen die Serviceorientierung bzw. die Integration des Kunden sowie der Einfluss von datenbasierten Dienstleistungen auf das Geschäfts- bzw. Ertragsmodell als zwei weitere synthetisierte Merkmale von datenbasierten Dienstleistungen abgeleitet werden.

ALLMENDINGER UND LOMBREGLIA (2005)	▪ „build intelligence […] into the products"	▪ „intelligence" ▪ „visibility" ▪ „connectivity"	▪ „intelligence" ▪ „preemptive" ▪ „feedback and insight" ▪ „visibility"	▪ -	▪ „feedback and insight"	▪ „four basic business models"
KAGERMANN ET AL. (2015)	▪ „über das Internet" ▪ „Pakete aus Produkten, Dienstleistungen und Diensten"	▪ „über das Internet" ▪ „digitale Plattformen"	▪ „im Mittelpunkt steht der Nutzer mit seinen […] Bedürfnissen"	▪ „individuell konfigurierte Pakete" ▪ „im Mittelpunkt steht der Nutzer" ▪ „bedarfsgerecht"	▪ „flexible Vernetzung" ▪ „automatisierte Kollaboration in digitalen Ökosystemen"	▪ „datengetriebene Geschäftsmodelle" ▪ „intelligente Finanzierungskonzepte"
ANKE UND KRENGE (2016)	▪ „für technische Produkte" ▪ „als Produkt-Service-System"	▪ „auf Basis von Cyber-Physischen Systemen"	▪ -	▪ „Services als Funktionskombination"	▪ „digitale Dienstleistungen" ▪ „externe Services"	▪ „nutzungsabhängige Kosten für die Datenübertragung" ▪ „diverse Kostenarten"
KLEIN (2017)	▪ „technologically mediated services" ▪ „accessing a remote asset "	▪ „exchanging data through built-in control and/or feedback devices" ▪ „remote"	▪ „control and/or feedback"	▪ -	▪ „services actively delivered"	▪ -
PALUCH (2017)	▪ „in Verbindung mit physischen Objekten/ Produkten"	▪ „über eine intelligent vernetzte IT-Infrastruktur" ▪ „digitale Plattform"	▪ „durch kontinuierliche Datensammlung und Analyse einen Mehrwert generieren"	▪ „Kundenfokussierung" ▪ „Leistungsoptimierung"	▪ „digitale Dienstleistungen" ▪ „Kundenfokussierung"	▪ „Aufbau neuer Geschäftsmodelle" ▪ „Erschließung neuer Geschäftsfelder"
FRANK ET AL. (2018)	▪ „eine Sachleistung […] ergänzend" ▪ „können […] getrennt von der zugehörigen Sachleistung […] nicht erbracht werden" ▪ „Product-Service-Systeme"	▪ „Funktionen von Cyber-Physischen Systemen als Service"	▪ „auf […] Daten aufbauend" ▪ „aus […] Daten einer Sachleistung Mehrwert generieren"	▪ -	▪ „digitale Dienstleistungen"	▪ „mit einem spezifischen Erlös- bzw. Geschäftsmodell" ▪ „eigenständige Marktleistung"
Synthetisierte Merkmale datenbasierter Dienstleistungen	**Kombination aus physischen und digitalen Komponenten**	**Integration von IKT**	**Generierung von Mehrwert auf Basis von Daten**	**Kundenindividualität**	**Serviceorientierung/ Integration des Kunden**	**Einfluss auf das Geschäftsmodell bzw. Ertragsmodell**

Abbildung 17: Synthetisierte Merkmale datenbasierter Dienstleistungen[306]

[306] Eigene Darstellung.

2.2.2.2 Definition datenbasierter Dienstleistungen

Die sechs identifizierten Merkmale datenbasierter Dienstleistungen als Synthese der durchgeführten Begriffsanalyse aus Kapitel 2.2.2.1 bilden die Grundlage für eine ganzheitliche Definition des Begriffs. Für die vorliegende Arbeit wird im weiteren Verlauf folgende Definition datenbasierter Dienstleistungen verwendet:

Datenbasierte Dienstleistungen sind Dienstleistungen, welche sowohl physische als auch digitale Komponenten benötigen und einen Mehrwert auf Basis von Daten generieren. Datenbasierte Dienstleistungen zeichnen sich durch ein hohes Maß an Kundenindividualität, Serviceorientierung sowie die Integration von Informations- und Kommunikationstechnik aus. Datenbasierte Dienstleistungen haben zudem einen wesentlichen Einfluss auf das Geschäftsmodell bzw. Ertragsmodell des Anbieters.

2.2.3 Servicetransformation

Nachdem in den vorherigen Kapiteln die Begriffe Dienstleistungen, industrielle Dienstleistungen sowie datenbasierte Dienstleistungen systematisch eingeführt und für die vorliegende Arbeit definiert wurden, soll die übergeordnete Bedeutung von Dienstleistungen für produzierende Unternehmen betrachtet werden.

Branchenübergreifend ist eine Entwicklung erkennbar, die in der Wissenschaft als sogenannte „Servicetransformation“ bezeichnet wird. Die Servicetransformation besagt, dass Anbieter von physischen Produkten zunehmend zu Anbietern von Dienstleistungen werden.[307] Das Konzept beschreibt somit die Ausweitung des Dienstleistungsangebots eines Unternehmens[308]. Die Servicetransformation beinhaltet Potenziale zur Steigerung der Wertschöpfung, zur Intensivierung des Kunden- und Anbieterverhältnisses sowie zur Verbesserung der Wettbewerbsfähigkeit seiner Anbieter[309]. Damit eine Transformation vom Produktanbieter zum Dienstleistungsanbieter gelingen kann, ist insbesondere eine Intensivierung der Kunden- und Anbieterintegration notwendig. Wie bereits in Kapitel 2.2.1.1 erläutert, stellt die Integration eines externen Faktors ein zentrales konstitutives Merkmal von Dienstleistungen dar. Im Rahmen der Servicetransformation muss also die Frage beantwortet werden, inwiefern die Anbieter- und Kundenressourcen bei der Erbringung von Dienstleistungen zusammengeführt werden können.[310]

Als Treiber für den Wandel vom Produzenten zum Dienstleister ergeben sich die drei Perspektiven Unternehmens-, Kunden- und Konkurrenzperspektive. Aus *Unternehmensperspektive* können bspw. sinkende Margen der Kernprodukte oder ein volatiles Produktgeschäft genannt werden. Die *Kundenperspektive* beinhaltet z. B. die immer komplexer werdenden Kundenbedürfnisse als Treiber. Bei der *Konkurrenzperspektive* soll die Homogenisierung des Produktgeschäfts als beispielhafter Treiber genannt werden.[311]

---

307 Vgl. Bruhn; Hadwich (Servicetransformation), 2016, S. 6 f.
308 Vgl. Bruhn; Hadwich (Servicetransformation), 2016, S. 14.
309 Vgl. Bruhn et al. (Vom Produkthersteller zum Serviceanbieter), 2015, S. 57.
310 Vgl. Bruhn; Hadwich (Servicetransformation), 2016, S. 15.
311 Vgl. Gebauer et al. (Wandel vom Produzenten zum Dienstleister), 2016, S. 753 f.

Das Konzept der Servicetransformation findet seine Grundlage in der sogenannten Service-Dominant Logic (SDL) nach VARGO UND LUSCH.[312] Der SDL zufolge steht die Erbringung von Dienstleistungen, anstelle von materiellen Gütern, im Mittelpunkt wirtschaftlicher Austauschbeziehungen[313]. Im Gegensatz zur sogenannten Goods-Dominant Logic (GDL) werden bei der SDL die hergestellten Güter eines Unternehmens als Mechanismen für die Bereitstellung von Dienstleistungen angesehen[314]. Die SDL vereint somit Güter und Dienstleistungen unter dem Begriff Ressourcen, welche bei Gebrauch einen Nutzen für den Kunden erzielen. Demnach kann ein Unternehmen keinen Nutzen liefern, sondern lediglich ein Nutzenversprechen in Richtung des Kunden abgeben. Erst die Einbindung des Kunden in die Wertschöpfung ermöglicht die Erschaffung eines Mehrwerts.[315] Die SDL sieht den Kunden daher in erster Linie als einen Koproduzenten des Anbieters, der in der gesamten Wertschöpfungs- und Dienstleistungskette beteiligt sein kann. Nur durch eine Koproduktion zwischen Anbieter und Kunde können die Kundenbedürfnisse vollends befriedigt werden.[316]

Basierend auf dem Konzept der SDL beschreibt die Servicetransformation, neben der zentralen Bedeutung von Dienstleistungen anstelle von Produkten, also auch eine zunehmende Interaktion zwischen Anbieter und Kunde sowie eine zunehmende Fokussierung der Kundenbedürfnisse. Wissenschaftlich gesehen erfolgt die Servicetransformation eines Unternehmens in verschiedenen Stufen entlang einer sogenannten Transformationslinie. Der Grad der Dienstleistungsorientierung, der Beitrag der Dienstleistungen zu Umsatz und Gewinn sowie die Kundenbindung eines Unternehmens steigen mit dem Verlauf der Transformationslinie[317]. Konkret können fünf verschiedene Entwicklungsstufen der Servicetransformation entlang der Transformationslinie unterschieden werden (vgl. Abbildung 18).

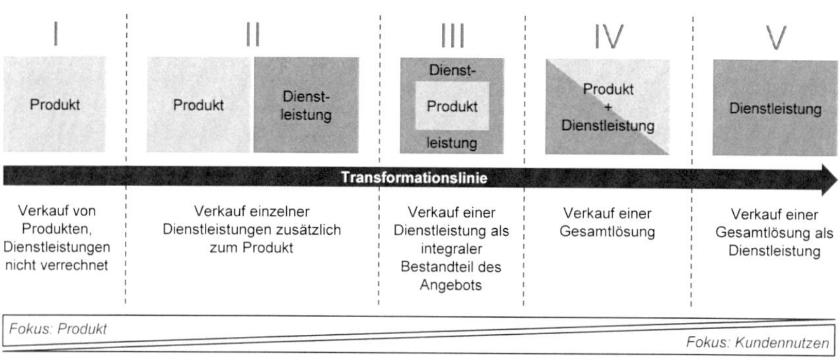

Abbildung 18: Wandel des Leistungsangebots im Rahmen der Servicetransformation[318]

[312] Vgl. Bruhn; Hadwich (Servicetransformation), 2016, S. 16.
[313] Vgl. Vargo; Lusch (New Dominant Logic), 2004, S. 1.
[314] Vgl. Vargo; Lusch (New Dominant Logic), 2004, S. 10.
[315] Vgl. Vargo; Lusch (New Dominant Logic), 2004, S. 6 ff.
[316] Vgl. Vargo; Lusch (New Dominant Logic), 2004, S. 11.
[317] Vgl. Schuh et al. (Strategisches Management), 2016, S. 44.
[318] I. A. a. Hildenbrand (Strategisches Dienstleistungsmanagement), 2006, S. 131. Weitere Literatur zum Konzept der Servicetransformation: vgl. Rabe et al. (Planning of Smart Services), 2018, S. 2952.; vgl. Biehl (Design Guidelines for Smart Services), 2017, S. 43.

Das *Anbieten von Produkten* repräsentiert die erste Stufe. Das Kerngeschäft umfasst hierbei die Herstellung und den Verkauf von physischen Produkten. Wenn Dienstleistungen angeboten werden, dienen sie zur Unterstützung des Produktverkaufs und werden kostenlos als „Add-on“ offeriert.[319] Die zweite Stufe beinhaltet das *Anbieten von einzelnen Dienstleistungen zusätzlich zum Produkt*. Obwohl das Kerngeschäft weiterhin im Verkauf von Produkten liegt, wird eine breitere Auswahl an Dienstleistungen zum Produkt angeboten. Sie dienen zur Erreichung von Nutzenpotenzialen, wie z. B. dem Umsatz- sowie Ertragspotenzial, da die Dienstleistungen nicht mehr kostenlos dem Kunden offeriert und zumindest bis zu einem gewissen Grad separat verrechnet werden.[320] Das *Anbieten von Dienstleistungen als integraler Bestandteil des Angebots* repräsentiert die dritte Stufe. Hierbei erfolgt die systematische Integration von Dienstleistungen in das Gesamtangebot zur Unterstützung der Kunden und deren Prozesse. Das Angebot kann als ein Leistungssystem verstanden werden.[321] Die vierte Stufe beinhaltet das *Anbieten einer Gesamtlösung*. Dienstleistungen werden hierbei zum Kerngeschäft durch die Offerierung von vollständigen Problemlösungen. Produkte werden weiterhin vom Anbieter verkauft. Sie stellen aber nicht mehr zwangsläufig den Kernbestandteil der Transaktion zwischen Kunde und Anbieter dar.[322] Die letzte Stufe der Servicetransformation beschreibt das *Anbieten der Gesamtlösung als Dienstleistung*. Im Zuge dessen ist eine Änderung des Geschäftsmodells notwendig, weil Unternehmen nun als Lösungsanbieter eine Gesamtlösung als eigentliche Dienstleistung verkaufen. Da ein Eigentumsübertrag zwischen Anbieter und Kunde nicht mehr zwingend erforderlich ist, trägt der Anbieter das operationelle Risiko und ist für die Prozesse des Kunden verantwortlich. Oftmals ist das neue Geschäftsmodell mit der Einführung outputorientierter Verrechnungsmodelle verbunden.[323]

Datenbasierte Dienstleistungen können als Katalysator zur Erreichung der fünften Stufe der Servicetransformation angesehen werden. Sie helfen dabei, produktzentrierte Geschäftsmodelle hin zu lösungsorientierten Gesamtlösungen für den Kunden zu transferieren[324]. Weiterhin verschwimmt durch Industrie 4.0 eine eindeutige Grenze zwischen Dienstleistungen sowie Produkten und erlaubt Unternehmen die Fokussierung auf Lösungen entsprechend den Kundenbedürfnissen[325]. Auf Basis der in der Industrie zunehmenden Entwicklung der Servicetransformation soll im Folgenden der Anwendungskontext von Industrie 4.0 für datenbasierte Dienstleistungen betrachtet werden. Hieraus erfolgt schließlich eine Beschreibung der Wertschöpfungspotenziale von datenbasierten Dienstleistungen in Kombination mit dem Themenfeld Industrie 4.0.

---

319 Vgl. Hildenbrand (Strategisches Dienstleistungsmanagement), 2006, S. 132.
320 Vgl. Hildenbrand (Strategisches Dienstleistungsmanagement), 2006, S. 132 f.
321 Vgl. Hildenbrand (Strategisches Dienstleistungsmanagement), 2006, S. 133.
322 Vgl. Hildenbrand (Strategisches Dienstleistungsmanagement), 2006, S. 133.
323 Vgl. Hildenbrand (Strategisches Dienstleistungsmanagement), 2006, S. 133 f.
324 Vgl. Wünderlich et al. (Futurizing Smart Service), 2015, S. 444.
325 Vgl. Schuh et al. (Geschäftsmodell-Innovation), 2017, S. 7.

2.2.4 Industrie 4.0-Anwendungskontext für datenbasierte Dienstleistungen

Nachdem im vorherigen Kapitel 2.2.3 die industrielle Servicetransformation erläutert wurde, soll im folgenden Kapitel der Anwendungskontext von Industrie 4.0 für datenbasierte Dienstleistungen beschrieben werden. Dabei wird zunächst betrachtet, inwiefern datenbasierte Dienstleistungen und Industrie 4.0 technologisch miteinander in Beziehung stehen. Darauf basierend werden die datenbasierten Wertschöpfungspotenziale durch Industrie 4.0 erläutert.

2.2.4.1 Intelligente Produkte

CPS bilden ein zentrales befähigendes Element von Industrie 4.0, indem physische Systeme um Sensorik, Aktorik und Softwareunterstützung erweitert werden (vgl. Kapitel 2.1.2.1). Im Umkehrschluss bedeutet dies, dass intelligente Produkte (oftmals auch Smart Products genannt) als Resultat der Industrie 4.0 zu verstehen sind[326]. Das Prinzip intelligenter Produkte wurde flächendeckend durch PORTER UND HEPPELMANN in der Forschung geprägt. Sie postulieren, dass intelligente Produkte den Funktionsumfang herkömmlicher Produkte signifikant übertreffen und zu völlig neuen Geschäftsmöglichkeiten, wie z. B. datenbasierten Dienstleistungen, führen. Intelligente Produkte beschreiben die Autoren im Zuge dessen als Kombination aus physischen Komponenten (das Produkt selbst), intelligenten Komponenten (z. B. Sensorik) und Vernetzungskomponenten (z. B. Datenübertragungskomponenten).[327] PORTER UND HEPPELMANN greifen somit alle Elemente auf, die eine Einordnung von intelligenten Produkten in CPS erlauben.

Es wird festgehalten, dass die Entwicklung datenbasierter Dienstleistungen intelligente Produkte als Anwendungsfall voraussetzt[328]. Dies geht einher mit der Definition datenbasierter Dienstleistungen aus Kapitel 2.2.2.2. Intelligente Produkte erfordern schließlich die Anwendung bzw. Umsetzung der technologischen Befähiger von Industrie 4.0 (vgl. Kapitel 2.1.2). Die Themenfelder datenbasierte Dienstleistungen und Industrie 4.0 weisen daher einen engen Bezug zueinander auf. BRUHN UND HADWICH formulieren sogar, dass datenbasierte Dienstleistungen unmittelbar der Vision Industrie 4.0 folgen[329].

2.2.4.2 Datenbasierte Wertschöpfungspotenziale durch Industrie 4.0

Die Auswirkungen und die hieraus resultierenden Potenziale von Industrie 4.0 auf produzierende Unternehmen sind mannigfaltig. So wird Industrie 4.0 bspw. innerhalb von Unternehmen zu einer Veränderung aller Formen von Arbeiten beitragen. Hierbei kann es sich z. B. um die Organisation, Führung, Hierarchien, Assistenzsysteme oder die Mitarbeiterkompetenzen handeln. Jegliche Form der Arbeit in Produktionsunternehmen wird in Zukunft durch Industrie 4.0 beeinflusst und verändert werden.[330] Des Weiteren wird erwartet, dass Industrie 4.0 zu einem Anstieg der Produktionseffizienz um sechs bis acht Prozent pro Jahr führt[331]. Eine detaillierte Betrachtung all dieser Potenziale ist vor dem Hintergrund des Forschungsschwerpunkts der

[326] Vgl. Kagermann et al. (Smart Service Welt), 2015, S. 14.
[327] Vgl. Porter; Heppelmann (Smarte Produkte), 2014, S. 5 f.
[328] Vgl. Bullinger et al. (Smart Services), 2017, S. 100.
[329] Vgl. Bruhn; Hadwich (Dienstleistungen 4.0 – Erscheinungsformen), 2017, S. 8.
[330] Vgl. Kagermann et al. (Digitale Transformation), 2016, S. 7.
[331] Vgl. Kagermann et al. (Smart Service Welt), 2015, S. 14.

vorliegenden Arbeit nicht zielführend. Vielmehr soll im Folgenden analysiert werden, inwiefern datenbasierte Dienstleistungen dazu beitragen, marktseitige Wertschöpfungspotenziale durch Industrie 4.0 zu realisieren.

Seit der Proklamation von Industrie 4.0 im Jahr 2011 (vgl. Kapitel 2.1.1.1) wird den hieraus resultierenden Anwendungen ein großes wirtschaftliches Potenzial zugeschrieben. Bereits frühe Potenzialstudien prognostizieren in verschiedenen Positivszenarien allein für Deutschland Wertschöpfungspotenziale durch Industrie 4.0 zwischen 200 und 425 Mrd. € bis zum Jahr 2025[332]. Zum aktuellen Zeitpunkt muss jedoch konstatiert werden, dass bisher kein spürbarer Anstieg der deutschen Bruttowertschöpfung durch Industrie 4.0 erkennbar ist[333]. Dies liegt einerseits daran, dass Industrie 4.0-Anwendungen noch nicht flächendeckend implementiert sind und oftmals nur vereinzelt Anwendung finden[334]. Andererseits existieren bisher zu wenige Geschäftsmodelle, welche die technischen Potenziale von Industrie 4.0 bruttoinlandsproduktwirksam monetarisieren. Damit datenbasierte Geschäftsmodelle erzeugt werden können, bieten datenbasierte Dienstleistungen besondere Chancen. Diese müssen als eine Art Voraussetzung verstanden werden, um die technischen Möglichkeiten von Industrie 4.0 in konkrete Geschäftsmodelle zu überführen.[335]

Die Analyse von Daten erzeugt Wissen (vgl. Kapitel 2.1.2.6), welches in Form von datenbasierten Dienstleistungen dem Kunden offeriert werden kann. Hieraus lassen sich neuartige Geschäftsmodelle erzeugen, die eine Monetarisierung des Wissens gegenüber den Kunden ermöglichen.[336] Das besondere Potenzial datenbasierter Dienstleistungen auf Basis von Industrie 4.0 liegt somit darin, dass Leistungen individuell und anforderungsgerecht für den Kunden ausgelegt werden können und hierdurch ein bisher ungeahnter Nutzen für Kunden entsteht[337]. Dieser erzeugte Kundenmehrwert kann in Form von datenbasierten Geschäftsmodellen monetarisiert werden.

Zusammenfassend lässt sich festhalten, dass durch Industrie 4.0 neue Wertschöpfungspotenziale aufgrund datenbasierter Dienstleistungen gewonnen werden können. Sie ermöglichen die Erzeugung neuartiger und hochindividueller Leistungen, die für den Kunden einen nicht imitierbaren Mehrwert gegenüber der Konkurrenz erzeugen. Hieraus wird die Entwicklung neuartiger datenbasierter Geschäftsmodelle ermöglicht, die bisher unbekannte Einnahmequellen und -formen erzeugen[338].

2.3 Werkzeugbau

Die Erläuterungen der Grundlagen zum Betrachtungsbereich des Werkzeugbaus folgen dem Verständnis der Abteilung Unternehmensentwicklung des Lehrstuhls für Produktionssystematik am Werkzeugmaschinenlabor WZL der RWTH Aachen University. Aufgrund dessen basiert

332 Vgl. BMWi (Industrie 4.0), 2015, S. 3 f.
333 Vgl. Boos et al. (Tooling in Germany 2020), 2020, S. 21.
334 Vgl. Schuh et al. (Implement it), 2018, S. 6.
335 Vgl. Boos et al. (Tooling in Germany 2020), 2020, S. 21.
336 Vgl. Kagermann et al. (Smart Service Welt), 2015, S. 14.
337 Vgl. Boos et al. (Tooling in Germany 2020), 2020, S. 21.
338 Vgl. Porter; Heppelmann (Smarte Produkte), 2014, S. 13.

die Struktur von Kapitel 2.3 in Teilen auf diversen vorausgegangenen Arbeiten, wie z. B. von SALMEN[339], HENSEN[340] oder SCHULTES[341].

Der Werkzeugbau besitzt einen entscheidenden Einfluss auf die industrielle Wertschöpfung und ihre drei Zielgrößen Qualität, Kosten und Zeit[342]. Im Rahmen des fachwissenschaftlichen Diskurses wird die Branche häufig als sogenannter Befähiger der Serienproduktion bezeichnet[343]. Das folgende Kapitel soll detaillierte Begründungen der zentralen Bedeutung der Branche Werkzeugbau für die industrielle Wertschöpfung liefern. Hierfür wird zunächst ein allgemeines Begriffsverständnis geschaffen und anschließend die Branchenstruktur in Deutschland beschrieben. Darauf aufbauend wird das Leistungsspektrum der Branche Werkzeugbau erläutert, wobei ein Fokus auf datenbasierte Dienstleistungen gelegt wird. Abschließend erfolgt eine Beschreibung der Stellung des Werkzeugbaus in der industriellen Wertschöpfungskette sowie der typischen Kundeninteraktionen.

2.3.1 Begriffsdefinition und Abgrenzung

Ziel dieses Kapitels ist die wissenschaftliche Einführung der Begriffe „Werkzeug“ und „Werkzeugbau“. Dafür erfolgt zunächst die Beschreibung des Werkzeugbegriffs im Kontext der übergeordneten Branche Werkzeugbau. Anschließend wird der Begriff Werkzeugbau detailliert beschrieben.

2.3.1.1 Werkzeug

Dem Verein Deutscher Ingenieure (VDI) zufolge werden unter dem Begriff Werkzeug Fertigungsmittel verstanden, die zum Zweck der Form- oder Substanzveränderung mittels mechanischer bzw. physikalisch-chemischer Art auf ein bestimmtes Material einwirken[344]. Dieser allgemeinen Definition gehören allerdings auch Standardwerkzeuge wie Drehmeißel, Fräsköpfe, Bohrer, Schneidplatten oder Schleifscheiben an, welche jedoch nicht im Betrachtungsrahmen der vorliegenden Arbeit sind[345]. Daher wird die Definition von EVERSHEIM UND KLOCKE angewandt. Demzufolge werden im Werkzeugbau Hohlformwerkzeuge hergestellt, welche durch die „teilweise oder vollständige Abbildung der Werkstückform auf der Werkzeuggeometrie“ charakterisiert sind[346]. Beispiele für Hohlformwerkzeuge sind Presswerkzeuge oder Spritzgießwerkzeuge[347]. Werkzeuge können als ein passives Mittel zur Verrichtung von Arbeit aufgefasst werden, da sie in Verbindung mit weiteren Maschinen und Anlagen eingesetzt werden[348]. Im Kontext dieser Arbeit wird unter einem Werkzeug stets ein Hohlformwerkzeug verstanden. Zusammenfassend sind Hohlformwerkzeuge komplexe Produkte, die formgebende

339 Vgl. Salmen (Digital vernetzter Werkzeugbau), 2016, S. 36 ff.
340 Vgl. Hensen (Strategische Auslegung), 2017, S. 32 ff.
341 Vgl. Schultes (Digitale Lieferantenvernetzung), 2020, S. 47 ff.
342 Vgl. Eversheim; Klocke (Werkzeugbau mit Zukunft), 1998, S. 1 f.
343 Vgl. Schuh et al. (Fokus Automobilindustrie), 2013, S. 5.
344 Vgl. Verein Deutscher Ingenieure e. V. (VDI 2815), 1978. Diese Norm wurde im Jahr 2001 ersatzlos zurückgezogen, ist allerdings in der industriellen Praxis weiterhin in Gebrauch. Siehe dazu auch Frick (Geschäftsmodelle im Werkzeugbau), 2006, S. 20.
345 Vgl. Eversheim; Klocke (Werkzeugbau mit Zukunft), 1998, S. 25.
346 Vgl. Eversheim; Klocke (Werkzeugbau mit Zukunft), 1998, S. 25.
347 Vgl. Eversheim; Klocke (Werkzeugbau mit Zukunft), 1998, S. 25.
348 Vgl. Corsten; Gössinger (Produktionswirtschaft), 2016, S. 367.

Teile produzieren, mannigfaltige individuelle Funktionen und Merkmale aufweisen und deren Fokus unter anderem auf Präzision und Oberflächengüte der zu produzierenden Teile liegt.

2.3.1.2 Werkzeugbau

Der Begriff Werkzeugbau erfordert eine eindeutige Erläuterung, da er in der Literatur oftmals mit dem Begriff „Betriebsmittelbau" synonym verwendet wird (z. B. BRANKAMP[349]). Aufgrund des breiten Spektrums von Betriebsmitteln favorisiert FRICK jedoch eine begriffliche Trennung[350]. Laut EVERSHEIM UND KLOCKE zählen Vorrichtungen, Prüfmittel, Modelle und Sondermaschinen neben Hohlformwerkzeugen (vgl. Kapitel 2.3.1.1) ebenfalls zum Erzeugnisspektrum der Branche Werkzeugbau[351]. FRICK definiert daher den Werkzeugbaubegriff als übergeordneten Begriff für „Formenbau", „Werkzeug- und Formenbau", „Werkzeug- und Anlagenbau" sowie für weitere ähnliche Bezeichnungen[352]. Der Werkzeugbau ist charakterisiert durch eine kundenindividuelle Einzelfertigung mit komplexen Erzeugnissen[353]. Diese physischen Erzeugnisse des Werkzeugbaus werden stets als Betriebsmittel bezeichnet[354]. Der zuvor erläuterten Auffassung des Werkzeugbaubegriffs wird in dieser Arbeit gefolgt. Während sich der Begriff Werkzeugbau in dieser Arbeit stets auf die gesamte Branche bezieht, repräsentiert der Begriff Werkzeugbaubetrieb dagegen ein einzelnes Unternehmen dieser Branche.

Um die Besonderheiten der Branche Werkzeugbau zu verstehen, hilft ein Vergleich mit anderen Branchen hinsichtlich Erzeugnisstruktur und Fertigungsart (vgl. Abbildung 19).

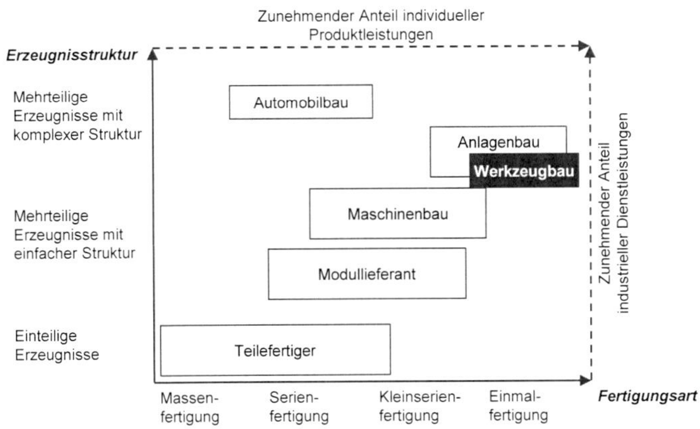

Abbildung 19: Industrielle Einordnung der Branche Werkzeugbau[355]

349 Vgl. Brankamp (Werkzeug- und Betriebsmittelbau), 1991, S. 5.
350 Vgl. Frick (Geschäftsmodelle im Werkzeugbau), 2006, S. 20.
351 Vgl. Eversheim; Klocke (Werkzeugbau mit Zukunft), 1998, S. 25.
352 Vgl. Frick (Geschäftsmodelle im Werkzeugbau), 2006, S. 21.
353 Vgl. Boos (Modulare Werkzeuge), 2008, S. 41.
354 Vgl. Frick (Geschäftsmodelle im Werkzeugbau), 2006, S. 21.
355 I. A. a. Frick (Geschäftsmodelle im Werkzeugbau), 2006, S. 22.; i. A. a. Belz et al. (Erfolgreiche Leistungssysteme), 1997, S. 37.; i. A. a. Pollack (Entwicklung eines Informationssystems), 1995, S. 9.

Im Werkzeugbau werden mehrteilige Erzeugnisse mit sehr komplexer und stellenweise einfacher Struktur erzeugt. Zudem werden im Werkzeugbau in der Regel Unikate individuell für einen spezifischen Anwendungsfall des Kunden hergestellt (Einmalfertigung).[356] Der Individualitätsgrad der Produktleistung nimmt von der Massenfertigung über die Serien- und Kleinserienfertigung hin zur Einmalfertigung zu. Abbildung 19 verdeutlicht des Weiteren, dass sich, gemäß der Auffassung von BELZ ET AL., der Dienstleistungsanteil bei komplexen Produkten infolge des höheren Beratungsbedarfs erhöht.[357] Die Branche Werkzeugbau ist daher wegen ihres hohen charakteristischen Individualitätsgrads für einen hohen Dienstleistungsanteil prädestiniert.

Grundsätzlich lässt sich der Werkzeugbau über seinen Marktzugang in die beiden Typen „externer Werkzeugbau“ und „interner Werkzeugbau“ unterteilen[358]. Beide Typen sind in etwa gleich häufig in Deutschland vorzufinden. Diese Gleichverteilung hat sich auch im Zuge von wirtschaftlich starken sowie schwachen Zeitperioden innerhalb der letzten Jahre nicht signifikant verändert.[359]

Ein **externer Werkzeugbau** stellt ein rechtlich eigenständiges und unabhängiges Unternehmen dar, das im Auftrag von verschiedenen Unternehmen Werkzeuge herstellt und auf verschiedene Kapitalquellen zugreifen kann[360]. Aus betriebswirtschaftlicher Sicht ist das Hauptziel eines externen Werkzeugbaus die Gewinnmaximierung[361]. Da der externe Werkzeugbau gewöhnlicherweise auf einen breiten branchenübergreifenden Kundenstamm zurückgreifen kann, ist er in der Lage, das Risiko von Auslastungsschwankungen in einzelnen Kundensegmenten besser auszugleichen[362].

Ein **interner Werkzeugbau** ist Teil des übergeordneten Unternehmens und in die jeweilige Aufbauorganisation integriert[363]. Die Hauptaufgabe des internen Werkzeugbaus ist die Versorgung des Mutterunternehmens mit Werkzeugen, um die Serienproduktion sicherzustellen. Hierunter zählen ebenso kurzfristige Reparaturen und Wartungen. Im Gegenzug wird die Existenz des Werkzeugbaus durch das Mutterunternehmen als Kapitalgeber gesichert.[364] Hinzu kommt, dass ein interner Werkzeugbau zum Schutz von Know-how-Verlust des Mutterunternehmens beiträgt und eine gewisse Unabhängigkeit von externen Anbietern ermöglicht[365]. Für einen internen Werkzeugbau existieren verschiedene Integrationsmöglichkeiten in die Aufbauorganisation des Mutterunternehmens. Darunter zählen die Abteilung, das Cost-Center oder das Profit-Center.[366]

[356] Vgl. Frick (Geschäftsmodelle im Werkzeugbau), 2006, S. 21 f.
[357] Vgl. Belz et al. (Erfolgreiche Leistungssysteme), 1997, S. 35 ff.
[358] Vgl. Eversheim; Klocke (Werkzeugbau mit Zukunft), 1998, S. 3.
[359] Vgl. Gemeinsame Datenbank des Werkzeugmaschinenlabors WZL der RWTH Aachen und des Fraunhofer-Instituts für Produktionstechnologie IPT, Stand Januar 2021.
[360] Vgl. Eversheim; Klocke (Werkzeugbau mit Zukunft), 1998, S. 3 f.
[361] Vgl. Boos (Modulare Werkzeuge), 2008, S. 28.
[362] Vgl. Spennemann (Organisationsstrukturen), 2001, S. 12.
[363] Vgl. Eversheim; Klocke (Werkzeugbau mit Zukunft), 1998, S. 75.
[364] Vgl. Eversheim; Klocke (Werkzeugbau mit Zukunft), 1998, S. 3.
[365] Vgl. Zwicker (Kostenfaktor oder Erfolgsgeheimnis), 2009, S. 13.
[366] Vgl. Eversheim; Klocke (Werkzeugbau mit Zukunft), 1998, S. 4.

Als *Abteilung* ist der einzige Kunde das Mutterunternehmen, für das alle Leistungen erbracht werden. Die Gewinnmaximierung steht dabei nicht im Fokus und die Kosten werden vollständig durch das übergeordnete Unternehmen übernommen. Als *Cost-Center* muss der interne Werkzeugbau dagegen seine eigenen Kosten mit dem Ziel der Kosteneinhaltung bzw. Kostensenkung verantworten. Hinzu kommt, dass sich ein Cost-Center dem unternehmensexternen Wettbewerb stellen muss. Gleichzeitig erhält es aber auch die Chance, andere Kunden als nur das Mutterunternehmen zu bedienen. Ein interner Werkzeugbau als *Profit-Center* verfolgt das Ziel der Gewinnmaximierung. Dabei können erwirtschaftete Gewinne frei genutzt und entstandene Verluste müssen selbst ausgeglichen werden. Charakteristisch für das Profit-Center ist also, dass es als eigenständiges, auf dem Markt agierendes Unternehmen betrachtet wird, obwohl das Mutterunternehmen weiterhin als Kapitalgeber fungiert.[367]

2.3.2 Branchenstruktur

Im folgenden Kapitel wird die allgemeine Struktur der deutschen Branche Werkzeugbau beschrieben. In Deutschland repräsentiert der Werkzeugbau eine relativ kleine industrielle Branche, was insbesondere durch die Betrachtung der Anzahl von Betrieben und Mitarbeitern deutlich wird. Rund 3.800 Werkzeugbaubetriebe mit etwa 54.000 Mitarbeitern existieren aktuell[368]. Die deutsche Branche Werkzeugbau ist durch eine starke Heterogenität und Fragmentierung charakterisiert sowie größtenteils klein- und mittelständisch organisiert[369]. Fast die Hälfte aller deutschen Werkzeugbaubetriebe erwirtschaftet einen Jahresumsatz von weniger als 5,0 Mio. €. Einen Jahresumsatz von mehr als 10,0 Mio. € erwirtschaften rund 27 % der deutschen Werkzeugbaubetriebe (vgl. Abbildung 20).

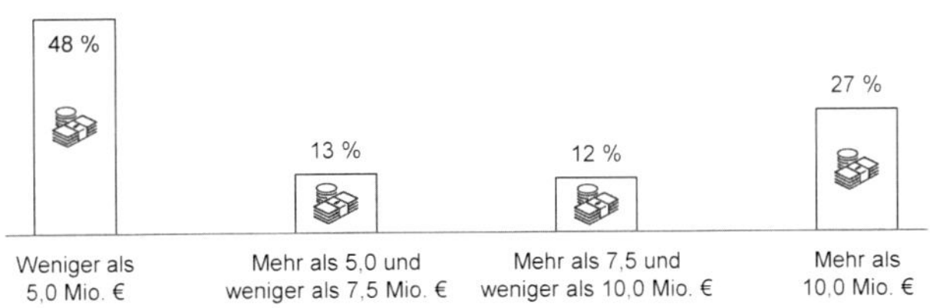

Abbildung 20: Umsatzverteilung der deutschen Branche Werkzeugbau[370]

Eine genauere Betrachtung der Größe von deutschen Werkzeugbaubetrieben, gemessen an der Mitarbeiteranzahl, unterstreicht ebenfalls die klein- und mittelständische Prägung. In 65 % der Fälle beschäftigen Werkzeugbaubetriebe weniger als 50 Mitarbeiter. Lediglich 1 % der Unternehmen besitzen eine Belegschaft von mehr als 100 Mitarbeitern (vgl. Abbildung 21). Vergleichsweise hohe Mitarbeiteranzahlen sind insbesondere bei internen Werkzeugbaubetrieben im Bereich der Automobilindustrie vorzufinden[371].

367 Vgl. Eversheim; Klocke (Werkzeugbau mit Zukunft), 1998, S. 75 ff.
368 Vgl. Boos et al. (Tooling in Germany 2020), 2020, S. 13.
369 Vgl. Boos et al. (Tooling in Germany 2020), 2020, S. 13.
370 Vgl. Gemeinsame Datenbank des Werkzeugmaschinenlabors WZL der RWTH Aachen und des Fraunhofer-Instituts für Produktionstechnologie IPT, Stand Januar 2021.
371 Vgl. Boos et al. (Tooling in Germany 2020), 2020, S. 13.

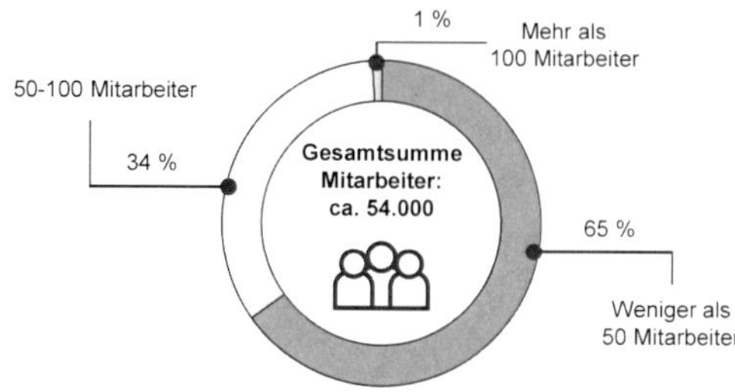

Abbildung 21: Mitarbeiterverteilung der deutschen Branche Werkzeugbau[372]

Die Branche Werkzeugbau wird innerhalb des Verbands Deutscher Maschinen- und Anlagenbau (VDMA) zur übergeordneten Branche der Präzisionswerkzeuge zugeordnet. Hierzu zählen die Bereiche Werkzeugbau, Zerspanwerkzeuge, Spannzeuge und Reparaturen/Nachschleifen.[373] Mit ca. der Hälfte des Gesamtumsatzes der Branche Präzisionswerkzeuge ist der Werkzeugbau der umsatzstärkste Bereich der Branche (vgl. Abbildung 22).

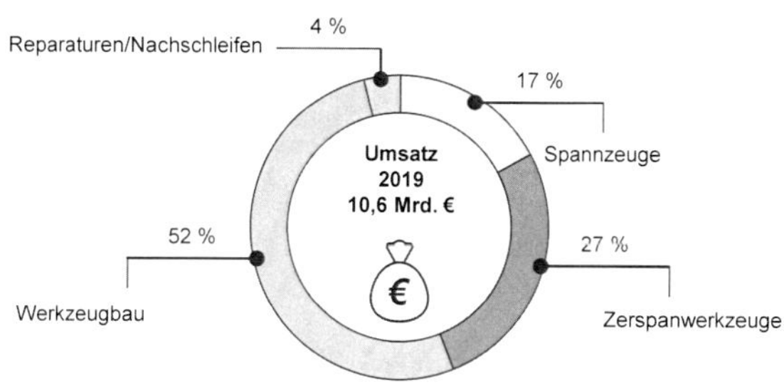

Abbildung 22: Umsatzverteilung der deutschen Branche Präzisionswerkzeuge[374]

Eine genauere Betrachtung der Umsatzentwicklung der Präzisionswerkzeugindustrie zeigt, dass der Umsatz von 2010 bis 2018 anstieg. Vor dieser Zeitspanne bildete die Weltwirtschaftskrise im Jahr 2009 mit einem Umsatzrückgang von rund 26 % eine Ausnahme. Die negativen Auswirkungen dieser Krise auf die Branche äußern sich unter anderem auch darin, dass das Vorkrisenniveau des Umsatzes in Höhe von 8,5 Mrd. € erst wieder in 2012 erreicht werden konnte. Im Jahr 2018 lag der Umsatz bei 11,2 Mrd. € (vgl. Abbildung 23). Neben dem Umsatzrückgang im Jahr 2019 erwartet der Fachverband ebenfalls einen Umsatzrückgang für das Jahr 2020. Als zentrale Ursachen sind hierfür neben der Corona-Pandemie (SARS-CoV-2-Pandemie) der Strukturwandel der Automobilindustrie sowie sinkende globale Wirtschaftsnachfragen zu nennen[375].

[372] Vgl. Gemeinsame Datenbank des Werkzeugmaschinenlabors WZL der RWTH Aachen und des Fraunhofer-Instituts für Produktionstechnologie IPT, Stand Januar 2021.
[373] Vgl. Verband Deutscher Maschinen- und Anlagenbau e. V. (Jahrespressekonferenz 2019), 2019, S. 4.
[374] I. A. a. Verband Deutscher Maschinen- und Anlagenbau e. V. (Statistisches Handbuch), 2020, S. 117 f.
[375] Vgl. Verband Deutscher Maschinen- und Anlagenbau e. V. (Jahrespressekonferenz 2020), 2020.

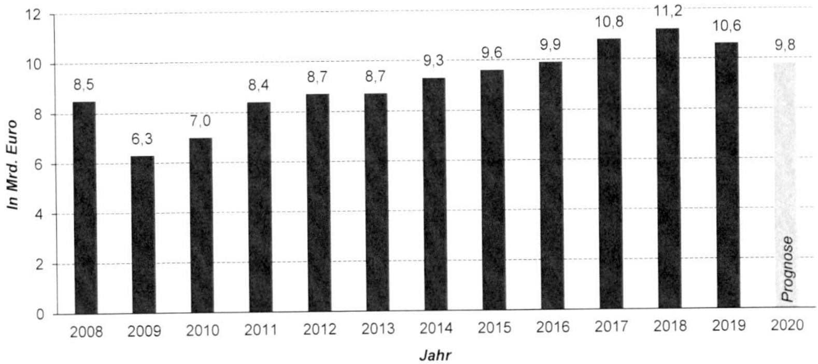

Abbildung 23: Umsatzentwicklung und -prognose der Branche Präzisionswerkzeuge[376]

2.3.3 Leistungsspektrum

Das Leistungsspektrum des Werkzeugbaus ist durch den Verkauf des Kernprodukts Werkzeug charakterisiert. Daher werden zunächst die industriellen Sachleistungen im Werkzeugbau erläutert. Darauf aufbauend wird analysiert, inwiefern das Kernprodukt um industrielle Dienstleistungen und datenbasierte Dienstleistungen im Werkzeugbau ergänzt wird.

2.3.3.1 Industrielle Sachleistungen im Werkzeugbau

Hohlformwerkzeuge repräsentieren das Kernprodukt industrieller Sachleistungen der Branche Werkzeugbau (vgl. Kapitel 2.3.1.1). Sie finden in der Serienproduktion Verwendung und sind in der Regel Unikate. Das Spektrum von Hohlformwerkzeugen ist von einer großen Varianz geprägt. So schwanken bspw. Massen zwischen hundert Kilogramm und vierzig Tonnen[377] sowie Teileanzahlen von wenigen hundert bis mehreren tausend Bauteilen[378]. Neben der hohen Vielfalt herzustellender Werkzeuge ist ihre Produktion oftmals durch eine hohe Komplexität geprägt. Dabei sind geringe Toleranzen, eine hohe Oberflächengüte sowie komplizierte Geometrien als wesentliche Komplexitätstreiber im Werkzeugbau auszumachen[379]. Zudem umfasst das Spektrum industrieller Sachleistungen neben den Hohlformwerkzeugen auch Vorrichtungen und Prüfmittel, Modelle und Prototypen sowie Systemische Anwendungen (vgl. Abbildung 24)[380].

---

376 Vgl. Verband Deutscher Maschinen- und Anlagenbau e. V. (Jahrespressekonferenz 2020), 2020; Wert des Jahres 2019 entnommen aus Verband Deutscher Maschinen- und Anlagenbau e. V. (Statistisches Handbuch), 2020, S. 118.

377 Vgl. Klotzbach (Industrieller Werkzeugbau), 2007, S. 46.

378 Vgl. Frick (Geschäftsmodelle im Werkzeugbau), 2006, S. 22.

379 Vgl. Klocke; Arntz (Technologien für den Werkzeugbau), 2004, S. 10 ff.

380 Vgl. Kozielski (Integratives Kennzahlensystem), 2010, S. 14.

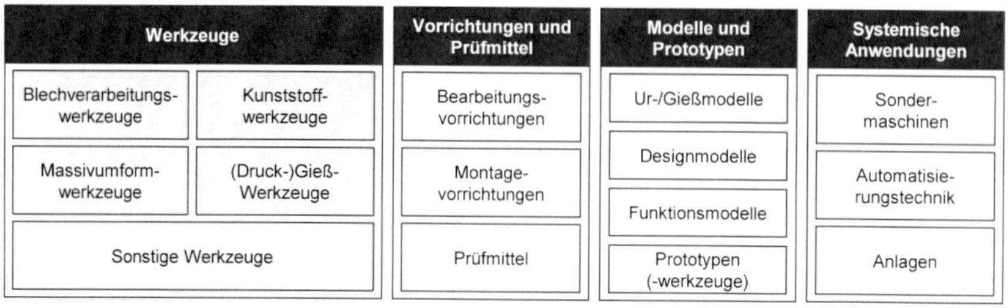

Abbildung 24: Sachleistungsspektrum der Branche Werkzeugbau[381]

Im Folgenden werden Hohlformwerkzeuge als zentrale industrielle Sachleistungen der Branche Werkzeugbau genauer erläutert.

Blechverarbeitungswerkzeuge werden in Stanz-Biegewerkzeuge und Tiefziehwerkzeuge untergliedert. Charakteristisch für Stanz-Biegewerkzeuge ist die Vereinigung von diversen Verfahren wie Blechfügen, -umformen und -zerteilen. Da die Verfahren zur Blechbearbeitung in der Regel in mehreren Arbeitsschritten ausgeführt werden, sind Stanz-Biegewerkzeuge häufig als Folgeverbund- oder Transferwerkzeuge ausgelegt.[382] Tiefziehwerkzeuge werden dagegen für die Zugdruckumformung von Blechteilen zu einem Hohlkörper verwendet[383]. Für die Herstellung von Blechteilen mit dreidimensionaler Geometrie repräsentiert das Tiefziehen das bedeutendste Fertigungsverfahren. Eine besondere Komplexität liegt hierbei in der prozesssicheren Beherrschung des Materialflusses, der Kenntnis der Grenzen, bis zu der die Umformung in einem Arbeitsgang erfolgen kann, sowie der Abschätzung der für die Formgebung erforderlichen Kraftwirkung.[384]

Bei fast allen **Kunststoffwerkzeugen** erfolgt der Formbildungsprozess in der Kavität durch Urformverfahren nach DIN 8580. Lediglich die Gruppe der Warmumformwerkzeuge im Bereich Kunststoff bildet dabei eine Ausnahme. Hier erfolgt der Formbildungsprozess wie bei Blechverarbeitungswerkzeugen durch Umformung.[385] Kunststoffwerkzeuge werden häufig mit Spritzgießwerkzeugen gleichgesetzt. Definitorisch gesehen bildet das Spritzgießen allerdings lediglich ein spezielles Verarbeitungsverfahren für Kunststoffe[386]. Jedoch repräsentieren Spritzgießwerkzeuge die häufigste und bedeutendste Form der Kunststoffwerkzeuge in Deutschland[387]. Wegen dieser wirtschaftlichen Bedeutung wird im Folgenden anstelle des Begriffs Kunststoffwerkzeug stets der Begriff Spritzgießwerkzeug verwendet. Mit Spritzgießwerkzeugen werden in der Regel Formteile mit gleich bleibender Qualität bis zu millionenfacher

---

381 I. A. a. Eversheim; Klocke (Werkzeugbau mit Zukunft), 1998, S. 25.; i. A. a. Kozielski (Integratives Kennzahlensystem), 2010, S. 14.

382 Vgl. Schuler GmbH (Handbuch der Umformtechnik), 1996, S. 123 ff.

383 Vgl. Schuler GmbH (Handbuch der Umformtechnik), 1996, S. 11.

384 Vgl. Klocke (Fertigungsverfahren 4), 2017, S. 352.

385 Vgl. Mennig (Werkzeuge für Kunststoffverarbeitung), 1995, S. 3.

386 Vgl. Westkämper et al. (Einführung in die Fertigungstechnik), 2010, S. 212.

387 Vgl. Mennig (Werkzeuge für Kunststoffverarbeitung), 1995, S. 3.

Anzahl hergestellt[388]. Des Weiteren kommt es bei Spritzgießwerkzeugen zu sehr hohen Belastungen. So können Schließkräfte bis zu mehreren Tausend Tonnen und Forminnendrücke bis zu 2.000 bar auf das Spritzgießwerkzeug einwirken[389].

Unter **Massivumformwerkzeugen** wird die Umformung von metallischen, massiven Werkstoffen in einem oder mehreren aufeinander folgenden Kalt- oder Warmumformschritten verstanden[390]. Nach DIN 8580 wird von Massivumformung gesprochen, wenn ein Körper in alle drei Koordinatenrichtungen verändert wird[391]. Die bedeutendsten Verfahren der Massivumformung sind das Durchziehen, das Biegen, das Strangpressen, das Fließpressen, das Walzen, das Schmieden sowie das Stauchen[392].

(Druck-)Gießwerkzeuge repräsentieren die urformende Fertigung von Bauteilen aus schmelzflüssigem Metall. Bei der Verwendung von (Druck-)Gießwerkzeugen für die Herstellung von Werkstücken wird das Metall durch integrierte Kanäle in eine formgebende Kavität eingeführt. Nachdem das Metall erstarrt ist, wird das Werkzeug geöffnet und das Bauteil aus dem Formhohlraum entnommen.[393] Die Werkzeugvielfalt ist mit der von Spritzgießwerkzeugen vergleichbar. Ein Nachteil ist allerdings, dass die Lebensdauer von Druckgießformen infolge der höheren thermischen Belastungen signifikant geringer ist.[394]

Die restlichen Werkzeuge, die keiner der obigen Kategorien zuzuordnen sind, werden zur Gruppe der **sonstigen Werkzeuge** zusammengefasst. Hierzu zählen bspw. Sinter-Pressformen, bei denen eine urformende Bauteilfertigung durch metallisch-pulverförmiges Material unter hohem, homogenen Druck realisiert wird[395]. Ein weiteres Beispiel sind Galvanoformen, die zur Herstellung metallischer Werkstücke durch Galvanisieren eingesetzt werden[396].

Gemessen an den Produktionsvolumen der fünf präsentierten Werkzeugklassen sind Spritzgießwerkzeuge mit etwa 2,6 Mrd. € sowie Blech- und Massivumformwerkzeuge mit rund 2,5 Mrd. € die bedeutendsten und am häufigsten produzierten Hohlformwerkzeuge in Deutschland. (Druck-)Gießwerkzeuge haben mit durchschnittlich 0,5 Mrd. € Produktionsvolumen pro Jahr eine relativ kleine Bedeutung für die deutsche Branche Werkzeugbau ab.[397] Für das Produktionsvolumen aller sonstigen Werkzeuge liegen keine validen Zahlenwerte in öffentlich zugänglichen Datenbanken vor.

2.3.3.2 Industrielle Dienstleistungen im Werkzeugbau

Neben den industriellen Sachleistungen als Kernprodukt haben deutsche Werkzeugbaubetriebe das Potenzial industrieller Dienstleistungen erkannt, um sich im globalen Wettbewerb

388 Vgl. Menges et al. (Spritzgießwerkzeuge), 2007, S. V.
389 Vgl. Hopmann et al. (Technologie des Spritzgießens), 2017, S. 87.
390 Vgl. Kuhlmann (Corporate Tooling), 2017, S. 81.
391 Vgl. Deutsches Institut für Normung e. V. (DIN 8580: Fertigungsverfahren), 2003.
392 Vgl. Doege; Behrens (Handbuch Umformtechnik), 2010, S. 469 ff.
393 Vgl. Brunhuber (Druckgussfertigung), 1991, S. 187 f.
394 Vgl. Bilsing (Leistungsfähigkeit im Werkzeugbau), 2007, S. 5.
395 Vgl. Bilsing (Leistungsfähigkeit im Werkzeugbau), 2007, S. 5.
396 Vgl. Spur (Produktion), 2014, S. 120.
397 Vgl. Boos et al. (Tooling in Germany 2020), 2020, S. 14.

gegenüber Märkten mit geringeren Faktorkosten weiterhin behaupten zu können[398]. Daher lassen sich in der Praxis viele unterschiedliche Dienstleistungsangebote finden, welche in Kombination zur industriellen Sachleistung offeriert werden (vgl. Abbildung 25). Innerhalb der Abbildung 25 gibt die Prozentzahl an, wie viel Prozent der deutschen Werkzeugbaubetriebe die aufgeführten Dienstleistungen am Markt anbieten (Mehrfachnennung möglich). Dabei können die industriellen Dienstleistungen in vorgelagerte und nachgelagerte Dienstleistungen differenziert werden. Vorgelagert bedeutet, dass die Dienstleistung vor der eigentlichen Werkzeugnutzung erfolgt. Nachgelagert bedeutet dagegen, dass die Dienstleistung erst während der Werkzeugnutzung erbracht wird.

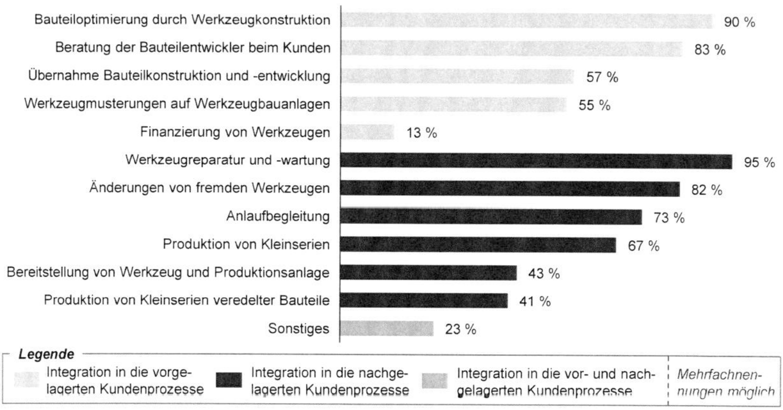

Abbildung 25: Übersicht angebotener industrieller Dienstleistungen im Werkzeugbau[399]

In Abbildung 25 fällt auf, dass sich deutsche Werkzeugbaubetriebe mehr auf nachgelagerte Dienstleistungen fokussieren. Bei einer grundsätzlichen Entwicklungsbetrachtung angebotener industrieller Dienstleistungen im Werkzeugbau über die letzten Jahre ist zu erkennen, dass industrielle Dienstleistungen an Bedeutung gewinnen. Dies äußert sich insbesondere dadurch, dass im Vergleich zu 2010 immer mehr deutsche Werkzeugbaubetriebe industrielle Dienstleistungen am Markt offerieren[400]. Viele Werkzeugbaubetriebe haben also erkannt, dass die Kombination aus Werkzeugen mit industriellen Dienstleistungen zur Sicherung des nachhaltigen Unternehmenserfolgs beiträgt[401]. Dieses Branchenpotenzial kommt auch dadurch zum Ausdruck, dass innerhalb der letzten Jahre eine Korrelation zwischen dem Unternehmenserfolg deutscher Werkzeugbaubetriebe und dem Angebot von Dienstleistungen identifiziert werden konnte[402].

Auch wenn die Bedeutung industrieller Dienstleistungen in der deutschen Branche Werkzeugbau gestiegen ist, muss konstatiert werden, dass sie oftmals nicht als strategische Relevanz

[398] Vgl. Boos et al. (Tooling in Germany 2018), 2018, S. 22.
[399] Eigene Darstellung. Vgl. Gemeinsame Datenbank des Werkzeugmaschinenlabors WZL der RWTH Aachen und des Fraunhofer-Instituts für Produktionstechnologie IPT, Stand Januar 2021.
[400] Vgl. Boos et al. (Tooling in Germany 2018), 2018, S. 22.
[401] Vgl. Schuh et al. (Operative Exzellenz), 2010, S. 27.
[402] Vgl. Begovic (Datenbasiertes Wissensmanagement), 2018, S. 70.

für das Produktportfolio angesehen werden. So werden die Dienstleistungen von den Werkzeugbaubetrieben meist lediglich verwendet, um die Funktionsfähigkeit des Werkzeugs sicherzustellen. Werkzeugbaubetriebe fokussieren sich überwiegend auf ihr Kerngeschäft und vernachlässigen die systematische Planung des Leistungsangebots. Es findet daher meist kein aktives Angebot von Dienstleistungen statt. Die eigenen Kernkompetenzen und die eigene strategische Unternehmensausrichtung, abgestimmt mit den Kundenbedürfnissen, bleibt hierbei oftmals unberücksichtigt.[403]

2.3.3.3 Datenbasierte Dienstleistungen im Werkzeugbau

Datenbasierte Dienstleistungen sind in der deutschen Branche Werkzeugbau bislang kaum verbreitet. Eine genauere Analyse der Branche verdeutlicht, dass lediglich rund 3 % der deutschen Werkzeugbaubetriebe datenbasierte Dienstleistungen gemäß dem Verständnis aus Kapitel 2.2.2.2 anbieten. Der Branche gelingt es aktuell also nicht, datenbasierte Dienstleistungen strukturiert auszulegen. Interessante Erkenntnisse ergeben sich weiterhin aus einer Analyse der aktuell angebotenen datenbasierten Dienstleistungen. Falls Werkzeugbaubetriebe datenbasierte Dienstleistungen anbieten, dann werden diese nur in einem Drittel der Fälle vom Kunden, neben dem Werkzeug, gekauft (vgl. Abbildung 26). Hinsichtlich datenbasierter Dienstleistungen versteht die deutsche Branche Werkzeugbau ihre Kunden somit nicht.[404]

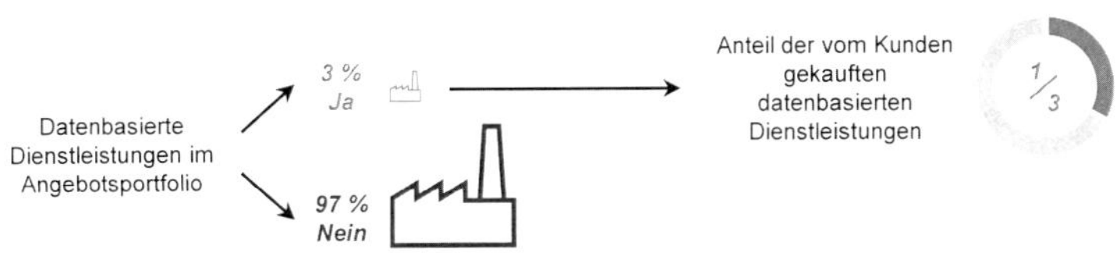

Abbildung 26: Datenbasierte Dienstleistungen im Werkzeugbau[405]

Die Definition von datenbasierten Dienstleistungen aus Kapitel 2.2.2.2 verdeutlicht, dass diese inhaltlich für den Werkzeugbau realisierbar sind. Um ein verbessertes Verständnis für diesen Themenkomplex innerhalb der Branche Werkzeugbau zu erlangen, ist es sinnvoll, datenbasierte Dienstleistungen in einer begrenzten Menge an Typen bzw. Kategorien zu betrachten. Die Kategorien helfen dabei, die Forschungsfrage hinsichtlich einer gewissen Allgemeingültigkeit für den Werkzeugbau beantworten zu können, aber gleichzeitig einem benötigten Differenzierungsgrad von datenbasierten Dienstleistungen gerecht zu werden.

Die Kategorisierung von datenbasierten Dienstleistungen erfolgt anhand unterschiedlicher Komplexitätsstufen. So existieren bspw. weniger oder sehr anspruchsvolle Kundenbedürfnisse, die durch datenbasierte Dienstleistungen befriedigt werden müssen. Gemäß der in Kapitel 2.2.2.2 aufgestellten Definition erzeugen datenbasierte Dienstleistungen einen „Mehrwert auf Basis von Daten". Daher basiert die Komplexitätskategorisierung von datenbasierten

403 Vgl. Kühn (Lebenszyklusorientierte Leistungssysteme), 2016, S. 42 f.
404 Vgl. Boos et al. (Tooling in Germany 2020), 2020, S. 21.
405 Eigene Darstellung. Vgl. Gemeinsame Datenbank des Werkzeugmaschinenlabors WZL der RWTH Aachen und des Fraunhofer-Instituts für Produktionstechnologie IPT, Stand Januar 2021.

Dienstleistungen auf den vier Stufen der Advanced Analytics (häufig auch Data Analytics[406] oder Business Analytics[407] genannt) und dem Industrie 4.0 Maturity Index der ACATECH.

Die vier aufeinander aufbauenden Stufen der Advanced Analytics wurden erstmalig im Rahmen des „Data Analytics Maturity Model“ von LINDEN ET AL. genannt. Sie beschreiben eine Reifegradbewertung von Unternehmen in Bezug auf deren datenanalytische Fähigkeiten.[408] Mit Durchlaufen der vier Stufen „Descriptive Analytics“, „Diagnostic Analytics“, „Predictive Analytics“ und „Prescriptive Analytics“ steigen die Analysekomplexität und der Wettbewerbsvorteil anwendender Unternehmen[409]. Es werden drei wesentliche Ziele mit Advanced Analytics verfolgt. Dazu zählen, dass der Einsatz analytischer Fähigkeiten die Strukturierung von großen Datenmengen sowie die Identifizierung von Ursache-Wirkungszusammenhängen ermöglicht. Zudem können gewonnene Informationen zur Prognose von zukünftigen Ereignissen bzw. Zuständen aggregiert werden.[410]

Das Verständnis über die vier Stufen der Advanced Analytics hat sich als wissenschaftlicher Standard im Themenbereich Data Analytics etabliert[411]. So wurde dieses Verständnis auch auf die vier Industrie 4.0-Reifegradstufen des Industrie 4.0 Maturity Index übertragen (vgl. Kapitel 2.1.1.1)[412]. Angelehnt an den Industrie 4.0 Maturity Index formuliert BEGOVIC weiterhin vier verschiedene Komplexitätsstufen für datenbasierte Dienstleistungen speziell für den Werkzeugbau. Differenzierungsmerkmale sind hierbei die Tiefe und Komplexität der genutzten Analysemethoden sowie die Kontinuität ihrer Erbringung. BEGOVIC benennt die vier Komplexitätsstufen wie folgt (aufsteigende Komplexität):

- Komplexitätsstufe 1: Quick-Wins,
- Komplexitätsstufe 2: Analytical Arguments,
- Komplexitätsstufe 3: Calculated Benefits und
- Komplexitätsstufe 4: Integrated Benefits.[413]

Im Folgenden werden die vier Komplexitätsstufen auf Basis der Definitionen von BEGOVIC, den vier Stufen der Advanced Analytics sowie dem Industrie 4.0 Maturity Index beschrieben, da alle drei Ansätze hohe inhaltliche Deckungsgleichheit aufweisen. Um die selbstklärende Verständlichkeit der Komplexitätsstufen zu verbessern, werden diese in deutscher Sprache benannt. In dieser Arbeit werden daher die vier aufeinander aufbauenden Komplexitätsstufen datenbasierter Dienstleistungen im Werkzeugbau mit folgender Nomenklatur festgelegt:

- Komplexitätsstufe 1: Deskriptive datenbasierte Dienstleistungen,
- Komplexitätsstufe 2: Diagnostische datenbasierte Dienstleistungen,
- Komplexitätsstufe 3: Prädiktive datenbasierte Dienstleistungen und
- Komplexitätsstufe 4: Präskriptive datenbasierte Dienstleistungen.

406 Vgl. Boos et al. (Intelligente Werkzeuge), 2018, S. 28.
407 Vgl. Lanquillon; Mallow (Advanced Analytics mit Big Data), 2015, S. 56.
408 Vgl. Linden et al. (Analytics Capabilities), 2013.
409 Vgl. Fair Isaac Corporation (Business Intelligence), 2013, S. 2 ff.
410 Vgl. Boos et al. (Intelligente Werkzeuge), 2018, S. 28.
411 Vgl. Wenking et al. (Manufacturing Data Analytics), 2017, S. 34.
412 Vgl. Schuh et al. (Industrie 4.0 Maturity Index), 2017, S. 15 ff.
413 Vgl. Begovic (Datenbasiertes Wissensmanagement), 2018, S. 203.

Die bestehenden Definitionen der vier Komplexitätsstufen fokussieren insbesondere, inwiefern der Anwender von der jeweiligen datenbasierten Dienstleistung profitiert (vgl. Abbildung 27).

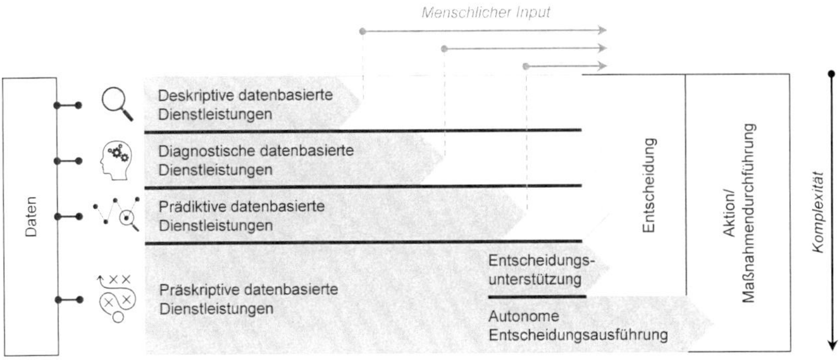

Abbildung 27: Komplexitätsstufen datenbasierter Dienstleistungen im Werkzeugbau[414]

Die geringste Komplexitätsstufe **deskriptive datenbasierte Dienstleistungen** basiert auf Descriptive Analytics. Diese Form der Data Analytics unterstützt bei der Analyse historischer und aktueller Daten, indem diese kategorisiert, charakterisiert, konsolidiert und klassifiziert werden, um aussagekräftige Informationen zu erhalten[415]. Hierdurch können Anwender ihre Prozessabläufe aufgrund einer gesteigerten Sichtbarkeit besser verstehen, ungewollte Ereignisse erkennen und ein digitales Abbild der Situation schaffen[416]. Deskriptive datenbasierte Dienstleistungen basieren somit auf der Gewinnung von Daten, um Transparenz über bestimmte Vorgänge während der Werkzeugnutzung im Serienproduktionsbetrieb zu erhalten. Weiterhin sind bspw. die Überwachung des Auftragsstatus, die Werkzeugortung oder eine automatische Dokumentationserstellung durch die strukturierte Aufnahme von Daten möglich[417]. Voraussetzung für die Entwicklung von deskriptiven datenbasierten Dienstleistungen ist, dass Werkzeugdaten gesammelt werden, bspw. durch im Werkzeug implementierte Sensorik[418].

Die zweite Komplexitätsstufe sind **diagnostische datenbasierte Dienstleistungen**. Sie beruhen auf dem Prinzip der Diagnostic Analytics. Hierdurch können Dienstleistungen auf Basis von Ursachenanalysen offeriert werden. Diagnostic Analytics erlaubt somit die Beantwortung von Gründen, Auswirkungen, Wechselwirkungen oder Folgen von Ergebnissen[419]. Im Vordergrund steht also nicht nur die Visualisierung von Informationen wie in der ersten Komplexitätsstufe, sondern vielmehr die spezifische Ableitung von Korrelationen und kausalen Zusammenhängen[420]. Die hierdurch entstehende Transparenz ermöglicht es, Wirkzusammenhänge ab-

414 I. A. a. Linden et al. (Analytics Capabilities), 2013.
415 Vgl. Evans (Business Analytics), 2017, S. 35.
416 Vgl. Schuh et al. (Industrie 4.0 Maturity Index), 2017, S. 16 f.
417 Vgl. Begovic (Datenbasiertes Wissensmanagement), 2018, S. 204.
418 Vgl. Boos et al. (Intelligente Werkzeuge), 2018, S. 35.
419 Vgl. Boos et al. (Intelligente Werkzeuge), 2018, S. 28.
420 Vgl. Lanquillon; Mallow (Advanced Analytics mit Big Data), 2015, S. 57.

zuleiten und diese richtig zu interpretieren. Notwendige Voraussetzung dabei ist, die erhobenen Daten kontextabhängig zu interpretieren.[421] Durch datenbasierte Dienstleistungen dieser Kategorie können also der Serienproduktionsbetrieb bzw. die Werkzeugnutzung nicht nur überwacht und visualisiert werden. Vielmehr ist es auch möglich, Wirkvorgänge im Werkzeug und somit den Serienproduktionsprozess besser zu verstehen. Diese datenbasierten Dienstleistungen ermöglichen die Suche nach Fehlerursachen und das Ableiten von Ursache-Wirkungs-Zusammenhängen sowie deren transparente Darstellung für den Kunden. Notwendig für die Realisierung solcher datenbasierter Dienstleistungen ist neben der verbauten Sensorik auch der Aufbau von Know-how für Datenanalysen, um mithilfe von Algorithmen Rückschlüsse aus den gewonnenen Daten zu ziehen.[422] Eine mögliche diagnostische datenbasierte Dienstleistung für den Werkzeugbau ist z. B. eine vernetzte Werkzeugzustandsüberwachung[423].

Prädiktive datenbasierte Dienstleistungen basieren auf Predictive Analytics. Diese Form der Data Analytics versucht Zukunftsereignisse zu prognostizieren, indem historische Daten analysiert, Korrelationsmuster und Wirkbeziehungen in diesen Daten erkannt und hieraus zukünftige Zustände zeitlich vorwärts extrapoliert werden[424]. Diese Prognosefähigkeit erlaubt die Simulation von Zukunftsszenarien und deren Bewertung anhand ihrer Eintrittswahrscheinlichkeiten. Aus diesen Informationen können rechtzeitig Entscheidungen abgeleitet und geeignete Maßnahmen frühzeitig eingeleitet werden.[425] Für den Werkzeugbau beinhalten datenbasierte Dienstleistungen dieser Komplexitätsstufe das Potenzial, robustere Serienproduktionsabläufe zu ermöglichen, weil unerwartete Störungen durch unerwartete Ereignisse reduziert werden können. Ein mögliches Beispiel ist die vorausschauende Wartung und Reparatur von Werkzeugen. Im Zuge dessen findet eine Wartung oder Reparatur nur statt, wenn eine entsprechende Abnutzung oder abnehmende Bauteilqualität tatsächlich vorliegt[426]. Weiterhin kann bspw. ein vorausschauendes Auslaufmanagement während des Produktionsauslaufs realisiert werden[427]. Neben der verbauten Sensorik im Werkzeug und dem Know-how der Mitarbeiter ist der Einsatz von intelligenten Algorithmen erforderlich, um auf der Grundlage von Vergangenheitsdaten Prognosemodelle erstellen zu können[428].

Die komplexeste Form datenbasierter Dienstleistungen wird durch die Stufe **präskriptive datenbasierte Dienstleistungen** repräsentiert. Basierend auf Prescriptive Analytics werden die Ergebnisse der beiden vorherigen Stufen, Diagnostic Analytics und Predictive Analytics, verwertet und in Entscheidungsempfehlungen oder in autonome Entscheidungsausführungen überführt[429]. Es handelt sich somit um die höchste Form der Entscheidungsunterstützung in Unternehmen[430]. Dies liegt daran, dass Entscheidungen mit den größten positiven Auswirkungen autonom und ohne menschliches Zutun in kürzester Zeit vorgeschlagen und die daraus

[421] Vgl. Schuh et al. (Industrie 4.0 Maturity Index), 2017, S. 17.
[422] Vgl. Boos et al. (Intelligente Werkzeuge), 2018, S. 35.
[423] Vgl. Begovic (Datenbasiertes Wissensmanagement), 2018, S. 204.
[424] Vgl. Evans (Business Analytics), 2017, S. 36.
[425] Vgl. Schuh et al. (Industrie 4.0 Maturity Index), 2017, S. 18.
[426] Vgl. Boos et al. (Intelligente Werkzeuge), 2018, S. 36.
[427] Vgl. Begovic (Datenbasiertes Wissensmanagement), 2018, S. 204.
[428] Vgl. Boos et al. (Intelligente Werkzeuge), 2018, S. 36.
[429] Vgl. Boos et al. (Intelligente Werkzeuge), 2018, S. 28.
[430] Vgl. Lanquillon; Mallow (Advanced Analytics mit Big Data), 2015, S. 57.

resultierenden Maßnahmen umgesetzt werden können[431]. Für die Branche Werkzeugbau resultiert hieraus das Potenzial, dass Serienproduktionsprozesse mit einer maximalen Prozessstabilität realisiert werden können. Falls es zu Störungen im Serienproduktionsprozess kommt, erfolgt eine autonome Regelung und Anpassung des Systems zurück in den Sollparameterbereich. Hierdurch können bspw. Wartungszeitpunkte des Werkzeugs bedarfsflexibel verschoben werden, hin zu optimalen Zeitpunkten, bei denen z. B. die Ersatzteile vorhanden sind, eine geringere Auslastung vorliegt oder die benötigten Mitarbeiter für die Wartung und Reparatur zur Verfügung stehen. Um präskriptive datenbasierte Dienstleistungen im Werkzeugbau realisieren zu können, bedarf es intelligenter Werkzeuge, die selbstlernend und selbstoptimierend sind. Im Gegensatz zu den vorherigen Komplexitätsstufen ist neben Sensorik auch entsprechende Aktorik und Regelungstechnik im Werkzeug erforderlich. Des Weiteren müssen Prognosemodelle zu Entscheidungsmodellen erweitert werden. Diese ermöglichen eine autonome Adaption des Werkzeugs bzw. eine Kommunikation notwendiger Maßnahmeempfehlungen.[432]

Die Definitionen der verschiedenen Komplexitätsstufen von datenbasierten Dienstleistungen im Werkzeugbau zeigen, dass als technische Grundlage hierfür intelligente Werkzeuge erforderlich sind. BOOS ET AL. unterscheiden diese in zwei Stufen. Intelligente Werkzeuge der Stufe eins differieren von traditionellen Werkzeugen dadurch, dass sie über Sensorik und die Möglichkeit der Datenverarbeitung verfügen. Intelligente Werkzeuge der Stufe zwei sind eine technologische Erweiterung, da sie zusätzlich Aktorik und eine intelligente Regelung beinhalten.[433] Nur durch die Verwendung von intelligenten Werkzeugen der zweiten Stufe können datenbasierte Dienstleistungen mit der höchsten Komplexität realisiert werden (vgl. Abbildung 28).

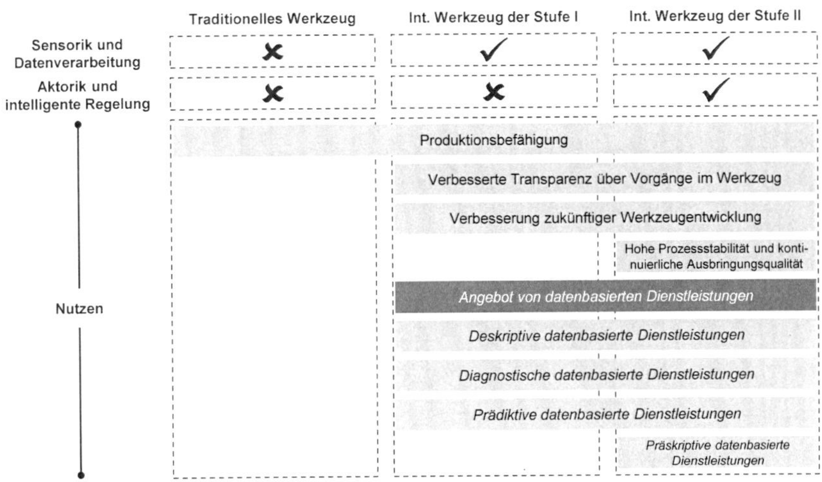

Abbildung 28: Datenbasierte Dienstleistungen auf Basis intelligenter Werkzeuge[434]

[431] Vgl. Schuh et al. (Industrie 4.0 Maturity Index), 2017, S. 18.
[432] Vgl. Boos et al. (Intelligente Werkzeuge), 2018, S. 36 f.
[433] Vgl. Boos et al. (Intelligente Werkzeuge), 2018, S. 13.
[434] I. A. a. Boos et al. (Intelligente Werkzeuge), 2018, S. 13.

2.3.4 Werkzeugbau in der Wertschöpfungskette

Der Werkzeugbau nimmt innerhalb der industriellen Wertschöpfungskette eine Schlüsselstellung ein. Dies ist dadurch begründet, weil er die Funktion des Bindeglieds zwischen der Produktentwicklung und der Serienfertigung erfüllt. Hieraus resultiert, dass der Werkzeugbau maßgeblich die Leistungsfähigkeit dieser industriellen Wertschöpfungskette beeinflusst.[435]

Um die Stellung des Werkzeugbaus innerhalb der industriellen Prozesskette bewerten zu können, analysiert HENSEN diverse werkzeugbauspezifische Literatur. HENSEN vergleicht die Arbeiten von SPENNEMANN[436], FRICKER[437], FRICK[438], KLOTZBACH[439], BOOS[440], ZWANZIG[441] und PITSCH[442] hinsichtlich der Prozesskette des Werkzeugbaus. HENSEN lehnt sich im Zuge dessen an die Prozesskette nach BOOS an und ergänzt diese um den Teilprozess der Serienbetreuung[443]. Die sich so ergebende generische Prozesskette ist in Abbildung 29 dargestellt.

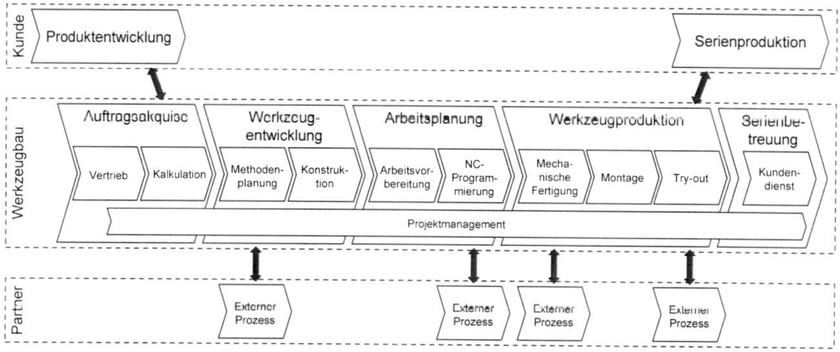

Abbildung 29: Prozesskette des Werkzeugbaus in der industriellen Wertschöpfungskette[444]

HENSEN unterscheidet die Akteure Kunde, Werkzeugbau und Partner. Entlang der Prozesskette existieren prozessuale Schnittstellen zwischen Werkzeugbau und Kunde. Diese liegen insbesondere während der Produktentwicklung und nach Beendigung der Werkzeugproduktion zur Serienbetreuung vor. Während der Prozesskette eines Werkzeugbaubetriebs können zudem prozessuale Schnittstellen zu Partnern existieren. Ein Beispiel hierfür ist die externe Vergabe der Wärmebehandlung durch Härten während der mechanischen Fertigung.

Die Prozesskette des Werkzeugbaus startet mit der **Auftragsakquise**, welche in den *Vertrieb* und die *Kalkulation* unterteilt ist. Der Vertrieb ist verantwortlich für die Kommunikation mit dem Kunden und die Auftragsakquise im Allgemeinen. Der Vertrieb kann weitere Funktionen wie

[435] Vgl. Eversheim; Klocke (Werkzeugbau mit Zukunft), 1998, S. 1.
[436] Vgl. Spennemann (Organisationsstrukturen), 2001, S. 14.
[437] Vgl. Fricker (Strategische Stringenz), 2005, S. 46 ff.
[438] Vgl. Frick (Geschäftsmodelle im Werkzeugbau), 2006, S. 26 ff.
[439] Vgl. Klotzbach (Industrieller Werkzeugbau), 2007, S. 49 ff.
[440] Vgl. Boos (Modulare Werkzeuge), 2008, S. 41 ff.
[441] Vgl. Zwanzig (Taktung der Unikatfertigung), 2010, S. 28 ff.
[442] Vgl. Pitsch (Kompetenzfeldbasierte Vernetzung), 2014, S. 45 ff.
[443] Vgl. Hensen (Strategische Auslegung), 2017, S. 48.
[444] Vgl. Hensen (Strategische Auslegung), 2017, S. 48.

bspw. die Bearbeitung von Kundenanfragen und die Machbarkeitsprüfung beinhalten.[445] Die Machbarkeitsprüfung wird unter anderem durch die Kostenkalkulation beeinflusst. Die Werkzeugkalkulation in der Angebotsphase stellt für viele Werkzeugbaubetriebe eine Herausforderung dar. Eine präzise Kalkulation wird insbesondere durch den Unikatcharakter eines Werkzeugs und unvollständige Informationen zu Beginn des potenziellen Auftrags erschwert.[446]

Der Auftragsakquise folgt die **Werkzeugentwicklung** mit den Prozessschritten *Methodenplanung* und *Konstruktion*. Die Methodenplanung umfasst die genaue Ausgestaltung des Werkzeugkonzepts, wie z. B. die Festlegung der erforderlichen Umformstufen oder Trennebenen. Eine genaue Kostenkalkulation ist meist erst nach der Methodenplanung möglich.[447] Die Überlegungen der Methodenplanung werden anschließend in der Werkzeugkonstruktion detailliert und entsprechende CAD-Modelle der Werkzeuge entwickelt[448]. Der Konstruktion wird eine große Bedeutung im Auftragsabwicklungsprozess zugeschrieben, da z. B. verschiedene Fertigungstechnologien oder Toleranzen festgelegt werden. Hierdurch werden rund 80 % der später anfallenden Kosten indirekt beeinflusst.[449]

Die **Arbeitsplanung** wird in die Prozessschritte *Arbeitsvorbereitung* und *NC-Programmierung* unterteilt. Das Tätigkeitsfeld in der Arbeitsvorbereitung fokussiert insbesondere die Kapazitäts- und Terminplanung der durchzuführenden Arbeitsschritte. Hierfür müssen bspw. Arbeitspläne erstellt, Aufträge in die Werkzeugproduktion eingelastet und Standardkomponenten bzw. Normalien eingekauft werden.[450] Diese Planung erfolgt meist auf einer grobgranularen Ebene. Die Feinplanung findet dagegen auf Shopfloorebene, z. B. durch einen Meister, statt[451]. Die NC-Programmierung erstellt anhand der CAD-Daten die Bearbeitungsprogramme für die einzelnen Werkzeugmaschinen. Manche Werkzeugbaubetriebe führen die NC-Programmierung in einer eigenen Abteilung durch.[452]

Im Anschluss an die Arbeitsvorbereitung erfolgt während der **Werkzeugproduktion** die eigentliche Herstellung des Werkzeugs, bestehend aus den Prozessen *mechanische Fertigung*, *Montage* und *Try-out*. Innerhalb der mechanischen Fertigung werden die einzelnen Werkzeugkomponenten durch die Verwendung verschiedener Fertigungstechnologien physisch hergestellt. Diese sind im Werkzeugbau meistens Fräsen, Drehen, Senk- und Drahterodieren sowie Schleifen. Bei der Anwendung der Fertigungstechnologien fokussieren sich die Werkzeugbaubetriebe in der Regel auf ihre Kernkompetenzen. Alle weiteren Fertigungstechnologien werden meist fremdvergeben.[453] Nachdem eine Vielzahl von Bauteilen zu unterschiedlichen Zeitpunkten mit unterschiedlichen Fertigungstechnologien hergestellt wird, ist es die Aufgabe der Montage, aus diesen Bauteilen ein Produkt höherer Komplexität mit vorgegebenen Funktionen in einer bestimmten Zeit zusammenzubauen[454]. Unter dem Try-out wird im Werkzeugbau die

[445] Vgl. Kühn (Lebenszyklusorientierte Leistungssysteme), 2016, S. 44.
[446] Vgl. Boos (Modulare Werkzeuge), 2008, S. 42.
[447] Vgl. Klotzbach (Industrieller Werkzeugbau), 2007, S. 50.
[448] Vgl. Frick (Geschäftsmodelle im Werkzeugbau), 2006, S. 27.
[449] Vgl. Klocke et al. (Zukunftsstudie), 2005, S. 53.
[450] Vgl. Boos (Modulare Werkzeuge), 2008, S. 43.
[451] Vgl. Klotzbach (Industrieller Werkzeugbau), 2007, S. 50.
[452] Vgl. Boos (Modulare Werkzeuge), 2008, S. 43.
[453] Vgl. Ziskoven (Getaktete Fertigung), 2013, S. 47.
[454] Vgl. Warnecke et al. (Montagetechnik), 1975, S. 11.

Werkzeugerprobung verstanden[455]. Nach vollendeter Montage des Werkzeugs und Überprüfung der Funktion der beweglichen Komponenten gelangt das Werkzeug in den Try-out. Dabei wird auf einer Versuchs- oder Serienanlage die Herstellung von Teilen mit dem zusammengesetzten Werkzeug erprobt.[456] Bei dieser Herstellung geringer Stückzahlen wird verglichen, ob die erzeugte Produktqualität den vorab definierten Anforderungen entspricht.

Mit der Übergabe des Werkzeugs in die Serienproduktion geht auch die Zuständigkeit an den Kunden über. Der Werkzeugbau kann weiterhin die Kunden im Rahmen einer **Serienbetreuung** über den *Kundendienst* unterstützen. Hierzu zählen industrielle Dienstleistungen wie Werkzeugreparatur und -instandhaltung oder die Anlaufbegleitung der Serienproduktion.[457]

Die Aufgabe des **Projektmanagements** besteht in der zeitlichen und organisatorischen Koordination entlang aller Prozessschritte[458]. Dabei verfolgt das Projektmanagement auch die Überwachung der kalkulierten Kostenziele und fungiert als Kommunikationsorgan über die Unternehmensgrenzen hinweg[459].

2.3.5 Kundeninteraktion im Werkzeugbau

Im vorherigen Kapitel wurde erarbeitet, dass der Werkzeugbau in der Wertschöpfungskette zwei zentrale Schnittstellen mit dem Kunden besitzt. Diese Schnittstellen können unterteilt werden in die Integration in vorgelagerte und nachgelagerte Kundenprozesse (vgl. Kapitel 2.3.3.2). Bei der Integration in vorgelagerte Kundenprozesse ist der Werkzeugbau in den Produktentwicklungsprozess beim Kunden involviert. Die Integration in nachgelagerte Kundenprozesse beinhaltet dagegen die Zusammenarbeit mit dem Kunden während des Serienanlaufs und der Serienproduktion. Aufgrund der Tatsache, dass der Werkzeugbau die Leistungsfähigkeit der industriellen Wertschöpfungskette direkt beeinflusst, liegen große Potenziale in der Zusammenarbeit zwischen Kunde und Werkzeugbau. Dies kommt insbesondere dann zum Ausdruck, wenn der Werkzeugbau von seinen Kunden nicht nur als Zulieferer von Werkzeugen, sondern darüber hinaus als Wissensträger angesehen wird, dessen Einbindung einen nachhaltigen Wettbewerbsvorteil für den Kunden erzeugen kann[460].

Bei der **Integration in vorgelagerte Kundenprozesse** beim Kunden profitiert dieser von einem hohen Innovationsgrad. Zudem können Designänderungen schneller in die Werkzeugkonstruktion überführt werden, welche in einer verkürzten Time-to-market resultieren. Charakteristisch für eine vorgelagerte Kundenintegration im Werkzeugbau ist die Parallelisierung der Produkt- und Werkzeugentwicklung. Hierbei werden die Produkte und ihre entsprechenden Werkzeuge zur Serienproduktion zeitparallel entwickelt, um schließlich ein produktions- und werkzeuggerechtes Produktdesign sowie Durchlaufzeitreduzierungen zu ermöglichen.[461]

---

[455] Vgl. Haasler (Hochtechnologie), 2004, S. 68.
[456] Vgl. Boos (Modulare Werkzeuge), 2008, S. 44.
[457] Vgl. Hensen (Strategische Auslegung), 2017, S. 50.
[458] Vgl. Klotzbach (Industrieller Werkzeugbau), 2007, S. 50.
[459] Vgl. Kühn (Lebenszyklusorientierte Leistungssysteme), 2016, S. 44.
[460] Vgl. Begovic (Datenbasiertes Wissensmanagement), 2018, S. 74.
[461] Vgl. Kühn (Lebenszyklusorientierte Leistungssysteme), 2016, S. 49.

Im weiteren Verlauf ist eine Integration des Werkzeugbaus in den Serienanlauf des Kunden möglich. Durch einen engen Austausch zwischen Werkzeugbau und Kunde können die optimalen Betriebsparameter zur Schnittstellenauslegung von Werkzeug und Serienproduktionsmaschine schneller erreicht werden[462]. Dies führt zu Zeitvorteilen, Kostenreduzierungen und einem geringeren Ausschuss. Der Serienanlauf wird der **Integration in nachgelagerte Kundenprozesse** zugeordnet[463]. Hierzu zählt auch die Integration des Werkzeugbaus in die Nutzungsphase des Werkzeugs während der Serienproduktion. Kunden erwarten einen Serienprozess, welcher sich durch eine hohe Produktivität, Qualität und geringe Ausfallzeiten auszeichnet[464]. Wenn der Werkzeugbau bspw. die Instandhaltung von Werkzeugen übernimmt, können durch das werkzeugspezifische Know-how unter anderem Werkzeugstandzeiten erhöht, Reparaturzeiten reduziert und eine höhere Reaktionsflexibilität erreicht werden. Hieraus resultiert eine gesteigerte Prozessstabilität und Produktivität beim Kunden. Abbildung 30 zeigt die Beeinflussung der Kundenprozesse durch Interaktionen mit dem Werkzeugbau.

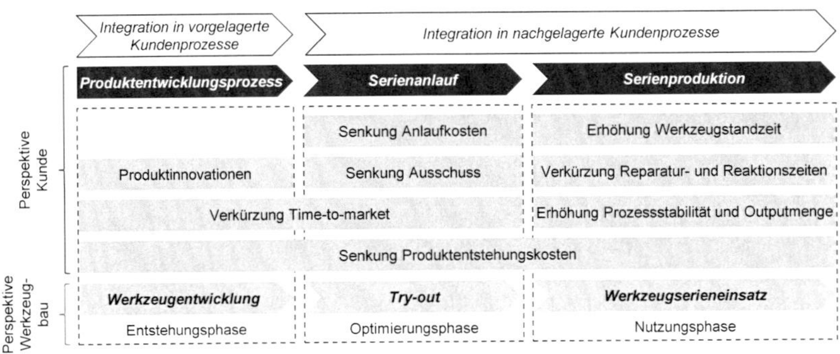

Abbildung 30: Beeinflussung der Kundenprozesse durch den Werkzeugbau[465]

Die Integration von Werkzeugbaubetrieben in die vor- und nachgelagerten Kundenprozesse beinhaltet ein besonderes Potenzial zur Wettbewerbsdifferenzierung, insbesondere am Hochlohnstandort Deutschland[466]. Diese Integration kann vor allem durch Dienstleistungen der Werkzeugbaubetriebe erfolgen. Ein Vergleich der Abbildung 25 und der Abbildung 30 verdeutlicht, dass die Integration in Kundenprozesse aktuell ausschließlich durch industrielle Dienstleistungen erfolgt. Die hieraus resultierenden Interaktionsprozesse zwischen Werkzeugbau und Kunde sind noch von einer relativ geringen Intensität geprägt. Datenbasierte Dienstleistungen werden jedoch zu einer höheren Bedeutung und auch Komplexität dieser Interaktionsprozesse führen. Die Aufnahme von Daten sowie deren Verarbeitung und Verwertung an den Schnittstellen zum Kunden werden zukünftig die Notwendigkeit einer stärkeren Integration in die Kundenprozesse zur Konsequenz haben[467].

[462] Vgl. Begovic (Datenbasiertes Wissensmanagement), 2018, S. 75.
[463] Vgl. Schuh et al. (Fokus Automobilindustrie), 2013, S. 25.
[464] Vgl. Pitsch (Kompetenzfeldbasierte Vernetzung), 2014, S. 48.
[465] I. A. a. Begovic (Datenbasiertes Wissensmanagement), 2018, S. 75.
[466] Vgl. Begovic (Datenbasiertes Wissensmanagement), 2018, S. 75.
[467] Vgl. Boos et al. (Smart Tooling), 2016, S. 10.

2.4 Handlungsbedarf aus der Praxis

Seit der Proklamation von Industrie 4.0 im Jahr 2011 wird ihren hieraus resultierenden Anwendungen ein großes wirtschaftliches Potenzial zugeschrieben (vgl. Kapitel 2.2.4.2). Zum aktuellen Zeitpunkt muss jedoch konstatiert werden, dass bisher kein spürbarer Anstieg der deutschen Bruttowertschöpfung durch Industrie 4.0 erkennbar ist. Dies kann insbesondere darauf zurückgeführt werden, dass zu wenige Geschäftsmodelle existieren, welche die technischen Potenziale von Industrie 4.0 BIP-wirksam monetarisieren. Damit datenbasierte Geschäftsmodelle erzeugt werden können, bieten datenbasierte Dienstleistungen besondere Chancen. Diese müssen als eine Art Voraussetzung verstanden werden, um die technischen Möglichkeiten von Industrie 4.0 in konkrete Geschäftsmodelle zu überführen.[468] Das besondere Potenzial datenbasierter Dienstleistungen liegt darin, dass Leistungen individuell und anforderungsgerecht auf den Kunden ausgerichtet werden können und hierdurch ein bisher ungeahnter Nutzen für Kunden entsteht[469]. Innerhalb der Branche Werkzeugbau lassen sich datenbasierte Dienstleistungen in vier verschiedene Komplexitätsstufen unterteilen. Jede Stufe beinhaltet unterschiedliche Potenziale, die Werkzeugbaubetriebe ihren Kunden offerieren können (vgl. Kapitel 2.3.3.3). Dieser Nutzen kann durch entsprechende Geschäftsmodelle in monetären Mehrwert überführt werden.

Neben der Möglichkeit, durch datenbasierte Dienstleistungen neuartige Geschäftsmodelle zu erzeugen, müssen diese zudem als neue Chance der Wettbewerbsdifferenzierung verstanden werden. Zentrale Charakteristika in Deutschland produzierter Werkzeuge sind deren Komplexität und Qualität (vgl. Kapitel 2.3). Auf dem internationalen Markt entwickelt sich die Konkurrenz jedoch zunehmend in Richtung steigender Produktqualitäten und erhöhter Werkzeugkomplexität. Folglich droht der deutschen Branche Werkzeugbau ein Verlust ihrer zentralen Differenzierungsmerkmale, die in der Vergangenheit einen höheren Preis am Hochlohnstandort Deutschland gegenüber der internationalen Konkurrenz rechtfertigten.[470] Datenbasierte Dienstleistungen besitzen das große Potenzial, durch die Offerierung hochindividualisierter Leistungen die erforderlichen neuen Differenzierungsmerkmale im Wettbewerb zu erzeugen.

Trotz der unbestrittenen Potenziale datenbasierter Dienstleistungen sind diese in der deutschen Branche Werkzeugbau bislang kaum verbreitet (vgl. Kapitel 2.3.3.3). Dieser Status quo ist insbesondere darauf zurückzuführen, dass Werkzeugbaubetriebe aus Deutschland bislang noch nicht in der Lage sind, datenbasierte Dienstleistungen strukturiert auszulegen. Obwohl industrielle Dienstleistungen seit mehreren Jahren eine zunehmende Bedeutung im Produktportfolio der Werkzeugbaubetriebe (vgl. Kapitel 2.3.3.2) einnehmen, gelingt dieser Wandel für datenbasierte Dienstleistungen bisher nicht. Dies ist unter anderem darauf zurückzuführen, dass die Branche es bislang vermissen lässt, datenbasierte Dienstleistungen auf Basis der Kundenbedürfnisse zu offerieren (vgl. Kapitel 2.3.3.3).

---

[468] Vgl. Boos et al. (Tooling in Germany 2020), 2020, S. 21.
[469] Vgl. Boos et al. (Tooling in Germany 2020), 2020, S. 21.
[470] Vgl. Boos et al. (Tooling in Germany 2020), 2020, S. 4.

Schlussfolgernd bedarf es somit einer systematischen Vorgehensweise, mittels derer Werkzeugbaubetriebe in der Lage sind, datenbasierte Dienstleistungen für ihre Kunden zu definieren und ganzheitlich auszulegen. Dabei ist zu überprüfen, welche datenbasierten Dienstleistungen für den jeweiligen Werkzeugbaubetrieb zur Kundenbedürfnisbefriedigung erforderlich sind und inwiefern diese zur potenziellen Operationalisierung auszulegen sind. Die Anwendung der systematischen Vorgehensweise hilft dabei, den erforderlichen und fundamentalen Wandel des bisherigen Branchenverständnisses umzusetzen. Während die Branche von ihren Kunden, aber auch von ihrem eigenen Verständnis, als Auftragsfertiger wahrgenommen wird bzw. agiert, muss sie sich zu einem Anbieter von Lösungen entwickeln, der die Bedürfnisse seiner Kunden antizipiert. Es müssen datenbasierte Dienstleistungen angeboten werden, die individuell und anforderungsgerecht auf die Kunden ausgerichtet sind und einen nicht imitierbaren Nutzen für sie erzeugen. Die erläuterte Notwendigkeit, mithilfe einer entsprechenden Methodik datenbasierte Dienstleistungen im Werkzeugbau zu definieren und auszulegen, zeigt den **Handlungsbedarf aus der Praxis** auf.

3 Bewertung bestehender Ansätze

Im dritten Kapitel werden bestehende Ansätze aus der Wissenschaft bezüglich des in Kapitel 2.4 erörterten Handlungsbedarfs aus der Praxis untersucht. Im Hinblick darauf wird die bereits bestehende wissenschaftliche Literatur analysiert, inwiefern Ansätze bzw. Teilaspekte verschiedener Ansätze existieren, welche für die Beantwortung der Forschungsfrage verwendet werden können. Dabei wird stets beachtet, ob die bestehenden Ansätze auf den Werkzeugbau übertragen werden können.

Zu Beginn des dritten Kapitels wird ein Bewertungssystem erstellt und in seinen Ausprägungen erläutert, um die bestehenden Ansätze vergleichend analysieren zu können. Des Weiteren werden Anforderungen definiert und detailliert, um die jeweiligen Ansätze hinsichtlich der Nutzbarkeit für die Beantwortung der Forschungsfrage bewerten zu können. Im Anschluss erfolgt eine Vorstellung und Bewertung von bereits existierenden relevanten Ansätzen. Auf Basis einer aggregierten Bewertung dieser bestehenden Ansätze wird zum Abschluss in Kapitel 3 ein Handlungsbedarf aus der Theorie hergeleitet.

3.1 Systematik zur Bewertung

Für die Bewertung bestehender Ansätze wird die Systematik von KOMOREK verwendet. Demzufolge setzt sich die Bewertung bestehender wissenschaftlicher Ansätze aus einem Bewertungssystem und einem Anforderungssystem zusammen.[471] Dabei beschreibt das Bewertungssystem die Systematik für die Bewertung der Eignung der einzelnen Ansätze für die vorliegende Forschungsfrage. Das Anforderungssystem beschreibt dagegen die inhaltliche und strukturelle Bewertung der Ansätze mittels verschiedener Kriterien. Diese Kriterien werden zu übergeordneten Anforderungsdimensionen aggregiert.

3.1.1 Bewertungssystem

Für die Bewertung bestehender wissenschaftlicher Ansätze existieren verschiedene Möglichkeiten. Zur Anwendung in der Literatur kommt dabei oftmals eine diskrete Skala mit verschiedenen Ausprägungen, die vorab definiert werden (z. B. bei KUHLMANN[472], KOZIELSKI[473] oder KOCH[474]). In der vorliegenden Arbeit soll eine diskrete Skala mit fünf unterschiedlichen Abstufungen verwendet werden. Sie hat ihren Ursprung bei LIKERT[475] (Likert-Skala) und gewährleistet eine differenzierte sowie robuste Bewertung verschiedener Ansätze. Zur Visualisierung, Bewertung und Benennung der einzelnen Abstufungen sollen Harvey-Balls verwendet werden (vgl. Abbildung 31). Diese bilden eine übersichtliche Form der Darstellung von Bewertungsergebnissen[476].

---

[471] Vgl. Komorek (Kollaborative Wertschöpfung), 2014, S. 63 ff.
[472] Vgl. Kuhlmann (Geschäftsprozesse), 2011, S. 61.
[473] Vgl. Kozielski (Integratives Kennzahlensystem), 2010, S. 82.
[474] Vgl. Koch (Wandlungsfähigkeit), 2011, S. 104.
[475] Vgl. Likert (Measurement of Attitudes), 1932.
[476] Vgl. Kett; Schewe (Management Skills), 2010, S. 129.

Abbildung 31: Ausprägungen zur Bewertung von bestehenden Ansätzen[477]

In der vorliegenden Arbeit wird der Erfüllungsgrad der Anforderungen in den Abstufungen „Nicht erfüllt", „Sehr gering", „Teilweise", „Hoch" und „Sehr hoch" bewertet. Die Verwendung dieser fünfgliedrigen Skala weist den Vorteil auf, dass eine neutrale Darstellung im Mittelpunkt der Skala vermieden wird. Hierdurch ist eine klare Zuordnung und Beschreibung ohne Mitte möglich, wodurch eine präzise Bewertung der Ergebnisse unterstützt wird. Ein weiterer Vorteil der fünfgliedrigen Skala ist, dass sie bspw. durch andere Forscher zu einem späteren Zeitpunkt statistisch valide auf eine sieben- oder zehngliedrige Skala erweitert werden kann, ohne eine statistische Verfälschung der Ergebnisse hervorzurufen[478].

3.1.2 Anforderungssystem

Im Kapitel 3.1.2 erfolgt die Ausformulierung des Anforderungssystems für die Bewertung der bereits existierenden Literaturansätze. Hierfür werden übergeordnete Anforderungsdimensionen aufgespannt, welche jeweils spezifische Anforderungen besitzen. Um die übergeordneten Anforderungsdimensionen herzuleiten, wird auf die Definition von datenbasierten Dienstleistungen aus Kapitel 2.2.2.2 zurückgegriffen. Eine genauere Betrachtung der Definition verdeutlicht, dass aus dieser drei inhaltliche Themenfelder abgeleitet werden können. Diese lauten dienstleistungsbezogenes, datenbezogenes und ertragsmodellbezogenes Themenfeld (vgl. Abbildung 32). Alle weiteren in der Definition aufgeführten Merkmale von datenbasierten Dienstleistungen können diesen drei genannten Themenfeldern zugeteilt werden. So kann bspw. das Merkmal „Integration von Informations- und Kommunikationstechnik" dem datenbezogenen Themenfeld zugeordnet werden.

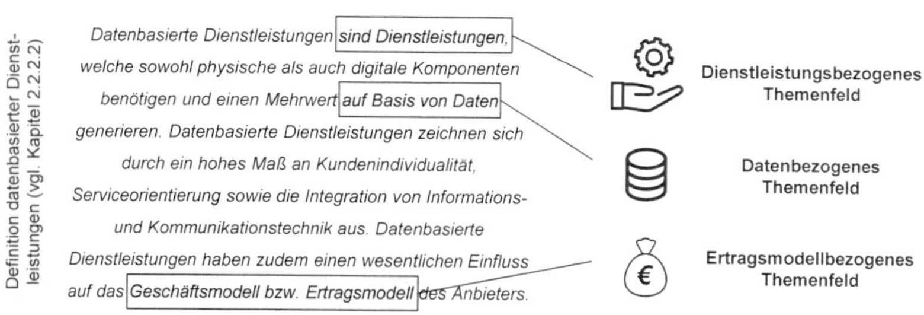

Abbildung 32: Herleitung von Themenfeldern[479]

Die übergeordneten Anforderungsdimensionen lassen sich direkt aus den identifizierten Themenfeldern herleiten und lauten dienstleistungsbezogene Anforderungen, datenbezogene An-

477 Eigene Darstellung.
478 Vgl. Dawes (Point Scales), 2008, S. 61 ff.
479 Eigene Darstellung.

forderungen sowie ertragsmodellbezogene Anforderungen. Als vierte übergeordnete Anforderungsdimension werden die werkzeugbaubezogenen Anforderungen verwendet. Ursache hierfür ist, dass der Werkzeugbau als zentraler Betrachtungsbereich des Forschungsvorhabens fungiert (vgl. Kapitel 2.3) und deshalb in den Anforderungen der Literaturanalyse berücksichtigt werden muss.

3.1.2.1 Werkzeugbaubezogene Anforderungen

Die vorliegende Arbeit bezieht sich auf den Betrachtungsbereich Werkzeugbau. Folglich muss die zu entwickelnde Methodik den branchenbezogenen Anforderungen des Werkzeugbaus genügen. Passende Ansätze müssen daher für die Einzel- und Kleinserienfertigung geeignet sein und Unternehmensrandbedingungen beachten.

Die **Eignung für Einzel- und Kleinserienfertigung** ist der Tatsache geschuldet, dass die industriellen Werkzeuge in sehr geringer Menge oder als Unikate hergestellt werden. In der Konsequenz unterscheidet sich die Werkzeugfertigung deutlich von der Serien- oder Massenfertigung (vgl. Kapitel 2.3.1.2). Der klein- und mittelständisch geprägten Branche Werkzeugbau fällt es durch den Unikatcharakter schwer, Standardisierungen im Leistungsangebot und im Leistungserstellungsprozess zu realisieren[480]. Die Einzel- und Kleinserienfertigung determiniert folglich die Auftragsabwicklung sowie das Leistungsangebot im Werkzeugbau entscheidend. Für eine vollständige Nutzung eines Ansatzes muss dieser einen spezifischen Bezug zur Einzel- und Kleinserie aufweisen und ihre Charakteristika für die Branche Werkzeugbau berücksichtigen. Die fünf Anforderungsausprägungen lauten:

- *Nicht erfüllt*: Ein Ansatz besitzt keinen Bezug zur Industrie.
- *Sehr gering*: Ein Ansatz bezieht sich auf die Industrie. Besonderheiten der Einzel- und Kleinserienfertigung werden jedoch nicht berücksichtigt.
- *Teilweise*: Ein Ansatz bezieht sich auf die Industrie. Besonderheiten der Einzel- und Kleinserienfertigung werden teilweise beschrieben.
- *Hoch*: Ein Ansatz fokussiert sich auf die Einzel- und Kleinserienfertigung im Allgemeinen für alle produzierenden Unternehmen.
- *Sehr hoch*: Ein Ansatz fokussiert sich auf die Einzel- und Kleinserienfertigung innerhalb der Branche Werkzeugbau.

Im Rahmen von Kapitel 2.3 wurde erläutert, dass die Branche Werkzeugbau neben der Einzel- und Kleinserienfertigung durch eine große Heterogenität geprägt ist. Dies äußert sich bei Werkzeugbaubetrieben insbesondere in Produktspektrum, Dienstleistungsspektrum, Mitarbeiteranzahl, Marktzugang, Kundenbranchen sowie Kundeninteraktionen. Ein Ansatz muss daher die **Beachtung von Unternehmensrandbedingungen** beinhalten und auf diese eingehen können. Anspruch eines Ansatzes zur Definition und Auslegung von datenbasierten Dienstleistungen ist folglich die Anwendbarkeit in allen Unternehmen der Branche Werkzeugbau. Die Ausprägungen der Anforderung Beachtung von Unternehmensrandbedingungen sind die folgenden:

480 Vgl. Eversheim; Klocke (Werkzeugbau mit Zukunft), 1998, S. 2 f.

- *Nicht erfüllt*: Ein Ansatz geht auf keinerlei unternehmensspezifische Randbedingungen ein.
- *Sehr gering*: Ein Ansatz erwähnt vereinzelt Randbedingungen eines Unternehmens. Außer der Nennung werden diese allerdings nicht detailliert erläutert.
- *Teilweise*: Ein Ansatz erwähnt vereinzelt Randbedingungen eines Unternehmens. Diese Randbedingungen werden genauer spezifiziert, weshalb der Ansatz eine punktuelle Adaption auf die individuelle Situation und Ausrichtung von Unternehmen erlaubt.
- *Hoch*: Ein Ansatz berücksichtigt eine Vielzahl von Unternehmensrandbedingungen. Hierdurch wird eine umfassende Adaption auf die individuelle Situation und Ausrichtung von Unternehmen ermöglicht.
- *Sehr hoch*: Ein Ansatz berücksichtigt vollumfänglich spezifische Unternehmensrandbedingungen. Darüber hinaus werden die Interdependenzen zwischen den einzelnen Unternehmensrandbedingungen erläutert, weshalb der Ansatz eine gänzliche unternehmensspezifische Adaption ermöglicht.

3.1.2.2 Dienstleistungsbezogene Anforderungen

Ziel der vorliegenden Arbeit ist die Entwicklung einer Methodik zur Definition und Auslegung von datenbasierten Dienstleistungen im Werkzeugbau. Datenbasierte Dienstleistungen stellen somit den Gestaltungsbereich dar. Als eine spezielle Form von Dienstleistungen muss ein Ansatz folglich dienstleistungsbezogenen Anforderungen genügen. Zu diesen Anforderungen zählen die Berücksichtigung von Kundennutzen, die Berücksichtigung von Produkt-Service-Kombinationen sowie die Berücksichtigung der Leistungserbringung. Bei der Spezifizierung der Anforderungen wird im Folgenden der Ausdruck „(datenbasierte) Dienstleistung" verwendet. Hierdurch wird sichergestellt, dass in Kapitel 3.2 auch interessante Dienstleistungsansätze berücksichtigt werden können, die keinen direkten Bezug zu datenbasierten Dienstleistungen aufweisen.

Reine Produkthersteller streben zwar indirekt die Nutzenstiftung beim Kunden mit ihren Produkten an. Jedoch steht hierbei das Produkt selbst im Zentrum der Betrachtung und determiniert die Aktivitäten des Unternehmens (vgl. Kapitel 2.2.3). Dienstleistungen, insbesondere datenbasierte Dienstleistungen, hingegen fokussieren stets die direkte Schaffung von Kundenmehrwert. Dies bedeutet, dass Dienstleistungen von Unternehmen nur dann erfolgreich sein können, wenn sie die Bedürfnisse der Kunden adressieren. Für die Beantwortung der Forschungsfrage lautet daher die erste dienstleistungsbezogene Anforderung die **Berücksichtigung von Kundennutzen**. Die lösungsorientierte Ausrichtung von datenbasierten Dienstleistungen besitzt große Potenziale, um eine Stärkung der Wettbewerbsposition von Unternehmen zu realisieren. Durch die gezielte Adressierung des Kundennutzens kann bspw. die Kundenzahlungsbereitschaft steigen (vgl. Kapitel 2.2.3). Des Weiteren können sich Unternehmen hierdurch eindeutig von ihren Wettbewerbern differenzieren (vgl. Kapitel 2.3.3.3). Die Verwendung eines Ansatzes für das vorliegende Forschungsvorhaben ist nur dann möglich, wenn dieser bei der Auslegung des Leistungsangebots von Unternehmen die Adressierung des Kundennutzens beschreibt. Die Anforderung Berücksichtigung von Kundennutzen wird in die folgenden Abstufungen unterteilt:

- *Nicht erfüllt*: Ein Ansatz berücksichtigt die Erzeugung von Kundennutzen bei der Definition und Auslegung von (datenbasierten) Dienstleistungen nicht.
- *Sehr gering*: Ein Ansatz erwähnt, dass der Kundennutzen neben weiteren Aspekten für die erfolgreiche Definition und Auslegung von (datenbasierten) Dienstleistungen berücksichtigt werden sollte. Eine weitere Beschreibung bleibt allerdings aus.
- *Teilweise*: Ein Ansatz benennt den Kundennutzen als den zentralen Faktor für die erfolgreiche Definition und Auslegung von (datenbasierten) Dienstleistungen. Eine weitere Beschreibung zur Realisierung von Kundennutzen bleibt jedoch aus.
- *Hoch*: Ein Ansatz beschreibt detailliert, wie der Kundennutzen als zentraler Fokus bei der Definition und Auslegung von (datenbasierten) Dienstleistungen berücksichtigt werden muss.
- *Sehr hoch*: Ein Ansatz betrachtet die Erzeugung von Kundennutzen als das handlungsleitende Paradigma bei der Definition und Auslegung von (datenbasierten) Dienstleistungen. Es werden verschiedene Möglichkeiten detailliert beschrieben, mit denen direkt ersichtliche und latente Kundenbedürfnisse durch (datenbasierte) Dienstleistungen befriedigt werden können.

Dienstleistungen werden in der Industrie oftmals in Leistungsbündeln offeriert. Diese setzen sich aus der Kombination einer Dienstleistung mit einer Sachleistung zusammen. Datenbasierte Dienstleistungen benötigen intelligente Produkte als Voraussetzung (vgl. Kapitel 2.2.4.1). Erst wenn physische Objekte in der Lage sind, Daten zu erfassen und zu übermitteln, können datenbasierte Dienstleistungen hieraus abgeleitet werden.[481] Die zweite dienstleistungsbezogene Anforderung zur Beantwortung der Forschungsfrage ist daher die **Berücksichtigung von Produkt-Service-Kombinationen**. Ein Ansatz zur Definition und Auslegung von datenbasierten Dienstleistungen muss somit beinhalten, dass eine Funktionserweiterung des ursprünglichen Kernprodukts erfolgen muss. Die Anforderungsausprägungen lauten:

- *Nicht erfüllt*: Ein Ansatz berücksichtigt die Kombination von (datenbasierten) Dienstleistungen mit Sachleistungen nicht.
- *Sehr gering*: Ein Ansatz erwähnt die Erweiterung der Funktionsfähigkeit eines Kernprodukts als Voraussetzung für (datenbasierte) Dienstleistungen. Konkrete Erläuterungen bleiben jedoch aus.
- *Teilweise*: Ein Ansatz nennt Möglichkeiten der Kombination von (datenbasierten) Dienstleistungen und Sachleistungen.
- *Hoch*: Ein Ansatz beschreibt detailliert die Möglichkeiten der Kombination von (datenbasierten) Dienstleistungen und Sachleistungen.
- *Sehr hoch*: Ein Ansatz fokussiert die Kombination von (datenbasierten) Dienstleistungen und Sachleistungen. Es wird ein konkretes Vorgehen zur Ausgestaltung von Produkt-Service-Kombinationen beschrieben.

481 In der hergeleiteten Definition für datenbasierte Dienstleistungen wurde daher auch das Merkmal „Kombination aus physischen und digitalen Komponenten" aufgenommen (vgl. Kapitel 2.2.2.2).

Die **Berücksichtigung der Leistungserbringung** ist der Tatsache geschuldet, dass das Offerieren von datenbasierten Dienstleistungen in einer erheblichen Veränderung der Leistungserbringung gegenüber den Kunden resultiert. Dies kann auf zwei Ursachen zurückgeführt werden. Einerseits sind datenbasierte Dienstleistungen eine spezielle Form von Dienstleistungen. Wie bereits in Kapitel 2.2.1.1 erläutert, erfordern jegliche Dienstleistungen stets die Einbindung eines externen Faktors und damit in der Regel eine stärkere Kundeneinbindung in die Leistungserbringung. Andererseits ist für die Erbringung von datenbasierten Dienstleistungen eine Datenerhebung mittels intelligenter Produkte erforderlich. Diese Datenerhebung erfolgt während des Lebenszyklus eines Produkts. Hieraus entstehen eine fortlaufende Leistungserbringung sowie eine deutlich engere Beziehung zum Kunden. Ein Ansatz zur Definition und Auslegung von datenbasierten Dienstleistungen muss folglich berücksichtigen, inwiefern datenbasierte Dienstleistungen eine Leistungserbringung zwischen Anbieter und Kunde beeinflussen. Die Anforderung Berücksichtigung der Leistungserbringung wird in die folgenden Abstufungen unterteilt:

- *Nicht erfüllt*: Ein Ansatz geht nicht auf die Leistungserbringung von (datenbasierten) Dienstleistungen ein.
- *Sehr gering*: Ein Ansatz erwähnt die Leistungserbringung von (datenbasierten) Dienstleistungen, ohne diese näher zu beschreiben.
- *Teilweise*: Ein Ansatz beschreibt in geringem Umfang die Leistungserbringung von (datenbasierten) Dienstleistungen. Die Einbindung des Kunden wird erwähnt.
- *Hoch*: Ein Ansatz beschreibt detailliert die Leistungserbringung von (datenbasierten) Dienstleistungen einschließlich der Einbindung des Kunden. Die notwendigen Kundeninteraktionen werden erwähnt.
- *Sehr hoch*: Ein Ansatz beschreibt detailliert die notwendigen Prozesse zur Leistungserbringung von (datenbasierten) Dienstleistungen auf der Anbieter- und Kundenseite. Zudem wird die Auslegung der notwendigen Interaktionen zwischen beiden Parteien detailliert erläutert.

3.1.2.3 Datenbezogene Anforderungen

Die hergeleitete Definition für datenbasierte Dienstleistungen beschreibt, dass mithilfe von datenbasierten Dienstleistungen ein „Mehrwert auf Basis von Daten" für Kunden generiert werden soll. Hinzu kommt, dass sich datenbasierte Dienstleistungen unter anderem durch die „Integration von Informations- und Kommunikationstechnik" auszeichnen (vgl. Kapitel 2.2.2.2). Ein Ansatz zur Definition und Auslegung von datenbasierten Dienstleistungen muss somit datenbezogenen Anforderungen genügen. Zu diesen Anforderungen zählen die Berücksichtigung eines Datenmodells und die Datenanalysefähigkeit.

Datenbasierte Dienstleistungen benötigen intelligente Produkte als Voraussetzung, sodass Daten während des Produktlebenszyklus generiert werden können (vgl. Kapitel 2.2.4.1). Dies bedeutet, dass IKT zur Datenerzeugung und -übermittlung notwendig ist. Damit aus den erzeugten Daten Wissen abgeleitet werden kann, ist eine Dateninfrastruktur erforderlich[482].

[482] Vgl. Kantardzic (Data Mining Concepts), 2020, S. 15 ff.

Hierzu zählen insbesondere die Datenspeicherung der erzeugten Daten sowie deren anforderungsgerechte Datenverarbeitung. Diese Voraussetzungen werden im Folgenden unter dem Begriff Datenmodell zusammengefasst. Ein Ansatz zur Definition und Auslegung von datenbasierten Dienstleistungen muss daher eine **Berücksichtigung von Datenmodellen** enthalten. Im Zuge dessen muss beschrieben werden, inwiefern ein Datenmodell für unterschiedliche datenbasierte Dienstleistungen als grundsätzliche Voraussetzung auszulegen ist. Die Anforderungsausprägungen sind die folgenden:

- *Nicht erfüllt*: Ein Ansatz nimmt keine Betrachtung eines Datenmodells vor.
- *Sehr gering*: Ein Ansatz erwähnt ein Datenmodell als infrastrukturelle Voraussetzung für datenbasierte Dienstleistungen. Eine nähere Beschreibung des Datenmodells erfolgt allerdings nicht.
- *Teilweise*: Ein Ansatz beschreibt ein Datenmodell als Voraussetzung für datenbasierte Dienstleistungen. Dabei wird allerdings nicht auf alle Inhalte des Datenmodells eingegangen. Hierzu zählen IKT, Datenspeicherung und Datenverarbeitung.
- *Hoch*: Ein Ansatz beschreibt ein Datenmodell als Voraussetzung für datenbasierte Dienstleistungen und nennt alle Voraussetzungen ohne weitere Erläuterungen.
- *Sehr hoch*: Ein Ansatz beschreibt ein Datenmodell als Voraussetzung für datenbasierte Dienstleistungen vollumfänglich. Im Zuge dessen wird detailliert erläutert, inwiefern die Auslegung des Datenmodells durch die unterschiedlichen Komplexitätsstufen von datenbasierten Dienstleistungen hinsichtlich der erforderlichen Dateninfrastruktur variiert.

Die **Datenanalysefähigkeit** ist für die Beantwortung der Forschungsfrage erforderlich, um Wissen aus Daten zu generieren[483]. Ohne dieses Wissen können keine datenbasierten Dienstleistungen offeriert werden, die einen Kundennutzen erzeugen. Ein Ansatz zur Definition und Auslegung von datenbasierten Dienstleistungen muss infolgedessen Methoden zur Datenanalyse beschreiben. Des Weiteren muss eine Differenzierung zwischen den einzelnen Methoden erfolgen, inwiefern diese für die unterschiedlichen Komplexitätsstufen datenbasierter Dienstleistungen notwendig sind. Die Anforderung Datenanalysefähigkeit wird in die folgenden Abstufungen unterteilt:

- *Nicht erfüllt*: Ein Ansatz berücksichtigt in keiner Weise Methoden zur Datenanalyse.
- *Sehr gering*: Ein Ansatz erwähnt Methoden zur Datenanalyse. Eine genauere Beschreibung der verschiedenen Datenanalysemethoden erfolgt jedoch nicht.
- *Teilweise*: Ein Ansatz beschreibt Methoden zur Datenanalyse. Hierbei werden zugrundeliegende Voraussetzungen erläutert.
- *Hoch*: Ein Ansatz beschreibt Methoden zur Datenanalyse. Hierbei werden zugrundeliegende Voraussetzungen erläutert. Zudem wird erwähnt, dass verschiedene Komplexitätsstufen datenbasierter Dienstleistungen existieren.
- *Sehr hoch*: Ein Ansatz erläutert vollumfänglich verschiedene Datenanalysemethoden. Des Weiteren werden diese Methoden hinsichtlich ihrer Notwendigkeit für die vier verschiedenen Komplexitätsstufen datenbasierter Dienstleistungen bewertet.

[483] Vgl. Borgelt (Datenanalyse), 1997, S. 1.

3.1.2.4 Ertragsmodellbezogene Anforderungen

Datenbasierte Dienstleistungen sind innerhalb der deutschen Branche Werkzeugbau bislang kaum verbreitet (vgl. Kapitel 2.3.3.3). Die Potenziale zur Erzeugung neuartiger Marktleistungen sind insbesondere für die Branche Werkzeugbau sehr groß, da bisher neben traditionellen industriellen Dienstleistungen insbesondere der Verkauf des Kernprodukts Werkzeug fokussiert wird. Durch datenbasierte Dienstleistungen ergeben sich jedoch Marktleistungen, die neue Abrechnungsformen erfordern als den alleinigen Verkauf einer Marktleistung und deren anschließenden Eigentumsübertrag. Ein Ansatz zur Definition und Auslegung von datenbasierten Dienstleistungen erfordert daher die Berücksichtigung verschiedener Ertragsmodellmöglichkeiten für die Branche Werkzeugbau. Hieraus resultieren für die Anforderungsdimension Ertragsmodelle die beiden Anforderungen Fokussierung von Ertragsmodellen und Risikoberücksichtigung.

In Kapitel 2.2.4.2 wurde erläutert, dass datenbasierte Dienstleistungen als Voraussetzung für neuartige Geschäftsmodelle angesehen werden müssen. Ein zentraler Bestandteil von Geschäftsmodellen sind Ertragsmodelle[484]. Hinzu kommt, dass datenbasierte Dienstleistungen, die nicht den Verkauf des Kernprodukts anstreben, andere Ertragsmodelle benötigen. Eine leistungsbasierte Abrechnung der Produktnutzung erfordert bspw. zwangsläufig eine entsprechende Datenaufnahme während der Produktverwendung, um diese Abrechnung zu gewährleisten. Hinzu kommt, dass Ertragsmodelle die Akzeptanz am Markt von datenbasierten Dienstleistungen maßgeblich beeinflussen. So kann bspw. der Verzicht eines reinen Produktverkaufs von kapitalintensiven Gütern, wie z. B. eines Werkzeugs, die Wettbewerbsattraktivität eines Unternehmens am Hochlohnstandort Deutschland gegenüber der internationalen Konkurrenz steigern. Ein Ansatz zur Definition und Auslegung datenbasierter Dienstleistungen muss folglich eine **Fokussierung von Ertragsmodellen** enthalten. Im Zuge dessen ist insbesondere die Frage zu beantworten, wie Ertragsmodelle für datenbasierte Dienstleistungen entwickelt werden können. Die fünf Anforderungsausprägungen lauten:

- *Nicht erfüllt*: Ein Ansatz nimmt keinerlei Bezug auf Ertragsmodelle.
- *Sehr gering*: Ein Ansatz erwähnt Ertragsmodelle im Allgemeinen. Dabei werden diese nicht spezifischer erläutert und nicht auf datenbasierte Dienstleistungen bezogen.
- *Teilweise*: Ein Ansatz nennt Ertragsmodelle, die für datenbasierte Dienstleistungen geeignet sind. Eine genauere Beschreibung der Ertragsmodelle bleibt jedoch aus.
- *Hoch*: Ein Ansatz beschreibt detailliert geeignete Ertragsmodelle für datenbasierte Dienstleistungen. Die Beschreibung ist jedoch genereller Natur und wird nicht auf konkrete Anwendungsfälle datenbasierter Dienstleistungen bezogen.
- *Sehr hoch*: Ein Ansatz beschreibt Ertragsmodelle für datenbasierte Dienstleistungen vollumfänglich. Im Zuge dessen werden die Ertragsmodelle hinsichtlich ihrer jeweiligen Eignung für die verschiedenen Komplexitätskategorien von datenbasierten Dienstleistungen bewertet.

[484] Vgl. Schuh et al. (Dienstleistungsgeschäftsmodelle), 2016, S. 68.

Die Umsetzung verschiedener Ertragsmodelle für datenbasierte Dienstleistungen ist mit Risiken verbunden. So können bspw. Erlösströme bei leistungsbasierten Ertragsmodellen ausbleiben, wenn Störungen im zugrundeliegenden technischen System auftreten. Hieraus resultieren entlang des Produktlebenszyklus insbesondere für die Anbieter Risiken, welche bei einem reinen Produktverkauf und einer einmaligen Produktübergabe nicht auftreten. Vor allem kleine und mittlere Unternehmen besitzen oftmals keine umfangreichen finanziellen Absicherungen, welche bei auftretenden Komplikationen während der Erbringung oder für die Finanzierung datenbasierter Dienstleistungen erforderlich sind. Ein Ansatz für die Definition und Auslegung von datenbasierten Dienstleistungen erfordert daher die umfangreiche Betrachtung der Risikoallokation zwischen Anbieter und Kunde. Diese Anforderung wird unter dem Begriff **Risikoberücksichtigung** subsummiert und unterteilt sich in folgende Ausprägungen:

- *Nicht erfüllt*: Ein Ansatz berücksichtigt keine potenziellen Risiken bei der Auslegung von Ertragsmodellen.
- *Sehr gering*: Ein Ansatz erwähnt, dass bei der Auslegung von Ertragsmodellen Risiken berücksichtigt werden müssen. Eine genauere Erläuterung der Risiken erfolgt allerdings nicht.
- *Teilweise*: Ein Ansatz beschreibt detailliert einzelne Risikoaspekte im Zusammenhang mit der Ausgestaltung von Ertragsmodellen.
- *Hoch*: Ein Ansatz beschreibt die Risiken verschiedener Ertragsmodellformen und analysiert gleichzeitig die Risikoallokation zwischen Anbieter und Kunde.
- *Sehr hoch*: Ein Ansatz analysiert systematisch die Risiken von Ertragsmodellen. Hierbei wird die Risikoallokation zwischen Anbieter und Kunde untersucht. Zudem werden Maßnahmen erarbeitet, die zu einer Reduzierung des Risikos beitragen.

Für die Forschungsfrage müssen die hergeleiteten neuen Anforderungen von einem Ansatz sehr hoch erfüllt werden, sodass eine vollumfängliche Anwendung erfolgen kann. Eine Zusammenfassung der jeweiligen Anforderungsdimensionen ist Abbildung 33 zu entnehmen.

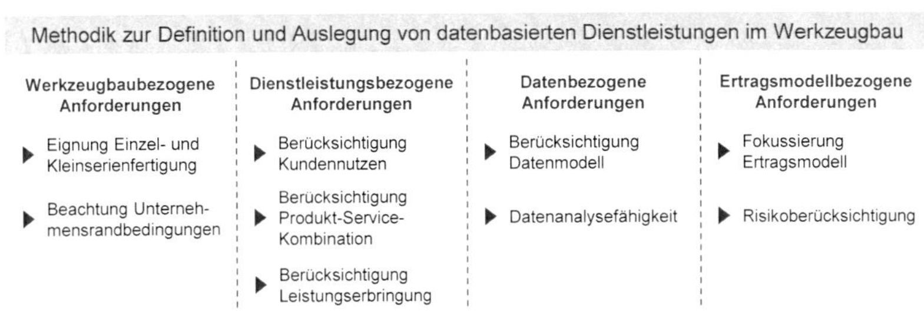

Abbildung 33: Anforderungen an die Definition und Auslegung von datenbasierten Dienstleistungen im Werkzeugbau[485]

[485] Eigene Darstellung.

3.2 Vorstellung und Bewertung bestehender Ansätze

Eine genaue Analyse der wissenschaftlichen Literatur zeigt, dass eine Vielzahl von Ansätzen existiert, die eine Definition und Auslegung von datenbasierten Dienstleistungen in Unternehmen thematisiert. Damit die Literatur ganzheitlich abgebildet werden kann, wurden Ansätze analog zu den definierten Anforderungen mit Werkzeugbau-, Dienstleistungs-, Daten- sowie Ertragsmodellbezug recherchiert und analysiert. Abbildung 34 gibt einen Überblick aller Ansätze, die eine Relevanz für die vorliegende Arbeit besitzen.

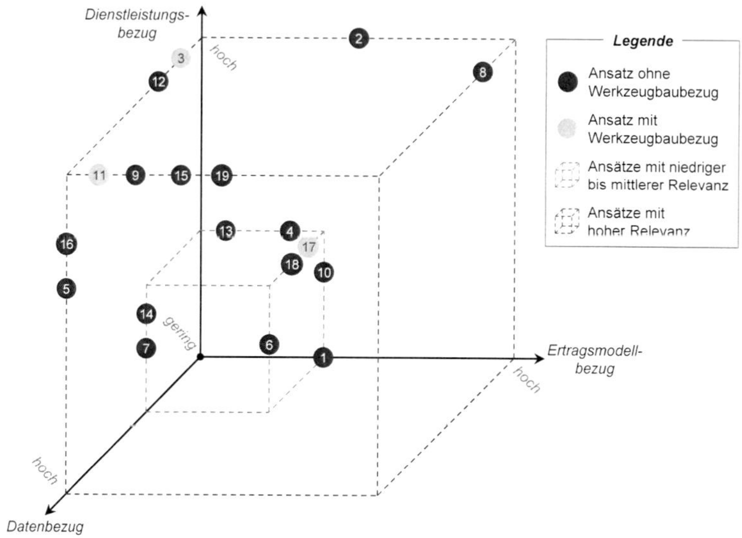

1 Revenue Models for Integrated Customer Solutions
BONNEMEIER ET AL., 2010

2 Servicetransformation und Kundenintegration
KOOF ET AL., 2016

3 Lebenszyklusorientierte Leistungssysteme
KÜHN, 2016

4 Management industrieller Dienstleistungen
SCHUH ET AL., 2016

5 CPS Reference Architecture
WESTERMANN ET AL., 2016

6 Process Model for Data-Driven Business Model Innovation
HUNKE ET AL., 2017

7 Stuttgart IT Architecture
KASSNER ET AL., 2017

8 Smart Service Canvas
PÖPPELBUẞ UND DURST, 2017

9 Internet of Production
SCHUH ET AL., 2017

10 Ertragsmodelle im Internet der Dinge
WORTMANN ET AL., 2017

11 Datenbasiertes Wissensmanagement
BEGOVIC, 2018

12 Framework for Smart Service Development
CEDEÑO ET AL., 2018

13 Value Propositions in Service Systems
GENENNIG ET AL., 2018

14 Analytics Canvas
KÜHN ET AL., 2018

15 Smart Service Reference Architecture
RABE ET AL., 2018

16 Smart Service Systems
BEVERUNGEN ET AL., 2019

17 Digitale Transformation im Werkzeugbau
BOOS ET AL., 2019

18 Markteinführung datenbasierter Dienstleistungen
HUSMANN, 2020

19 Komponenten datenbasierter Dienstleistungen
KOLZ, 2020

Abbildung 34: Überblick relevanter Forschungsansätze[486]

[486] Eigene Darstellung.

Innerhalb der Abbildung 34 werden die aufgeführten Ansätze, bezogen auf die Höhe ihres Dienstleistungs-, Daten- und Ertragsmodellbezugs, eingeordnet. Der Werkzeugbaubezug wird als keine separate Dimension verwendet, da lediglich drei Ansätze existieren, die einen solchen Bezug aufweisen. Aus diesem Vorgehen resultieren zwei kubische Formen, auf denen die Ansätze mit einer hohen und die Ansätze mit einer niedrigen bzw. mittleren Relevanz abgebildet werden können. Die eingeordneten Ansätze auf der kleineren kubischen Form weisen punktuelle Anforderungserfüllungen in den einzelnen Dimensionen auf. Allerdings weisen diese im Vergleich zu den Ansätzen mit hoher Relevanz einen signifikant geringeren Erfüllungsgrad auf, um sie für die vorliegende Forschungsfrage adaptieren zu können. Aufgrund dessen werden diese Ansätze im Folgenden nicht spezifischer vorgestellt. Es handelt sich dabei um die Ansätze von BONNEMEIER ET AL.[487], SCHUH ET AL.[488], HUNKE ET AL.[489], KASSNER ET AL.[490], WORTMANN ET AL.[491], GENENNIG ET AL.[492], KÜHN ET AL.[493], BOOS ET AL.[494] sowie HUSMANN[495]. Im weiteren Verlauf werden die Ansätze mit hoher Relevanz detailliert vorgestellt und bewertet. Die Reihenfolge zur Vorstellung orientiert sich, analog zur Abbildung 34, am Erscheinungszeitpunkt des jeweiligen Ansatzes.

3.2.1 Servicetransformation und Kundenintegration (KOOF ET AL., 2016)

Ziel des Ansatzes nach KOOF ET AL. ist die Analyse der Rolle der Kundenintegration im Servicetransformationsprozess[496]. Die Autoren erarbeiten ein Vorgehen, um auf Basis der Kundenbedürfnisse das geeignete Geschäftsmodell und das benötigte Ausmaß der Kundenintegration ableiten zu können. Für die Auswahl des Geschäftsmodells wird auf den Geschäftsmodellansatz der Servicetransformation nach BRUHN ET AL. zurückgegriffen, die insgesamt vier Geschäftsmodelle der Servicetransformation definieren. Diese lauten produktorientiertes, systemlösungsorientiertes, dienstleistungsorientiertes und wertschöpfungsorientiertes Geschäftsmodell[497].

KOOF ET AL. untersuchen im ersten Schritt das Ausmaß der Kundenintegration innerhalb dieser vier Geschäftsmodelle im Sinne der Intensität der erforderlichen Anbieter- und Kundenaktivitäten. Dabei wird die Kundenintegration in den beiden Wertschöpfungsprozessschritten Leistungsentwicklung und Leistungserstellung differenziert analysiert. Im produktorientierten Geschäftsmodell werden in der Regel standardisierte Prozesse zum Produkt offeriert, die aufgrund ihres geringen Individualisierungsgrads keine bzw. wenig Partizipation des Kunden während der Leistungsentwicklung und -erstellung erfordern. Das systemlösungsorientierte Geschäftsmodell setzt dagegen während der Leistungsentwicklung einen Input des Kunden voraus, um ein auf ihn zugeschnittenes Produktleistungsbündel realisieren zu können. Während

487 Vgl. Bonnemeier et al. (Revenue Models for Integrated Customer Solutions), 2010.
488 Vgl. Schuh et al. (Management industrieller Dienstleistungen), 2016.
489 Vgl. Hunke et al. (Process Model for Data-Driven Business Model Innovation), 2017.
490 Vgl. Kassner et al. (Stuttgart IT Architecture), 2017.
491 Vgl. Wortmann et al. (Ertragsmodelle im Internet der Dinge), 2017.
492 Vgl. Genennig et al. (Value Propositions in Service Systems), 2018.
493 Vgl. Kühn et al. (Analytics Canvas), 2018.
494 Vgl. Boos et al. (Digitale Transformation im Werkzeugbau), 2019.
495 Vgl. Husmann (Markteinführung datenbasierter Dienstleistungen), 2020.
496 Das Konzept der Servicetransformation wurde bereits in Kapitel 2.2.3 erläutert.
497 Vgl. Bruhn et al. (Vom Produkthersteller zum Serviceanbieter), 2015, S. 60.

der Leistungserstellung sind kaum aktive Kundenbeteiligungen erforderlich. Umfangreiche Kundeninformationen werden bei dienstleistungsorientierten Geschäftsmodellen benötigt, da hierbei oftmals die Optimierung von Kundengeschäftsprozessen angestrebt wird. Die Dienstleistungen werden spezifisch auf den Kunden ausgerichtet, weshalb dieser auch bei der Leistungserstellung in einem hohen Maße involviert sein muss. Beim wertschöpfungsorientierten Geschäftsmodell (z. B. Betreibermodell) ist eine genaue Kenntnis der Kundenprozesse bei der Leistungsentwicklung elementar und erfordert daher eine hohe Kundenintegration. Bei der Leistungserstellung ist der Kunde dagegen kaum involviert, da diese vom Anbieter übernommen wird.[498]

KOOF ET AL. postulieren, dass die Wahl des Geschäftsmodells und somit auch das Ausmaß der Kundenintegration auf Basis der Kundenbedürfnisse erfolgen muss. Um die Kundenbedürfnisse in eine systematische Verbindung zu den Geschäftsmodellen zu bringen, werden die Bedürfniskategorien nach ALDERFER verwendet. ALDERFER unterscheidet drei Bedürfniskategorien, welche in den sogenannten ERG-Dimensionen zusammengefasst werden[499]. Dazu gehören Existenz- (Existence), Beziehungs- (Relatedness) und Wachstumsbedürfnisse (Growth). KOOF ET AL. ordnen die mit der zuvor analysierten Kundenintegration zusammenhängenden Bedürfnisse den ERG-Dimensionen zu. Des Weiteren verbinden sie die Kundenbedürfnisse mit den durch BRUHN ET AL.[500] definierten Kategorien von Kundennutzen (Risiko- und Komplexitätsreduktion, Produktivitätssteigerung sowie Kernkompetenzfokussierung). Abbildung 35 zeigt, dass KOOF ET AL. durch die kombinierte Betrachtung von ERG-Dimensionen, Kundenbedürfnis sowie Kundennutzen Rückschlüsse auf das erforderliche Kundenintegrationsmaß ziehen.

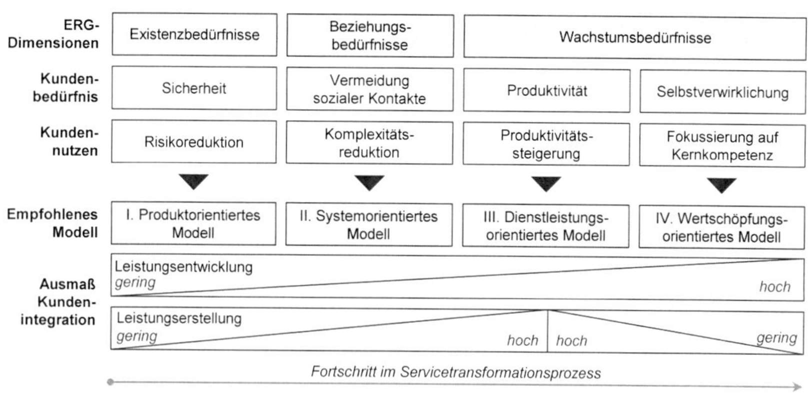

Abbildung 35: Wahl des notwendigen Umfangs der Kundenintegration[501]

Abbildung 35 verdeutlicht, dass zunächst analysiert werden muss, welche Motive und Bedürfnisse die Kunden aufweisen. Hieraus resultiert der zu erfüllende Kundennutzen. Auf dieser

498 Vgl. Koof et al. (Rolle der Kundenintegration), 2016, S. 465 ff.
499 Vgl. Alderfer (New Theory of Human Needs), 1969.
500 Vgl. Bruhn et al. (Vom Produkthersteller zum Serviceanbieter), 2015.
501 I. A. a. Koof et al. (Rolle der Kundenintegration), 2016, S. 471.

Basis kann im nächsten Schritt eine Empfehlung für die Wahl des Dienstleistungsgeschäftsmodells erfolgen, woraus das Ausmaß der Kundenintegration abgeleitet werden kann. KOOF ET AL. übertragen diese Erkenntnisse in einen Entscheidungsbaum, der als Hilfestellung für die Auswahl eines Geschäftsmodells für Dienstleistungen dient.[502]

Die Bewertung des Ansatzes zur Servicetransformation und Kundenintegration nach KOOF ET AL. anhand der hergeleiteten Systematik aus Kapitel 3.1 ist in Abbildung 36 dargestellt.

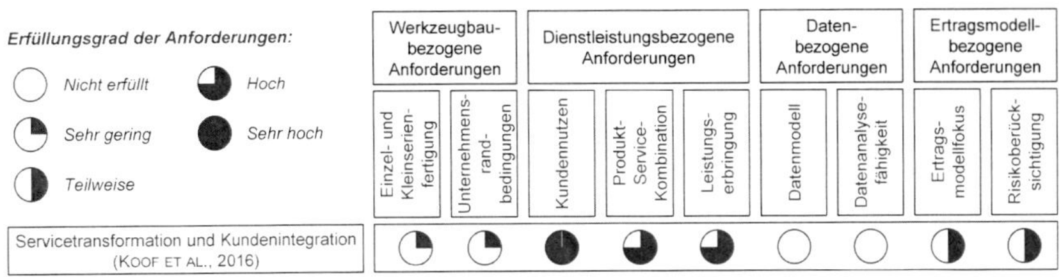

Abbildung 36: Bewertung der Servicetransformation und Kundenintegration nach KOOF ET AL.[503]

Der Ansatz weist bei den werkzeugbaubezogenen Anforderungen lediglich einen sehr geringen Erfüllungsgrad auf. Es wird kein Bezug auf die Einzel- und Kleinserienfertigung genommen. Zudem ist der Ansatz für die Industrie sehr allgemein ohne die detaillierte Berücksichtigung von Unternehmensrandbedingungen formuliert. Die Berücksichtigung des Kundennutzens erfolgt in einem sehr hohen Maße, da die Autoren die Erzeugung eines Kundennutzens als handlungsleitendes Paradigma für die Wahl der Geschäftsmodelle sehen. Die Berücksichtigung von Produkt-Service-Kombinationen und der Leistungserbringung sind dagegen in hohem Maße vorhanden. Die Ursache liegt in der Analyse, inwiefern die notwendigen Interaktionen zwischen Anbieter und Kunde bei unterschiedlichen Produkt-Service-Kombinationen variieren. Genaue Prozesse zwischen beiden Parteien werden allerdings nicht betrachtet. Eine Berücksichtigung der datenbezogenen Anforderungen liegt bei diesem Ansatz nicht vor. Die ertragsmodellbezogenen Anforderungen finden im Ansatz keine direkte Beachtung. Allerdings basiert der Ansatz signifikant auf den Geschäftsmodellen von BRUHN ET AL. Hier werden unterschiedliche Ertragsmodelle für verschiedene Dienstleistungen entwickelt und auf Basis ihres Risikos für den Anbieter betrachtet. Schlussfolgernd können die ertragsmodellbezogenen Anforderungen als teilweise erfüllt betrachtet werden.

Zusammenfassend lässt sich feststellen, dass der präsentierte Ansatz nicht zur Definition und Auslegung von datenbasierten Dienstleistungen im Werkzeugbau anwendbar ist. Er bietet allerdings einen interessanten Aspekt durch die differenzierte Betrachtung der Kundenintegration in Leistungsentwicklung und Leistungserstellung.

[502] Vgl. Koof et al. (Rolle der Kundenintegration), 2016, S. 470 ff.
[503] Eigene Darstellung.

3.2.2 Lebenszyklusorientierte Leistungssysteme (KÜHN, 2016)

KÜHN verfolgt mit seinem Ansatz die kundenorientierte Leistungsentwicklung im Werkzeugbau, um mithilfe einer erfolgreichen Differenzierung die Wettbewerbsfähigkeit von Werkzeugbaubetrieben nachhaltig steigern zu können. Hierfür entwickelt KÜHN eine Methodik, mit welcher es dem Anwender gelingt, das Kernprodukt Werkzeug um zusätzliche Sach- und Dienstleistungen im gesamten Lebenszyklus zu ergänzen. Abbildung 37 zeigt den Aufbau dieser Methodik, welche sich in eine Analyse- und Gestaltungsphase gliedert.

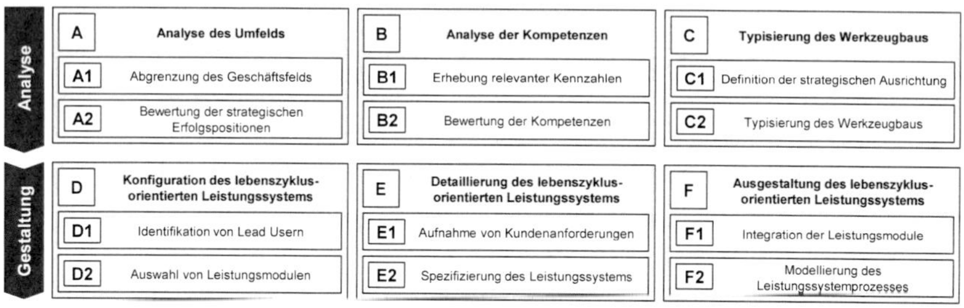

Abbildung 37: Methodik zur Gestaltung von lebenszyklusorientierten Leistungssystemen im Werkzeugbau[504]

Im *Schritt A* der Methodik erfolgt eine Umfeldanalyse des Werkzeugbaubetriebs im Sinne des Market-based View[505]. Mit den beiden Unterschritten Abgrenzung des Geschäftsfelds und Bewertung der strategischen Erfolgspositionen werden durch den Market-based View die Kundenbedurfnisse und der Markt fokussiert, damit das Leistungsangebot optimal im Wettbewerb positioniert werden kann. Schritt A bedient sich einer entwickelten Morphologie zur Festlegung des betrachteten Geschäftsfelds. Darauf aufbauend werden für dieses Geschäftsfeld die strategischen Erfolgspositionen des anwendenden Unternehmens analysiert und systematisch bewertet.[506] Im Zuge von *Schritt B* werden anhand von Kennzahlen die Kompetenzen des anwendenden Unternehmens im Sinne des Resource-based View[507] evaluiert. Es erfolgt eine Prüfung, ob die in Schritt A identifizierten strategischen Erfolgspositionen durch die Kompetenzen des Werkzeugbaubetriebs erfüllt werden. Der Fokus dieser Bewertung liegt auf jenen Kompetenzen, die die identifizierten sowie gewichteten strategischen Erfolgspositionen am meisten adressieren.[508] Der *Schritt C* repräsentiert den letzten Schritt der Analysephase und beinhaltet eine Typisierung von Werkzeugbaubetrieben hinsichtlich ihrer strategischen Ausrichtung. Hierfür werden die Betrachtungsperspektiven Market-based View und Resource-based View der vorherigen beiden Schritte konsolidiert. KÜHN leitet auf Basis dieser Verknüpfung

---

[504] Vgl. Kühn (Lebenszyklusorientierte Leistungssysteme), 2016, S. 93.

[505] Der Market-based View fokussiert das Umfeld eines Unternehmens als zentrales Untersuchungsobjekt aller Unternehmensbetrachtungen und wird deshalb als marktorientierter Ansatz bezeichnet. Vgl. Peschl (Strategisches Management), 2010, S. 45 f.

[506] Vgl. Kühn (Lebenszyklusorientierte Leistungssysteme), 2016, S. 104 ff.

[507] Der Resource-based View fokussiert die unternehmensspezifischen Ressourcen als zentrales Untersuchungsobjekt aller Unternehmensbetrachtungen und wird deshalb als ressourcenorientierter Ansatz bezeichnet. Vgl. Bea; Haas (Strategisches Management), 2005, S. 28 f.

[508] Vgl. Kühn (Lebenszyklusorientierte Leistungssysteme), 2016, S. 112 ff.

die vier Werkzeugbautypen Schnelligkeitsbefähiger, Komplexitätsreduzierer, Kostenreduzierer und Innovationsbefähiger ab.[509] Auf dieser Typisierung baut die Gestaltungsphase der Methodik auf. Innerhalb von *Schritt D* erfolgt eine Konfiguration des lebenszyklusorientierten Leistungssystems. Im Zuge des ersten Unterschrittes wird analysiert, für welche Kunden das jeweilige Leistungssystem konzipiert werden sollte. Diese Kunden werden von KÜHN als sogenannte Lead-User bezeichnet und repräsentieren die wichtigsten Kunden für den anwendenden Werkzeugbaubetrieb. Darauf aufbauend werden Leistungsbaukästen entwickelt, die sich aus Leistungsmodulen zusammensetzen, welche die Charakteristika der einzelnen Werkzeugbautypen widerspiegeln.[510] Im *Schritt E* erfolgt anschließend die Detaillierung des lebenszyklusorientierten Leistungssystems. Zunächst werden hierfür die Kundenanforderungen an die einzelnen, zuvor ausgewählten Module des Leistungssystems in einem Anforderungskatalog erfasst. Darauf aufbauend erfolgt eine Spezifizierung der Leistungssysteme, indem Leistungsprozesse je Leistungsmodul ausgelegt werden.[511] Im letzten Schritt der Methodik, *Schritt F*, wird das lebenszyklusorientierte Leistungssystem zu einem durchgängigen Leistungssystemprozess ausgestaltet. Hierfür werden zuerst die einzelnen Leistungsmodule zu einem System entlang sämtlicher Werkzeuglebenszyklusphasen integriert. Daraufhin werden die Leistungssystemprozesse mithilfe der Black-Box-Methode modelliert. Hierdurch wird eine zeitliche und inhaltliche Abstimmung aller Aktivitäten zur effektiven sowie effizienten Leistungserbringung ermöglicht.[512]

Die Bewertung der lebenszyklusorientierten Leistungssysteme im Werkzeugbau nach KÜHN anhand der hergeleiteten Systematik aus Kapitel 3.1 ist in Abbildung 38 dargestellt.

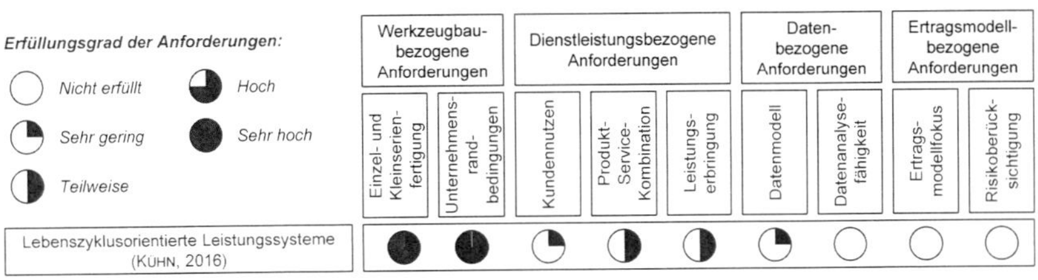

Abbildung 38: Bewertung lebenszyklusorientierter Leistungssysteme im Werkzeugbau nach KÜHN[513]

Die werkzeugbaubezogenen Anforderungen werden in sehr hohem Maße erfüllt, da der Werkzeugbau als Betrachtungsbereich für den Ansatz gewählt wird. Die Berücksichtigung des Kundennutzens ist zwar im Schritt A durch die Fokussierung von Kundenbedürfnissen enthalten, jedoch wird der Kundennutzen nicht als zentraler Faktor für die Leistungssysteme angesehen. Damit ist die Berücksichtigung des Kundennutzens lediglich in sehr geringem Maße vorhanden. Die Betrachtung von Produkt-Service-Kombinationen kann nur als teilweise erfüllt bewer-

509 Vgl. Kühn (Lebenszyklusorientierte Leistungssysteme), 2016, S. 124 ff.
510 Vgl. Kühn (Lebenszyklusorientierte Leistungssysteme), 2016, S. 133 ff.
511 Vgl. Kühn (Lebenszyklusorientierte Leistungssysteme), 2016, S. 152 ff.
512 Vgl. Kühn (Lebenszyklusorientierte Leistungssysteme), 2016, S. 160 ff.
513 Eigene Darstellung.

tet werden. Ursache hierfür ist, dass die Kombination von Dienstleistungen und Sachleistungen detailliert in der Methodik erörtert werden, aber ohne jegliche Berücksichtigung von datenbasierten Dienstleistungen. Nach KÜHN muss für ein Leistungssystem untersucht werden, welche Prozesse und welcher Input bzw. Output für die Leistungserbringung erforderlich sind. Dabei wird die Interaktion zwischen Kunde und Werkzeugbaubetrieb allerdings fast vollständig vernachlässigt, weshalb die Berücksichtigung der Leistungserbringung als Anforderung nur teilweise erfüllt ist. Die datenbezogenen Anforderungen weisen lediglich hinsichtlich der Berücksichtigung des Datenmodells eine sehr geringe Erfüllung auf. Innerhalb des Ansatzes erwähnt KÜHN, dass durch intelligente Werkzeuge und die hierdurch generierten Daten Leistungen abgeleitet werden können. Weitere datenbezogene Erläuterungen bleiben jedoch vollends aus. Die ertragsmodellbezogenen Anforderungen werden durch KÜHN ebenfalls nicht adressiert.

Zusammenfassend lässt sich feststellen, dass der präsentierte Ansatz nicht zur Definition und Auslegung von datenbasierten Dienstleistungen im Werkzeugbau anwendbar ist. Er bietet allerdings durch die Entwicklung von Leistungsbaukästen zur Ableitung von Leistungssystemen interessante Denkanstöße zur anforderungsgerechten Auslegung von Dienstleistungen.

3.2.3 Reference Architecture for CPS (WESTERMANN ET AL., 2016)

Die Autoren WESTERMANN ET AL. beschreiben in dem Ansatz „Reference Architecture and Maturity Levels for Cyber-Physical Systems in the Mechanical Engineering Industry“ eine Referenzarchitektur, die einer Auslegung und Strukturierung von CPS (vgl. Kapitel 2.1.2.1) dient. Des Weiteren werden zwei CPS-Reifegrade entwickelt, die eine Definition von Zielzuständen in unterschiedlichen Komplexitätsgraden und eine Bewertung des Status quo von Unternehmen ermöglichen.[514]

Die Autoren behaupten, dass sich innerhalb der Branche Maschinenbau die Produkte von traditionellen mechatronischen, technischen Systemen hin zu CPS entwickeln werden. Hierdurch entstehen für Unternehmen einerseits neue Potenziale, wie z. B. die Offerierung von neuen Geschäftsmodellen durch datenbasierte Dienstleistungen. Andererseits sind Unternehmen mit einer Vielzahl von Herausforderungen konfrontiert, um CPS realisieren zu können, wie z. B. der Handhabung steigender Komplexität der technischen Systeme durch Datenaufnahme und -analyse. WESTERMANN ET AL. differenzieren dabei zwischen unterschiedlichen Komplexitätsgraden von CPS.[515] Basierend auf der VDI-Richtlinie 2206[516] als Entwicklungsmethodik für mechatronische Systeme und dem Ansatz zur Entwicklung intelligenter technischer Systeme nach GAUSEMEIER ET AL.[517, 518] wird die entsprechende CPS-Referenzarchitektur entworfen (vgl. Abbildung 39).

514 Vgl. Westermann et al. (CPS Reference Architecture), 2016, S. 1.
515 Vgl. Westermann et al. (CPS Reference Architecture), 2016, S. 1 f.
516 Vgl. Verein Deutscher Ingenieure e. V. (VDI 2206), 2004.
517 Vgl. Gausemeier et al. (Intelligente technische Systeme), 2013.
518 Vgl. Gausemeier et al. (Weg intelligenter technischer Systeme), 2013.

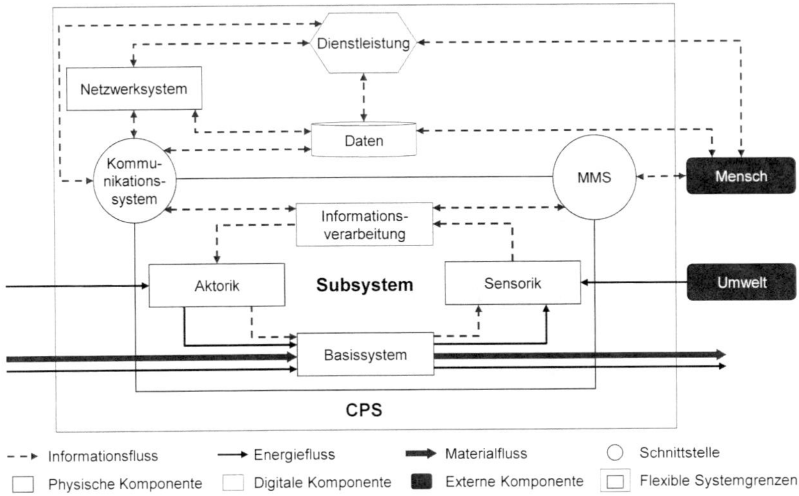

Abbildung 39: Referenzarchitektur für CPS[519]

Eine umfangreiche Literaturanalyse von charakteristischen CPS-Elementen begründet eine notwendige Erweiterung der beiden basierenden Ansätze. Daher setzt sich die entwickelte Referenzarchitektur aus dem physischen Produkt selbst (Subsystem), Schnittstellen zur Umwelt und Bedienern sowie einem Netzwerk aus weiteren CPS zur Erreichung einer kooperativen Zusammenarbeit zusammen. Das Subsystem kann weiterhin in die Komponenten Basissystem, Sensorik, Aktorik, Informationsverarbeitung, Mensch-Maschine-Schnittstelle (MMS) und Kommunikationssystem unterteilt werden. Hinzu kommen die Komponenten Daten und Dienstleistung. Die Interaktion zwischen den Komponenten wird durch Energie-, Material- und Informationsströme visualisiert. Im Hinblick auf den steigenden Vernetzungsgrad und die zunehmende Integration von Daten und Diensten in ein Unternehmensumfeld stellt die Referenzarchitektur ein Werkzeug zur Visualisierung aller benötigter Komponenten und deren Beziehungen zueinander dar.[520]

Um die Referenzarchitektur zielgerichtet auslegen zu können, entwickeln WESTERMANN ET AL. zwei CPS-Reifegrade. Das erste CPS-Reifegradmodell beschreibt fünf unterschiedliche Komplexitätsstufen von CPS. Die aufeinander aufbauenden Stufen lauten Überwachung, Kommunikation und Analyse, Interpretation und Dienstleistungen, Adaption und Optimierung sowie Kooperation. Bevor die Referenzarchitektur ausgelegt werden kann, muss der Anwender festlegen, welcher CPS-Reifegrad angestrebt wird.[521]

Darauf aufbauend entwickeln WESTERMANN ET AL. ein zweites CPS-Reifegradmodell. Dieses setzt sich aus einer Morphologie für unterschiedliche Ausprägungen der einzelnen Komponenten der CPS-Referenzarchitektur zusammen. Für alle Komponenten (ausgenommen des

519 I. A. a. Westermann et al. (CPS Reference Architecture), 2016, S. 4.
520 Vgl. Westermann et al. (CPS Reference Architecture), 2016, S. 3 f.
521 Vgl. Westermann et al. (CPS Reference Architecture), 2016, S. 4 f.

Basissystems) können somit die Reifegrade ausgewählt werden, um eine angestrebte CPS-Komplexitätsstufe auszulegen bzw. zu entwickeln.[522]

Die Bewertung des Bezugsrahmens datenbasierter Dienstleistungen nach WESTERMANN ET AL. anhand der hergeleiteten Systematik aus Kapitel 3.1 ist in Abbildung 40 dargestellt.

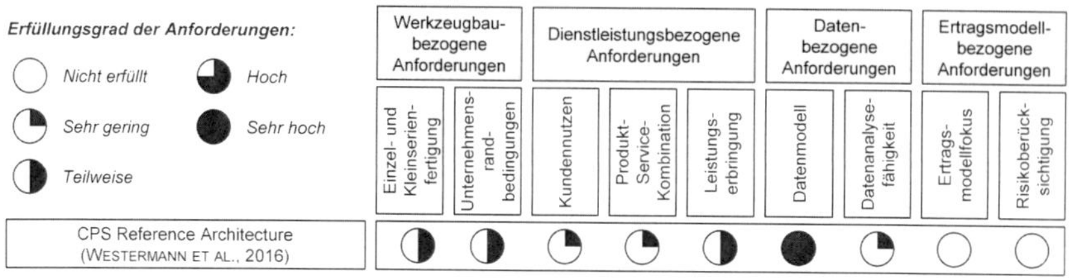

Abbildung 40: Bewertung der CPS Reference Architecture nach WESTERMANN ET AL.[523]

Der Ansatz weist bei den werkzeugbaubezogenen Anforderungen einen relativ guten Erfüllungsgrad auf. Es wird der Maschinenbau als Betrachtungsbereich gewählt, weshalb teilweise ein Bezug auf die Einzel- und Kleinserienfertigung genommen wird. Des Weiteren werden verschiedene Ausprägungsstufen beschrieben, um CPS in Unternehmen auszulegen. Diese Ausprägungsstufen erlauben eine bedingte Adaption auf individuelle Unternehmen. Mithin ist die Beachtung von Unternehmensrandbedingungen teilweise erfüllt. Bei den dienstleistungsbezogenen Anforderungen ist eine gemeinsame Betrachtung des Kundennutzens und der Produkt-Service-Kombination sinnvoll. WESTERMANN ET AL. beschreiben Dienstleistungen als ein charakteristisches Element von CPS, da sich Dienstleistungen bzw. datenbasierte Dienstleistungen aus CPS ableiten lassen. Im Zuge dessen erwähnen die Autoren, dass Dienstleistungen stets das Ziel haben, Bedürfnisse zu befriedigen. Diese beiden Aspekte werden jedoch lediglich erwähnt und nicht näher spezifiziert, weshalb beide Anforderungen in sehr geringem Maße erfüllt sind. Die Berücksichtigung der Leistungserbringung ist teilweise gegeben. Auch wenn hierbei nicht explizit datenbasierte Dienstleistungen und Kunden erwähnt werden, beschreiben die Autoren, dass für die Realisierung von CPS Schnittstellen zu externen Entitäten notwendig sind. Bei den datenbezogenen Anforderungen erfolgt die Berücksichtigung des Datenmodells in sehr hohem Maße. Die Stärke des Ansatzes ist, dass ein Datenmodell als Referenzarchitektur beschrieben wird, welches für die Auslegung unterschiedliche Komplexitätsstufen betrachtet. Konträr weist der Ansatz lediglich eine sehr geringe Erfüllung der Anforderung Datenanalysefähigkeit auf, da primär das Datenmanagement und nicht die Datenanalyse fokussiert wird. Die beiden ertragsmodellbezogenen Anforderungen bleiben vollends unberücksichtigt.

Zusammenfassend lässt sich feststellen, dass der präsentierte Ansatz nicht zur Definition und Auslegung von datenbasierten Dienstleistungen im Werkzeugbau anwendbar ist. Er bietet allerdings durch die entwickelte Morphologie zur Komplexitätsdifferenzierung interessante Denkanstöße hinsichtlich einer anforderungsgerechten Auslegung benötigter Infrastrukturen.

[522] Vgl. Westermann et al. (CPS Reference Architecture), 2016, S. 5 f.
[523] Eigene Darstellung.

3.2.4 Smart Service Canvas (Pöppelbuß und Durst, 2017)

Die Autoren Pöppelbuß und Durst entwickelten das Smart Service Canvas als ein „Werkzeug zur Beschreibung, Analyse und Entwicklung [...] datenbasierter Dienstleistungen“[524]. Auf Basis dieser sollen anschließend datenbasierte Geschäftsmodelle abgeleitet werden. Der Ansatz greift auf das Value Proposition Canvas von Osterwalder et al.[525] und auf das Business Model Canvas von Osterwalder und Pigneur[526] zurück. Es handelt sich dabei um zwei wissenschaftlich anerkannte und in der Praxis bereits umfangreich erprobte Ansätze zur Entwicklung von Geschäftsmodellen[527]. Das Smart Service Canvas setzt sich aus den vier Bereichen Kundensicht, Wertschöpfungssicht, Ökosystemsicht und Fit zusammen (vgl. Abbildung 41).

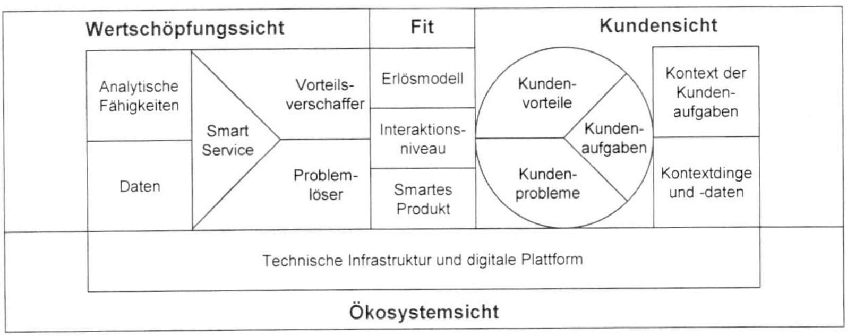

Abbildung 41: Bereiche und Felder des Smart Service Canvas[528]

Die Kundensicht umfasst die fünf Felder Kundenaufgaben, Kontext der Kundenaufgaben, Kontextdinge und -daten, Kundenprobleme sowie Kundenvorteile. Im Feld Kundenaufgaben erfolgt eine Sammlung und Beschreibung von Aspekten, die der Kunde potenziell erreichen möchte. Darauf aufbauend werden im Feld Kontext der Kundenaufgaben alle hierfür notwendigen Voraussetzungen definiert, die vom Kunden geschaffen werden müssen. Des Weiteren wird im Feld Kontextdinge und -daten benannt, ob im Kontext der Kundenaufgaben notwendige Daten oder Dinge für die datenbasierte Dienstleistungserbringung bereits vorhanden sind. Im Feld Kundenprobleme werden alle Hindernisse bei der Ausführung der Kundenaufgaben beschrieben. Im Rahmen des Felds Kundenvorteile werden die positiven Ergebnisse und Effekte der datenbasierten Dienstleistungserbringung beschrieben, welche aufseiten der Kunden wünschenswert sind.[529]

Der Bereich Wertschöpfungssicht umfasst die Felder Smart Service, Daten, analytische Fähigkeiten, Problemlöser sowie Vorteilsverschaffer. Im Feld Smart Service wird die Dienstleistung z. B. anhand ihrer Idee und Eigenschaften beschrieben. Welche Daten für ihre Erbringung

[524] Vgl. Pöppelbuß; Durst (Smart Service Canvas), 2017, S. 108.
[525] Vgl. Osterwalder et al. (Value Proposition Design), 2014.
[526] Vgl. Osterwalder; Pigneur (Business Model Generation), 2010.
[527] Vgl. Zolnowski et al. (Service Business Models), 2014, S. 718.
[528] Vgl. Pöppelbuß; Durst (Smart Service Canvas), 2017, S. 97.
[529] Vgl. Pöppelbuß; Durst (Smart Service Canvas), 2017, S. 97 ff.

und welche Analysefähigkeiten zur Auswertung dieser Daten benötigt werden, wird in den Feldern Daten sowie analytische Fähigkeiten spezifiziert. Inwiefern die datenbasierte Dienstleistung die Kundenprobleme adressiert, wird im Feld Problemlöser erläutert. Im Rahmen des Felds Vorteilsverschaffer wird benannt, inwiefern die datenbasierte Dienstleistung zu den anvisierten positiven Ergebnissen und Effekten führt.[530]

Die Ökosystemsicht beschreibt als Bereich die erforderliche technische Infrastruktur und, falls notwendig, die erforderliche digitale Plattform zur datenbasierten Dienstleistungserbringung. Zur technischen Infrastruktur zählen bspw. die notwendige Netzanbindung oder Stromversorgung zur Anbindung eines intelligenten Produkts. Durch digitale Plattformen wird die Verbreitung und die Vermarktung der jeweiligen datenbasierten Dienstleistung in verschiedenen Ökosystemen ermöglicht. Eine weitere Differenzierung dieses Feldes ist mittels des Smart-Service-Schichtenmodells der ACATECH[531] möglich.[532]

Der Bereich Fit dient dazu, alle zuvor genannten Bereiche aufeinander abzustimmen und miteinander zu synchronisieren. Hierfür werden die drei Felder Smartes Produkt, Interaktionsniveau und Erlösmodell definiert. Das Feld Smartes Produkt beschreibt ein intelligentes Produkt, welches die Schnittstelle zum Kunden ermöglicht. Darauf aufbauend muss im Feld Interaktionsniveau die Art der Interaktion zwischen Anbieter und Kunde festgelegt werden. Im Feld Erlösmodell werden schließlich die Einnahmequellen für die datenbasierte Dienstleistung beschrieben.[533] PÖPPELBUß UND DURST nennen für alle zuvor genannten Felder mögliche Ausprägungen bzw. stellenweise Detaillierungsmöglichkeiten und greifen dafür punktuell auf verschiedene Autoren zurück[534].

Die Bewertung des Smart Service Canvas Ansatzes nach PÖPPELBUß UND DURST anhand der hergeleiteten Systematik aus Kapitel 3.1 ist in Abbildung 42 dargestellt.

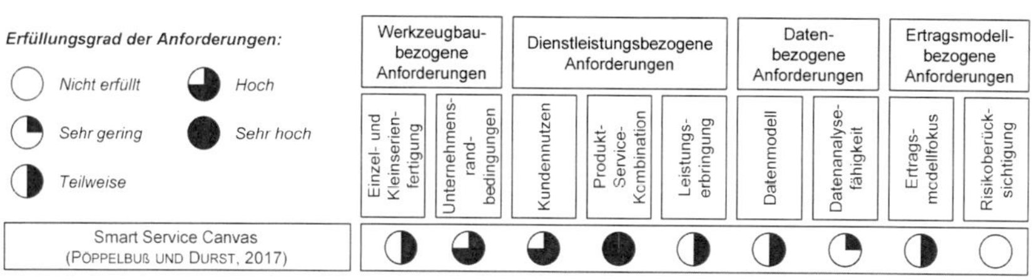

Abbildung 42: Bewertung des Smart Service Canvas nach PÖPPELBUß UND DURST[535]

Der Ansatz weist nur teilweise einen Bezug zur Einzel- und Kleinserienfertigung auf. Allerdings kann er aufgrund seiner individuellen Ausgestaltung flexibel und branchenunabhängig angewendet werden. Die Unternehmensrandbedingungen werden nicht konkret beschrieben. Dennoch wird diese Anforderung in hohem Maße erfüllt, weil Unternehmen, die den Ansatz an-

[530] Vgl. Pöppelbuß; Durst (Smart Service Canvas), 2017, S. 99 ff.
[531] Vgl. Kagermann et al. (Smart Service Welt), 2015, S. 16 f.
[532] Vgl. Pöppelbuß; Durst (Smart Service Canvas), 2017, S. 101.
[533] Vgl. Pöppelbuß; Durst (Smart Service Canvas), 2017, S. 101 ff.
[534] Vgl. Pöppelbuß; Durst (Smart Service Canvas), 2017, S. 97 ff.
[535] Eigene Darstellung.

wenden, die einzelnen Bereiche (Wertschöpfungssicht etc.) eigenständig und unternehmensindividuell ausfüllen können. Durch den Bereich Kundensicht fokussiert der Ansatz die Erzeugung von Kundennutzen bei der Entwicklung von datenbasierten Dienstleistungen. Hieraus resultiert eine hohe Erfüllung der Anforderung. Die Berücksichtigung von Produkt-Service-Kombinationen erfolgt in sehr hohem Maße. Dagegen ist eine Berücksichtigung der Leistungserbringung lediglich teilweise vorzufinden, da eine Interaktion zwischen Anbieter und Kunde zwar betrachtet, aber nicht durch konkrete Prozesse zwischen beiden Parteien beschrieben wird. Die datenbezogenen Anforderungen zur Berücksichtigung eines Datenmodells sowie die Datenanalysefähigkeit werden teilweise bzw. in einem sehr geringen Maße erfüllt. Positiv zu erwähnen ist, dass beide Anforderungen durch eigene Felder im Ansatz berücksichtigt, jedoch nicht ausführlich beschrieben werden. Bei den ertragsmodellbezogenen Anforderungen bleibt eine Risikoberücksichtigung vollends unbeachtet. Ein Ertragsmodellfokus liegt nur teilweise vor, da verschiedene Ertragsmodellmöglichkeiten für datenbasierte Dienstleistungen rudimentär beschrieben werden.

Zusammenfassend lässt sich feststellen, dass der präsentierte Ansatz nicht zur Definition und Auslegung von datenbasierten Dienstleistungen im Werkzeugbau anwendbar ist. Er bietet allerdings durch die Berücksichtigung von Interdependenzen zwischen allen einzelnen Bereichen interessante Denkanstöße hinsichtlich einer ganzheitlichen Auslegung von datenbasierten Dienstleistungen.

3.2.5 Internet of Production (Schuh et al., 2017)

Die Autoren Schuh et al. beschreiben in dem Ansatz „Internet of Production“ (IoP) eine Infrastruktur zur bedarfsgerechten Bereitstellung von entscheidungsrelevanten Daten. Diese Daten sollen in adäquater Granularität vorliegen sowie zur Verbesserung der datenbasierten, interdisziplinären Kollaboration durch produktionstechnisches Modellwissen dienen.[536] Durch das IoP können domänenübergreifende Entscheidungen deutlich schneller und in höherer Qualität getroffen werden[537]. Beim Ansatz des IoP handelt es sich um ein laufendes umfangreiches Forschungsvorhaben des Werkzeugmaschinenlabors WZL der RWTH Aachen University. Für die Beschreibung des Ansatzes wird daher auf drei ausgewählte, bisher veröffentlichte Forschungsergebnisse zurückgegriffen[538, 539, 540].

Das IoP lässt sich horizontal und vertikal untergliedern. Die horizontale Gliederung beinhaltet gemäß dem Produktlebenszyklus die Betrachtungsbereiche Development Cycle, Production Cycle und User Cycle. Eine Unterteilung unterschiedlicher Datengranularitäten erfolgt in einer vertikalen Gliederung durch die Schichten Rohdaten, Anwendungssoftware, Middleware+, Smart Data sowie Smart Expert (vgl. Abbildung 43).

536 Vgl. Schuh et al. (Internet of Production), 2017, S. 4.
537 Vgl. Schuh et al. (Internet of Production), 2017, S. 10.
538 Vgl. Schuh et al. (Internet of Production), 2017.
539 Vgl. Schuh et al. (Internet of Production), 2019.
540 Vgl. Schuh et al. (Produktion im Internet of Production), 2020.

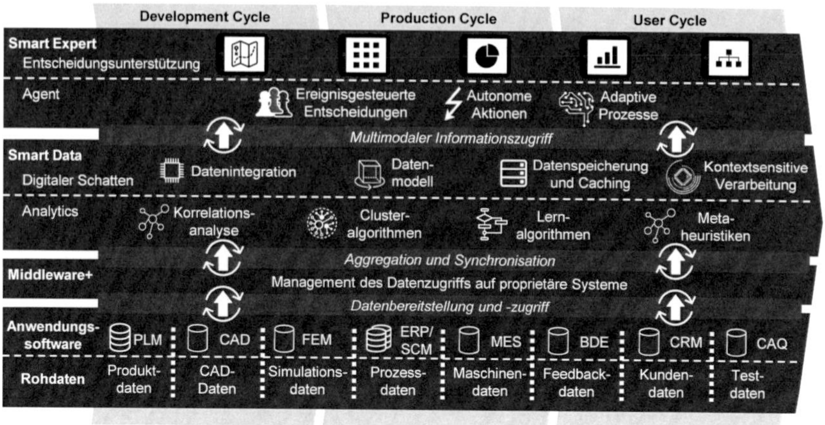

Abbildung 43: Infrastruktur des Internet of Production[541]

In der untersten vertikalen Schicht wird *Anwendungssoftware* in produzierenden Unternehmen beschrieben, durch die große Mengen an *Rohdaten* erzeugt werden. Charakteristisch für diese Rohdatensätze ist, dass teilweise stark differierende Vollständigkeit, Genauigkeit, Semantik und Granularität von diesen vorliegen. Daher bedarf es einer Art Zwischenschicht, der sogenannten *Middleware+*, die einen Zugriff auf große Datenmengen aus den proprietären Systemen ermöglicht. In der Middleware+ erfolgt eine zielgerichtete Filterung und Verknüpfung der Daten.[542]

In der nächsten Schicht *Smart Data* wird das Ziel verfolgt, digitale Schatten (vgl. Kapitel 2.1.1.1) zu erzeugen, die ein echtzeitfähiges Abbild der relevanten Zusammenhänge sämtlicher produktionstechnischer Prozesse beinhalten. Durch die Anwendung von Advanced Analytics-Methoden (vgl. Kapitel 2.3.3.3) erfolgt eine Aufbereitung und Veredelung der Rohdaten hin zu digitalen Schatten. Das Resultat der Datenintegration sind Datenmodelle, die domänenübergreifende und echtzeitfähige Zusammenhänge beschreiben. Damit diese schnell und in anwendungsgerechter Aggregation bereitgestellt werden können, erfolgt eine entsprechende Datenspeicherung in der Schicht Smart Data.[543]

In der obersten Schicht *Smart Expert* erfolgt ein Zugriff auf diese aufbereiteten Daten. Dies kann bspw. über aufgabenspezifische Applikationen und intuitiv gestaltete Benutzerschnittstellen erfolgen. Die Entscheidungsunterstützung kann dabei beliebig komplex ausgelegt werden. So ist es bspw. möglich, dass lernende Agenten auf Basis von künstlicher Intelligenz Entscheidungsoptionen für zukünftige Entscheidungen identifizieren und hieraus resultierende Aktionen autonom auslösen.[544]

[541] I. A. a. Schuh et al. (Internet of Production), 2017, S. 5.
[542] Vgl. Schuh et al. (Produktion im Internet of Production), 2020, S. 470.
[543] Vgl. Schuh et al. (Internet of Production), 2017, S. 5.
[544] Vgl. Schuh et al. (Internet of Production), 2017, S. 5.

Diese beschriebene Infrastruktur ermöglicht eine Produktivitätssteigerung produzierender Unternehmen durch eine Verbesserung der Zusammenarbeit zwischen und innerhalb der drei Betrachtungsbereiche Production Cycle, Development Cycle und User Cycle[545].

Die Bewertung des IoP nach SCHUH ET AL. anhand der hergeleiteten Systematik aus Kapitel 3.1 ist in Abbildung 44 dargestellt.

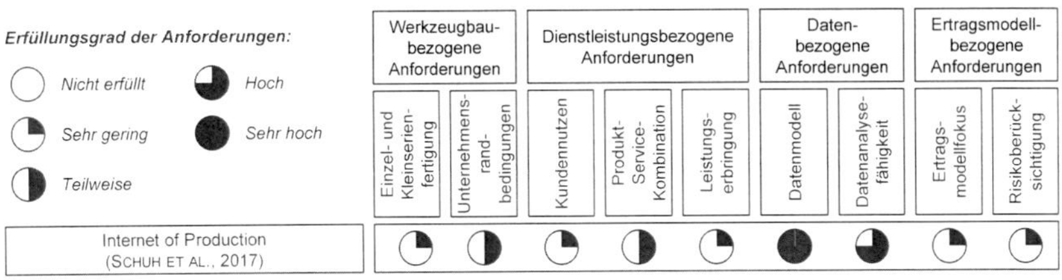

Abbildung 44: Bewertung des Internet of Production nach SCHUH ET AL.[546]

Der Ansatz besitzt einen sehr geringen Bezug zur Einzel- und Kleinserienfertigung, da sich der Ansatz lediglich auf die Industrie bezieht und eine nähere Berücksichtigung der Anforderung vernachlässigt. Die Berücksichtigung von Unternehmensrandbedingungen erfolgt teilweise. Bei den dienstleistungsbezogenen Anforderungen erfolgt die Berücksichtigung von Kundennutzen in sehr geringem Maße und die Berücksichtigung von Produkt-Service-Kombinationen teilweise. Der Ansatz berücksichtigt durch den User Cycle, dass auf Basis des IoP Produkt-Service-Kombinationen ermöglicht werden, die einen gesteigerten Kundennutzen erzeugen. Im Zuge dessen werden jedoch nur beispielhafte Produkt-Service-Kombinationen erwähnt. Die Berücksichtigung der Leistungserbringung ist ebenfalls in sehr geringem Maße erfüllt. Die Autoren beschreiben, dass sich durch das IoP Prozesse und Interaktionen mit dem Kunden zur Leistungserbringung ändern werden. Eine spezifische Beschreibung der sich ändernden Interaktionsprozesse bleibt jedoch aus. Eine Analyse der datenbezogenen Anforderungen verdeutlicht einen sehr guten Erfüllungsgrad. Die Berücksichtigung eines Datenmodells erfolgt durch das IoP in sehr hohem Maße. Der Ansatz zeigt eine Infrastruktur auf, mit welcher datenbasierte Dienstleistungen technologisch vollends erbracht werden können. Es werden unterschiedliche Datenanalysemethoden genannt. Diese werden allerdings nicht hinsichtlich ihrer Eignung für unterschiedliche IoP-Reifegrade bewertet. Die beiden ertragsmodellbezogenen Anforderungen werden jeweils in sehr geringem Maße erfüllt. Auch wenn erläutert wird, dass durch das IoP neue Geschäftsmodelle entwickelt werden können, wird hierbei nicht detailliert auf neuartige Ertragsmodellformen eingegangen. Gleiches gilt für die Anforderung Risikoberücksichtigung. Es wird lediglich genannt, dass für die Umsetzung neuer Geschäfts- und Ertragsmodelle Herausforderungen für die Anbieter entstehen. Wie diese beispielhaft genannten Herausforderungen adressiert werden können, bleibt jedoch aus.

Zusammenfassend lässt sich feststellen, dass der präsentierte Ansatz nicht zur Definition und Auslegung von datenbasierten Dienstleistungen im Werkzeugbau anwendbar ist. Er bietet

[545] Vgl. Schuh et al. (Internet of Production), 2017, S. 6.
[546] Eigene Darstellung.

durch die Beschreibung einer domänenübergreifenden Dateninfrastruktur allerdings interessante Denkanstöße hinsichtlich einer technologischen Realisierbarkeit von datenbasierten Dienstleistungen.

3.2.6 Datenbasiertes Wissensmanagement im Werkzeugbau (BEGOVIC, 2018)

Der Ansatz „Datenbasiertes Wissensmanagement für Smart Services im Werkzeugbau" nach BEGOVIC beschreibt ein Gestaltungsmodell, um Werkzeugbaubetrieben eine strategische Neupositionierung durch die Fokussierung des Leistungsportfolios auf Smart Services zu ermöglichen[547]. Der Aufbau des Gestaltungsmodells ist in Abbildung 45 dargestellt.

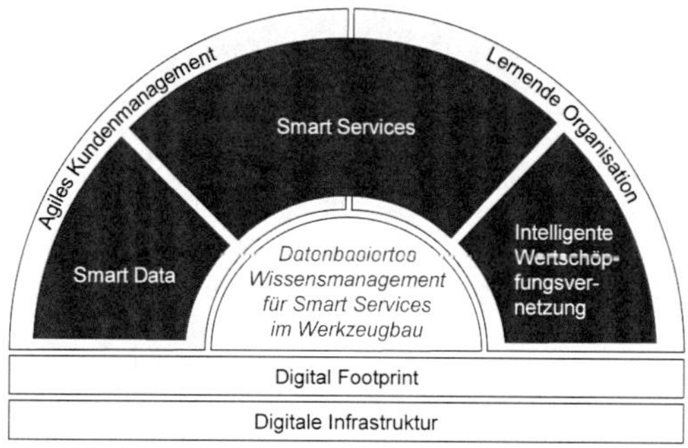

Abbildung 45: Gestaltungsmodell für das datenbasierte Wissensmanagement für Smart Services im Werkzeugbau[548]

BEGOVIC fundiert sein Gestaltungsmodell auf den Elementen Digitale Infrastruktur und Digital Footprint, die als Voraussetzungen angesehen werden müssen. Die Digitale Infrastruktur repräsentiert die benötigte Infrastruktur, um ein datenbasiertes Wissensmanagement im Werkzeugbau zu gestalten. Dieses Element beinhaltet den Ort der Datenspeicherung für den weiteren Umgang mit Daten bzw. die erforderliche Datenanalyse.[549] Das Element Digital Footprint als zweite Voraussetzung beschreibt den digitalen Schatten entlang des Werkzeuglebenszyklus sowie die Generierung von Daten, um Erkenntnisse über die Werkzeugfunktionalität ableiten zu können[550].

Basierend auf den Voraussetzungen führt BEGOVIC in seinem Gestaltungsmodell die Elemente Lernende Organisation und Agiles Kundenmanagement als befähigende Elemente für das datenbasierte Wissensmanagement im Werkzeugbau ein. Das Element Lernende Organisation beschreibt, inwiefern kundenspezifisches Wissen sowie Kompetenzen im Werkzeugbaubetrieb benötigt werden, sodass Smart Services entwickelt werden können[551]. Die Offerierung von Smart Services erfordert laut BEGOVIC einen dynamischen Umgang mit generierten Erkenntnissen durch die Überwachung von Werkzeugdaten während der Serienproduktion.

[547] Vgl. Begovic (Datenbasiertes Wissensmanagement), 2018, S. 4.
[548] Vgl. Begovic (Datenbasiertes Wissensmanagement), 2018, S. 134.
[549] Vgl. Begovic (Datenbasiertes Wissensmanagement), 2018, S. 137 ff.
[550] Vgl. Begovic (Datenbasiertes Wissensmanagement), 2018, S. 144 ff.
[551] Vgl. Begovic (Datenbasiertes Wissensmanagement), 2018, S. 160 ff.

Diese datenbasiert antizipierten Kundenanforderungen sollen durch das Element Agiles Kundenmanagement realisiert werden. Hierbei wird insbesondere ein Fokus auf anzupassende Organisations- und Prozessstrukturen sowie eine zu verändernde Mitarbeiterkultur gelegt.[552]

Des Weiteren setzt sich das Gestaltungsmodell aus drei Gestaltungsfeldern zusammen. Diese lauten Smart Data, Flexible Wertschöpfungsvernetzung sowie Smart Services. Das Gestaltungsfeld Smart Data beschreibt, inwiefern aus Big Data (vgl. Kapitel 2.1.1.1) erkenntnisgewinnende Informationen generiert werden können[553]. Das Gestaltungsfeld Flexible Wertschöpfungsvernetzung geht dagegen auf notwendige Veränderungen in der Wertschöpfungskette ein, damit Smart Services durch Werkzeugbaubetriebe umgesetzt werden können[554]. Dabei wird auch auf die Kollaboration mit externen Partnern eingegangen. BEGOVIC entwickelt für das Gestaltungsfeld Smart Services eine Morphologie mit acht Kriterien. Hieraus werden die fünf Geschäftsmodelltypen Discounter, Produktionsbeschleuniger, Premiumpartner, Agiler Wertschöpfungspartner und Innovationspartner abgeleitet. Der morphologische Kasten enthält bspw. das Kriterium Kundennutzen mit den Ausprägungen Kosten, Zeit, Flexibilität und Qualität sowie das Kriterium Ertragsmodell mit den Ausprägungen aufwandsorientiert, nutzenorientiert und erfolgsorientiert. Des Weiteren bedient sich BEGOVIC des Industrie 4.0-Entwicklungspfads, um vier verschiedene Komplexitätsstufen von Smart Services im Werkzeugbau zu definieren (vgl. Kapitel 2.3.3.3). Darauf aufbauend werden 14 mögliche Smart Services für den Werkzeugbau beschrieben und den jeweiligen Komplexitätsstufen zugeordnet. Schließlich wird erarbeitet, welche dieser Smart Services für die fünf definierten Geschäftsmodelltypen geeignet sind.[555]

Die Bewertung des datenbasierten Wissensmanagements für Smart Services im Werkzeugbau nach BEGOVIC anhand der hergeleiteten Systematik aus Kapitel 3.1 ist in Abbildung 46 dargestellt.

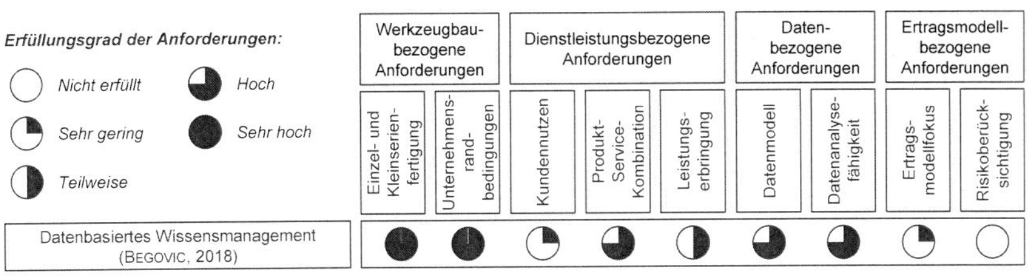

Abbildung 46: Bewertung des datenbasierten Wissensmanagements für Smart Services im Werkzeugbau nach BEGOVIC[556]

Die werkzeugbaubezogenen Anforderungen werden in sehr hohem Maße erfüllt, da der Werkzeugbau als Betrachtungsbereich für den Ansatz verwendet wird. Die Berücksichtigung von Kundennutzen erfolgt dagegen in sehr geringem Maße. Der Ansatz nennt zwar wesentliche

552 Vgl. Begovic (Datenbasiertes Wissensmanagement), 2018, S. 164 ff.
553 Vgl. Begovic (Datenbasiertes Wissensmanagement), 2018, S. 168 ff.
554 Vgl. Begovic (Datenbasiertes Wissensmanagement), 2018, S. 177 ff.
555 Vgl. Begovic (Datenbasiertes Wissensmanagement), 2018, S. 185 ff.
556 Eigene Darstellung.

Möglichkeiten zur Erzeugung von Kundennutzen, stellt diesen jedoch nicht in den Fokus zur Entwicklung von datenbasierten Dienstleistungen. Die Berücksichtigung von Produkt-Service-Kombinationen erfolgt jedoch in hohem Maße. BEGOVIC beschreibt detailliert Kombinationsmöglichkeiten von datenbasierten Dienstleistungen und Sachleistungen. Der Autor zeigt allerdings kein Vorgehen auf, um Produkt-Service-Kombinationen konkret zu entwickeln bzw. auszugestalten. Im Ansatz wird zudem nur teilweise die Leistungserbringung von Smart Services beschrieben und die Einbindung des Kunden erwähnt. Die beiden datenbezogenen Anforderungen werden jeweils in hohem Maße erfüllt. Hinsichtlich der Berücksichtigung von Datenmodellen wird insbesondere die benötigte Infrastruktur zur Umsetzung von datenbasierten Dienstleistungen beschrieben. Die Datenanalysefähigkeit von Werkzeugbaubetrieben wird in unterschiedliche Komplexitätsstufen datenbasierter Dienstleistungen unterteilt. Die ertragsmodellbezogenen Anforderungen werden in sehr geringem Maße bzw. überhaupt nicht erfüllt. Es werden zwar Ertragsmodelle im Rahmen der Entwicklung von Geschäftsmodelltypen erwähnt. Allerdings werden diese nicht weiter erläutert und eine Risikoberücksichtigung bleibt vollends unbeachtet.

Zusammenfassend lässt sich feststellen, dass der präsentierte Ansatz nicht zur Definition und Auslegung von datenbasierten Dienstleistungen im Werkzeugbau anwendbar ist. Er bietet allerdings durch die differenzierte Betrachtung von datenbasierten Dienstleistungen in verschiedenen Komplexitätsstufen interessante Denkanstöße für die anforderungsgerechte Befriedigung von Kundenbedürfnissen mittels datenbasierter Dienstleistungen.

3.2.7 Framework for Smart Service Development (CEDEÑO ET AL., 2018)

Der Ansatz „Developing Smart Services by Internet of Things in Manufacturing Business" von CEDEÑO ET AL. beschreibt ein Verfahren zur Entwicklung von Smart Services auf der Grundlage von Kundenbedürfnissen. Die Autoren referenzieren auf eine existierende Literaturanalyse von ABRAMOVICI ET AL., die identifizieren konnten, dass bisher keine geeignete Methodik existiert, um datenbasierte Dienstleistungen zu entwickeln[557]. Für die Überwindung dieser Forschungslücke entwickeln ABRAMOVICI ET AL. vier Merkmale für eine solche Methodik, welche bei CEDEÑO ET AL. Berücksichtigung finden. Der Ansatz beinhaltet als erstes Merkmal Aspekte eines generischen Prozessmodells, welches sich insbesondere auf die frühen Entwicklungsphasen bezieht. Aufgrund der Betrachtung einer vernetzten Wertschöpfungskette entlang des Produktlebenszyklus wird zudem das Merkmal der multidisziplinären Netzwerke berücksichtigt. Des Weiteren handelt es sich um einen benutzerorientierten Ansatz, um eine anforderungsgerechte Anwendbarkeit des Ansatzes zu ermöglichen. Schließlich bezieht sich das letzte Merkmal auf Produktnutzungsdaten und Informationen, welche zur zielgerichteten Entwicklung intelligenter Produkte und Dienstleistungen genutzt werden können.[558] Auf Basis dieser vier Merkmale entwickeln CEDEÑO ET AL. einen Bezugsrahmen zur Entwicklung von datenbasierten Dienstleistungen (vgl. Abbildung 47).

[557] Vgl. Abramovici et al. (Smart Engineering), 2015, S. 166.
[558] Vgl. Cedeño et al. (Developing Smart Services), 2018, S. 63 f.

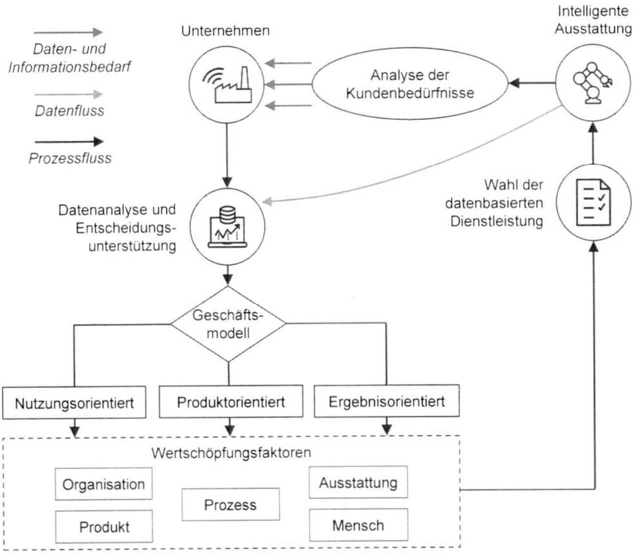

Abbildung 47: Bezugsrahmen für die Entwicklung von datenbasierten Dienstleistungen[559]

Das Verfahren der Autoren verfolgt das Ziel, Smart Services zu entwickeln bzw. auszuwählen, sodass die Bedürfnisse der Kunden optimal befriedigt werden. Deshalb bildet die Analyse der Kundenbedürfnisse den Startpunkt des Vorgehens. Neben der Analyse und Bewertung der Kundenbedürfnisse wird das Nutzerverhalten der Kunden analysiert. Hierfür müssen Kundendaten während der Leistungsnutzung gesammelt werden. Eine intelligente Ausstattung der Unternehmen ist für die Aufnahme der Daten erforderlich. Diese Daten werden mittels verschiedener Datenanalysemethoden untersucht und die hieraus resultierenden Erkenntnisse werden für die Ableitung der Kundenbedürfnisse verwendet. Die Ableitung der Kundenbedürfnisse resultiert folglich aus der Nutzung von Methoden zur Bewertung der Kundenbedürfnisse und aus der Datenanalyse von Kundennutzungsdaten. Die Ergebnisse dieser beiden Aspekte dienen als Entscheidungsunterstützung für den nächsten Schritt. Es wird analysiert, welches Geschäftsmodell für den jeweiligen Kunden am optimalsten ist. CEDEÑO ET AL. unterscheiden im Zuge dessen zwischen einem nutzungsorientierten, produktorientierten oder ergebnisorientierten Geschäftsmodell. Auf Basis der Geschäftsmodellwahl erfolgt anschließend die Betrachtung der Wertschöpfungsfaktoren zur Realisierung der Kundenbedürfnisbefriedigung durch datenbasierte Dienstleistungen. Die zu betrachtenden Wertschöpfungsfaktoren sind Organisation, Produkt, Mensch, Ausstattung und Prozess. Die erarbeiteten Erkenntnisse der zuvor beschriebenen Schritte bilden die Grundlage, um im nächsten Schritt die geeigneten datenbasierten Dienstleistungen auszuwählen. Diese Schritte werden von den Autoren als Zyklus verstanden. Die kontinuierliche Analyse der Kundenbedürfnisse und Nutzungsdaten stellt

559 I. A. a. Cedeño et al. (Developing Smart Services), 2018, S. 64.

sicher, dass Verbesserungen bzw. Anpassungen der datenbasierten Dienstleistungen über den gesamten Produktlebenszyklus erfolgen können.[560]

CEDEÑO ET AL. unterscheiden im Kontext des Ansatzes drei Geschäftsmodellstrategien. Beim produktorientierten Modell werden dem Kunden neben dem materiellen Produkt zusätzlich produktbezogene Dienstleistungen offeriert. Der Verkauf von Verfügbarkeit und Zugriff auf Leistungen durch die Anmietung der Nutzung von materiellen Produkten und deren immateriellen Dienstleistungen wird durch das nutzungsorientierte Modell realisiert. Hierbei entstehen vertraglich festgelegte periodische Zahlungen für den Kunden. Das ergebnisorientierte Modell sieht dagegen die Offerierung von Ergebnissen vor. Dies bedeutet, dass keine physischen Produkte oder Dienstleistungen verkauft werden, sondern nur der Mehrwert, den diese Ergebnisse bzw. Leistungen bei den Kunden generieren.[561]

Die Bewertung des Bezugsrahmens datenbasierter Dienstleistungen nach CEDEÑO ET AL. anhand der hergeleiteten Systematik aus Kapitel 3.1 ist in Abbildung 48 dargestellt.

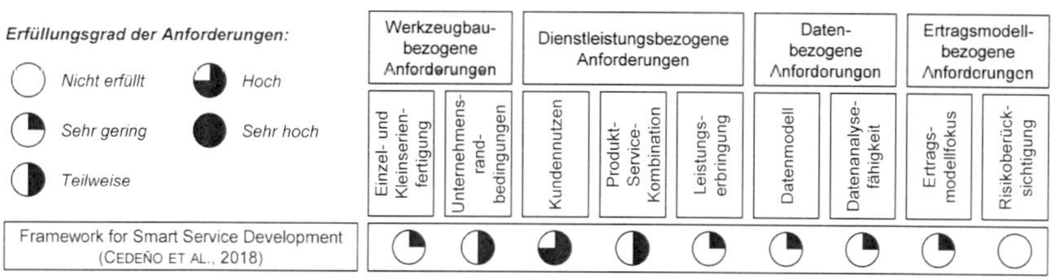

Abbildung 48: Bewertung des Bezugsrahmens zur Entwicklung datenbasierter Dienstleistungen nach CEDEÑO ET AL.[562]

Der Ansatz besitzt nur einen sehr geringen Bezug zur Einzel- und Kleinserienfertigung, da sich der Ansatz lediglich auf die Industrie im Allgemeinen bezieht. Die Beachtung von Unternehmensrandbedingungen erfolgt teilweise, da unterschiedliche Wertschöpfungsfaktoren zur Entwicklung von datenbasierten Dienstleistungen berücksichtigt werden. Bei den dienstleistungsbezogenen Anforderungen wird die Berücksichtigung von Kundennutzen in hohem Maße erfüllt, da die Entwicklung von datenbasierten Dienstleistungen auf der Analyse von Kundenbedürfnissen basiert. Es mangelt dem Ansatz jedoch an konkreten Methoden zur Analyse der Kundenbedürfnisse. Die Berücksichtigung von Produkt-Service-Kombinationen erfolgt teilweise, da CEDEÑO ET AL. verschiedene Möglichkeiten von Produkt-Service-Kombinationen anhand von zwei konkreten Fallbeispielen der Traktorindustrie beschreiben. Die Berücksichtigung der Leistungserbringung als Anforderung wird in sehr geringem Maße erfüllt, da der Ansatz lediglich die Betrachtung von generischen Prozessen zur Auftragsabwicklung beinhaltet. Die beiden datenbezogenen Anforderungen werden zwar als Voraussetzung für datenbasierte Dienstleistungen erwähnt, jedoch nicht weiter spezifiziert, weshalb beide Anforderungen lediglich in einem sehr geringen Maße erfüllt sind. Die Anforderung Ertragsmodellfokus ist ebenfalls in sehr geringem Maße erfüllt, da im Ansatz lediglich auf das zukünftige Geschäftsmodell in

[560] Vgl. Cedeño et al. (Developing Smart Services), 2018, S. 64.
[561] Vgl. Cedeño et al. (Developing Smart Services), 2018, S. 62.
[562] Eigene Darstellung.

übergeordneter Form eingegangen wird. Eine Risikoberücksichtigung bei der Ausgestaltung von Ertragsmodellen findet nicht statt.

Zusammenfassend lässt sich feststellen, dass der präsentierte Ansatz nicht zur Definition und Auslegung von datenbasierten Dienstleistungen im Werkzeugbau anwendbar ist. Er bietet allerdings durch die zyklische Betrachtung der datenbasierten Dienstleistungen über den Produktlebenszyklus interessante Denkanstöße, inwiefern sich Kundenanforderungen in Bezug auf datenbasierte Dienstleistungen im Zeitverlauf ändern können.

3.2.8 Smart Service Reference Architecture (Rabe et al., 2018)

Die Autoren Rabe et al. beschreiben im Ansatz „Planning of Smart Services Based on a Reference Architecture" eine Referenzarchitektur, die bei der Planung von datenbasierten Dienstleistungen unterstützt[563]. Die gleiche Referenzarchitektur wird auch in einem Ansatz von Frank et al.[564] beschrieben. Im Folgenden beziehen sich die Erläuterungen hauptsächlich auf den Ansatz von Rabe et al., da hierin eine detailliertere Beschreibung erfolgt. Die Autoren entwickeln die Referenzarchitektur auf Basis einer Literaturrecherche zum Thema der datenbasierten Dienstleistungsentwicklung. Zudem werden bereits existierende datenbasierte Dienstleistungen in der Industrie auf wiederkehrende Elemente zur Realisierung von diesen untersucht.[565] Die hieraus abgeleitete Referenzarchitektur lässt sich in die Elemente Kontext und Anwendungsszenario, Erlösmodell, Serviceprozesse, Produktarchitektur sowie Datenanalyse unterteilen (vgl. Abbildung 49).

Das Element *Kontext und Anwendungsszenario* beschreibt das Produkt bzw. den Kontext, für den eine datenbasierte Dienstleistung entwickelt werden soll. Im Zuge dessen erfolgt die Betrachtung verschiedener Anwendungsszenarien, um die Kundenbedürfnisse bestmöglich zu befriedigen. Hierfür kann auf verschiedene Bausteine zurückgegriffen werden, die unterschiedliche Anwendungsszenarien für datenbasierte Dienstleistungen in unterschiedlichen Komplexitätsformen abbilden.[566] Das Element *Erlösmodell* repräsentiert das Ertragsmodell der zu entwickelnden datenbasierten Dienstleistungen. Die Autoren unterscheiden zwischen produkt- und serviceorientierten Ertragsmodellen und berücksichtigen, dass Ertragsmodelle nicht für alle datenbasierten Dienstleistungen gleichermaßen geeignet sind.[567]

[563] Vgl. Rabe et al. (Planning of Smart Services), 2018, S. 2949.
[564] Vgl. Frank et al. (Smart Services), 2018.
[565] Vgl. Rabe et al. (Planning of Smart Services), 2018, S. 2954.
[566] Vgl. Rabe et al. (Planning of Smart Services), 2018, S. 2955 f.
[567] Vgl. Rabe et al. (Planning of Smart Services), 2018, S. 2956.

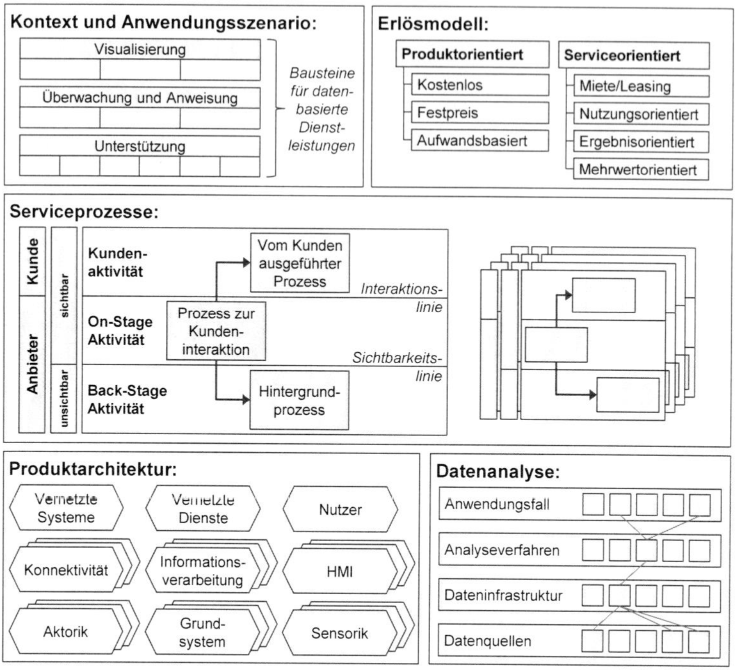

Abbildung 49: Referenzarchitektur für datenbasierte Dienstleistungen[568]

Im Element *Serviceprozesse* erfolgt die Beschreibung aller notwendigen Prozesse zur Dienstleistungserbringung zwischen Anbieter und Kunde. Zur Ausgestaltung dieser Prozesse wird auf den Service Blueprinting Ansatz nach BITNER ET AL.[569] zurückgegriffen. Hervorzuheben ist hierbei, dass auch die Interaktionen zwischen Anbieter und Kunde für erfolgreiche datenbasierte Dienstleistungen entwickelt werden.[570] Das Element *Produktarchitektur* berücksichtigt die technologischen Voraussetzungen zur Umsetzung von datenbasierten Dienstleistungen. RABE ET AL. greifen hierbei auf Elemente von CPS als Voraussetzungen zurück (Kapitel 2.2.4.1).[571] Im Element *Datenanalyse* erfolgt eine Beschreibung aller notwendigen Voraussetzungen zur Datenauswertung, um datenbasierte Dienstleistungen realisieren zu können. Das Element beinhaltet die Beschreibung der erforderlichen Datenquellen, der Dateninfrastruktur sowie die benötigten Datenanalyseverfahren für verschiedene Anwendungsfälle von datenbasierten Dienstleistungen. Für die detaillierte Umsetzung dieses Elements wird auf den Ansatz der Analytics Canvas nach KÜHN ET AL.[572] zurückgegriffen.[573]

568 I. A. a. Rabe et al. (Planning of Smart Services), 2018, S. 2955.
569 Vgl. Bitner et al. (Service Blueprinting), 2008.
570 Vgl. Rabe et al. (Planning of Smart Services), 2018, S. 2956.
571 Vgl. Rabe et al. (Planning of Smart Services), 2018, S. 2956.
572 Vgl. Kühn et al. (Analytics Canvas), 2018.
573 Vgl. Rabe et al. (Planning of Smart Services), 2018, S. 2956.

Die Anwendung der präsentierten Referenzarchitektur kann entweder aufgrund eines sogenannten Market Pull oder durch einen sogenannten Technology Push erfolgen. Beim Market Pull sucht der Markt aktiv nach neuen Angeboten bzw. neuen Geschäftsmodellen für datenbasierte Produkt-Service-Kombinationen. Dies bedeutet, dass eine datenbasierte Dienstleistung auf der Grundlage vom Markt geforderter Geschäftsmodelle entwickelt wird. Hierfür wird die Referenzarchitektur von oben nach unten angewandt und endet folglich mit den Elementen Produktarchitektur und Datenanalyse. Beim Technology Push resultiert eine datenbasierte Dienstleistung aus dem Verlangen, ein bestehendes Produkt durch technologische Weiterentwicklung in seinem Wert für Kunden zu steigern. Hierfür wird die Referenzarchitektur ausgehend von der Produktarchitektur hin zu den restlichen Referenzarchitekturelementen von unten nach oben angewandt.[574] Abschließend präsentieren RABE ET AL. eine Konsistenzmatrix, sodass Anwender überprüfen können, welche genauen Ausprägungen der Referenzarchitekturelemente miteinander harmonisieren oder nicht. Hierdurch soll der Lösungsraum für potenziell geeignete datenbasierte Dienstleistungen eingeschränkt werden.[575]

Die Bewertung des Ansatzes nach RABE ET AL. anhand der hergeleiteten Systematik aus Kapitel 3.1 ist in Abbildung 50 dargestellt.

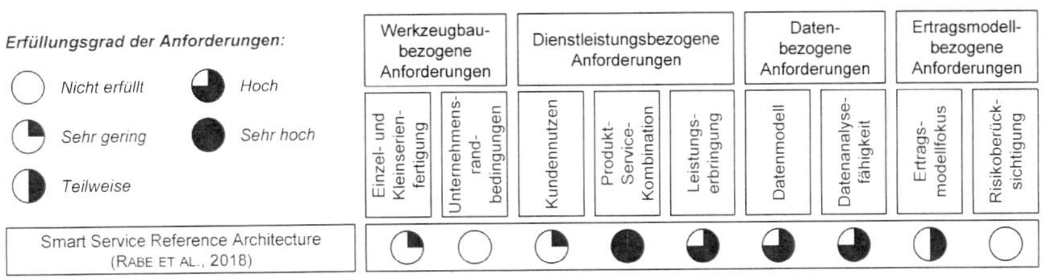

Abbildung 50: Bewertung der Smart Service Reference Architecture nach RABE ET AL.[576]

Im Ansatz werden die werkzeugbaubezogenen Anforderungen lediglich rudimentär adressiert. Die Autoren entwickeln die Referenzarchitektur explizit für die Industrie, vernachlässigen jedoch die Besonderheiten der Einzel- und Kleinserienfertigung sowie Unternehmensrandbedingungen. Die Berücksichtigung von Kundennutzen erfolgt in sehr geringem Maße. Im Element Kontext und Anwendungsszenario wird der Anwendungsfall so ausgelegt, dass die Kundenbedürfnisse optimal befriedigt werden. Es bleibt jedoch unbeantwortet, wie die Kundenbedürfnisse identifiziert werden. Die Berücksichtigung von Produkt-Service-Kombinationen ist in sehr hohem Maße gegeben, da sich der Ansatz auf die Kombination von datenbasierten Dienstleistungen und Sachleistungen fokussiert. Aufgrund der Betrachtung der Prozesse zur Leistungserbringung zwischen Anbieter und Kunde sowie der Präsentation eines Vorgehens zur Beschreibung dieser Prozesse ist die Berücksichtigung der Leistungserbringung in hohem Maße erfüllt. Die Berücksichtigung von Datenmodellen erfolgt ebenfalls in hohem Maße. Alle Inhalte eines Datenmodells, IKT, Datenspeicherung und Datenverarbeitung werden als Voraussetzungen für datenbasierte Dienstleistungen genannt. Die Anforderung Datenanalysefähigkeit

574 Vgl. Rabe et al. (Planning of Smart Services), 2018, S. 2957.
575 Vgl. Rabe et al. (Planning of Smart Services), 2018, S. 2957 f.
576 Eigene Darstellung.

wird ebenso in hohem Maße erfüllt. Die verschiedenen Methoden zur Datenanalyse werden zwar nicht im Detail beschrieben, allerdings hilft der Ansatz mithilfe des Analytics Canvas dabei, alle Voraussetzungen zur komplexitätsdifferenzierten Datenanalyse für die jeweiligen datenbasierten Dienstleistungen zu identifizieren und anschließend zu detaillieren. Bei den ertragsmodellbezogenen Anforderungen erfolgt eine Fokussierung von Ertragsmodellen teilweise. Es werden Ertragsmodelle für datenbasierte Dienstleistungen genannt, allerdings nicht weiter beschrieben und auch nicht hinsichtlich ihrer Risiken betrachtet.

Zusammenfassend lässt sich feststellen, dass der präsentierte Ansatz nicht zur Definition und Auslegung von datenbasierten Dienstleistungen im Werkzeugbau anwendbar ist. Er bietet allerdings durch die Betrachtung des Market Pull und Technology Push interessante Denkanstöße zur Motivation der Realisierung von datenbasierten Dienstleistungen.

3.2.9 Smart Service Systems (Beverungen et al., 2019)

Der Ansatz „Conceptualizing Smart Service Systems" von Beverungen et al. beschreibt die Konzeptionierung eines datenbasierten Dienstleistungssystems. Die Autoren definieren ein datenbasiertes Dienstleistungssystem als ein System, das auf intelligenten Produkten (vgl. Kapitel 2.2.4.1) basiert, die eine Interaktion zwischen Anbieter und Kunde ermöglichen sowie gegenseitigen Mehrwert für beide Parteien durch datenbasierte Dienstleistungen erzeugen[577]. Der Ansatz basiert auf einer ausführlichen Literaturrecherche sowie mehreren Interviews mit Unternehmen, die intelligente Produkte im operativen Tagesgeschäft verwenden. Zentraler Fokus für die Konzeptionierung von datenbasierten Dienstleistungssystemen sind intelligente Produkte (vgl. Abbildung 51).

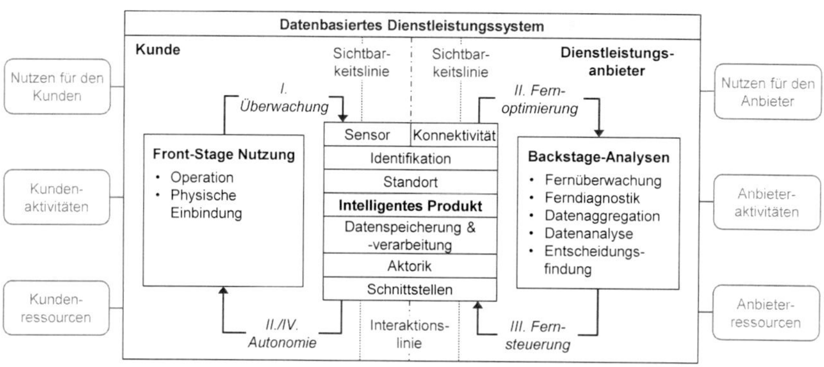

Abbildung 51: Konzeptionierung datenbasierter Dienstleistungssysteme[578]

[577] Vgl. Beverungen et al. (Smart Service Systems), 2019, S. 12.
[578] I. A. a. Beverungen et al. (Smart Service Systems), 2019, S. 12.

BEVERUNGEN ET AL. beschreiben, dass datenbasierte Dienstleistungen nur dann konzeptioniert bzw. realisiert werden können, wenn intelligente Produkte als Intermediär zwischen Dienstleistungsanbieter und Kunde fungieren[579]. Die Autoren argumentieren, dass intelligente Produkte von Anbieter und Kunde unterschiedlich interpretiert werden können. Kunden sind in erster Linie daran interessiert, durch die Nutzung eines intelligenten Produkts einen Mehrwert zu erzeugen. Anbieter sind hingegen daran interessiert, den Betrieb und den Zustand des Produkts zu optimieren, das Produkt aus der Ferne zu steuern und zu manipulieren sowie aus der Analyse der vom Produkt gesammelten Daten zu lernen.[580] Folglich gehen vom intelligenten Produkt Interaktionen in beide Richtungen der Interaktionsparteien aus, die für datenbasierte Dienstleistungssysteme ausgelegt werden müssen. Die Abbildung der Interaktion erfolgt über den Service Blueprinting Ansatz nach SHOSTACK[581] und unterteilt sich in die sogenannte Interaktionslinie sowie Sichtbarkeitslinie.

Auf Basis dieses Ansatzes zur Entwicklung datenbasierter Dienstleistungssysteme ziehen die Autoren drei zentrale Schlussfolgerungen. Zum einen können durch intelligente Produkte Daten erhoben werden, welche durch ihre Auswertung bisher nicht sichtbare Erkenntnisse beim Kunden generieren. Hierdurch kommt es zu einer Verschiebung der Sichtbarkeitslinie zwischen Anbieter und Kunde.[582] Zum anderen kommt es durch intelligente Produkte zu einer Veränderung der Interaktionslinie, was sich in technologievermittelten (z. B. Fernsteuerung), kontinuierlichen (entlang des gesamten Produktlebenszyklus) und routinierten (kontinuierliche Dienstleistungen) Interaktionen äußert[583]. Die dritte Schlussfolgerung des Ansatzes besagt, dass datenbasierte Dienstleistungssysteme mithilfe von individuellen intelligenten Produkten die Befriedigung kundenindividueller Bedürfnisse ermöglichen[584].

Die Bewertung des Ansatzes nach BEVERUNGEN ET AL. anhand der hergeleiteten Systematik aus Kapitel 3.1 ist in Abbildung 52 dargestellt.

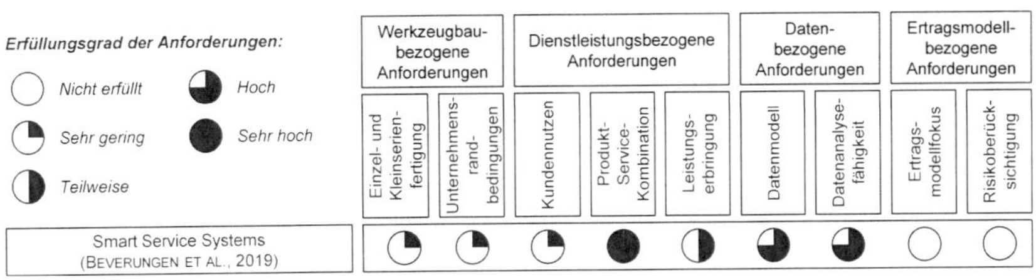

Abbildung 52: Bewertung datenbasierter Dienstleistungssysteme nach BEVERUNGEN ET AL.[585]

Im Ansatz werden die werkzeugbaubezogenen Anforderungen lediglich rudimentär adressiert. Die Autoren entwickeln die Referenzarchitektur explizit für die Industrie, vernachlässigen jedoch die Besonderheiten der Einzel- und Kleinserienfertigung. Das Ergebnis der Autoren wird

579 Vgl. Beverungen et al. (Smart Service Systems), 2019, S. 8.
580 Vgl. Beverungen et al. (Smart Service Systems), 2019, S. 12.
581 Vgl. Shostack (How to Design a Service), 1982.
582 Vgl. Beverungen et al. (Smart Service Systems), 2019, S. 15.
583 Vgl. Beverungen et al. (Smart Service Systems), 2019, S. 15 f.
584 Vgl. Beverungen et al. (Smart Service Systems), 2019, S. 16.
585 Eigene Darstellung.

unter anderem durch die Analyse erfolgreicher intelligenter Produkte verschiedener Industrieunternehmen abgeleitet. Hierdurch erfolgt eine Beachtung von Unternehmensrandbedingungen in sehr geringem Maße. Die Berücksichtigung von Kundennutzen erfolgt ebenfalls in sehr geringem Maße, da der Kundennutzen nicht als zentraler Faktor für die Auslegung von datenbasierten Dienstleistungssystemen angesehen wird. Die Berücksichtigung von Produkt-Service-Kombinationen erfolgt in sehr hohem Maße, da BEVERUNGEN ET AL. beschreiben, dass datenbasierte Dienstleistungssysteme nur auf Basis von intelligenten Produkten erzeugt werden können. Im Ansatz wird die Leistungserbringung teilweise beschrieben. Obwohl berücksichtigt wird, dass sich die Interaktionen zwischen Anbieter und Kunde durch datenbasierte Dienstleistungssysteme verändern werden, werden diese Veränderungen nicht im Detail beschrieben. Die Berücksichtigung von Datenmodellen erfolgt in hohem Maße, da alle technischen Voraussetzungen zur Realisierung von datenbasierten Dienstleistungen beschrieben werden. Diese Beschreibungen beziehen sich jedoch vornehmlich auf intelligente Produkte und nicht auf ein unternehmensweites Datenmodell. Da die Voraussetzungen für die Datenanalyse beschrieben werden und zwischen verschiedenen Komplexitätsstufen datenbasierter Dienstleistungen differenziert wird, ist die Anforderung der Datenanalysefähigkeit in hohem Maße erfüllt. Die ertragsmodellbezogenen Anforderungen werden beide nicht erfüllt, weil der Ansatz keinerlei Bezug auf Ertragsmodelle nimmt. Es wird lediglich erwähnt, dass durch datenbasierte Dienstleistungssysteme neue Geschäftsmodelle entlang des Produktlebenszyklus abgeleitet werden können.

Zusammenfassend lässt sich feststellen, dass der präsentierte Ansatz nicht zur Definition und Auslegung von datenbasierten Dienstleistungen im Werkzeugbau anwendbar ist. Er bietet allerdings interessante Denkanstöße, indem intelligente Produkte als Intermediär zwischen Anbieter und Kunde angesehen werden. Sie führen zu veränderten Interaktionen zwischen beiden Parteien und müssen folglich bei der Auslegung datenbasierter Dienstleistungen berücksichtigt werden.

3.2.10 Komponenten industrieller, datenbasierter Dienstleistungen (KOLZ, 2020)

KOLZ beschreibt im Ansatz „Komponenten industrieller, datenbasierter Dienstleistungen" ein systematisches Vorgehen mit dem Ziel, Komponenten datenbasierter Dienstleistungen zu erarbeiten, Typen datenbasierter Dienstleistungen zu entwickeln und Gestaltungsempfehlungen für deren Aufbau zu liefern. Der Betrachtungsfokus liegt dabei auf Industrie- und Softwareunternehmen als Zielgruppe der Forschungsergebnisse.[586] Hierfür wird im Ansatz eine Morphologie hergeleitet, um mithilfe von konstituierenden und detaillierenden Merkmalen die Komponenten industrieller, datenbasierter Dienstleistungen zu beschreiben (vgl. Abbildung 53).

[586] Vgl. Kolz (Datenbasierte Dienstleistungen), 2020, S. 4.

	Merkmal	Ausprägungen		
Konstituierende Merkmale	**Fokus der Leistungserbringung**	Objekt	Wertschöpfungskette	Wertschöpfungs-netzwerk
	Art der Leistungserbringung	Rein digital	Physisch (selbst erbracht)	Physisch (durch Dritte erbracht)
	Analysemethode	Deskriptiv	Prädiktiv	Präskriptiv
Detaillierende Merkmale	**Art der Marktbeziehung**	Einseitig (direkt)	Mehrseitig (Zulieferer)	Mehrseitig (Betreiber)
	Erlösmodell	Kostenfreies Add-on	Einzeltransaktion	Leistungsbezogene Abrechnung
	Grad der Leistungs-individualisierung	Kombination standardisierter Teilleistungen	Einzelne individuell angepasste Teilleistungen	
	Automatisierungsgrad der Leistungserstellung	Teilautomatisiert	Vollautomatisiert	
	Art der Leistungsbereitstellung	On-premises	On-demand	
	Datengranularität	Fein	Grob	
	Datenquelle	Objekt	Wertschöpfungskette	Wertschöpfungs-netzwerk

Abbildung 53: Morphologie industrieller, datenbasierter Dienstleistungen[587]

Die entwickelte Morphologie ist aus einer umfangreichen Literaturrecherche abgeleitet und lässt sich in drei konstituierende und sieben detaillierende Merkmale unterteilen. Die unterschiedlichen Ausprägungen der jeweiligen Merkmale sind erforderlich, da KOLZ untersucht, inwiefern datenbasierte Dienstleistungen in verschiedene Ausprägungstypen unterteilt werden können. Hierfür werden Merkmalkombinationen mithilfe der Morphologie gebildet. Im Zuge dessen erfolgt eine Bewertung des sogenannten Fits verschiedener Merkmalsausprägungen zueinander. Dabei werden die konstituierenden Merkmale als typenbildend betrachtet. Die detaillierenden Merkmale dienen lediglich einer spezifischeren Ausgestaltung der übergeordneten Typen.[588] Auf Basis der konstituierenden Merkmale leitet KOLZ die drei Idealtypen datenbasierter Dienstleistungen Fokussierte Berichterstattung, Vernetzte Prognose sowie Umfassende Orchestration her[589]. Diese drei Typen werden jeweils detailliert, indem die spezifischen Merkmalsausprägungen der Morphologie sowie ein Beispiel je Typ beschrieben werden.

Der Typ I, Fokussierte Berichterstattung, setzt sich aus den ersten Ausprägungen der konstituierenden Merkmale zusammen. Datenbasierte Dienstleistungen dieses Typs lassen sich durch relativ geringe Aufwände und Risiken entwickeln bzw. umsetzen. Aufgrund dessen werden bspw. Daten von einzelnen Objekten lediglich durch einfache deskriptive Datenanalysemethoden untersucht.[590]

---

587 Vgl. Kolz (Datenbasierte Dienstleistungen), 2020, S. 112.
588 Vgl. Kolz (Datenbasierte Dienstleistungen), 2020, S. 116 ff.
589 Vgl. Kolz (Datenbasierte Dienstleistungen), 2020, S. 117 ff.
590 Vgl. Kolz (Datenbasierte Dienstleistungen), 2020, S. 122 ff.

Der zweite Idealtyp industrieller, datenbasierter Dienstleistungen basiert auf den mittleren konstituierenden Merkmalsausprägungen. Aus Typ II resultieren datenbasierte Dienstleistungen, mit denen zukünftige Zustände innerhalb von Wertschöpfungsketten oder deren Ausschnitte prognostiziert werden können.[591]

Die Umfassende Orchestration als dritter Idealtyp setzt sich aus den jeweils letzten Ausprägungen der konstituierenden Merkmale zusammen. Datenbasierte Dienstleistungen dieses Typs basieren auf komplexen präskriptiven Analysemethoden und ermöglichen neben der Identifikation von Zustandsprognosen auch hieraus abgeleitete Handlungsmöglichkeiten. KOLZ beschreibt, dass diese Form der datenbasierten Dienstleistung zur Orchestration von Wertschöpfungsnetzwerken aufgrund ihrer Komplexität nur durch Großunternehmen realisierbar ist.[592]

Abschließend werden entsprechende Gestaltungsempfehlungen beschrieben, um die drei Typen industrieller, datenbasierter Dienstleistungen umzusetzen. Aufgrund dessen wird je datenbasierten Dienstleistungstyps erarbeitet, für welche Unternehmen diese geeignet sind und mit welchen Herausforderungen bei einer Implementierung zu rechnen ist. Des Weiteren werden notwendige Ziele und Erfolgskriterien für die Implementierung je Typ kurz erläutert.[593]

Die Bewertung des Ansatzes nach KOLZ anhand der hergeleiteten Systematik aus Kapitel 3.1 ist in Abbildung 54 dargestellt.

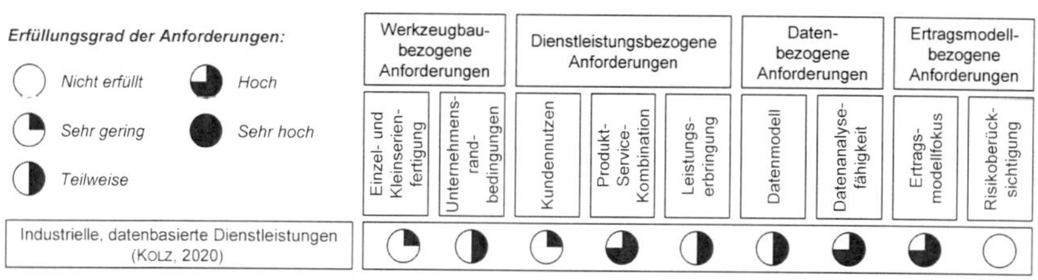

Abbildung 54: Bewertung der Komponenten industrieller, datenbasierter Dienstleistungen nach KOLZ[594]

Der Ansatz nach KOLZ ist vollständig auf die Industrie ausgerichtet. Allerdings wird die Einzel- und Kleinserienfertigung für die Gestaltung und Umsetzung von datenbasierten Dienstleistungen nie betrachtet, weshalb die hierauf bezogene Anforderung lediglich in sehr geringem Maße erfüllt ist. Aufgrund der Tatsache, dass die verschiedenen datenbasierten Dienstleistungstypen für verschiedene Unternehmensrandbedingungen bewertet werden, ist die gleichnamige Anforderung teilweise erfüllt. Im Rahmen der dienstleistungsbezogenen Anforderungen erfolgt eine Berücksichtigung von Kundennutzen lediglich in sehr geringem Maße. Die Befriedigung der Kundenbedürfnisse wird lediglich in Teilen während des Merkmals Grad der Leistungsindividualisierung thematisiert. Die Berücksichtigung von Produkt-Service-Kombinationen erfolgt in hohem Maße. So wird die Erweiterung eines Produkts um datenbasierte

[591] Vgl. Kolz (Datenbasierte Dienstleistungen), 2020, S. 126 ff.
[592] Vgl. Kolz (Datenbasierte Dienstleistungen), 2020, S. 131 ff.
[593] Vgl. Kolz (Datenbasierte Dienstleistungen), 2020, S. 137 ff.
[594] Eigene Darstellung.

Dienstleistungen z. B. innerhalb des ersten konstituierenden Merkmals berücksichtigt, jedoch nicht genauer beschrieben. Eine Berücksichtigung der Anforderung Leistungserbringung erfolgt zum Teil im Rahmen der drei Merkmale Art der Leistungserbringung, Art der Marktbeziehung sowie Art der Leistungsbereitstellung. Allerdings wird die Anforderung nur als teilweise erfüllt bewertet, da lediglich beschrieben wird, dass sich durch datenbasierte Dienstleistungen die Leistungserbringung und die Kundeninteraktionen ändern. Wie genau, bleibt jedoch unbeantwortet. Im Zuge der datenbasierten Anforderungen erfolgt die Berücksichtigung von Datenmodellen ebenfalls teilweise. Eine notwendige Dateninfrastruktur wird als Voraussetzung für datenbasierte Dienstleistungen beschrieben, jedoch nicht in ihrer genauen Ausgestaltung erläutert. Die Anforderung der Datenanalysefähigkeit ist in hohem Maße erfüllt. Auch wenn verschiedene Datenanalysemethoden nicht vollständig beschrieben werden, repräsentieren sie ein konstituierendes Merkmal und werden in unterschiedliche Komplexitätsstufen unterteilt. Bei den ertragsmodellbezogenen Anforderungen erfolgt eine Fokussierung von Ertragsmodellen in hohem Maße. Es werden verschiedene Ertragsmodelle für die unterschiedlichen datenbasierten Dienstleistungstypen beschrieben. Allerdings sind diese Beschreibungen lediglich auf einem abstrakten Niveau. So erfolgt bspw. auch keine Risikoberücksichtigung bei den Ertragsmodellbeschreibungen.

Zusammenfassend lässt sich feststellen, dass der präsentierte Ansatz nicht zur Definition und Auslegung von datenbasierten Dienstleistungen im Werkzeugbau anwendbar ist. Er bietet allerdings durch die entwickelte Morphologie für Merkmalsausprägungen von datenbasierten Dienstleistungen interessante Denkanstöße, die für die konkrete Auslegung von datenbasierten Dienstleistungen in Teilen hilfreich sind.

3.3 Aggregation der Bewertung

Im Zuge von Kapitel 3.2 wurden insgesamt zehn wissenschaftliche Ansätze präsentiert, die für die Beantwortung der vorliegenden Forschungsfrage eine hohe Relevanz aufweisen. Eine detaillierte Bewertung dieser einzelnen Ansätze erfolgte anhand der hergeleiteten Systematik aus Kapitel 3.1. Die aggregierte Bewertung aller vorgestellten Ansätze ist in Abbildung 55 in übersichtlicher Form dargestellt.

Bei den werkzeugbaubezogenen Anforderungen Einzel- und Kleinserienfertigung sowie Unternehmensrandbedingungen ist auffällig, dass lediglich die Ansätze von KÜHN und BEGOVIC einen sehr hohen Erfüllungsgrad aufweisen. Ansonsten können die Ansätze von WESTERMANN ET AL. sowie von PÖPPELBUß UND DURST in Teilen als übertragbar auf die Branche Werkzeugbau bewertet werden. Insgesamt lässt sich jedoch feststellen, dass ein Großteil der Ansätze die werkzeugbaubezogenen Anforderungen nicht zufriedenstellend erfüllen.

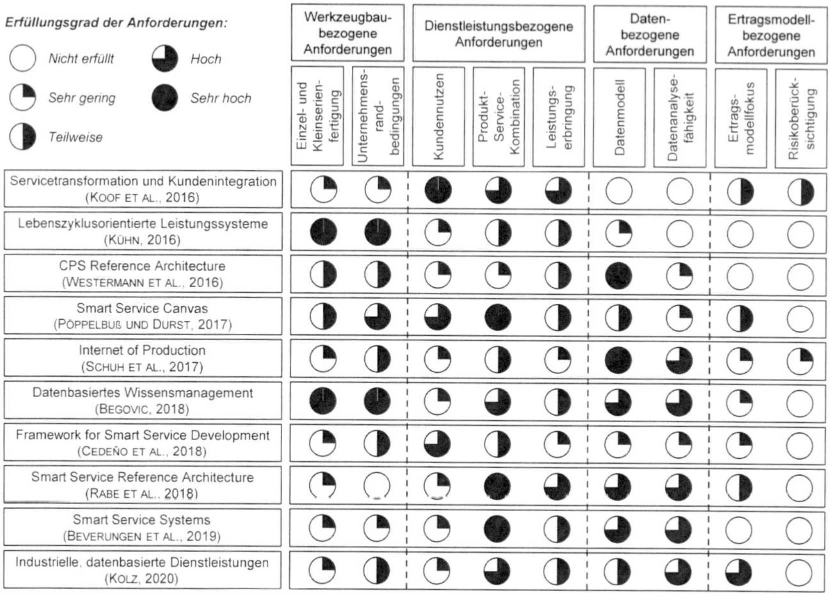

Abbildung 55: Aggregierte Bewertung der relevanten und analysierten Forschungsansätze[595]

Die dienstleistungsbezogenen Anforderungen umfassen die Anforderungen Kundennutzen, Produkt-Service-Kombination sowie Leistungserbringung. Auffällig ist, dass sieben von zehn Ansätzen den Kundennutzen kaum für die Auslegung von Dienstleistungen bzw. datenbasierten Dienstleistungen berücksichtigen. KOOF ET AL., PÖPPELBUß UND DURST sowie CEDEÑO ET AL. bilden dabei die Ausnahmen. Die Produkt-Service-Kombination weist dagegen im Vergleich zu allen anderen Anforderungen den höchsten Erfüllungsgrad auf. In Bezug auf die Leistungserbringung kann festgestellt werden, dass lediglich KOOF ET AL. und RABE ET AL. eine hohe Anforderungserfüllung aufweisen. Die restlichen Ansätze berücksichtigen höchstens teilweise, dass sich für die Erbringung von datenbasierten Dienstleistungen Prozesse sowie Interaktionen zwischen Kunde und Anbieter ändern. Insgesamt kann kein Ansatz alle dienstleistungsbezogenen Anforderungen erfüllen.

Im Rahmen der datenbezogenen Anforderungen Datenmodell und Datenanalysefähigkeit kann konstatiert werden, dass mit KOOF ET AL. lediglich ein Ansatz existiert, welcher keinerlei Datenbezug aufweist. Mit SCHUH ET AL., BEGOVIC, RABE ET AL. sowie BEVERUNGEN ET AL. existieren insgesamt vier Ansätze, die hohe bzw. sehr hohe Erfüllungsgrade in beiden Anforderungsdimensionen aufweisen. Als größte Schwachstelle der Ansätze in Bezug auf die datenbezogenen Anforderungen kann festgestellt werden, dass eine Vielzahl der Ansätze nicht beschreibt, wie sich Komplexitätsunterschiede von datenbasierten Dienstleistungen auf diese

595 Eigene Darstellung.

Anforderungen auswirken. In Summe ist zu resümieren, dass kein Ansatz alle datenbezogenen Anforderungen vollumfänglich erfüllt.

Die ertragsmodellbezogenen Anforderungen Ertragsmodellfokus und Risikoberücksichtigung werden von allen Anforderungen der untersuchten Ansätze am geringsten adressiert. Mit KOOF ET AL. existiert lediglich ein Ansatz, der diese Anforderungen zumindest teilweise erfüllt. Darüber hinaus kann KOLZ positiv erwähnt werden, da in seinem Ansatz Ertragsmodelle in ihrer Eignung für unterschiedliche Komplexitätsstufen von datenbasierten Dienstleistungen differenziert werden. Keiner der untersuchten Ansätze erfüllt die Anforderung Risikoberücksichtigung ausreichend. Daher kann insgesamt kein Ansatz alle ertragsmodellbezogenen Anforderungen vollumfänglich erfüllen.

Aggregiert betrachtet, können die folgenden systematischen Defizite bisher existierender wissenschaftlicher Ansätze konstatiert werden:

- Es existiert kein systematisches Vorgehen zur Definition von datenbasierten Dienstleistungen im Werkzeugbau.
- Es mangelt an einer konkreten sowie ganzheitlichen Betrachtung der werkzeugbaubezogenen, dienstleistungsbezogenen, datenbezogenen sowie ertragsmodellbezogenen Anforderungen. Für eine Auslegung von datenbasierten Dienstleistungen existieren zu unkonkrete Beschreibungen für ein systematisches Vorgehen.
- Interdependenzen zwischen den Anforderungsdimensionen werden für die Auslegung von datenbasierten Dienstleistungen bisher vernachlässigt.
- Oftmals werden datenbasierte Dienstleistungen in ihrer Auslegung nicht in verschiedene Komplexitätsstufen differenziert.
- Die systematische Auslegung von Ertragsmodellen für datenbasierte Dienstleistungen bleibt unberücksichtigt.

Basierend auf diesen systematischen Defiziten lässt sich im Folgenden der Handlungsbedarf aus der Theorie ableiten.

3.4 Handlungsbedarf aus der Theorie

Der in Kapitel 2.4 hergeleitete Handlungsbedarf aus der Praxis resultiert in der Forderung nach einem systematischen Vorgehen zur Definition und ganzheitlichen Auslegung von datenbasierten Dienstleistungen für Werkzeugbaubetriebe. Basierend auf diesem Handlungsbedarf aus der Praxis wurden vier Anforderungsdimensionen mit insgesamt neun spezifischen Anforderungen an eine Methodik zur Definition und Auslegung von datenbasierten Dienstleistungen im Werkzeugbau hergeleitet. Diese Anforderungen bildeten die Grundlage zur detaillierten Bewertung relevanter Ansätze aus der wissenschaftlichen Literatur.

Die Vorstellung und Bewertung der relevanten Ansätze in Kapitel 3.2 zeigt, dass bisher kein Theorieansatz existiert, der die erforderlichen Anforderungen vollumfänglich erfüllt. Hieraus ergeben sich fünf systematische Defizite der bisher existierenden wissenschaftlichen Literatur (vgl. Kapitel 3.3). Besonders hervorzuheben ist dabei, dass kein systematisches Vorgehen existiert, um datenbasierte Dienstleistungen komplexitätsdifferenziert zu definieren und hinsichtlich aller hergeleiteten Anforderungsdimensionen ganzheitlich auszulegen.

Folglich lässt sich feststellen, dass keiner der relevanten Ansätze zur Definition und Auslegung von datenbasierten Dienstleistungen im Werkzeugbau anwendbar ist. Aufgrund dessen besteht **Handlungsbedarf aus der Theorie**.

3.5 Detaillierung der Forschungsfrage

Es wurden der Handlungsbedarf aus der Praxis in Kapitel 2.4 sowie der Handlungsbedarf aus der Theorie in Kapitel 3.4 zur Definition und Auslegung von datenbasierten Dienstleistungen im Werkzeugbau hergeleitet. Hierdurch ist es gelungen, den in der Zielsetzung (vgl. Kapitel 1.3) postulierten Forschungsbedarf für die vorliegende Dissertation wissenschaftlich zu begründen. Dieser Forschungsbedarf äußert sich in der für diese Arbeit handlungsleitenden Forschungsfrage:

Wie muss eine Methodik zur Definition und Auslegung von datenbasierten Dienstleistungen im Werkzeugbau gestaltet sein?

KUBICEK folgend lassen sich aus dieser zentralen und handlungsleitenden Forschungsfrage weitere Fragen ableiten, die zur unterstützenden Beantwortung dieser dienen[596].

Es besteht der Anspruch, erfolgversprechende datenbasierte Dienstleistungen zu entwickeln, die von den Kunden der Branche Werkzeugbau angenommen werden. Dies kann dann gelingen, wenn ein individueller Kundenmehrwert erzeugt wird. Folglich ist die Beantwortung der nachstehenden Frage notwendig:

Wie können Kundenbedürfnisse identifiziert und in Form von Kundennutzen abgeleitet werden?

Hierauf aufbauend müssen datenbasierte Dienstleistungen konzeptioniert werden, um einen Kundennutzen zu erzeugen und die Kundenbedürfnisse anforderungsgerecht zu befriedigen. Aufgrund der Tatsache, dass datenbasierte Dienstleistungen innerhalb der Branche Werkzeugbau bislang kaum verbreitet sind, ist die Beantwortung der folgenden Frage notwendig:

Welche datenbasierten Dienstleistungen existieren, um die werkzeugbauspezifischen Kundenbedürfnisse zu befriedigen?

Datenbasierte Dienstleistungen basieren auf intelligenten Produkten, die innerhalb der Branche Werkzeugbau noch keine flächendeckende Verwendung finden. Vor diesem Hintergrund besitzen Werkzeugbaubetriebe bislang keine bis wenig Expertise im Umgang mit zu erfassenden und zu analysierenden Daten. Die neuen Leistungsangebote erfordern ebenfalls eine neue Form der Leistungserbringung, welche bspw. über den kompletten Werkzeuglebenslauf möglich ist. Prozesse wie z. B. Interaktionen zwischen Anbietern und Kunden werden sich folglich verändern, da bisher der einmalige und vollständige Verkauf des Kernprodukts den

[596] Vgl. Kubicek (Heuristische Bezugsrahmen), 1977, S. 17 ff.

zentralen Interaktionspunkt zwischen beiden Parteien darstellt. Infolgedessen ist die Beantwortung der nachstehenden Frage notwendig:

Wie müssen die Leistungserbringung und das Datenmodell für die jeweiligen datenbasierten Dienstleistungen ausgelegt werden?

Für die Definition und Auslegung von datenbasierten Dienstleistungen muss zudem betrachtet werden, inwiefern das offerierte Leistungsangebot am Markt monetarisiert werden kann. Durch datenbasierte Dienstleistungen ergeben sich Möglichkeiten neuer leistungsorientierter Abrechnungsformen, die in der Branche Werkzeugbau bisher keine Anwendung finden. Mithin ist die Beantwortung der folgenden Frage erforderlich:

Welche Ertragsmodelle müssen ausgewählt und ausgelegt werden, um die jeweiligen datenbasierten Dienstleistungen marktseitig zu monetarisieren?

Durch die mangelnde Erfahrung mit datenbasierten Dienstleistungen fehlt es Werkzeugbaubetrieben bislang an Expertise, verschiedene datenbasierte Dienstleistungen systematisch miteinander zu vergleichen. Werkzeugbaubetriebe müssen identifizieren können, welche datenbasierten Dienstleistungen den meisten Mehrwert für das eigene Unternehmen beinhalten und daher eine anschließende Operationalisierung rechtfertigen. Demnach ist die Beantwortung der nachstehenden Frage notwendig:

Wie können mehrere datenbasierte Dienstleistungen systematisch verglichen werden, um die Sinnhaftigkeit einer anschließenden Operationalisierung zu bewerten?

Sowohl die handlungsleitende Forschungsfrage als auch die hieraus resultierenden Unterforschungsfragen werden im Zuge der Konzeption und Detaillierung eines systematischen Lösungsansatzes zur Definition und Auslegung datenbasierter Dienstleistungen im weiteren Verlauf der Arbeit beantwortet.

4 Konzeption der Methodik

Im vorherigen Kapitel 3 wurde durch eine umfangreiche Analyse der wissenschaftlichen Literatur identifiziert, dass bisher kein Lösungsansatz existiert, um die vorliegende zentrale Forschungsfrage ganzheitlich zu beantworten. Demnach liegt ein Handlungsbedarf aus der Praxis (vgl. Kapitel 2.4) und aus der Theorie (vgl. Kapitel 3.4) vor. Ziel von Kapitel 4 ist folglich die Konzeptionierung einer Methodik zur Auflösung des erörterten dualen Handlungsbedarfs und zur vollständigen Adressierung der gestellten Anforderungen (vgl. Kapitel 3.1.2) an diese Lösung.

Im ersten Teil von Kapitel 4 werden die Grundlagen zur Konzeption einer Methodik erläutert. Hierbei wird insbesondere die System- und Modelltheorie fokussiert. Im Anschluss daran erfolgt eine systematische Herleitung des Ordnungsrahmens der zu entwickelnden Methodik. Hierauf basierend werden schließlich die einzelnen Methodikschritte erarbeitet und voneinander abgegrenzt.

4.1 Grundlagen der Konzeption einer Methodik

Die Systemtheorie repräsentiert einen interdisziplinären Ansatz, der „alle Gestaltungs- und Führungsprobleme von produktiven sozialen Systemen [, wie z. B. Unternehmen,] untersucht". Daher ist die Systemtheorie besonders im Rahmen der Management- und Organisationstheorie geeignet.[597] Aufgrund der Komplexität realer Systeme wird die Modelltheorie angewandt, um Systeme zielgerichtet und vereinfacht abbilden zu können[598]. Eine Kombination der System- und Modelltheorie hilft somit bei der Lösung komplexer Probleme. Somit werden nachfolgend beide Theorieansätze näher vorgestellt.

4.1.1 Systemtheorie als Bestandteil der Systemtechnik

Im Falle des Auftretens von sehr komplexen Problemen ist die Anwendung der sogenannten Systemtechnik hilfreich[599]. Der häufig verwendete englische Begriff *Systems Engineering* wird synonym zur Systemtechnik verstanden[600]. Gemäß BRUNS stellt die Systemtechnik eine Verallgemeinerung und Erweiterung der ingenieurwissenschaftlichen Methodik dar[601]. Des Weiteren kann die Systemtechnik als ein Methodengebäude verstanden werden, da zum systemtechnischen Vorgehen bspw. Analyse- oder Projektmanagementmethoden gehören[602]. Die Systemtechnik setzt sich aus den beiden Bestandteilen Systemtheorie und dem Vorgehensmodell zur Realisierung einer Systemgestaltung zusammen[603]. Diese Bestandteile werden im Folgenden näher vorgestellt.

---

597 Vgl. Ulrich; Hill (Wissenschaftstheoretische Grundlagen), 1976, S. 308.
598 Vgl. Neemann (Schutz gegen Produktimitationen), 2007, S. 32.
599 Vgl. Patzak (Systemtechnik), 1982, S. 15.
600 Vgl. Bruns (Systemtechnik), 1991, S. 2.
601 Vgl. Bruns (Systemtechnik), 1991, S. 2.
602 Vgl. Patzak (Systemtechnik), 1982, S. 14 f.
603 Vgl. Neemann (Schutz gegen Produktimitationen), 2007, S. 33.

Die *Systemtheorie* bezeichnet die wissenschaftliche Betrachtung von Strukturen, Verknüpfungen und Verhalten einzelner oder mehrerer Systeme[604]. Ein System wird als eine Menge von Elementen definiert, die „Eigenschaften besitzen und welche durch Relationen miteinander verknüpft sind“[605]. Zudem können einem System gemäß BOSSEL drei Merkmale zugeordnet werden[606]:

- Systemzweck: Ein System erfüllt eine bestimmte Funktion.
- Systemstruktur: Ein System besteht aus verschiedenen Systemelementen und Wirkungsverknüpfungen (Relationen) zwischen den Systemelementen.
- Systemintegrität: Ein System ist nicht ohne Funktionsverlust teilbar.

Nach HABERFELLNER existiert ein System in einer bestimmten Systemumgebung, von der es durch seine Systemgrenze getrennt ist[607]. Dabei ist die Systemgrenze nicht als undurchlässig zu verstehen (vgl. Abbildung 56). Im Gegenteil: Über die Systemgrenze hinweg wirkt die Umwelt auf das System ein (Input) und das System auf die Umwelt (Output). Systeme stehen also über ihre Systemgrenze in Interaktion mit ihrer Umwelt[608]. Diese werden in der Literatur auch als sogenannte offene Systeme bezeichnet. Von geschlossenen Systemen wird gesprochen, wenn zwischen einem System und seiner Umwelt keine Beziehungen bestehen.[609] In Abbildung 56 ist der Aufbau eines Systems schematisch dargestellt. Anhand dieser Abbildung ist zu erkennen, dass die Beziehungen innerhalb der Systemgrenze stärker sowie ausgeprägter sind als zwischen Systemen und der Umwelt[610].

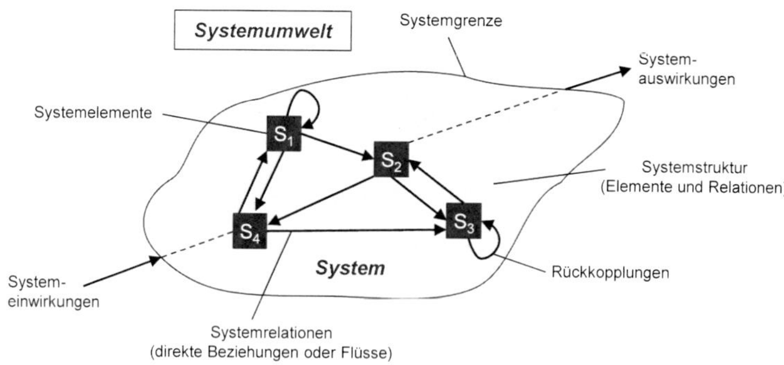

Abbildung 56: Schematische Darstellung eines Systems[611]

[604] Vgl. Ulrich (Systembegriff), 1975, S. 33.
[605] Vgl. Patzak (Systemtechnik), 1982, S. 19.
[606] Vgl. Bossel (Systeme, Dynamik, Simulation), 2004, S. 35.
[607] Vgl. Haberfellner et al. (Systems Engineering), 2018, S. 29.
[608] Vgl. Bossel (Systeme, Dynamik, Simulation), 2004, S. 36.
[609] Vgl. Ulrich (Unternehmung als System), 1968, S. 112.
[610] Vgl. Bossel (Systeme, Dynamik, Simulation), 2004, S. 38.
[611] I. A. a. Bossel (Systeme, Dynamik, Simulation), 2004, S. 36.

Neben den Grundlagen der Systemtheorie beinhaltet die Systemtechnik ein *Vorgehensmodell zur Realisierung einer Systemgestaltung*. Dieses Vorgehensmodell unterteilt sich in vier Grundprinzipien:

- Vorgehen vom Groben zum Detail: Zu Beginn werden die großen und übergreifenden Fragestellungen erörtert und danach immer detailliertere Probleme betrachtet[612].
- Variantenbildung: Die Schaffung eines Überblicks über bestehende Wege zur Problemlösung ist erforderlich, bevor einer dieser Wege ausgewählt und detailliert wird. Hierdurch wird die Variantenanzahl systematisch reduziert und die Lösung des Problems konkretisiert.[613]
- Phasengliederung als Makro-Logik: Der Lösungsweg einer Aufgabenstellung ist in zeitlich handhabbare und logisch getrennte Teilschritte zu gliedern[614].
- Problemlösungszyklus als Mikro-Logik: Um Problemstellungen in den einzelnen Phasen zu lösen, wird gemäß dem Problemlösungszyklus vorgegangen. Hierzu zählen die Schritte Zielsuche, Lösungssuche sowie die damit verbundene Lösungsauswahl.[615]

Die vorgestellten Prinzipien erlauben eine Übertragbarkeit ingenieurwissenschaftlicher Methoden auf angrenzende Gebiete und umgekehrt. Die Systemtechnik kann daher als eine Grundlage für die interdisziplinäre Problemlösung verstanden werden.[616] Zusammenfassend lässt sich feststellen, dass die systemtheoretischen bzw. systemtechnischen Grundlagen dabei helfen, auf einem hohen Abstraktionsgrad eine allgemeingültige Basis für die zu modellierende Methodik zu schaffen[617].

4.1.2 Modelltheorie

Im Kontext der Modelltheorie wird die Generierung, Pflege und Deutung von Modellen behandelt[618]. Modelle werden verwendet, um einen bestimmten Ausschnitt eines realen Systems abzubilden[619]. Dies bedeutet, dass Modelle benutzt werden, um komplexe Zusammenhänge zu simplifizieren, damit Grundzusammenhänge zwischen Elementen sowie Prozessen verstanden und identifiziert werden[620]. Nach STACHOWIAK existieren drei charakteristische Merkmale, die ein Modell kennzeichnen. Dies ist zum einen das *Abbildungsmerkmal*, welches besagt, dass ein Modell eine anschauliche Repräsentation des Originals bzw. der Realität ist[621]. Dem *Verkürzungsmerkmal* zufolge erfasst ein Modell lediglich die Elemente und Relationen, die dem jeweiligen Modellersteller relevant bzw. essenziell erscheinen[622]. Attribute des Originals, die nicht dargestellt werden, zählen zu den sogenannten präterierten (=ausgelassenen,

612 Vgl. Haberfellner et al. (Systems Engineering), 2018, S. 54 ff.
613 Vgl. Haberfellner et al. (Systems Engineering), 2018, S. 57 ff.
614 Vgl. Haberfellner et al. (Systems Engineering), 2018, S. 61 ff.
615 Vgl. Haberfellner et al. (Systems Engineering), 2018, S. 70 ff.
616 Vgl. Bruns (Systemtechnik), 1991, S. 1.
617 Vgl. Brandenburg (Technologische Produktinnovationen), 2002, S. 38.
618 Vgl. Kühn (Lebenszyklusorientierte Leistungssysteme), 2016, S. 87.
619 Vgl. Patzak (Systemtechnik), 1982, S. 306.
620 Vgl. Wöhe; Döring (Betriebswirtschaftslehre), 2008, S. 12.
621 Vgl. Stachowiak (Modelltheorie), 1973, S. 131.
622 Vgl. Stachowiak (Modelltheorie), 1973, S. 132.

übergangenen) Attributen[623]. Ein Modell kann jedoch auch abundante (=überschüssige) Attribute aufweisen, die dem Original abgehen, aber notwendig bzw. Gegenstand der Modellbetrachtung sind[624]. Das dritte Merkmal, das sogenannte *pragmatische Merkmal*, besagt, dass ein Modell stets für einen bestimmten Anwendungskontext für bestimmte Zwecke erstellt wird[625]. Alle drei Merkmale verdeutlichen, dass die Modellierung als ein Abstraktionsprozess zu verstehen ist, bei dem ein entsprechendes Original unter einem bestimmten Anwendungskontext, durch das Weglassen von nicht relevanten Details, in ein Modell transformiert wird (vgl. Abbildung 57).

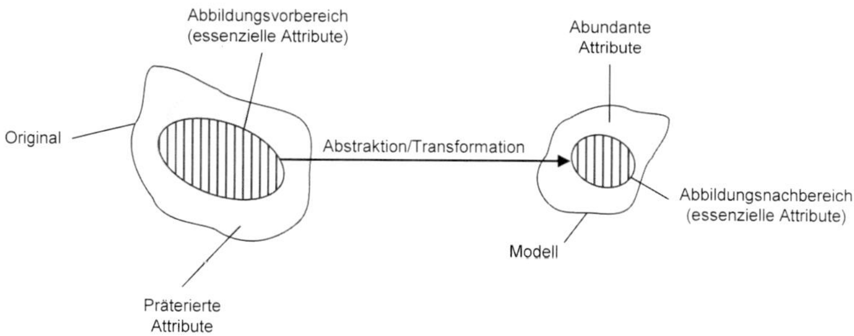

Abbildung 57: Original-Modell-Abbildung[626]

Nach PATZAK existieren vier Grundtypen von Modellen, die entsprechend ihrem Verwendungszweck in Beschreibungsmodell, Erklärungsmodell, Vorhersagemodell sowie Entscheidungsmodell unterteilt werden[627]. Eine ähnliche Klassifizierung nimmt LEHNER vor, indem dieser zwischen Beschreibungs- und Erfassungsmodell, Erklärungsmodell, Gestaltungsmodell, Meta-Modell und generischem Modell sowie sonstigen Modellen differenziert[628]. BANDTE unterscheidet im Zuge des Modellzwecks hingegen lediglich zwischen Beschreibungsmodell, Erklärungsmodell und Vorhersagemodell[629]. Die unterschiedliche Klassifizierung dieser drei Autoren zeigt, dass in der Literatur eine Vielzahl verschiedener Modelltypen existiert. KÜHN (vgl. Kapitel 3.2.2) und BEGOVIC (vgl. Kapitel 3.2.6) berufen sich auf die Klassifizierung nach LEHNER, weshalb dieser auch in der vorliegenden Arbeit gefolgt wird (vgl. Abbildung 58).

[623] Vgl. Stachowiak (Modelltheorie), 1973, S. 155.
[624] Vgl. Stachowiak (Modelltheorie), 1973, S. 156.
[625] Vgl. Stachowiak (Modelltheorie), 1973, S. 132 f.
[626] I. A. a. Stachowiak (Modelltheorie), 1973, S. 157.
[627] Vgl. Patzak (Systemtechnik), 1982, S. 313 ff.
[628] Vgl. Lehner et al. (Wirtschaftsinformatik), 2008, S. 30 ff.
[629] Vgl. Bandte (Komplexität in Organisationen), 2007, S. 205.

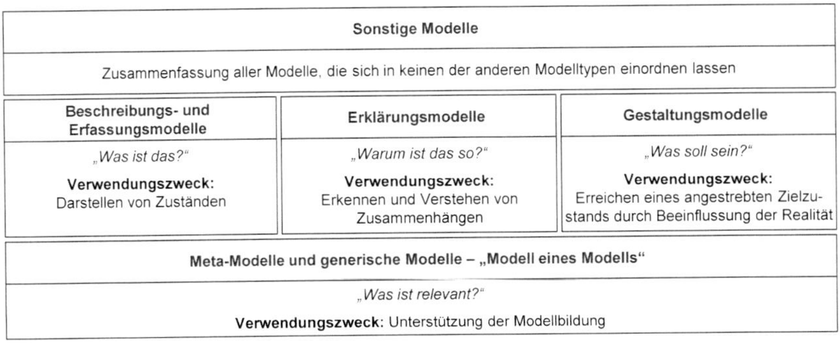

Abbildung 58: Modelltypen nach LEHNER[630]

Beschreibungs- und Erfassungsmodelle ermöglichen eine realitätsgetreue und präzise Darstellung realer Zustände. Ein Verwendungszweck für das Modell ist oftmals nicht determiniert. *Erklärungsmodelle* dienen dem Verständnis realer Probleme. Des Weiteren basieren Erklärungsmodelle auf Beschreibungsmodellen, mit dem Unterschied, dass Erklärungsmodelle stets einen bestimmten Zweck verfolgen. *Gestaltungsmodelle* werden hingegen angewandt, sofern eine Lösung bestimmter Aufgaben erforderlich ist. Dafür beinhalten diese alle hierzu notwendigen Einflussgrößen, wie bspw. Ansatzpunkte zur Veränderung des Systems. *Meta-Modelle* und *generische Modelle* sind als eine Ordnung oder eine systematische Modellbeschreibung zu verstehen. Meta-Modelle können somit als Modelle der jeweils betrachteten Modelle verstanden werden, um die eigentliche Modellbildung zu unterstützen. *Sonstige Modelle* repräsentieren schließlich alle übrigen Modelle, welche keinem der zuvor genannten Modelltypen zugeordnet werden können.[631]

Zusammenfassend lässt sich feststellen, dass die modelltheoretischen Grundlagen dabei helfen, bestimmte Teile eines realen Systems komplexitätsreduziert abzubilden.

4.1.3 Methodikentwicklung mittels Systemtechnik und Modelltheorie

Die zuvor beschriebenen Grundlagen zur Systemtheorie als Bestandteil der Systemtechnik sowie der Modelltheorie erlauben eine fundierte Betrachtung des Methodikbegriffs. Im Rahmen der vorliegenden Arbeit wird eine Methodik als System von definierten Modellen, Methoden sowie Hilfsmitteln verstanden[632]. Diesem Verständnis liegen somit Elemente der Systemtechnik und der Modelltheorie zugrunde (vgl. Abbildung 59).

---

630 Inhaltlich i. A. a. Lehner et al. (Wirtschaftsinformatik), 2008, S. 30 ff.; grafische Darstellung i. A. a. Begovic (Datenbasiertes Wissensmanagement), 2018, S. 103.

631 Vgl. Lehner et al. (Wirtschaftsinformatik), 2008, S. 30 ff.

632 Vgl. Neuhausen (Modulare Produktionssysteme), 2002, S. 6.

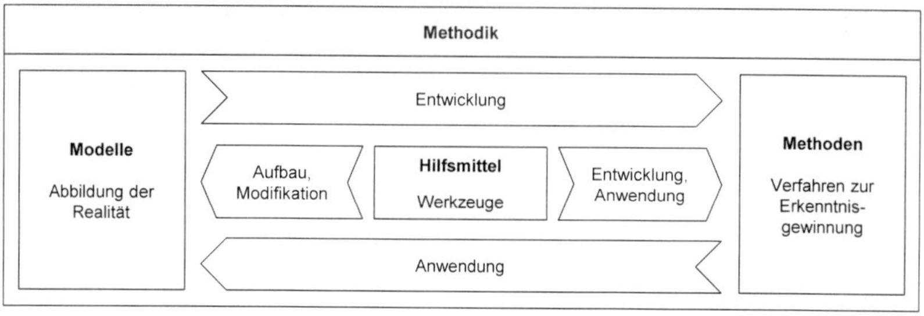

Abbildung 59: Methodik als System von Modellen, Methoden und Hilfsmitteln[633]

Eine Methodik kann als System aus einzelnen Bestandteilen aufgefasst werden. Wenn eine sinnvolle Verknüpfung der Bestandteile gelingt, ermöglicht eine Methodik, die Elemente vollumfänglich auszuschöpfen und zu kombinieren.[634] Im Zuge dessen greift die Methodik auf die vier Grundprinzipien des Vorgehensmodells zur Realisierung einer Systemgestaltung (vgl. Kapitel 4.1.1) als Bestandteil der **Systemtechnik** zurück.

- Vorgehen vom Groben zum Detail: Der Lösungsraum für datenbasierte Dienstleistungen wird in der Methodik schrittweise eingeengt. Hierdurch wird vermieden, dass potenzielle datenbasierte Dienstleistungen für den Werkzeugbau nicht zu früh in der Betrachtung ausgeschlossen werden.
- Variantenbildung: Datenbasierte Dienstleistungen werden in vier übergeordnete Komplexitätsstufen differenziert. Für diese verschiedenen Stufen stellt die Methodik verschiedene Handlungsempfehlungen bereit.
- Phasengliederung als Makro-Logik: Die Methodik besteht aus mehreren voneinander abgegrenzten Schritten mit festgelegter Schrittfolge.
- Problemlösungszyklus als Mikro-Logik: Es wird eine reproduzierbare Anwendung der einzelnen Schritte ermöglicht, weshalb eine aufeinander abgestimmte Anwendung der Methodikelemente sichergestellt wird.

Die **Modelltheorie** unterstützt bei der Methodikentwicklung, indem für konkrete Zwecke entsprechend ausgelegte Modelle eingesetzt werden können. Es kommt zur Anwendung von Verkürzungen, wenn Aussagen über komplexe soziotechnische Systeme[635], wie etwa Unternehmen, getroffen werden müssen[636]. Diese Verkürzungen bzw. Abstraktionen ermöglichen eine Fokussierung der wesentlichen Aspekte, die für die Planung komplexer Sachverhalte von Bedeutung sind[637]. Der Begriff Methodik ist im Zuge dessen nicht zu verwechseln mit dem Begriff Methode. Eine Methodik repräsentiert ein zielgerichtetes und planmäßiges Vorgehen, welches zur Lösung einer Aufgabe dient[638]. Eine Methode hilft hingegen, durch spezifische Verfahren

[633] Vgl. Heyn (Entwicklungskooperationen), 1999, S. 6.
[634] Vgl. Giehler (Planungsproduktivität), 2010, S. 79.
[635] Der Ansatz der soziotechnischen Systeme beschreibt, dass unternehmerische Organisationen sich aus den drei interagierenden Teilsystemen Mensch, Technik und Organisation zusammensetzen. Vgl. Pasmore et al. (Sociotechnical Systems), 1982, S. 1181 f.
[636] Vgl. Giehler (Planungsproduktivität), 2010, S. 79 f.
[637] Vgl. Bachthaler (Anwendung der Systemtechnik), 2000, S. 24 ff.
[638] Vgl. Bruns (Systemtechnik), 1991, S. 62.

Erkenntnisse für die Methodik zu gewinnen bzw. darzustellen[639]. Zur Entwicklung, Anwendung, Aufbau und Modifikation von einer Methodik sowie von Modellen dienen entsprechende Hilfsmittel bzw. Werkzeuge[640].

Zusammenfassend wird konstatiert, dass sich die Systemtheorie als Bestandteil der Systemtechnik sowie die Modelltheorie für die Entwicklung einer Methodik im Sinne des Forschungsziels dieser Arbeit eignen. Daraus schlussfolgernd werden im Folgenden die hieraus resultierenden Eigenschaften zur Strukturierung und Konzeptionierung der Methodik für die Definition und Auslegung von datenbasierten Dienstleistungen im Werkzeugbau verwendet.

4.2 Ordnungsrahmen der Methodik

Damit eine Verankerung der zu entwickelnden Methodik in der wissenschaftlichen Forschung sichergestellt werden kann, bedarf es eines geeigneten Ordnungsrahmens für die Methodik[641]. Nach MEISE wird ein Ordnungsrahmen wie folgt definiert: „Ein Ordnungsrahmen gliedert als relevant deklarierte Elemente und Beziehungen eines Originals auf einer hohen Abstraktionsebene nach einer gewählten Strukturierungsweise in einer beliebigen Sprache. Der Zweck eines Ordnungsrahmens besteht darin, einen Überblick über das Original zu vermitteln und bei der Einordnung von Elementen und Beziehungen untergeordneter Detaillierungsebenen deren Bezüge zu anderen Elementen und Beziehungen des Ordnungsrahmens [offenzulegen].“[642]

Der Definition von MEISE folgend werden die in Kapitel 3.2 vorgestellten Ansätze hinsichtlich ihrer inhaltlich relevanten Bestandteile untersucht. Im Zuge dessen wird ersichtlich, dass nicht alle Ansätze eine chronologische Anordnung ihrer inhaltlichen Bestandteile enthalten. Bei diesen Ansätzen werden die Bestandteile lediglich genannt. Eine zeitliche Berücksichtigung dieser Inhalte wird jedoch nicht konkret beschrieben. Für die Ableitung eines Ordnungsrahmens erfolgt die Anordnung dieser Bestandteile anhand der Reihenfolge der Nennung im Ansatz und anhand einer logisch praktischen Anwendung des jeweiligen Ansatzes. Abbildung 60 gibt eine aggregierte Übersicht der zentralen inhaltlichen Bestandteile bzw. Phasen der zehn Ansätze, die für die Beantwortung der Forschungsfrage dieser Arbeit ausführlich analysiert wurden.

---

[639] Vgl. Neuhausen (Modulare Produktionssysteme), 2002, S. 7.
[640] Vgl. Heyn (Entwicklungskooperationen), 1999, S. 6.
[641] Vgl. Pitsch (Kompetenzfeldbasierte Vernetzung), 2014, S. 94.
[642] Vgl. Meise (Organisationsgestaltung), 2001, S. 62.

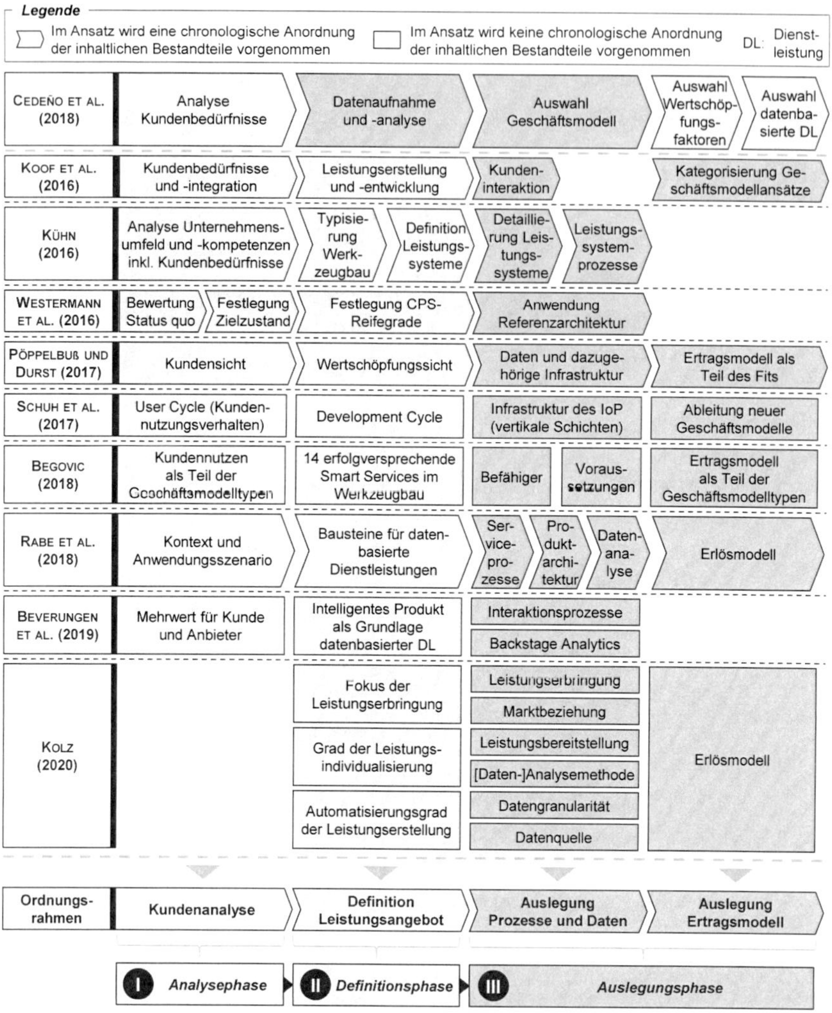

Abbildung 60: Generische Phasen zur Definition und Auslegung datenbasierter Dienstleistungen im Werkzeugbau[643]

Durch die Analyse der präsentierten Ansätze wird ersichtlich, dass eine Analogie der inhaltlichen Bestandteile und des chronologischen Ablaufs dieser Inhalte vorzufinden ist. Die inhaltlichen Bestandteile lassen sich in die vier Themenfelder Kundenanalyse, Definition Leistungsangebot, Auslegung Prozesse und Daten sowie Auslegung Ertragsmodell subsummieren. Das Themenfeld Ertragsmodell wird dabei stellenweise als Bestandteil des übergeordneten Ge-

[643] Eigene Darstellung.

schäftsmodells beschrieben. Zur chronologischen Anordnung der Themenfelder ist zu berücksichtigen, dass der Ansatz von CEDEÑO ET AL. eine Ausnahme bildet. Die Autoren beschreiben die Themenfelder in einer zu den anderen Ansätzen leicht differierenden Reihenfolge. Daher ist dieser Ansatz zur Steigerung der Übersichtlichkeit in Abbildung 60 an oberster Stelle aufgeführt.

Bis auf KOLZ beginnen sämtliche Ansätze mit einer **Kundenanalyse**. Hervorzuheben sind hierbei die Ansätze von CEDEÑO ET AL., KOOF ET AL. sowie PÖPPELBUẞ UND DURST, welche die Kundenbedürfnisse als handlungsleitendes Paradigma für die Definition und Auslegung von datenbasierten Dienstleistungen ansehen. KÜHN geht zu Beginn seiner Methodik ebenfalls auf die Kundenbedürfnisse im Rahmen einer Analyse des Unternehmensumfelds ein. Ähnliches gilt für BEGOVIC, der den Kundennutzen als ein Teil der definierten Geschäftsmodelltypen fokussiert. SCHUH ET AL. und RABE ET AL. thematisieren die Kundenanalyse über den User Cycle des IoP bzw. über eine Analyse des Anwendungsszenarios datenbasierter Dienstleistungen. WESTERMANN ET AL. gehen nicht direkt auf eine Kundenanalyse ein, behandeln das Themenfeld allerdings indirekt über die Bewertung des Status quo und die Festlegung des CPS-Zielzustands im Rahmen des ersten CPS-Reifegradmodells. Die in nahezu allen Ansätzen identifizierte initiale Kundenanalyse soll daher als erste generische Phase, die **Analysephase**, zusammengefasst werden.

Im Anschluss an die Analysephase erfolgt die **Definition des Leistungsangebots**. Die Ansätze beschreiben in verschiedenen Formen, inwiefern die entsprechenden Erkenntnisse der Analysephase durch spezifische Leistungen adressiert werden können. So beschreiben unter anderem BEVERUNGEN ET AL., dass hierfür das intelligente Produkt als Grundlage für datenbasierte Dienstleistungen definiert werden muss. KOLZ führt dagegen auf, dass für das Leistungsangebot die Leistungserbringung, der Grad der Leistungsindividualisierung sowie der Automatisierungsgrad der Leistungserstellung definiert werden müssen. RABE ET AL. beschreiben Bausteine, mit denen das datenbasierte Leistungsangebot definiert werden kann, und BEGOVIC definiert im Zuge der Beschreibung der Gestaltungsfelder konkrete datenbasierte Dienstleistungen für den Werkzeugbau. SCHUH ET AL. fokussieren mit dem Development Cycle im Vergleich zu allen anderen Ansätzen in schwächster Form, dass ein Produkt bzw. eine Leistung auf Basis der Erkenntnisse des User Cycle entwickelt wird. Zusammenfassend kann festgestellt werden, dass anschließend an die Analysephase eine **Definitionsphase** notwendig und sinnvoll ist, um die gewonnenen Analyseerkenntnisse durch ein spezifisches datenbasiertes Leistungsangebot im Rahmen der Methodik zu adressieren.

Basierend auf der Definitionsphase erfolgt im weiteren Verlauf der untersuchten Ansätze eine konkrete Auslegung der datenbasierten Leistungsangebote. Im Zuge dessen werden insbesondere die Themenfelder **Prozesse und Daten** berücksichtigt. Während BEGOVIC relativ rudimentär die technischen Voraussetzungen für die Umsetzung der definierten datenbasierten Dienstleistungen betrachtet, gehen PÖPPELBUẞ UND DURST sowie SCHUH ET AL. detaillierter auf die notwendigen Daten, Datenanalyseverfahren und die dazugehörige Infrastruktur ein. Neben diesen technologischen Aspekten thematisieren RABE ET AL., BEVERUNGEN ET AL. sowie KOLZ ebenfalls Prozesse, die zwischen Kunde und Anbieter für eine Realisierung von datenbasierten Dienstleistungen erforderlich sind. Hierbei ist auffällig, dass Ansätze, die Prozesse und Daten gleichzeitig betrachten, stets die Prozesse vor den Daten beschreiben. Des Weiteren weisen RABE ET AL. sowie BEVERUNGEN ET AL. als Gemeinsamkeit auf, dass diese für die Prozessauslegung auf den Service Blueprinting Ansatz zurückgreifen. Weitere Besonderheiten bei der Prozessbeschreibung weisen KOOF ET AL. und KÜHN auf. So gehen KOOF ET AL. sehr ausführlich auf das Ausmaß der Kundeninteraktion und KÜHN auf die Leistungssystemprozesse entlang des kompletten Produktlebenszyklus ein.

Als weiteres Themenfeld zur Auslegung von datenbasierten Dienstleistungen geht ein Großteil der Ansätze auf das **Ertragsmodell** bzw. Geschäftsmodell der jeweiligen datenbasierten Dienstleistung ein. So beschreiben bspw. SCHUH ET AL., dass auf Basis des IoP neue Geschäftsmodellformen abgeleitet werden können und hierdurch neue Ertragsmodelle erforderlich sind. Hervorzuheben sind bei den untersuchten Ansätzen insbesondere PÖPPELBUß UND DURST, RABE ET AL. sowie KOLZ, welche die Auslegung neuer Ertragsmodelle für datenbasierte Dienstleistungen sowie dazugehörige Auslegungsoptionen aufzeigen. Die beiden Themenfelder Prozesse und Daten sowie Ertragsmodell werden in den Ansätzen, bis auf CEDEÑO ET AL., als letztes beschrieben. Zusammenfassend kann festgestellt werden, dass anschließend an die Definitionsphase eine **Auslegungsphase** erforderlich ist, um eine anforderungsgerechte Auslegung der definierten datenbasierten Dienstleistungen im Rahmen der Methodik zu adressieren.

Als Resümee kann festgestellt werden, dass eine Analyse der in Kapitel 3.2 vorgestellten Ansätze hinsichtlich ihrer relevanten Bestandteile zu einer hohen inhaltlichen und chronologischen Deckungsgleichheit führt. Daraus resultierend kann ein Ordnungsrahmen, bestehend aus den drei generischen Phasen Analyse, Definition und Auslegung abgeleitet werden. Dieser Ordnungsrahmen bildet im weiteren Verlauf der Arbeit die Grundlage für die Entwicklung einer Methodik zur Definition und Auslegung von datenbasierten Dienstleistungen im Werkzeugbau.

4.3 Grobkonzept der Methodik

Es mangelt bislang an einer Methodik, die gleichermaßen werkzeugbaubezogene, dienstleistungsbezogene, datenbezogene sowie ertragsmodellbezogene Anforderungen erfüllt, um datenbasierte Dienstleistungen zu definieren und auszulegen. Bestehende Ansätze adressieren diese Anforderungen lediglich punktuell (vgl. Kapitel 3.4).

Ausgehend von diesen identifizierten Rahmenbedingungen erfolgt im ersten Teil der Methodik eine **Analyse** der Kundenbedürfnisse. Der hieraus zu adressierende Kundennutzen bildet das Fundament für eine zielgerichtete sowie anforderungsgerechte Definition und Auslegung von datenbasierten Dienstleistungen. Des Weiteren wird durch die Analysephase sichergestellt, dass nur solche datenbasierte Dienstleistungen definiert und ausgelegt werden, die einen Mehrwert für Kunde und Anbieter erzeugen können. Darauf aufbauend erfolgt im zweiten Schritt der Methodik die **Definition** des werkzeugbauspezifischen datenbasierten Leistungsangebots. In der Definitionsphase muss sichergestellt werden, dass die jeweilige datenbasierte Dienstleistung geeignet für die Kundenbedürfnisbefriedigung ist und eine hierfür anforderungsgerechte Komplexität aufweist. Im Anschluss daran wird die **Auslegung** der definierten datenbasierten Dienstleistungen durchgeführt. Die Auslegung erfolgt in Kongruenz zu den identifizierten inhaltlichen Bestandteilen der untersuchten Ansätze aus Kapitel 4.2. Hierzu zählen Prozesse, Daten und Ertragsmodell. Ergänzend zu den abgeleiteten drei generischen Phasen des Ordnungsrahmens wird die Methodik um eine Phase der **Bewertung** erweitert. Die Bewertung repräsentiert eine konsolidierte Betrachtung aller erzielten Teilergebnisse am Ende der Methodikanwendung. Innerhalb dieser Phase wird bewertet, inwiefern die definierten und ausgelegten datenbasierten Dienstleistungen für eine weitergehende Operationalisierung geeignet sind. Die Methodik (vgl. Abbildung 61) ermöglicht somit eine systematische Definition und Auslegung datenbasierter Dienstleistungen im Werkzeugbau mit einer abschließenden Bewertung zur wirtschaftlichen Sinnhaftigkeit der Operationalisierung der jeweiligen datenbasierten Dienstleistungen. Wenn im Folgenden vom Anwender der Methodik bzw. vom Methodikanwender gesprochen wird, repräsentiert dies eine oder mehrere Personen eines Werkzeugbaubetriebs, die die einzelnen Methodikschritte für das eigene Unternehmen durchlaufen.

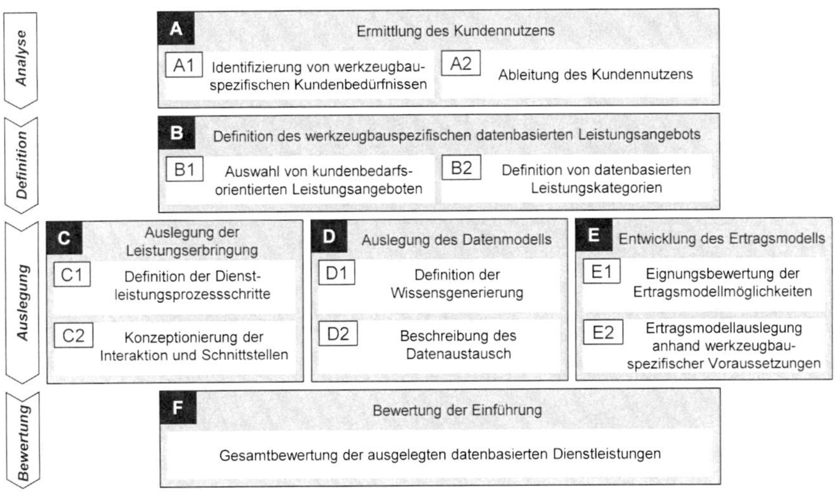

Abbildung 61: Grobkonzept der Methodik zur Definition und Auslegung datenbasierter Dienstleistungen im Werkzeugbau[644]

4.3.1 Konzeption der Analysephase

Die Methodik zur Definition und Auslegung datenbasierter Dienstleistungen im Werkzeugbau beginnt mit einer Analysephase zur Ermittlung des Kundennutzens. Der Erfolg von datenbasierten Dienstleistungen wird maßgeblich von der Leistungsausrichtung auf die jeweiligen Kunden beeinflusst (vgl. Kapitel 2.3.3.3). Demzufolge wird während der Analysephase, **Schritt A**,

644 Eigene Darstellung.

das Ziel verfolgt, den Kundennutzen zu ermitteln. Der Schritt A unterteilt sich in die beiden Detailschritte *Identifizierung von werkzeugbauspezifischen Kundenbedürfnissen* sowie in die *Ableitung des Kundennutzens* (vgl. Abbildung 62).

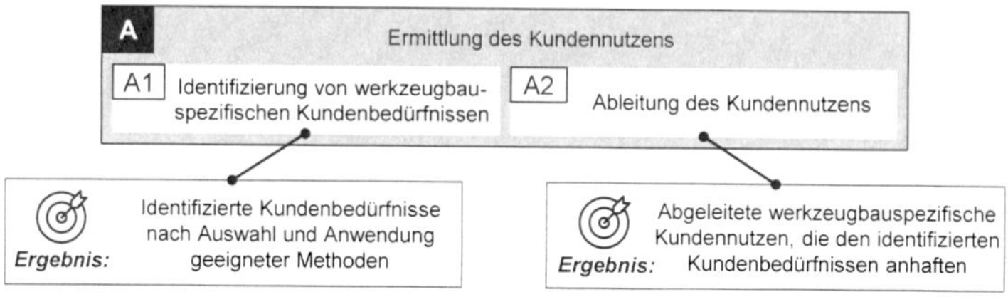

Abbildung 62: Schritt A – Ermittlung des Kundennutzens[645]

Der erste Detailschritt **(Schritt A1)** beinhaltet die Identifizierung von werkzeugbauspezifischen Kundenbedürfnissen mithilfe hierfür geeigneter Methoden. Für eine anforderungsgerechte Auswahl der Methoden erfolgt zunächst eine systematische Vorbewertung von diesen. Die potenziellen Methoden werden in die beiden Kategorien qualitative und quantitative Erhebungen unterteilt. Bei der Eignungsbewertung für die werkzeugbauspezifische Anwendung werden insbesondere die in Kapitel 2.3 identifizierten Charakteristika der Branche Werkzeugbau berücksichtigt. Die Eignungsbewertung erfolgt anhand definierter Bewertungskriterien, die in die beiden Kategorien kundenspezifische und methodenspezifische Bewertungskriterien unterteilt sind. Im Zuge dessen erfolgt außerdem in Detailschritt A1 eine Begutachtung, inwiefern es Werkzeugbaubetrieben mit verschiedenen Methoden gelingen kann, latente Kundenbedürfnisse zu identifizieren. Durch diese systematische Vorbewertung der einzelnen Methoden ist der Werkzeugbaubetrieb in der Lage, die für ihn geeignete Methode anwendungsfallspezifisch auszuwählen. Nach der Auswahl erfolgt durch den Werkzeugbaubetrieb eine Methodendurchführung. Die hierdurch generierten Ergebnisse lassen sich anschließend in konkret identifizierte Kundenbedürfnisse durch den Werkzeugbaubetrieb überführen.

Darauf aufbauend erfolgt im zweiten Detailschritt **(Schritt A2)** die Ableitung des Kundennutzens der identifizierten Kundenbedürfnisse. Hierfür werden diese zunächst hinsichtlich ihrer Wichtigkeit priorisiert. Anschließend werden die wichtigsten Kundenbedürfnisse jeweils den vier Dimensionen des Kundennutzens für datenbasierte Dienstleistungen zugeordnet. Diese lauten Qualität, Kosten, Zeit und Flexibilität. Nachfolgend werden diese vier Dimensionen werkzeugbauspezifisch konkretisiert, um zuletzt detaillierte Ausprägungen des Kundennutzens den identifizierten und hoch priorisierten Kundenbedürfnissen zuzuordnen. Diese werkzeugbauspezifische Konkretisierung erfolgt durch eine differenzierte Betrachtung der vier Dimensionen in den Zielbereichen Werkzeug, Serienproduktionsprozess sowie Endprodukt. Für alle Zielbereiche werden Ausprägungen in den vier Dimensionen definiert und erläutert. Der zuvor beschriebene Ablauf von Schritt A bedeutet, dass durch die Analyse des Kundennutzens die direkte Schaffung eines Kundenmehrwerts von Beginn an als handlungsleitendes Paradigma für die Definition und Auslegung datenbasierter Dienstleistungen fokussiert wird.

645 Eigene Darstellung.

4.3.2 Konzeption der Definitionsphase

Zum Startpunkt der Definitionsphase ist dem Anwender der Methodik bewusst, für welche Anwendungsbereiche der größte Kundenbedarf besteht. Dieser Kundenbedarf soll nun durch zielgerichtete datenbasierte Leistungsangebote adressiert werden. Aus diesem Grund beinhaltet die Definitionsphase den **Schritt B**. Ziel ist im Zuge dessen die Definition eines werkzeugbauspezifischen datenbasierten Leistungsangebots. Der Schritt B untergliedert sich in die beiden Detailschritte *Auswahl von kundenbedarfsorientierten Leistungsangeboten* und die *Definition von datenbasierten Leistungskategorien* (vgl. Abbildung 63).

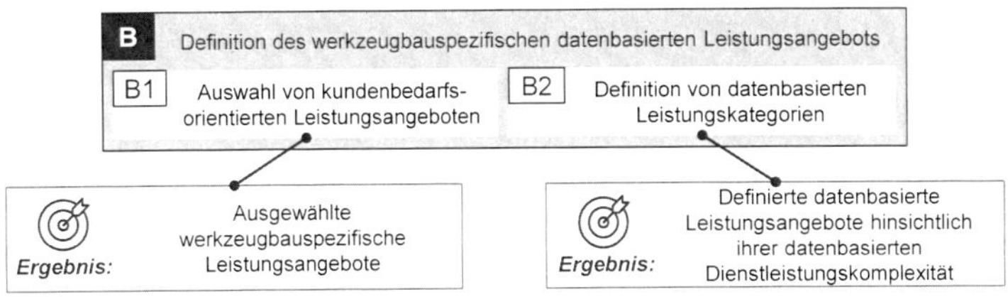

Abbildung 63: Schritt B – Definition des datenbasierten Leistungsangebots[646]

Der erste Detailschritt **(Schritt B1)** umfasst die Auswahl von kundenbedarfsorientierten Leistungsangeboten. Der Anwender der Methodik erhält in Schritt B1 einen Katalog von potenziellen Dienstleistungen entlang des Werkzeuglebenslaufs. Aus dieser Liste werden die kundenbedarfsgerechten Dienstleistungen ausgewählt, um die Befriedigung der identifizierten Kundennutzen zu realisieren. Der Katalog beinhaltet analoge Leistungsangebote, die keine datenbasierte Komplexität aufweisen. Diese Leistungsangebote werden im anschließenden Schritt B2 datenbasiert weiterentwickelt. Hierdurch wird der Zugang zu datenbasierten Dienstleistungen erleichtert, da zunächst auf leicht verständliche Leistungsangebote ohne datenbasierte Komplexität zurückgegriffen wird. Der Katalog ist im Zuge dessen in die unterschiedlichen Werkzeuglebenszyklusphasen unterteilt. Dies bedeutet, dass Leistungsangebote für die Phasen Werkzeugentwicklung, Werkzeuginbetriebnahme, Werkzeugnutzung und Werkzeugausmusterung aufgeführt sind. Um eine zielgerichtete Auswahl der kundenbedarfsorientierten Leistungsangebote für den Anwender zu erleichtern, sind die Einflüsse der jeweiligen Leistungsangebote auf die identifizierten Ausprägungen des Kundennutzens aus Schritt A2 bewertet. Durch den Anwender der Methodik kann der Katalog individuell mit weiteren analogen oder datenbasierten Dienstleistungen stets ergänzt werden. Für diesen Fall muss der Anwender der Methodik jedoch eine eigene Einflussbewertung auf die Ausprägungen der Kundennutzen durchführen. Der Katalog ist folglich so konzipiert, dass eine einfache Ergänzung weiterer Leistungsangebote durch den Anwender der Methodik individuell erfolgen kann und somit die Entwicklung gänzlich neuer datenbasierter Dienstleistungen ermöglicht wird.

Auf Basis der ausgewählten werkzeugbauspezifischen Leistungsangebote erfolgt im nächsten Detailschritt **(Schritt B2)** die Definition und Detaillierung unterschiedlicher Leistungskatego-

646 Eigene Darstellung.

rien zu diesen Leistungsangeboten. Dies bedeutet, dass eine Weiterentwicklung dieser ausgewählten Leistungsangebote hinsichtlich ihrer datenbasierten Komplexität erfolgt. Hierfür wird im Rahmen von Schritt B2 aufgezeigt, inwiefern analoge Dienstleistungen in verschiedene datenbasierte Komplexitätsstufen erweitert bzw. detailliert werden können. Dafür wird auf die existierenden vier Komplexitätsstufen datenbasierter Dienstleistungen im Werkzeugbau zurückgegriffen (vgl. Kapitel 2.3.3.3). Es erfolgt eine detaillierte werkzeugbauspezifische Beschreibung der vier Komplexitätsstufen, sodass Anwender der Methodik in der Lage sind, datenbasierte Dienstleistungen für die jeweiligen Ausprägungen zu definieren. Für diesen Zweck wird ein zielgerichtetes methodisches Vorgehen präsentiert.

4.3.3 Konzeption der Auslegungsphase

Der dritte Teil der Methodik zur Definition und Auslegung datenbasierter Dienstleistungen im Werkzeugbau repräsentiert die Auslegungsphase. In den ersten beiden Teilen der Methodik wurde identifiziert, welcher Kundennutzen durch welche datenbasierten Dienstleistungen generiert werden soll. Ausgehend von diesen Ergebnissen sollen im Zuge des dritten Teils der Methodik die definierten datenbasierten Dienstleistungen durch eine detaillierte Auslegung konkretisiert werden. Am Ende der Auslegungsphase ist der Anwender der Methodik in der Lage, die datenbasierte Dienstleistung anschließend operationalisieren zu können. Die Auslegung setzt sich aus einer Betrachtung von drei Perspektiven zusammen (vgl. Kapitel 4.2). Dieser Herleitung folgend werden für die Auslegung zunächst die Prozesse bzw. die Leistungserbringung von datenbasierten Dienstleistungen betrachtet. Darauf aufbauend erfolgt die Auslegung des Datenmodells. Abschließend wird das Ertragsmodell entwickelt, um die definierten datenbasierten Dienstleistungen zu monetarisieren.

Bei der Auslegung datenbasierter Dienstleistungen in diesen drei Schritten handelt es sich um jeweils sehr spezifische und individuelle Detaillierungen. Um einerseits einen ausreichenden Differenzierungsgrad zwischen datenbasierten Dienstleistungen sowie andererseits eine hinreichende Allgemeingültigkeit der Methodik sicherstellen zu können, erfolgt die Auslegung anhand der in Schritt B2 definierten werkzeugbauspezifischen Leistungskategorien. Dies bedeutet, dass alle Ausführungen, falls dies einzelfallspezifisch möglich ist, in die vier Komplexitätsstufen datenbasierter Dienstleistungen (vgl. Kapitel 2.3.3.3) differenziert werden. Daher sind in Abbildung 64 diese vier Stufen den Schritten der Auslegungsphase schematisch hinterlegt.

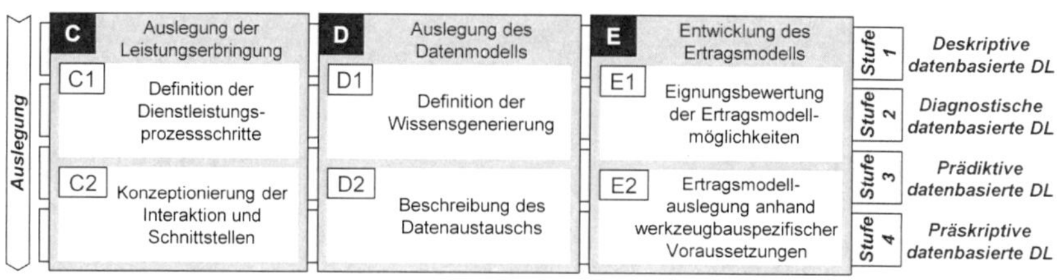

Abbildung 64: Auslegung datenbasierter Dienstleistungen anhand ihrer vier Komplexitätsstufen[647]

[647] Eigene Darstellung.

Startpunkt der Auslegungsphase ist die Auslegung der Leistungserbringung, **Schritt C**. Ziel von Schritt C ist die genaue Beschreibung der erforderlichen Prozesse zwischen Werkzeugbaubetrieb als Anbieter und Kunde zur Erbringung der definierten datenbasierten Dienstleistung. Der Schritt C untergliedert sich in die Detailschritte *Definition der Dienstleistungsprozessschritte* sowie *Konzeptionierung der Interaktion und Schnittstellen* (vgl. Abbildung 65).

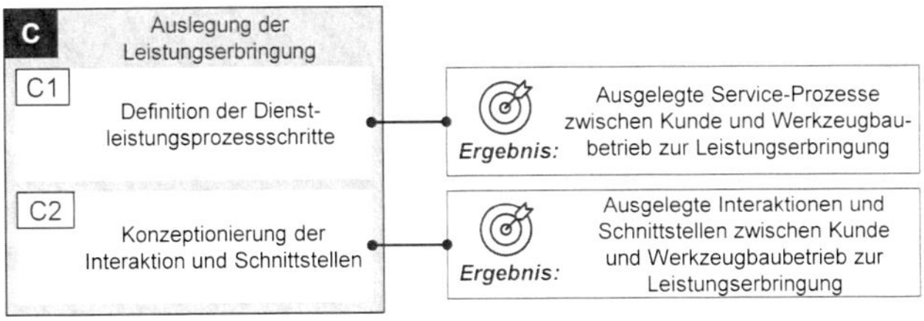

Abbildung 65: Schritt C – Auslegung der Leistungserbringung[648]

Der erste Detailschritt **(Schritt C1)** beinhaltet die Identifikation und Auslegung von erforderlichen Prozessschritten aus den Perspektiven Werkzeugbaubetrieb und Kunde. Methodisch wird hierfür das Service Blueprinting entsprechend dem Ansatz nach BITNER ET AL.[649] verwendet. Es werden auf den verschiedenen Ebenen des Service Blueprinting alle potenziell relevanten, übergeordneten Prozessschritte zur datenbasierten Leistungserbringung je datenbasierter Dienstleistungskomplexitätsstufe dargestellt. Im Zuge dessen erfolgt eine Betrachtung der Prozessschritte auf den Ebenen Kunden-Aktivitäten, Onstage-Aktivitäten, Backstage-Aktivitäten sowie Unterstützungs-Aktivitäten. Anhand dieser Übersicht für datenbasierte Dienstleistungen kann der Methodikanwender die erforderlichen, übergeordneten Prozessschritte für jede Kategorie von datenbasierten Dienstleistungen auslegen.

Im zweiten Detailschritt **(Schritt C2)** erfolgt eine Detaillierung der Service-Prozesse zwischen Werkzeugbaubetrieb und Kunde, indem die Interaktionen sowie Schnittstellen zwischen beiden Parteien ausgelegt werden. Hierfür wird auf das entwickelte Service Blueprinting aus Schritt C1 zurückgegriffen. Dabei werden je Komplexitätsstufe die relevanten Verknüpfungen zwischen den erforderlichen Prozessschritten zur Umsetzung der datenbasierten Dienstleistungen ergänzt. Hierdurch können bspw. notwendige Informationsflüsse zwischen Werkzeugbaubetrieb und Kunde je Komplexitätsstufe ausgelegt werden.

Im vierten Schritt der Methodik, **Schritt D**, wird die Auslegung des Datenmodells zur Erbringung von datenbasierten Dienstleistungen thematisiert. Datenbasierte Dienstleistungen erfordern IKT zur Datenerzeugung und -übermittlung (vgl. Kapitel 2.2.4.1). Neben einer hierfür ausgelegten Dateninfrastruktur müssen ebenfalls Aspekte des Datenaustauschs sowie der anforderungsgerechten Datenverarbeitung zur Erzeugung von Wissen betrachtet werden. Diese Voraussetzungen werden im Schritt D unter dem Begriff *Datenmodell* subsummiert. Der

648 Eigene Darstellung.
649 Vgl. Bitner et al. (Service Blueprinting), 2008.

Schritt D unterteilt sich in die zwei Detailschritte *Definition der Wissensgenerierung* sowie *Beschreibung des Datenaustauschs* (vgl. Abbildung 66).

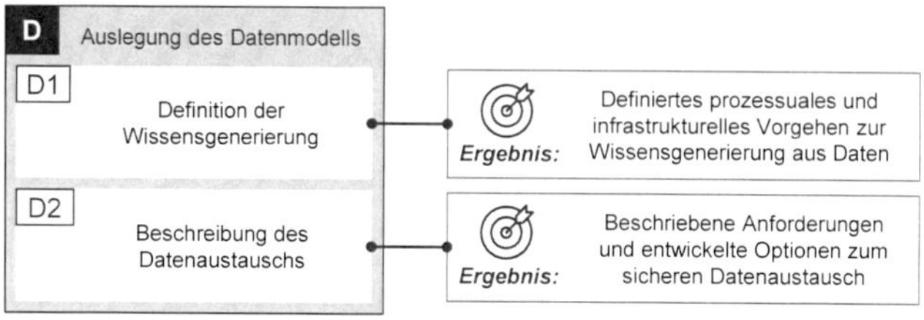

Abbildung 66: Schritt D – Auslegung des Datenmodells[650]

Im Rahmen des ersten Detailschritts **(Schritt D1)** erfolgt die Definition einer Generierung von Wissen als erster Teil des Datenmodells. Für datenbasierte Dienstleistungen ist es erforderlich, dass Wissen aus Daten generiert wird. Aus diesem Grund wird ein prozessuales und infrastrukturelles Wissensgenerierungsmodell entwickelt. Der infrastrukturelle Aufbau dieses Modells ist angelehnt an die vertikale Struktur des Internet of Production (IoP)[651] (vgl. Kapitel 3.2.5). Die prozessuale Struktur basiert dagegen auf dem Knowledge Discovery in Databases Prozess (KDD-Prozess)[652]. Infolgedessen setzt sich das Wissensgenerierungsmodell als erster Teil des Datenmodells aus verschiedenen Ebenen zusammen. Hierzu zählen die Ebenen Datenquellen, Datenmanagement, Datenanalyse sowie Datenzugriff. Alle Ebenen werden für die Auslegung von datenbasierten Dienstleistungen im Werkzeugbau detailliert betrachtet. So deckt bspw. die Ebene Datenmanagement einerseits vorbereitende sowie anwendungsspezifische Datenvorverarbeitungsschritte ab und beschreibt andererseits Möglichkeiten zur Speicherung dieser Daten (vgl. Kapitel 2.1.2.4 und Kapitel 2.1.2.5).

Der zweite Detailschritt **(Schritt D2)** beinhaltet die Beschreibung des benötigten Datenaustauschs zwischen Werkzeugbaubetrieb und Kunde zur Erbringung von datenbasierten Dienstleistungen. Hierfür werden zum einen die grundsätzlichen Anforderungen für einen erfolgreichen Datenaustausch definiert. Diese lauten Datensicherheit, Transparenz, Skalierbarkeit, Übertragbarkeit großer Datenmengen sowie Echtzeitfähigkeit. Auf Basis dieser Anforderungen erfolgt zum anderen die Entwicklung von Optionen zum sicheren Datenaustausch während des Produktionsbetriebs. Für alle Optionen werden somit Lösungen erarbeitet, mit denen ein Datenaustausch zwischen beiden Parteien gelingen kann. Datenbasierte Dienstleistungen scheitern nämlich häufig im Business-to-Business (B2B)-Kontext, da Kunden einen Kontrollverlust durch die potenzielle Preisgabe von Geschäftsgeheimnissen aufgrund des Datenaustauschs befürchten[653]. Bei der Entwicklung von Optionen für einen Datenaustausch im industriellen Kontext wird insbesondere die Integration unterschiedlicher Typen von Plattformen berücksichtigt. Darüber hinaus beinhalten die Optionen eine differenzierte Betrachtung der notwendigen Verantwortlichkeiten zwischen Werkzeugbaubetrieb und Kunde.

---

650 Eigene Darstellung.
651 Vgl. Schuh et al. (Internet of Production), 2017.
652 Vgl. Fayyad et al. (Knowledge Discovery), 1996.
653 Vgl. Eggert et al. (Datenfreigabe für Smart Services), 2019, S. 488.

Der fünfte Schritt der Methodik, **Schritt E**, repräsentiert den letzten Schritt der Auslegungsphase. Ziel ist die Entwicklung geeigneter Ertragsmodelle für datenbasierte Dienstleistungen, die gleichzeitig Bezug auf alle Komplexitätsstufen nehmen. Im Rahmen von Schritt E wird somit die Monetarisierungsperspektive der definierten und auszulegenden datenbasierten Dienstleistungen betrachtet. Dies ist insbesondere notwendig, da datenbasierte Dienstleistungen neue Formen der nutzungsabhängigen Abrechnung erlauben. Der Schritt E untergliedert sich in die Detailschritte *Eignungsbewertung der Ertragsmodellmöglichkeiten* sowie *Ertragsmodellauslegung anhand werkzeugbauspezifischer Voraussetzungen* (vgl. Abbildung 67).

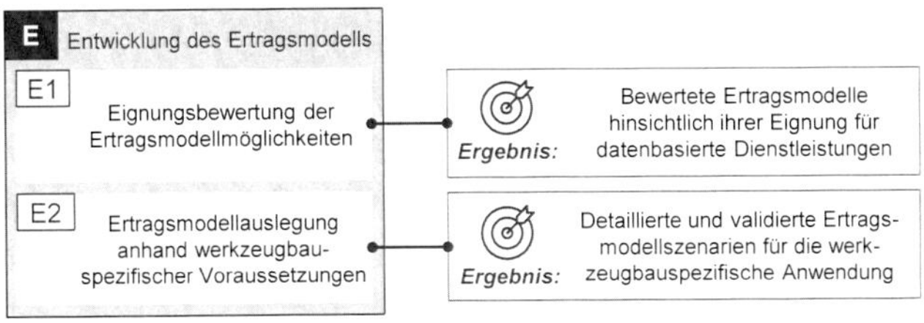

Abbildung 67: Schritt E – Entwicklung des Ertragsmodells[654]

Im ersten Detailschritt **(Schritt E1)** erfolgt eine grundsätzliche Bewertung von Ertragsmodellen hinsichtlich ihrer Eignung für datenbasierte Dienstleistungen. Durch diese Bewertung kann eine Eingrenzung der Ertragsmodelle vorgenommen werden, die zu einer geringeren Komplexität bei der Ertragsmodellentwicklung für datenbasierte Dienstleistungen führt. Zu diesem Zweck wird eine Ertragsmodelltypologie mit verschiedenen Ausprägungen von Ertragsmodellmöglichkeiten erarbeitet. Diese Ertragsmodelltypologie wird je datenbasierter Dienstleistungskomplexitätsstufe auf Eignung der einzelnen Ausprägungen bewertet. Hierdurch lassen sich je Komplexitätsstufe Ertragsmodelle durch die sinnvolle Kombination der geeigneten Ertragsmodellbestandteile definieren.

Der letzte Detailschritt der Auslegungsphase **(Schritt E2)** thematisiert die werkzeugbauspezifische Auslegung der zuvor identifizierten, geeigneten Ertragsmodelle. Im Zuge dessen wird eine Morphologie entwickelt, mit der eine praxistaugliche Umsetzung der Ertragsmodelle für datenbasierte Dienstleistungen in der Branche Werkzeugbau sichergestellt wird. Die Merkmale sowie Ausprägungen der Morphologie werden aus einer Kunden- und Anbieter- bzw. Werkzeugbauperspektive definiert. Die Morphologie repräsentiert somit alle Ausprägungen verschiedener Voraussetzungen, die für eine Ertragsmodellauslegung Berücksichtigung finden müssen. Hierbei wird auch die Risikoallokation (vgl. Kapitel 3.1.2.4) zwischen Werkzeugbaubetrieb und Kunde für die verschiedenen Ertragsmodellszenarien fokussiert.

Als Ergebnis der Auslegungsphase liegen dem Anwender der Methodik detaillierte und konkretisierte datenbasierte Dienstleistungen vor, mit denen ein am Markt verlangter Kundennutzen erzeugt wird. Aus forschungsmethodischer Perspektive sind am Ende von Schritt E alle

654 Eigene Darstellung.

Fragen für eine ganzheitliche Auslegung datenbasierter Dienstleistungen im Werkzeugbau beantwortet.

4.3.4 Konzeption der Bewertungsphase

Die Ergebnisse der zuvor durchlaufenen Analyse-, Definitions- und Auslegungsphase stellen die Eingangsgrößen für die letzte Phase der Methodik, die Bewertungsphase, dar. Die Bewertungsphase wird durch den **Schritt F** abgebildet. Es handelt sich bei diesem Schritt um die konsolidierte Gesamtbewertung der definierten und ausgelegten datenbasierten Dienstleistungen. Schritt F beinhaltet keine weiteren Detailschritte (vgl. Abbildung 68).

Schritt F ist zwingend erforderlich, um eine systematische Bewertung durchführen zu können. Es wird bewertet, welche ausgelegten datenbasierten Dienstleistungen für den jeweiligen Werkzeugbaubetrieb sinnvoll für eine anschließende Operationalisierung sind. Ohne Schritt F wäre keine Vergleichbarkeit zwischen den datenbasierten Dienstleistungen möglich. Da Werkzeugbaubetriebe für datenbasierte Dienstleistungen bislang kein Erfahrungswissen besitzen, benötigen sie daher ein systematisches Hilfsmittel zur Bewertung der Sinnhaftigkeit für das eigene Unternehmen. Diese Sinnhaftigkeit basiert auf einer qualitativen Nutzen- und Aufwandsbewertung.

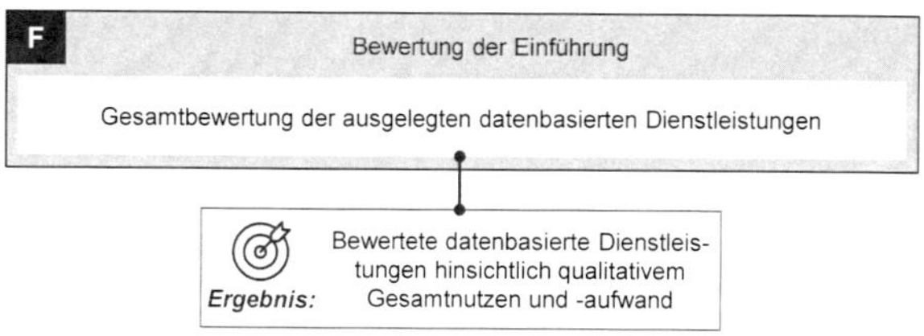

Abbildung 68: Schritt F – Bewertung der Einführung[655]

Es wurden verschiedene datenbasierte Dienstleistungen definiert, um die identifizierten Kundenbedürfnisse zu befriedigen. Diese datenbasierten Dienstleistungen wurden anschließend in der Auslegungsphase konkretisiert und detailliert. Im letzten Schritt ist zu bewerten, welche dieser datenbasierten Dienstleistungen durch den Werkzeugbaubetrieb als Methodikanwender langfristig umgesetzt bzw. eingeführt werden sollten.

Es wird für jede datenbasierte Dienstleistung eine qualitative Nutzen- und Aufwandsbewertung durchgeführt. Zunächst werden Bewertungskriterien definiert, welche für die Bewertung des Nutzens und des Aufwands von datenbasierten Dienstleistungen im Werkzeugbau relevant sind. Diese Kriterien werden im Anschluss hinsichtlich ihrer Relevanz zueinander mittels Gewichtungsfaktoren in Relation gesetzt. Darauf aufbauend werden die Teilnutzen und -aufwände je Bewertungskriterium bestimmt, um daraus einen jeweiligen Gesamtnutzen und Gesamtaufwand für die zu bewertenden datenbasierten Dienstleistungen zu bestimmen. Diese bilden die Grundlage für die abschließende grafische Zusammenfassung und Entscheidung

[655] Eigene Darstellung.

mithilfe einer Portfoliomatrix. Auf Basis der hieraus resultierenden Entscheidung können Handlungsfelder abgeleitet und in Form einer Umsetzungsroadmap überführt werden.

Als finales Ergebnis liegt dem Anwender der Methodik vor, welche datenbasierten Dienstleistungen für eine erfolgversprechende praktische Realisierung für den jeweiligen Werkzeugbaubetrieb geeignet sind und wie diese datenbasierten Dienstleistungen auszulegen sind.

4.4 Zwischenfazit und kritische Reflexion

Zu Beginn der vorliegenden Arbeit wurde in Kapitel 1.3 die handlungsleitende Forschungsfrage aufgestellt, welche lautet:

Wie muss eine Methodik zur Definition und Auslegung von datenbasierten Dienstleistungen im Werkzeugbau gestaltet sein?

Auf Basis der Systemtheorie als Bestandteil der Systemtechnik (vgl. Kapitel 4.1.1) und der Modelltheorie (vgl. Kapitel 4.1.2) wurde eine übergeordnete Methodik zur Definition und Auslegung datenbasierter Dienstleistungen im Werkzeugbau konzeptioniert (vgl. Kapitel 4.3). Diese konzeptionierte Methodik beantwortet die zentrale Forschungsfrage. Die Methodik setzt sich dabei aus den vier Phasen Analyse-, Definitions-, Auslegungs- und Bewertungsphase zusammen. Die für die Definition und Auslegung von datenbasierten Dienstleistungen maßgeblichen Inhalte werden dabei in den ersten drei Phasen erarbeitet, die im Zuge von Kapitel 4.2 hergeleitet werden konnten. In der vierten Phase erfolgt eine konsolidierte Bewertung der zuvor erarbeiteten Ergebnisse. Hierdurch wird eine systematische Bewertung ermöglicht, welche datenbasierten Dienstleistungen für den jeweiligen Werkzeugbaubetrieb das größte strategische Potenzial zur Operationalisierung besitzen. Die einzelnen Phasen und ihre dazugehörigen Schritte sowie Detailschritte werden in Kapitel 5 ausführlich beschrieben.

Die konzeptionierte Methodik zur Beantwortung der handlungsleitenden Forschungsfrage soll im Folgenden mit den in Kapitel 3.1.2 hergeleiteten Anforderungen abgeglichen werden. Abbildung 69 gibt einen erneuten Überblick über das bereits definierte Anforderungssystem.

Die **werkzeugbaubezogenen Anforderungen** werden vollumfänglich erfüllt. Die Methodik ist spezifisch für die Branche Werkzeugbau konzeptioniert, weshalb die Anforderungen der Einzel- und Kleinserienfertigung sowie der Unternehmensrandbedingungen adressiert werden. Dies äußert sich explizit in diversen Schritten der Methodik. So werden bspw. werkzeugbauspezifische Kundenbedürfnisse bereits in Schritt A ermittelt und das datenbasierte Leistungsangebot hierfür in Schritt B werkzeugbauspezifisch definiert. Zudem ist die Auslegung der datenbasierten Dienstleistungen vollständig auf die Besonderheiten der Branche Werkzeugbau und somit auf die Einzel- und Kleinserienfertigung ausgerichtet. Die Auslegungsphase erfolgt auf Basis der verschiedenen Komplexitätsstufen datenbasierter Dienstleistungen. Hierdurch erreicht die Methodik, neben einer hohen Detaillierung, auch eine Allgemeingültigkeit in der Anwendung, welche auf die verschiedenen Unternehmensrandbedingungen der Branche zutreffen. Folglich kann die Methodik in verschiedensten Werkzeugbaubetrieben angewendet werden.

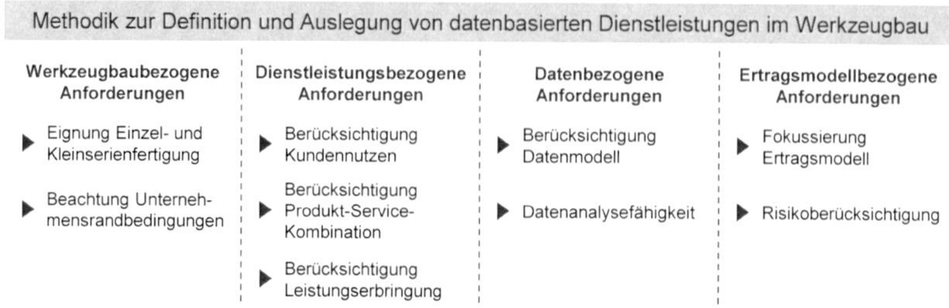

Abbildung 69: Anforderungen an die Definition und Auslegung von datenbasierten Dienstleistungen im Werkzeugbau[656]

Die **dienstleistungsbezogenen Anforderungen** hinsichtlich des Kundennutzens, der Produkt-Service-Kombination sowie der Leistungserbringung werden durch entsprechende Methodikschritte ebenfalls vollständig erfüllt. Die Anforderung Kundennutzen wird durch Schritt A als handlungsleitendes Paradigma für den weiteren Verlauf der Methodik angesehen. Des Weiteren werden während des Schritts B datenbasierte Dienstleistungen definiert, die mit Sachleistungen kombiniert werden. Auch die Detaillierung von notwendigen Prozessen sowie Interaktionen auf der Anbieter- und Kundenseite zur Leistungserbringung von datenbasierten Dienstleistungen erfolgen in Schritt C.

Die **datenbezogenen Anforderungen** Datenmodell und Datenanalysefähigkeit werden in der Methodik explizit durch Schritt D adressiert. Es wird differenziert betrachtet, welches Datenmodell inklusive Dateninfrastruktur zur Datenspeicherung und anforderungsgerechten Datenverarbeitung je Komplexitätsstufe erforderlich ist. Des Weiteren wird innerhalb von Schritt D1 erarbeitet, welche Datenanalysemethoden zur Realisierung von datenbasierten Dienstleistungen in den vier verschiedenen Komplexitätsstufen potenziell notwendig sind.

Die **ertragsmodellbezogenen Anforderungen** hinsichtlich eines Ertragsmodellfokus und einer Risikoberücksichtigung werden ebenfalls durch einen eigenen Schritt, den Schritt E, adressiert. Zum einen wird ein systematisches Vorgehen aufgezeigt, um Ertragsmodelle für datenbasierte Dienstleistungen zu entwickeln. Im Zuge dessen erfolgt auch eine Eignungsbewertung der jeweiligen Ertragsmodelle für die verschiedenen Komplexitätsstufen von datenbasierten Dienstleistungen. Zum anderen wird bei der Ertragsmodellentwicklung die Risikoallokation zwischen Anbieter und Kunde untersucht, um eine hohe praktische Anwendbarkeit der Ertragsmodelle in der Branche Werkzeugbau sicherzustellen.

Folglich erfüllt die konzeptionierte Methodik alle Anforderungen an eine Methodik zur Definition und Auslegung datenbasierter Dienstleistungen im Werkzeugbau. Diese Methodik ermöglicht weiterhin die Beantwortung der abgeleiteten und definierten Unterforschungsfragen aus Kapitel 3.5, die im anschließenden Kapitel 5 ausführlich detailliert wird:

Wie können Kundenbedürfnisse identifiziert und in Form von Kundennutzen abgeleitet werden?

[656] Eigene Darstellung.

Im Rahmen des Schritts A werden diverse qualitative und quantitative Methoden aufgezeigt und angewendet, um Kundenbedürfnisse zu identifizieren und in Form von Kundennutzen abzuleiten. Dabei werden diese auf ihre Eignung für die werkzeugbauspezifische Anwendung bewertet. Hinzu kommt, dass Methoden bewertet werden, mit denen die Identifikation von latenten Kundenbedürfnissen in der Branche Werkzeugbau gelingt. Dieses Vorgehen ermöglicht die Auswahl der notwendigen Methode. Aus der anschließenden Anwendung der jeweiligen Methode resultiert die Identifizierung von werkzeugbauspezifischen Kundenbedürfnissen.

Welche datenbasierten Dienstleistungen existieren, um die werkzeugbauspezifischen Kundenbedürfnisse zu befriedigen?

Innerhalb von Schritt B werden Leistungsangebote entlang des Werkzeuglebenslaufs aufgezeigt, die für die Befriedigung der identifizierten Kundenbedürfnisse verwendet werden können. Hierfür wird dargestellt, wie diese Leistungsangebote in verschiedene datenbasierte Komplexitätsstufen konkretisiert werden können. Die datenbasierten Dienstleistungen beziehen sich dabei stets auf eine Sachleistung.

Wie müssen die Leistungserbringung und das Datenmodell für die jeweiligen datenbasierten Dienstleistungen ausgelegt werden?

Im Zuge der Auslegungsphase beinhaltet Schritt C die Auslegung der Leistungserbringung und Schritt D die Auslegung des Datenmodells. Für die Leistungserbringung werden insbesondere die Schnittstellen und Interaktionen zwischen Werkzeugbaubetrieb sowie Kunde für eine Detaillierung der Service-Prozesse zwischen beiden Parteien betrachtet. Für das Datenmodell werden hingegen die Dateninfrastruktur, die Datenanalyse und der Datenaustausch fokussiert. Die Auslegung erfolgt dabei unter Berücksichtigung der verschiedenen Komplexitätsstufen datenbasierter Dienstleistungen.

Welche Ertragsmodelle müssen ausgewählt und ausgelegt werden, um die jeweiligen datenbasierten Dienstleistungen marktseitig zu monetarisieren?

Im Schritt E, dem letzten Schritt der Auslegungsphase, werden Ertragsmodelle entwickelt, um die definierten datenbasierten Dienstleistungen marktseitig zu monetarisieren. Hierfür werden Ertragsmodelle hinsichtlich ihrer Eignung für datenbasierte Dienstleistungen bewertet und für eine Anwendung innerhalb der Branche Werkzeugbau detailliert. Der Schritt E wird ebenfalls unter Berücksichtigung der verschiedenen Komplexitätsstufen datenbasierter Dienstleistungen durchgeführt.

Wie können mehrere datenbasierte Dienstleistungen systematisch verglichen werden, um die Sinnhaftigkeit einer anschließenden Operationalisierung zu bewerten?

Im abschließenden Schritt der Methodik, Schritt F, folgt eine Bewertungsphase in Bezug auf alle erarbeiteten Erkenntnisse während der vorherigen Definition und Auslegung datenbasierter Dienstleistungen im Werkzeugbau. Alle ausgelegten datenbasierten Dienstleistungen werden bewertet, inwiefern eine anschließende Operationalisierung für den jeweiligen Werkzeugbaubetrieb strategisch sinnvoll ist. Es wird somit ein systematisches Vorgehen beschrieben, welches eine objektive Vergleichbarkeit zwischen datenbasierten Dienstleistungen erlaubt.

5 Detaillierung der Methodik

Im Zuge von Kapitel 4 wurde das Grobkonzept einer Methodik zur Definition und Auslegung von datenbasierten Dienstleistungen im Werkzeugbau auf Basis eines wissenschaftlichen Ordnungsrahmens hergeleitet. Dieses Grobkonzept unterteilt die Methodik in die vier übergeordneten und aufeinanderfolgenden Phasen Analyse, Definition, Auslegung sowie Bewertung. Jede Phase beinhaltet einen oder mehrere Schritte, die in Detailschritte untergliedert sind (vgl. Abbildung 70).

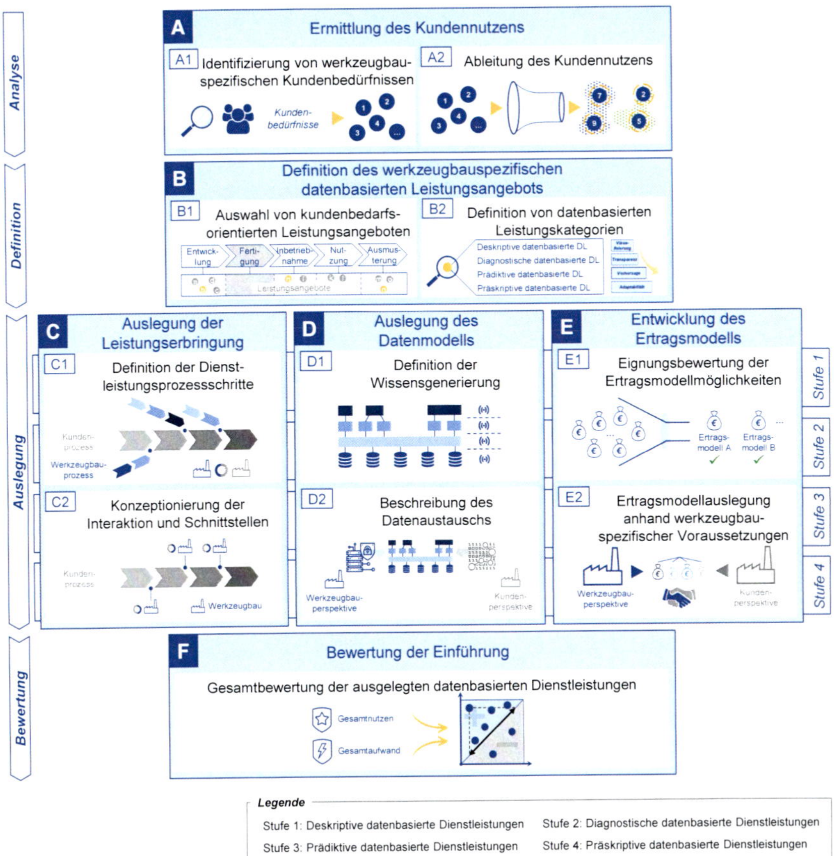

Abbildung 70: Methodik zur Definition und Auslegung von datenbasierten Dienstleistungen im Werkzeugbau[657]

[657] Eigene Darstellung.

Ziel von Kapitel 5 ist die Detaillierung des entwickelten Grobkonzepts. Hierfür erfolgt eine spezifische Erläuterung der einzelnen Schritte und Detailschritte. Die jeweiligen Schritte werden durch theoretische Grundlagen eingeleitet. Sie bilden die Basis für die Beschreibung der praktischen Methodikanwendung und der angestrebten Ergebnisse je Schritt. Zum Abschluss von Kapitel 5 erfolgt eine Integration der Methodikschritte zu einer ganzheitlichen Methodik.

5.1 Detaillierung der Analysephase

Während Kunden in der Vergangenheit von den Anbietern häufig als einfache Abnehmer von Leistungen verstanden wurden, müssen diese heute als Erfolgsfaktor für eine anforderungsgerechte Erstellung von Leistungsangeboten angesehen werden. Die Berücksichtigung von Kunden ist unabdingbar, da sie die „ultimative Wertschöpfungsquelle für Unternehmen sind“[658]. Kunden werden zunehmend zu Treibern der Märkte, auf denen sie agieren, indem sie oftmals zu aktiven Akteuren werden, die Rollen im Wertschöpfungsprozess übernehmen können[659]. Insbesondere für datenbasierte Dienstleistungen ist eine Kundenfokussierung durch die Analyse der potenziellen Zielgruppen unabdingbar und Grundvoraussetzung für die Bereitstellung erfolgversprechender, individualisierter Leistungsangebote[660]. Ziel der Analysephase ist folglich die Beschreibung eines Vorgehens zur Identifikation von Kundenbedürfnissen und die darauf aufbauende Ableitung zu adressierender Kundennutzen innerhalb der Branche Werkzeugbau.

5.1.1 Schritt A: Ermittlung des Kundennutzens

Zunächst werden alle notwendigen Grundlagen erläutert, um die beiden Detailschritte der Analysephase zu beschreiben. Im ersten Detailschritt erfolgt die Beschreibung diverser Möglichkeiten zur Identifizierung von werkzeugbauspezifischen Kundenbedürfnissen. Basierend darauf wird im zweiten Detailschritt ein Vorgehen erläutert, um die Kundenbedürfnisse in konkrete Kundennutzen zu überführen, die durch datenbasierte Dienstleistungen adressiert werden sollen.

5.1.1.1 Grundlagen

Der Begriff Kundenbedürfnis beschreibt „spezielle Anforderungen und Wünsche eines Kunden an ein Produkt/Dienstleistungen“, die in der Regel durch Marktstudien und Umfragen ermittelt werden[661]. Kundenbedürfnisse sind subjektiv in Relation zu den wahrgenommenen Problemen und verfolgen das Ziel, diese zu beseitigen[662]. Es existieren verschiedene Kategorien von Kundenbedürfnissen, die sich nach BELZ ET AL. im Business-to-Business (B2B) Kontext in *funktio-*

[658] Vgl. Markey (Geschätzte Kunden), 2020, S. 22.
[659] Vgl. Bühler; Maas (Transformation von Geschäftsmodellen), 2017, S. 52.
[660] Vgl. Paluch (Smart Services), 2017, S. 167.
[661] Vgl. Matt et al. (Kundennutzenorientierte Strategieentwicklung), 2010, S. 701. Die Primärquelle „Spath, D.; Matt, D. T.; Riedmiller, S.: The Communication Circle – A Model for the Support of a Market-driven Development and Production of Innovative Products. In: Proceedings of the CIRP Design Seminar. Berlin, 1998, S. 27-35" wird von der internationalen Akademie für Produktionstechnik (CIRP) nicht mehr gelistet.
[662] Vgl. Lindemann et al. (Integration of Customer Needs), 2020, S. 128.

nale Bedürfnisse (betreffen Produktleistungen), *Problemlösungsbedürfnisse* (betreffen insbesondere Dienstleistungen), *Erfolgsbedürfnisse* (betreffen Kundenkennzahlen) und *emotionale Bedürfnisse* (betreffen weiche Faktoren wie z. B. Geschmack) unterteilen lassen[663]. Nach GOFFIN ET AL. können Kundenbedürfnisse zudem in die drei übergeordneten Kategorien *bekannte Bedürfnisse*, *unerfüllte Bedürfnisse* und *latente Bedürfnisse* differenziert werden. Bekannte Bedürfnisse sind Kundenbedürfnisse, die wahrgenommen werden und bereits durch am Markt bestehende Lösungen adressiert werden. Unerfüllte Bedürfnisse repräsentieren solche Bedürfnisse, die durch den Kunden artikuliert werden können, aber für die bislang noch keine Lösungen am Markt existieren.[664] Latente Bedürfnisse können hingegen durch den Kunden nicht artikuliert werden, da sie Probleme beinhalten, die zwar bei Kunden existieren, allerdings von diesen nicht wahrgenommen werden[665]. Latente Kundenbedürfnisse bilden oft die Grundlage für innovative Leistungsangebote[666]. Aus diesem Grund führt die Befriedigung von latenten Bedürfnissen häufig zu einem nachhaltigen Wettbewerbsvorteil[667]. Für den Schritt A der vorliegenden Methodik werden im weiteren Verlauf die unerfüllten und latenten Bedürfnisse fokussiert. Der Begriff Kundenbedürfnis inkludiert innerhalb dieser Arbeit folglich stets diese beiden Kategorien.

Der Begriff Kundennutzen ist wissenschaftlich vom Begriff Kundenbedürfnis abzugrenzen. Der Kundennutzen wird als quantitativ messbarer und/oder quantitativ wahrgenommener Profit des Kunden bei Inanspruchnahme einer Dienstleistung definiert[668]. Ein Kunde ist folglich nur bereit für eine Dienstleistung zu bezahlen, wenn der wahrgenommene Nutzen des Leistungsangebots den Preis für dieses übersteigt. Der Nutzen stellt somit das Maß für die Bedürfnisbefriedigung dar, unterliegt zeitlichen Veränderungen und kann ökonomische, psychologische oder soziale Komponenten beinhalten.[669] Darauf aufbauend verdeutlicht ein Kundennutzen dem Kunden also, inwiefern ein oder mehrere Merkmale eines Leistungsangebots einen konkreten Kundenbedarf decken[670]. BEGOVIC definiert vier zentrale Dimensionen des Kundennutzens für datenbasierte Dienstleistungen im Werkzeugbau. Dazu zählen *Qualität*, *Kosten*, *Zeit* und *Flexibilität*.[671] Diese vier Dimensionen werden für den weiteren Verlauf der Arbeit verwendet und im werkzeugbauspezifischen Kontext detailliert. Die verschiedenen Dimensionen beeinflussen sich gegenseitig. Die starke Ausprägung einer Zielgröße beeinflusst die anderen Zielgrößen in der Regel negativ, weshalb ein Trade-off zwischen den Dimensionen gebildet werden muss.[672] Dies wird auch als das Polylemma der Produktionstechnik bezeichnet (vgl. Abbildung 71)[673].

663 Vgl. Belz et al. (Erfolgreiche Leistungssysteme), 1997, S. 73.
664 Vgl. Goffin et al. (Identifying Hidden Needs), 2010, S. 8.
665 Vgl. Ulrich et al. (Product Design), 2020, S. 93.
666 Vgl. Hanski et al. (Customer Observation), 2014, S. 395.
667 Vgl. van Auken (Observations on Latent Need Revelation), 2016, S. 147 f.
668 Vgl. Matt et al. (Kundennutzenorientierte Strategieentwicklung), 2010, S. 700.
669 Vgl. Wildemann (Profitable Serviceleistungen), 2006, S. 60.
670 Vgl. Sickel (Verkaufsfaktor Kundennutzen), 2013, S. 9.
671 Vgl. Begovic (Datenbasiertes Wissensmanagement), 2018, S. 190 f.
672 Vgl. Reijers (Workflow Processes), 2003, S. 208.
673 Vgl. Hensen (Strategische Auslegung), 2017, S. 190.

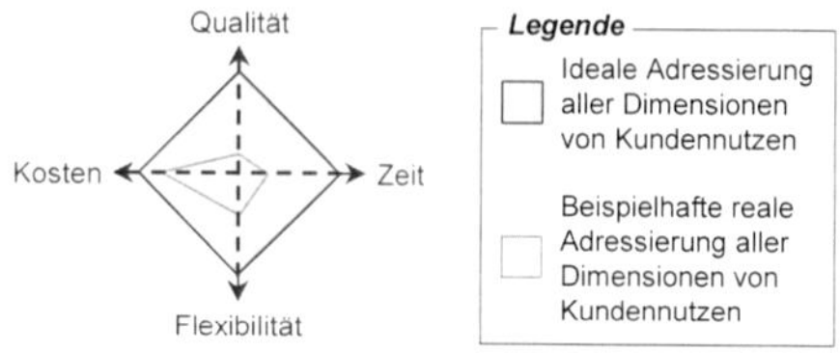

Abbildung 71: Das Polylemma der Produktionstechnik[674]

Um datenbasierte Dienstleistungen entsprechend einem Kundennutzen definieren und auslegen zu können, müssen zunächst die Kundenbedürfnisse identifiziert werden. Hierfür existiert eine Vielzahl an Methoden, die wissenschaftlich in qualitative und quantitative Methoden der Marktforschung unterteilt werden[675]. Die qualitative Marktforschung erhebt subjektive Daten und thematisiert primär das Verhalten, Einstellungen und Werte. „In Ergänzung dazu beschäftigt sich die quantitative Marktforschung primär mit objektiven Daten, die gemessen und durch Zahlen ausgedrückt werden können."[676] Nachfolgend werden die bedeutendsten qualitativen und quantitativen Methoden zur Analyse von Kundenbedürfnissen kurz erläutert. Da es sich jeweils um allgemein anerkannte Methoden mit wissenschaftlich eindeutig definierten Vorgehen handelt, wird für nähere Informationen jeweils auf die angegebene Fachliteratur verwiesen.

Als **qualitative Methoden** werden im Folgenden qualitative Befragung, Kundenbeobachtung, Fokusgruppe, Innovationszirkel, Beschwerdemanagement, Kundenkontaktpunktanalyse, Customer Journey sowie Lead-User berücksichtigt. Die *qualitative Befragung* repräsentiert eine relativ unstrukturierte Befragung, die dem Befragten großen Spielraum für die Äußerung subjektiver Wahrnehmungen ermöglicht[677]. Qualitative Befragungen können bspw. persönlich oder über das Telefon durchgeführt werden.

Bei der *Kundenbeobachtung* wird der Kunde während der Inanspruchnahme des Leistungsangebots beobachtet[678]. Ziel ist hierbei die Ableitung von potenziellen Kundenbedürfnissen auf Basis der beobachteten Sachverhalte, Verhaltensweisen und Eigenschaften von Kunden[679]. Die Kundenbeobachtung wird in manchen wissenschaftlichen Quellen auch als Shadowing bezeichnet[680]. Des Weiteren können Kundenbeobachtungen in quantitativer Form auftreten. Im Zuge dessen erfolgen die Beobachtungen anhand definierter Schemata mit standardisierten Protokollen.[681] Die quantitative Beobachtung wird im weiteren Verlauf dieser Arbeit nicht weiter betrachtet.

Die *Fokusgruppe* repräsentiert eine einmalige Gruppendiskussion mit mehreren Kunden. Die Diskussion wird mithilfe eines Moderators geleitet, mit dem Ziel, Ideen, Urteile und Meinungen

674 I. A. a. Reijers (Workflow Processes), 2003, S. 209.
675 Vgl. Staudter et al. (Six Sigma+Lean Toolset), 2013, S. 100.
676 Vgl. Staudter et al. (Six Sigma+Lean Toolset), 2013, S. 100.
677 Vgl. Hohl (Qualitatives Interview), 2000, S. 143 f.
678 Vgl. Hanski et al. (Customer Observation), 2014, S. 400.
679 Vgl. Bretschneider (Integration von Kunden), 2012, S. 29.
680 Vgl. Groner et al. (Gestaltung von Benutzerschnittstellen), 2008, S. 432.
681 Vgl. Gehrau; Schulze (Quantitative Beobachtung), 2013, S. 330.

zu generieren, die unter dem Einfluss gruppendynamischer Effekte entstehen.[682] In diesem Sinne können Fokusgruppen auch als einmalig stattfindende Kundenworkshops verstanden werden.

Eine speziellere Form von Gruppendiskussionen sind *Innovationszirkel*. Diese sind mehrfach zyklisch stattfindende Gruppendiskussionen mit verschiedenen Kunden, die speziell für die Entwicklung von Ideen und Problemlösungsansätzen zur Exploration von Innovationspotenzialen ausgerichtet sind.[683] Das zentrale Differenzierungskriterium zur Fokusgruppe liegt somit in der Wiederholung der durchgeführten Gruppendiskussionen.

Die systematische Auswertung von Kundenbeschwerden und -reklamationen wird im Folgenden unter der Methode *Beschwerdemanagement* zusammengefasst. Beschwerden repräsentieren vom Kunden eigens initiierte Artikulationen in Bezug auf erlebte Schwachstellen eines Leistungsangebots, die häufig bereits Hinweise auf eine Lösung des Problems beinhalten und hierdurch Rückschlüsse auf Kundenbedürfnisse zulassen[684].

Bei der *Kundenkontaktpunktanalyse* werden die Anforderungen des Kunden an den Prozess der Dienstleistungserbringung untersucht. Hierbei stehen insbesondere die direkten Interaktionen bzw. Kontaktpunkte zwischen Anbieter und Kunde im Fokus. Das Vorgehen der Methode untergliedert sich in drei Schritte. Diese lauten Kontaktpunktidentifikation, Kontaktpunktanalyse und Ableitung der zentralen Kundenbedürfnisse.[685]

„Die *Customer Journey* umfasst im engeren Sinne den Interaktionsprozess eines potenziellen Kunden vom ersten Berührungspunkt mit einer Marke, einem Produkt, einer Dienstleistung oder einem Unternehmen bis zur Erreichung eines zuvor vom Unternehmen definierten Ziels."[686] Startpunkt der Customer Journey ist meist die Weckung des Kundenbewusstseins für ein Leistungsangebot und führt über diverse Phasen wie etwa die Konkretisierung der Kaufabsicht zum definierten Ziel[687]. Im Unterschied zur Kundenkontaktpunktanalyse werden bei der Customer Journey nicht nur die Kontaktpunkte während der Leistungserbringung zur Kundenbedürfnisanalyse betrachtet, sondern auch die dahinterliegenden Prozesse.

Die Methode *Lead-User* nach HIPPEL beinhaltet in ihrer überarbeiteten Ausprägungsform die systematische Identifikation von sogenannten Lead-Usern und die anschließende Integration von diesen innerhalb von Innovationsworkshops. Durch die Zusammenarbeit von Lead-Usern und Mitarbeitern des Anbieters werden Ideen und Konzepte entwickelt, die sowohl Bedürfnis- als auch Lösungsinformationen hervorbringen.[688] Lead-User sind besonders fortschrittliche Nutzer bzw. Kunden, die eigenständig auf der Suche nach innovativen Lösungen sind[689].

682 Vgl. Bretschneider (Integration von Kunden), 2012, S. 25.
683 Vgl. Reckenfelderbäumer; Busse (Kundenmitwirkung), 2003, S. 158.
684 Vgl. Reckenfelderbäumer; Busse (Kundenmitwirkung), 2003, S. 156.
685 Vgl. Hildenbrand et al. (Strategische Ausrichtung des Servicegeschäfts), 2006, S. 85.
686 Vgl. Hölter; Schmidt-Ross (Customer Journey), 2020, S. 112.
687 Vgl. Appelfeller; Feldmann (Digitale Transformation), 2018, S. 37.
688 Vgl. Bretschneider (Integration von Kunden), 2012, S. 27.
689 Vgl. Hippel (Lead-User), 1986, S. 791.

In der Literatur existiert eine Vielzahl weiterer qualitativer Methoden zur Analyse von Kundenbedürfnissen, wie z. B. Toolkit[690], Persona[691] oder User-Group[692]. Die zuvor aufgeführten Methoden repräsentieren allerdings die häufigsten verwendeten Methoden im industriellen B2B-Kontext und werden im weiteren Verlauf der Arbeit verwendet.

Als **quantitative Methoden** werden im Folgenden quantitative Befragung, Kennzahlenanalyse bisheriger Projekte sowie Marktforschungsanalyse berücksichtigt. Bei der *quantitativen Befragung* handelt es sich um eine stark strukturierte Befragung, die aus vorab festgelegten Fragen in einer definierten Reihenfolge besteht, welche im Idealfall anschließend durch statistische Verfahren quantitativ ausgewertet werden können[693]. Die Befragung erfolgt oftmals in Form eines schriftlichen Fragebogens, durch den ein großer Stichprobenumfang erzeugt werden kann[694].

Die *Kennzahlenanalyse bisheriger Projekte* ermöglicht Rückschlüsse auf potenzielle Kundenbedürfnisse aufgrund der Analyse von bspw. bisherigen Leistungen, Lastenheften, Umsätzen oder Absatzzahlen. Eine zusätzliche Möglichkeit ist der direkte datenbasierte Austausch mit den jeweiligen Kunden über die aktuelle Situation der Kundenbeziehung.[695]

Die *Marktforschungsanalyse* unterstützt bei der Generierung statistisch valider Informationen zu den wesentlichen Bestimmungsgrößen eines Marktes, dem eigenen Unternehmen und Mitbewerbern. Mit dieser quantitativen Methode können bspw. Markttrends oder die Wettbewerbsfähigkeit von Unternehmen abgeleitet werden.[696] Marktforschungsanalysen sind mit einem hohen Zeit- und Kostenaufwand in der Durchführung verbunden[697].

Alle vorgestellten qualitativen und quantitativen Methoden bilden die Grundlage für den ersten Detailschritt (Schritt A1) zur Identifizierung von werkzeugbauspezifischen Kundenbedürfnissen.

5.1.1.2 Identifizierung von werkzeugbauspezifischen Kundenbedürfnissen

Ziel des ersten Detailschritts, Schritt A1, ist die Bewertung von verschiedenen Methoden zur Kundenbedürfnisanalyse (vgl. Kapitel 5.1.1.1). Hierfür werden in einem ersten Schritt werkzeugbauspezifische Bewertungskriterien hergeleitet. Darauf aufbauend erfolgt die Bewertung der einzelnen Methoden anhand dieser Kriterien. Durch die Bewertung ist der Methodikanwender in der Lage, eine für sich geeignete Methode zur Identifizierung von Kundenbedürfnissen auszuwählen.

Für die Auswahl einer geeigneten Methode zur Kundenbedürfnisanalyse sind für den anwendenden Werkzeugbaubetrieb zwei Perspektiven von Bedeutung. Dies sind zum einen kunden-

[690] Vgl. Imhof; Tokarski (Ermittlungen von Kundenbedürfnissen), 2019, S. 244.
[691] Vgl. Bayrle et al. (Service-Business-Innovation-Lab), 2018, S. 508.
[692] Vgl. Reckenfelderbäumer; Busse (Kundenmitwirkung), 2003, S. 156 f.
[693] Vgl. Hohl (Qualitatives Interview), 2000, S. 142 f.
[694] Vgl. Berekoven et al. (Marktforschung), 2009, S. 110.
[695] Vgl. Kühn (Lebenszyklusorientierte Leistungssysteme), 2016, S. 154 f.
[696] Vgl. Wessner (Marktforschung als Erfolgsfaktor), 2011, S. 247.
[697] Vgl. Toutenburg; Knöfel (Six Sigma), 2009, S. 46.

spezifische Bewertungskriterien, also gewisse Kundencharakteristika, die für die jeweilige Methodikanwendung gegeben sein müssen. Diese Bewertungskriterien beinhalten somit die Fragestellung, welche Eigenschaften beim Kunden der Branche Werkzeugbau zur sinnvollen Anwendung der jeweiligen Methode vorliegen müssen.

Zum anderen muss die Auswahl auch methodenspezifische Bewertungskriterien berücksichtigen, also allgemeine Eigenschaften, die der jeweiligen Methode für eine Anwendung zuzuschreiben sind. Diese Bewertungskriterien beinhalten somit die Fragestellung, in welchem Umfang die Eigenschaften der jeweiligen Methoden direkte Auswirkungen auf den Werkzeugbaubetrieb als Methodenanwender haben.

Zuerst erfolgt die **Festlegung kundenspezifischer Bewertungskriterien**. Bei der Durchführung mancher Methoden zur Kundenbedürfnisanalyse kann es zur Einsicht sensibler Informationen seitens des Kunden kommen. Daher ist es für die Anwendung solcher Methoden von großer Bedeutung, dass eine *Vertrauensbasis* mit dem Kunden besteht. Dies erleichtert insbesondere die Auswahl von Teilnehmern für die Methode.

Ein weiteres Bewertungskriterium ist die *Geschäftsbeziehungsdauer*. Punktuell existiert für Methoden die Voraussetzung, dass es sich bei den Kunden um keine Neukunden handelt. So kann bspw. die Anzahl der Kundenkontaktpunkte bzw. Interaktionen zwischen Kunde und Werkzeugbaubetrieb von der Dauer der jeweiligen Geschäftsbeziehung abhängen. Weiterhin können z. B. bei Neukunden keine potenziell existierenden Probleme mit einem bereits in Nutzung befindlichen Werkzeug untersucht werden.

Die *Unternehmensgröße*[698] des Kunden muss ebenfalls bei der Auswahl einer geeigneten Methode berücksichtigt werden. Die Größe eines Unternehmens korreliert häufig mit dem Umfang der verfügbaren Ressourcen. Dies bezieht sich insbesondere auf personelle Ressourcen. So besitzen größere Unternehmen oftmals eigene Abteilungen, wie z. B. die Produktionsoptimierung oder das Lieferantenmanagement, die als jeweilige Zielsetzung die Optimierung von Problemen verfolgen. Diese personellen Ressourcen bieten vereinfachte Möglichkeiten für die Teilnahme an bestimmten Methoden.

Für die Anwendung einzelner Methoden ist zudem die Auswertung von Daten erforderlich, die durch den Kunden bereitgestellt werden, um daraus Rückschlüsse auf die Bedürfnisse der Kunden zu ziehen. Unter dem Kriterium *Datenbasis* werden somit alle Daten subsummiert, die für die Kundenbedürfnisanalyse vom Kunden zur Verfügung gestellt werden. Es ist davon auszugehen, dass die bereits vorhandene Datenbasis beim Kunden umfangreicher ist, wenn es sich um große Unternehmen handelt.

Abschließendes kundenspezifisches Bewertungskriterium ist der *Durchführungsaufwand*. Dieses Kriterium bewertet die Methoden nach der erforderlichen Bereitschaft seitens des Kunden. Viele Methoden binden nicht nur seitens des Anwenders Ressourcen, die für die Durchführung bereitgestellt oder freigegeben werden müssen.

698 Die Unternehmensgröße wird in dieser Arbeit anhand der Kennzahl „Anzahl Mitarbeiter" bewertet.

Nach den beschriebenen kundenspezifischen Bewertungskriterien erfolgt die **Festlegung methodenspezifischer Bewertungskriterien**. Die Anwendung aller Methoden erfordert einen bestimmten *Zeitaufwand* für den jeweiligen Werkzeugbaubetrieb. Dieser Aufwand beinhaltet die benötigte Zeit für die Vorbereitung, Durchführung und Auswertung der einzelnen Methoden zur Identifizierung von Kundenbedürfnissen. Das Kriterium bewertet somit einerseits den zu investierenden zeitlichen Aufwand des Werkzeugbaubetriebs und andererseits den Zeitverzug, bis erste Ergebnisse vorliegen.

Des Weiteren erfordert die Anwendung aller Methoden einen variierenden *Kostenaufwand*. Hierzu zählen alle Kosten, die für die Vorbereitung, Durchführung und Auswertung der einzelnen Methoden anfallen. So erzeugt bspw. die Realisierung von physischen Workshops Kosten. Des Weiteren können Kosten anfallen, falls die Methoden durch Drittanbieter für den Werkzeugbaubetrieb durchgeführt werden.

Die einzelnen Methoden weisen eine unterschiedliche *statistische Validität* auf und können bei Wiederholungen zu differierenden Ergebnissen führen. Falls der Werkzeugbaubetrieb vollständig neutrale, statistisch messbare Ergebnisse erzielen möchte, muss er bspw. solche Methoden anwenden, die eine Verzerrung der Ergebnisse etwa durch äußere Einflüsse verhindern.

Als letztes methodenspezifisches Bewertungskriterium wird das *Identifikationspotenzial latenter Kundenbedürfnisse* verwendet. Ist der Werkzeugbaubetrieb daran interessiert, neben explizit artikulierbaren Kundenbedürfnissen auch latente Kundenbedürfnisse zu identifizieren, muss dies bei der Auswahl der jeweiligen Methode berücksichtigt werden.

Nachdem alle Kriterien definiert und erläutert wurden, werden im Folgenden die jeweiligen Ausprägungen der beschriebenen Methoden zur Identifizierung von Kundenbedürfnissen aus Kapitel 5.1.1.1 erläutert. Es erfolgt somit eine **Bewertung aller Methoden anhand der definierten Kriterien**. Für jede Methode wird bewertet, ob die jeweiligen Kriterien nicht, sehr gering, teilweise, hoch oder sehr hoch erfüllt sind (vgl. Kapitel 3.1.1).

Bei der *qualitativen Befragung* muss zum Kunden keine Vertrauensbasis vorliegen, da der Befragte stets selbst entscheiden kann, welche Informationen mit welchem Detaillierungsgrad preisgegeben werden. Eine Geschäftsbeziehung muss mit dem Befragten ebenfalls nicht existieren, da auch Unternehmen vom Werkzeugbaubetrieb befragt werden können, die aktuell kein Kunde sind. Es kann für die Durchführung der Methode hilfreich sein, wenn das befragte Unternehmen eine gewisse Größe aufweist. Die teilnehmenden Unternehmen müssen Mitarbeiter für die Befragungen bereitstellen, die punktuell länger dauern können. Bei diesem teilweise vorhandenen Durchführungsaufwand ist es wahrscheinlich, dass größere Unternehmen die benötigten personellen Ressourcen einfacher bereitstellen können. Diese Ausprägung weist ebenfalls das Kriterium Datenbasis auf. Innerhalb der Befragung kann es hilfreich sein, dass Aussagen von Mitarbeitern mit Daten zu realen Fallbeispielen validiert werden. Dies ist im Zuge von qualitativen Befragungen allerdings nicht zwingend erforderlich. Während der Kostenaufwand für die Durchführung seitens des Werkzeugbaubetriebs sehr gering ist, kann der teilweise vorhandene Zeitaufwand insbesondere durch eine zeitaufwendige Auswertung der Ergebnisse begründet werden. Dies liegt daran, dass die meist offene Fragetechnik der qualitativen Befragung häufig in umfangreichen, unstrukturierten Äußerungen subjektiver Wahrnehmungen resultiert. Aus diesem Grund und durch die Tatsache, dass der Fragensteller durch seine Fragetechnik direkt den Befragten beeinflusst, liegt eine sehr geringe statistische Validität vor. Die Methode weist eine sehr hohe Eignung auf, um latente Kundenbedürfnisse zu identifizieren. Auch wenn keine direkte Artikulation der latenten Bedürfnisse in den Gesprächen erfolgt, können durch den Fragensteller bei der Auswertung Aussagen in Relation zueinander gesetzt werden, die Rückschlüsse auf latente Bedürfnisse zulassen.

Für die Durchführung der *Kundenbeobachtung* ist eine sehr hohe Vertrauensbasis zum Kunden erforderlich. Durch die Beobachtung realer Prozesse erhält der Werkzeugbaubetrieb sensible Einblicke beim Kunden. Die Dauer der Geschäftsbeziehungen ist irrelevant, da die Methode theoretisch auch bei Unternehmen angewandt werden kann, die nicht zum Kundenstamm des Werkzeugbaubetriebs zählen. Auch die Unternehmensgröße muss nicht berücksichtigt werden, da kein Durchführungsaufwand beim Kunden vorliegt. Die operativen Tätigkeiten des Kunden werden nicht beeinträchtigt. Eine Datenbasis muss ebenfalls nicht bereitgestellt werden. Der Zeitaufwand für Werkzeugbaubetriebe ist hoch. Dies ist darauf zurückzuführen, dass zum einen die Beobachtungsperioden lang sein können und zum anderen die Auswertung der vollständig unstrukturierten Beobachtungsergebnisse zeitaufwendig ist. Neben diesen Durchführungsaufwänden entstehen für Werkzeugbaubetriebe lediglich sehr geringe Kosten. Die statistische Validität ist nicht erfüllt, da das Verhalten der beobachteten Mitarbeiter durch die Beobachtung beeinflusst werden kann. Die Beobachtung alltäglich durchgeführter Kundenprozesse und die nicht benötigte Artikulation während der Methode begründen ein sehr hohes Potenzial für die Identifizierung latenter Kundenbedürfnisse.

Zur Durchführung einer *Fokusgruppe* ist zu den Teilnehmern keine bisherige Geschäftsbeziehung und Vertrauensbasis erforderlich. Dennoch können beide Kriterien dabei helfen, Fokusgruppenteilnehmer zu akquirieren. Da es sich um eine physische Gruppendiskussion handelt, ist seitens des Kunden ein hoher Durchführungsaufwand aufzubringen, welcher durch größere Unternehmen leichter mit personellen Ressourcen und potenziellen Reisekosten getragen werden kann. Eine Datenbasis muss durch die Teilnehmer nicht bereitgestellt werden. Seitens des Werkzeugbaus ist teilweise Zeitaufwand aufzubringen, da neben der einmaligen Durchführung der Gruppendiskussion auch relativ viel Aufwand für die Dokumentation und Auswertung der Gesprächsergebnisse erforderlich ist. Es entsteht zudem teilweise Kostenaufwand durch die Bereitstellung aller Ressourcen zur Fokusgruppendurchführung, wie z. B. Workshopmaterial. Eine statistische Validität ist durch den einmaligen Charakter der Gruppendiskussion nicht gegeben. Hinzu kommt, dass die gewollten gruppendynamischen Effekte dazu führen, dass bestimmte Teilnehmer sich von Aussagen anderer Teilnehmer beeinflussen lassen. Das Identifikationspotenzial latenter Kundenbedürfnisse ist hoch, da trotz notwendiger Artikulationen Aussagen verschiedener Teilnehmer zueinander in Relation gesetzt werden können und hieraus nicht artikulierte Kundenbedürfnisse abgeleitet werden können.

Da der *Innovationszirkel* eine spezielle Form der Gruppendiskussion ist, werden im Folgenden lediglich die unterschiedlichen Kriterienausprägungen im Vergleich zur Fokusgruppe beschrieben. Alle anderen Ausprägungen und Begründungen sind gleich. Der Durchführungsaufwand für Teilnehmer ist sehr hoch, falls diese mehrfach an den jeweiligen Innovationszirkeln teilnehmen. Da die Gruppendiskussionen zyklisch und somit mehrfach stattfinden, ist der Zeit- und Kostenaufwand seitens des Werkzeugbaus hoch. Die statistische Validität ist durch die zyklische Wiederholung der Methode teilweise gegeben. Allerdings reduzieren auch hierbei die gewollten gruppendynamischen Effekte die statistische Validität. Aufgrund der höheren Anzahl an durchgeführten Diskussionen ist das Identifikationspotenzial latenter Kundenbedürfnisse sehr hoch.

Beim *Beschwerdemanagement* ist keine Vertrauensbasis zu den Kunden erforderlich. Eine systematische Auswertung von Kundenbeschwerden und -reklamationen erfordert allerdings eine Geschäftsbeziehung zum Kunden. Da die Dauer dieser Geschäftsbeziehungen nicht lang sein muss, ist die Erfüllung dieses Kriteriums teilweise notwendig. Die Unternehmensgröße der Kunden hat keinen Einfluss auf die Auswahl dieser Methode. Es kann der Fall auftreten, dass Kunden dem Werkzeugbaubetrieb Daten zur Verfügung stellen müssen, um ihre Beschwerde detailliert genug darlegen zu können. Der Durchführungsaufwand für die Kunden ist sehr gering. Ursache hierfür ist, dass der Werkzeugbaubetrieb für die Anwendung dieser Methode Voraussetzungen schaffen muss, die eine einfache Übermittlung von Beschwerden seitens des Kunden ermöglichen. Hieraus resultiert ebenfalls ein teilweise vorhandener Zeit- und Kostenaufwand für den Werkzeugbaubetrieb. Dieser kann in Einzelfällen auch sehr hoch werden, wenn bspw. ein Online-Portal zum Beschwerdemanagement errichtet wird. Für die Analyse der Beschwerden fällt ein teilweise erforderlicher Zeitaufwand an, da die Beschwerden bereits oftmals Lösungsvorschläge beinhalten. Eine statistische Validität ist durch das Beschwerdemanagement nicht realisierbar. Da die Beschwerden durch den Kunden eigens initiierte Artikulationen sind, besteht die Gefahr, dass nicht ausreichend Beschwerden ausgewertet werden können, um latente Kundenbedürfnisse abzuleiten. Somit kann die Methode lediglich teilweise für diesen Zweck verwendet werden.

Bei der *Kundenkontaktpunktanalyse* werden die Interaktionen zwischen Werkzeugbaubetrieb und Kunde während der Leistungserbringung untersucht. Hierbei kann der Werkzeugbaubetrieb sensible Einblicke in Kundenprozesse erhalten. Daher ist eine sehr hohe Vertrauensbasis zum Kunden erforderlich. Die Kundenkontaktpunktanalyse kann nur mit bestehenden Kunden durchgeführt werden. Sobald Geschäftsbeziehungen vorliegen, kann die Methode angewandt werden. Somit spielt die Dauer der Geschäftsbeziehungen selbst eine untergeordnete Rolle. Folglich ist dieses Kriterium in einer teilweise vorhandenen Ausprägung zu bewerten. Seitens des Kunden ist kein Durchführungsaufwand und keine Bereitstellung einer Datenbasis notwendig. Die Unternehmensgröße spielt ebenfalls keine Rolle. Der Zeitaufwand für den Werkzeugbaubetrieb ist abhängig von der bisherigen Dokumentation der Kundenkontaktpunkte. Da lediglich die Leistungserbringung analysiert wird und hierdurch eine begrenzte Anzahl von Kundenkontaktpunkten vorliegt, ist der werkzeugbauspezifische Zeitaufwand teilweise erforderlich. Zusätzliche materielle Ressourcen sind für die Methode nicht notwendig, weshalb kein direkter Kostenaufwand seitens des Werkzeugbaus existiert. Eine statistische Validität der Analyseergebnisse ist durch die Methode nicht realisierbar. Bei der Methode wird der Kunde nicht zwingend zur Artikulation seiner Bedürfnisse veranlasst. Vielmehr wird versucht, innerhalb der Kundenkontaktpunkte zu identifizieren, welche Optimierungspotenziale für die Interaktionen mit den jeweiligen Kunden existieren. Da nicht alle Interaktionen zueinander in Beziehung gesetzt werden können, liegt teilweise ein Identifikationspotenzial von latenten Kundenbedürfnissen vor.

Die *Customer Journey* weist für alle Kriterien die gleichen Ausprägungen mit dazugehörigen Begründungen auf wie die Methode Kundenkontaktpunktanalyse. Ausnahmen bilden dagegen die Kriterien Geschäftsbeziehungsdauer und Zeitaufwand des Werkzeugbaus. Aufgrund der Tatsache, dass die Customer Journey bei der Kontaktpunktanalyse mit Kunden den gesamten Interaktionsprozess etwa von der Anbahnung über den Kauf bis hin zur Nutzung der Leistung während des gesamten Lebenszyklus betrachtet, ist eine lange Geschäftsbeziehung zu den Kunden erforderlich. Aufgrund der Vielzahl zu analysierender Interaktionen mit dem Kunden ist zudem ein sehr hoher werkzeugbauspezifischer Zeitaufwand erforderlich.

Für die Anwendung der *Lead-User* Methode ist eine geringe bis keine Vertrauensbasis zum Kunden erforderlich, da der Kunde selbst entscheidet, welche Informationen er in welchem Umfang offenlegt. Um Lead-User identifizieren zu können, ist ein umfangreiches Wissen über diese Unternehmen notwendig. Dies resultiert in der Regel aus langen Geschäftsbeziehungen. Lead-User partizipieren alleine oder mit weiteren Lead-Usern an Innovationsworkshops mit Mitarbeitern des jeweiligen Werkzeugbaubetriebs. Da diese Workshops häufig mehrmals stattfinden, ist ein sehr hohes Involvement seitens der Lead-User notwendig. Um für diesen Durchführungsaufwand benötigte personelle Ressourcen zur Verfügung zu stellen, kann es von Vorteil sein, wenn es sich beim Kunden teilweise um größere Unternehmen handelt. Die Bereitstellung einer Datenbasis ist nicht notwendig, da das gemeinsame Erarbeiten von Innovationen im Vordergrund steht. Für die Lead-User Methode ist ein sehr hoher Zeit- und Kostenaufwand des Werkzeugbaus erforderlich. Die Vorbereitung, Durchführung und Auswertung der zyklischen Treffen bindet sowohl zeitliche als auch finanzielle Ressourcen. Die Ergebnisse der Lead-User Methode weisen aufgrund der zyklischen Treffen eine in Teilen vorhandene statistische Validität auf. Das Identifikationspotenzial latenter Kundenbedürfnisse ist sehr hoch, da trotz notwendiger Artikulationen Aussagen der Teilnehmer zueinander in Relation gesetzt werden können und hieraus nicht artikulierte, zukunftsgerichtete Kundenbedürfnisse abgeleitet werden können.

Eine *quantitative Befragung*, z. B. in Form eines Fragebogens, erfordert keine Vertrauensbasis, keine bisherigen Geschäftsbeziehungen und keine spezielle Unternehmensgröße zur Teilnahme. Die Teilnehmer benötigen jedoch eine sehr hohe Bereitschaft, Daten, wie etwa bestimmte Leistungskennzahlen, zur Verfügung zu stellen. Das Kriterium Durchführungsaufwand kann in seiner Ausprägung als teilweise erfüllt eingestuft werden. Auch wenn ein Teilnehmerinput notwendig ist, sollte der Aufwand zur Teilnahme stets so gering wie möglich ausfallen, um eine große Stichprobe zu erreichen. Der Zeitaufwand für Werkzeugbaubetriebe ist sehr hoch, da die Erstellung des Fragebogens sowie die Sicherstellung eines hohen Stichprobenumfangs zeitliche Kapazitäten binden. Der Kostenaufwand wird in seiner Ausprägung als teilweise erfüllt eingestuft, da bspw. im Falle von physischen Fragebögen Druckkosten entstehen. Quantitative Befragungen lassen sich durch statistische Verfahren quantitativ auswerten, weshalb eine sehr hohe statistische Validität gegeben ist. Quantitative Methoden weisen im Zuge der Auswertung von Kundenbedürfnissen in der Regel keine Interpretationsspielräume auf. Daher besitzen diese Methoden kein Identifikationspotenzial für latente Kundenbedürfnisse.

Bei der *Kennzahlenanalyse bisheriger Projekte* ist eine zum Analysezeitpunkt existierende Vertrauensbasis zum Kunden nicht zwingend erforderlich, da bereits vorliegende Informationen bzw. Daten untersucht werden. Eine Geschäftsbeziehung zum Kunden geht aus aktuellen oder vergangenen Projekten hervor, muss jedoch nicht von langer Dauer geprägt sein. Die Größe des Unternehmens ist nicht von Relevanz, da seitens des Kunden kein Durchführungsaufwand erforderlich ist. Um die Analyse bisheriger Projekte mittels Kennzahlen anwenden zu können, muss allerdings eine Datenbasis vom Kunden zur Verfügung stehen. Der Zeitaufwand des Werkzeugbaus liegt insbesondere in der Auswertung der Datenbasis und Erzeugung von Kennzahlen. Auch bei Verfügbarkeit der hierfür benötigten methodischen Kompetenz ist der Aufwand als hoch einzustufen. Kostenaufwände entstehen für den Werkzeugbau nicht, da keine zusätzlichen Ressourcen für die Durchführung der Methode benötigt werden. Die statistische Validität ist lediglich teilweise gegeben, da diese von der Anzahl der analysierten Projekte sowie dem Umfang und der Qualität der zur Verfügung stehenden Datenbasis abhängt.

Für die *Marktforschungsanalyse* ist seitens des Kunden keinerlei Beteiligung erforderlich. Die benötigte Datenbasis reicht dabei weit über die Grenzen der Kunden und des jeweiligen Werkzeugbaubetriebs hinaus. Dazu zählen bspw. holistische Marktdaten, die Werkzeugbaubetrieben in der Regel nicht vorliegen. Des Weiteren erfordern Marktforschungsanalysen eine sehr hohe methodische Kompetenz, da diese Methode über einen langen Zeitraum angewendet werden muss, um statistisch valide Ergebnisse zu erzielen. Aufgrund dieser Aufwände und erforderlichen Expertise können Marktforschungsanalysen von den meisten Werkzeugbaubetrieben nur mithilfe von Drittanbietern realisiert werden.

Abbildung 72 gibt einen aggregierten Überblick über die bewerteten Methoden zur Analyse von Kundenbedürfnissen im Werkzeugbau. Mithilfe dieser Übersicht sind Werkzeugbaubetriebe in der Lage, für ihre spezifische Ausgangssituation geeignete Methoden individuell auszuwählen. Nachdem die Auswahl einer geeigneten Methode erfolgt ist, muss die jeweilige Methode angewandt werden. Alle Methoden dienen zur Ermittlung von Kundenbedürfnissen. Die jeweilige Fachliteratur der einzelnen Methoden beschreibt daher entsprechende Vorgehen, wie aus den generierten Ergebnissen konkrete Kundenbedürfnisse abgeleitet werden können. Diese Identifizierung von Kundenbedürfnissen kann nicht allgemeingültig für alle aufgeführten Methoden beschrieben werden. Vielmehr handelt es sich hierbei um methodenspezifische Vorgehensweisen. Vor der Anwendung der jeweiligen Methoden sollten Werkzeugbaubetriebe daher überprüfen, inwiefern sie die methodische Expertise für die eigenständige Anwendung der Analysen besitzen. Insbesondere bei der Auswertung der Daten zur konkreten Ableitung von Kundenbedürfnissen kann es hilfreich sein, sich bei den ersten Analysen Unterstützung von Dritten einzuholen. Jedoch weisen insbesondere die qualitativen Methoden relativ einfache Vorgehensweisen auf, die sich mit der entsprechenden Fachliteratur eigenständig aneignen lassen.

Legende
- ● Kriterium sehr hoch erfüllt
- ◕ Kriterium hoch erfüllt
- ◑ Kriterium teilweise erfüllt
- ◔ Kriterium sehr gering erfüllt
- ○ Kriterium nicht erfüllt

		Kundenspezifische Bewertungskriterien					Methodenspezifische Bewertungskriterien			
		Vertrauensbasis	Geschäfts-beziehungsdauer	Unternehmensgröße	Datenbasis	Durchführungsaufwand	Zeitaufwand des Werkzeugbaubetriebs	Kostenaufwand des Werkzeugbaubetriebs	Statistische Validität	Identifikationspotenzial latenter Kundenbedürf.
Qualitative Methoden	Qualitative Befragung	○	○	◑	◑	◑	◑	◔	◔	●
	Kundenbeobachtung	●	○	○	○	○	◕	◔	○	●
	Fokusgruppe	○	○	◑	○	◕	◑	◑	○	◕
	Innovationszirkel	○	○	◑	○	●	◕	◕	◑	●
	Beschwerde-management	○	◑	○	◔	◔	◑	◑	○	◑
	Kundenkontaktpunkt-analyse	●	◑	○	○	○	◑	○	○	◑
	Customer Journey	●	●	○	○	○	●	○	○	◑
	Lead-User	○	●	◑	○	●	●	●	◑	●
Quantitative Methoden	Quantitative Befragung	○	○	○	●	◑	●	◑	●	○
	Kennzahlenanalyse bisheriger Projekte	○	◑	○	●	○	◑	○	◑	○
	Marktforschungs-analysen	○	○	○	○	○	●	●	●	○

Abbildung 72: Werkzeugbauspezifische Bewertung von Methoden zur Ermittlung von Kundenbedürfnissen[699]

Zusammenfassend liegen dem Anwender mit Abschluss von Schritt A1 folgende Ergebnisse vor:

- Ausgewählte Methode bzw. Methoden zur anforderungsgerechten Analyse der werkzeugbauspezifischen Kundenbedürfnisse
- Identifizierte Kundenbedürfnisse nach Anwendung der ausgewählten Methode bzw. Methoden zur Analyse der werkzeugbauspezifischen Kundenbedürfnisse

5.1.1.3 Ableitung des Kundennutzens

Nachdem im vorherigen Kapitel die Kundenbedürfnisse mithilfe verschiedener Methoden identifiziert wurden, wird im zweiten Detailschritt ein Vorgehen erläutert, um die Kundenbedürfnisse in konkrete Kundennutzen zu überführen. Dieses Vorgehen untergliedert sich in vier Schritte. Zuerst müssen die identifizierten Kundenbedürfnisse hinsichtlich ihrer Relevanz priorisiert werden, da datenbasierte Dienstleistungen zunächst nur für die wichtigsten bzw. stark nachgefragten Kundenbedürfnisse definiert werden sollen. Im nächsten Schritt werden die hoch priorisierten Kundenbedürfnisse zu einer der vier Nutzendimensionen Qualität, Kosten, Zeit und

699 Eigene Darstellung.

Flexibilität (vgl. Kapitel 5.1.1.1) zugeordnet. Durch diese Zuordnung sollen Cluster der Kundennutzendimensionen entwickelt werden, um Kundenbedürfnisse inhaltlich miteinander zu bündeln bzw. voneinander zu trennen. Diese vorherige Zuordnung ist erforderlich, um die werkzeugbauspezifische Konkretisierung des Kundennutzens zu vereinfachen, da von Beginn an für die jeweiligen Kundenbedürfnisse ein Fokus auf eine entsprechende Nutzendimension festgelegt wird. Das Vorgehen dieser ersten beiden Schritte ist grafisch in Abbildung 73 dargestellt. Darauf aufbauend werden diese vier Dimensionen werkzeugbauspezifisch konkretisiert, um abschließend detaillierte Ausprägungen von Kundennutzen den identifizierten und hoch priorisierten Kundenbedürfnissen zielgerichtet zuzuordnen.

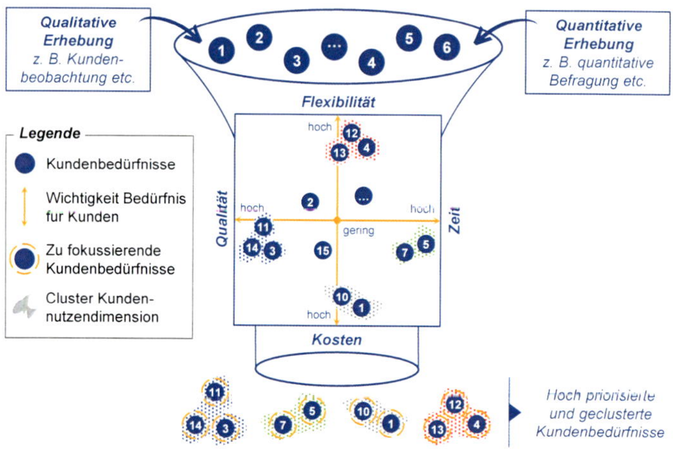

Abbildung 73: Vorgehen zur Priorisierung der Kundenbedürfnisse und Zuordnung zu Nutzendimensionen[700]

Um eine Priorisierung der identifizierten Kundenbedürfnisse hinsichtlich ihrer jeweiligen Relevanz durchzuführen, erfolgt die Anwendung eines paarweisen Vergleichs nach Drews und Hillebrand. Unabhängig von der Nutzendimension ist als erstes zu identifizieren, in welchem Wichtigkeitsabschnitt das jeweilige Kundenbedürfnis auf einer der orangenen Achsen der Quadranten in Abbildung 73 angeordnet werden kann. Die relativ einfach anzuwendende Methode des paarweisen Vergleichs eignet sich besonders, um aus einer Vielzahl von Alternativen eine optimale Lösung zu identifizieren[701]. Abbildung 74 zeigt, dass der Werkzeugbaubetrieb subjektiv auf Basis der Analyseergebnisse bewerten muss, ob bspw. das identifizierte Kundenbedürfnis 1 wichtiger als Kundenbedürfnis 4 ist. In diesem abgebildeten Beispiel kann die Frage mit „ja“ beantwortet und mittels eines Punktes markiert werden. Die Anzahl der Punkte je Kundenbedürfnis bilden eine Zeilensumme, anhand derer eine relative Gewichtung des jeweiligen Kundenbedürfnisses abgeleitet werden kann. Anhand dieser Gewichtung sollen für den weiteren Verlauf der Methodik zur Definition und Auslegung datenbasierter Dienstleistungen im Werkzeugbau nur noch solche Kundenbedürfnisse betrachtet werden, die bspw.

[700] Eigene Darstellung.
[701] Vgl. Drews; Hillebrand (Projektmanagement-Methoden), 2010, S. 131.

eine relative Gewichtung von mehr als 15 % aufweisen. Diese Grenze der relativen Gewichtung ist von jedem Werkzeugbaubetrieb individuell festzulegen.

Wichtiger als...? *(Punkt = ja; kein Punkt = nein)*	Kundenbedürfnis 1	Kundenbedürfnis 2	Kundenbedürfnis 3	Kundenbedürfnis 4	Kundenbedürfnis 5	...	Kundenbedürfnis n	Summe der Punkte	Gewichtung [%]
Kundenbedürfnis 1				●	●			2	15
Kundenbedürfnis 2	●		●					2	15
Kundenbedürfnis 3	●							1	8
Kundenbedürfnis 4		●	●				●	3	23
Kundenbedürfnis 5			●					1	8
⋮									
Kundenbedürfnis n	●	●	●		●			4	31
								13	**100**

Abbildung 74: Paarweiser Vergleich zur Priorisierung der Kundenbedürfnisse[702]

Darauf aufbauend werden die hoch priorisierten Kundenbedürfnisse zu einer der vier Nutzendimensionen Qualität, Kosten, Zeit und Flexibilität zugeordnet. Es wird bewertet, ob die jeweiligen Kundenbedürfnisse einem Cluster der Kundennutzendimensionen in Abbildung 73 zugeordnet werden können. Für jedes hoch priorisierte Kundenbedürfnis soll daher jeweils erneut ein paarweiser Vergleich durchgeführt werden. Dieser paarweise Vergleich orientiert sich allerdings an BINNER und weist eine höhere Anzahl an Bewertungsfaktoren auf. Die verschiedenen Bewertungsfaktoren erlauben eine differenziertere Zuordnung der einzelnen Kundenbedürfnisse zu einem jeweiligen Kundennutzen. Dies ist durch das Polylemma der Produktionstechnik erforderlich, da ein Kundenbedürfnis in der Regel mehrere Nutzendimensionen tangiert (vgl. Kapitel 5.1.1.1).

Abbildung 75 zeigt das Vorgehen des paarweisen Vergleichs mit mehreren Bewertungsfaktoren. Es wird in Bezug auf jedes hoch priorisierte Kundenbedürfnis bewertet, ob für das jeweilige Kundenbedürfnis eine Nutzendimension „sehr viel wichtiger", „wichtiger", „gleich wichtig", „weniger wichtig" oder „wesentlich weniger wichtig" als eine andere ist. Resultierend daraus werden vier, drei, zwei, ein oder null Punkte vergeben. Die entsprechend gegenläufige Punktevergabe für den umgekehrten Vergleich wird in Abbildung 75 als komplementärer Vergleich bezeichnet. Danach werden die Zeilensummen gebildet. Durch sechs Paarvergleiche, die summiert mit dem jeweiligen Komplementär stets vier Punkte ergeben, folgt eine Gesamtsumme von 24 Punkten, die innerhalb der Matrix maximal vergeben werden kann.[703] Anhand dieser Gesamtsumme wird eine relative Gewichtung erzeugt, mit der abgeleitet werden kann, zu welcher Kundenutzendimension das jeweilige Kundenbedürfnis zugeordnet wird.

---

702 Eigene Darstellung i. A. a. Drews; Hillebrand (Projektmanagement-Methoden), 2010, S. 133.
703 Vgl. Kuhlmann (Corporate Tooling), 2017, S. 156.

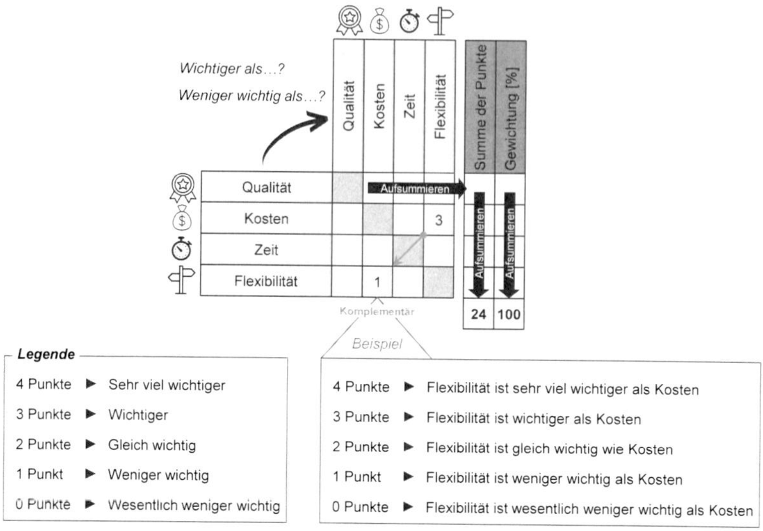

Abbildung 75: Paarweiser Vergleich zur Zuordnung von Kundenbedürfnissen zu einer Nutzendimension[704]

Nachdem zuvor identifiziert wurde, welche Kundenbedürfnisse die höchste Priorität haben und zu welchen der vier Kundennutzendimensionen (Qualität, Kosten, Zeit sowie Flexibilität) die jeweiligen Kundenbedürfnisse zugeordnet werden können, sollen im Folgenden diese vier Dimensionen werkzeugbauspezifisch konkretisiert werden. Somit können die Kundenbedürfnisse spezifischen Ausprägungen der vier Dimensionen des Kundennutzens zugeordnet werden.

Um die vier Nutzendimensionen werkzeugbauspezifisch zu konkretisieren, ist es sinnvoll, diese in Zielbereichen zu differenzieren. Ein Kunde der Branche Werkzeugbau kann einen Werkzeugbaubetrieb aus drei Perspektiven betrachten, um Nutzen für sich zu erzeugen. Dies ist zum einen das Werkzeug selbst. Zum anderen ist es die Werkzeugnutzung während der Serienproduktion. Des Weiteren generiert ein Kunde Nutzen aus dem eigentlichem Ziel, der Produktion des Endprodukts für den Endkunden. Werkzeugbauspezifische Kundennutzen manifestieren sich somit in den Nutzendimensionen Qualität, Kosten, Zeit sowie Flexibilität jeweils in den Zielbereichen Werkzeug, Serienproduktionsprozess und Endprodukt.

Abbildung 76 gibt einen Überblick zu den Ausprägungen werkzeugbauspezifischer Kundennutzen der Nutzendimension **Qualität**. Zum Zielbereich **Werkzeug** können die Kundennutzen Werkzeugstandzeit, Nachhaltigkeit und Anforderungsgerechtheit genannt werden. *Werkzeugstandzeit* bedeutet, dass ein Werkzeug aufgrund seiner qualitativen Hochwertigkeit eine lange Nutzungsdauer besitzt. *Nachhaltigkeit* beschreibt bspw. eine Wiederverwendbarkeit des Werkzeugs für andere Endprodukte. Die *Anforderungsgerechtheit* beinhaltet, dass ein Werk-

[704] Eigene Darstellung i. A. a. Binner (Prozessmanagement), 2016, S. 43 f.

zeug die Qualitätsanforderungen des Kunden nicht übererfüllt. Im Zielbereich **Serienproduktionsprozess** ist die Verringerung von *Ausschuss* während der Werkzeugverwendung ein zentraler Kundennutzen. Eine weitere Ausprägung ist die *Prozessstabilität*, mit welcher ein robuster Serienproduktionsprozess erzeugt werden soll. Das *Wissensmanagement* beinhaltet dagegen die Sammlung jeglichen Wissens während der Werkzeuginbetriebnahme und -nutzung, sodass ein Werkzeug unter Berücksichtigung verschiedener Einflussfaktoren, wie etwa den Fachkräftemangel, personenunabhängig verwendet werden kann. Für den Zielbereich **Endprodukt** ist eine *gleichbleibende Qualität* ein Ziel des Kunden der Branche Werkzeugbau. Hierunter fällt z. B. die Vermeidung von Toleranzabweichungen des Endprodukts. Des Weiteren sollen dem Endkunden Produkte offeriert werden, die im Idealfall *Innovationen* am Markt repräsentieren. Dies ist bspw. ein innovatives Design, welches etwa durch neue Lösungen im Bereich der Umformstufen der Werkzeugtechnik realisiert wird.

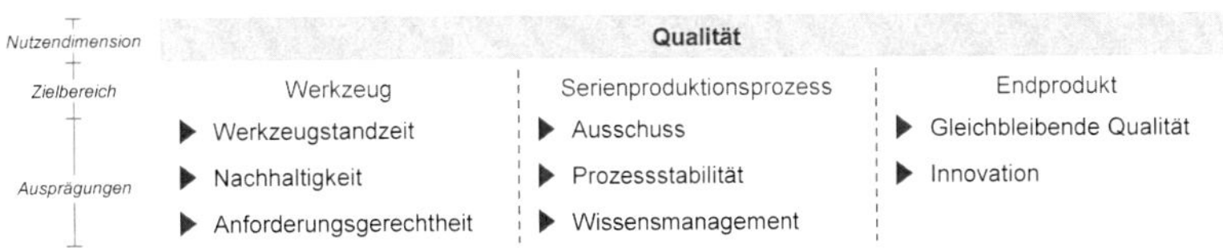

Abbildung 76: Werkzeugbauspezifische Kundennutzen der Nutzendimension Qualität[705]

Abbildung 77 gibt einen Überblick zu den Ausprägungen werkzeugbauspezifischer Kundennutzen der Nutzendimension **Kosten**. Der Zielbereich **Werkzeug** kann aus zwei verschiedenen Kundennutzenperspektiven betrachtet werden. Der Kundennutzen *Total Cost of Ownership* (TCO) beschreibt die möglichst geringen Gesamtkosten eines Werkzeugs entlang des Werkzeuglebenslaufs. Der Kundennutzen setzt sich somit aus einer Gesamtkostenbetrachtung des Werkzeugs zusammen. Allerdings kann auch ein Kundennutzen bei einem geringen *Werkzeugpreis* erzeugt werden, obwohl der geringe Werkzeugpreis in der Regel negativ mit den TCO korreliert. Dies ist häufig beim Werkzeugeinkauf von Konzernen zu beobachten. Der technische Einkauf fokussiert oftmals den Werkzeugpreis anstelle einer Lebenslaufgesamtkostenbetrachtung der zu beschaffenden Werkzeuge. Im Zielbereich **Serienproduktionsprozess** erzeugt die *Kostentransparenz* des Werkzeugs einen Kundennutzen, da viele Serienproduzenten keine Aussagen über die laufenden Werkzeugkosten treffen können. Neben der Kostentransparenz ist es vorteilhaft für den Kunden, wenn die *Reparaturkosten* und *Instandhaltungskosten* der Werkzeuge so gering wie möglich sind, da diese während der Werkzeugnutzung die größten Kosten repräsentieren. Im Rahmen des Zielbereichs **Endprodukt** wird in der Nutzendimension Kosten ein hoher Mehrwert erzielt, wenn die *Artikelkosten pro Stück* für das Endprodukt durch eine hohe Produktivität so gering wie möglich sind. Des Weiteren entsteht ein Kundennutzen durch schnelle *Amortisation* der Werkzeuginvestition.

[705] Eigene Darstellung.

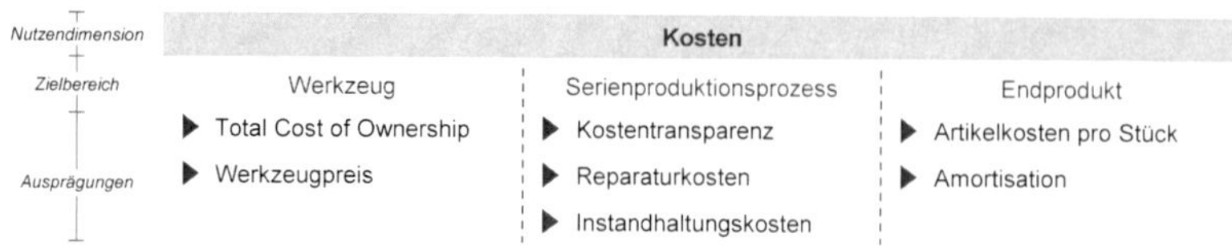

Abbildung 77: Werkzeugbauspezifische Kundennutzen der Nutzendimension Kosten[706]

Abbildung 78 gibt einen Überblick zu den Ausprägungen werkzeugbauspezifischer Kundennutzen der Nutzendimension **Zeit**. Im Rahmen des Zielbereichs **Werkzeug** ist für den Kunden eine kurze *Time-to-Market* wichtig. Je schneller Werkzeuge für einen Kunden hergestellt werden können, desto früher kann dieser seine Endprodukte am Markt offerieren. *Liefertermintreue zum Werkzeugbaukunden* beschreibt, dass Werkzeuge zu den vereinbarten Terminen für die Serienproduktion verwendet werden können. Der Zielbereich **Serienproduktionsprozess** beinhaltet unter anderem die *Zykluszeit*. Durch eine geringe Zykluszeit können mit einem Werkzeug mehr Endprodukte hergestellt werden. Ein weiterer Kundennutzen ist die *Prozessoptimierung*, durch welche die Produktivität der Werkzeugnutzung erhöht wird. Die *Informationstransparenz* beschreibt die Verfügbarkeit von Informationen während des Serienproduktionsprozesses. Mithilfe dieser Informationen können Maßnahmen zur Aufrechterhaltung der Produktivität fundierter und schneller getroffen werden. Im Zielbereich **Endprodukt** erzeugt ein hoher *Durchsatz* und somit eine hohe Ausbringungsmenge einen Kundennutzen. Des Weiteren ist es für den Kunden der Branche Werkzeugbau wichtig, eine hohe *Liefertermintreue zum Endkunden* zu realisieren. So werden bspw. im Konsumgüterbereich Verkaufsflächen für Produkte zu vereinbarten Terminen vorgehalten. Zu späte Endproduktauslieferungen können somit zu hohen Strafzahlungen führen[707].

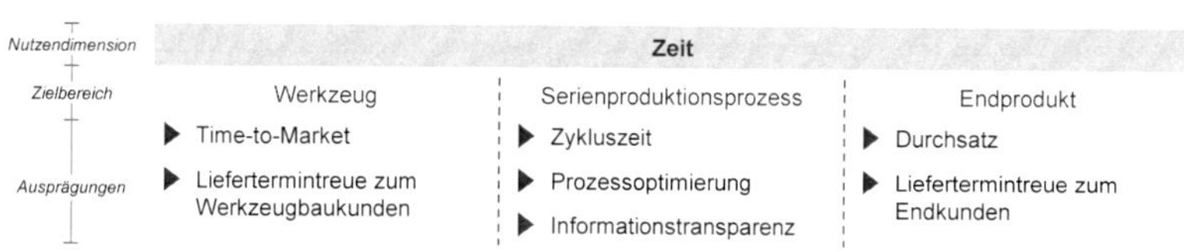

Abbildung 78: Werkzeugbauspezifische Kundennutzen der Nutzendimension Zeit[708]

Abbildung 79 gibt einen Überblick zu den Ausprägungen werkzeugbauspezifischer Kundennutzen der Nutzendimension **Flexibilität**. Der Zielbereich **Werkzeug** beinhaltet als Kundennutzen das *Maschineneinsatzspektrum* des Werkzeugs. Für einen Kunden ist es von Vorteil, wenn ein Werkzeug auf unterschiedlichen Typen von Serienproduktionsmaschinen einsetzbar ist. Des Weiteren entsteht ein Kundennutzen, wenn kurzfristige *Change Requests* bspw. im Werkzeugkonzept flexibel umgesetzt werden können. Im Zielbereich **Serienproduktionsprozess** wird ein Mehrwert für den Kunden erzeugt, wenn eine *Ersatzteilverfügbarkeit* für Werkzeugbauteile für die flexible Durchführung von Instandhaltungen und Reparaturen gegeben

706 Eigene Darstellung.
707 Durchgeführtes Interview mit der Firma Braunform GmbH im Rahmen des WBA-Projekts „Datenbasierte Geschäftsmodelle für den Werkzeugbau", 2020.
708 Eigene Darstellung.

ist. Ein weiterer Kundennutzen liegt in einer hohen *Reaktionsfähigkeit* während der laufenden Serienproduktion. Hierfür müssen für die Werkzeugnutzung alle relevanten Informationen vorliegen, um flexibel auf unvorhergesehene Ereignisse reagieren zu können, sodass die Produktionsausfälle so gering wie möglich sind. Die Ausprägung der *Bedarfsorientierung* beschreibt, dass während der Serienproduktion unterschiedliche Kapazitätsbedarfe erfüllt werden müssen. Dies bedeutet, dass die Leistungsfähigkeit eines Werkzeugs während der Serienproduktion individualisierbar sein muss, um bspw. für bestimmte Zeiträume das Produktionsmaximum fertigen zu können. Des Weiteren wird in diesem Zielbereich ein Kundennutzen durch geringe *Rüstzeiten* des Werkzeugs realisiert. Hierdurch können Werkzeuge aufwandsarm ausgetauscht und eine flexible Produktionsfähigkeit unterschiedlicher Endprodukte sichergestellt werden. Der Zielbereich **Endprodukt** beinhaltet als Kundennutzen *individualisierte Endprodukte*. Der Kunde der Branche Werkzeugbau kann einen Mehrwert erzeugen, wenn er seinen Endkunden individuelle und bedarfsgerechte Produkte offerieren kann. Hiermit geht die Umsetzung kurzfristiger *Change Requests* am Werkzeug während der Serienproduktion einher. So können Designänderungen des Endprodukts erforderlich werden, sobald Feedback der Endkunden während der Produktnutzung an den Kunden der Branche Werkzeugbau herangetragen wird.

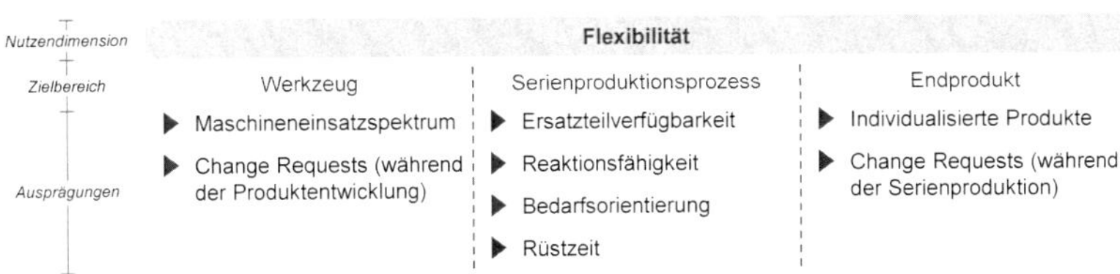

Abbildung 79: Werkzeugbauspezifische Kundennutzen der Nutzendimension Flexibilität[709]

Die aufgeführten werkzeugbauspezifischen Kundennutzen[710] können nun den einzelnen identifizierten Kundenbedürfnissen zugordnet werden. Falls eine direkt ersichtliche Zuordenbarkeit nicht möglich ist, kann erneut die Methodik des paarweisen Vergleichs nach DREWS UND HILLEBRAND angewandt werden, welche zuvor erläutert wurde. Die hiermit zu beantwortende Frage lautet, welche Kundennutzen aus den jeweiligen Kundenbedürfnissen abgeleitet werden können.

Zusammenfassend liegen dem Anwender mit Abschluss von Schritt A2 folgende Ergebnisse vor:

- Priorisierte und zu den Dimensionen von Kundennutzen zugeordnete Kundenbedürfnisse
- Abgeleitete konkrete werkzeugbauspezifische Kundennutzen, die aus den Kundenbedürfnissen resultieren und durch datenbasierte Dienstleistungen adressiert werden sollen

[709] Eigene Darstellung.
[710] Die aufgeführten Kundennutzenausprägungen besitzen keinen Anspruch auf Vollständigkeit und können durch den Anwender der Methodik individuell ergänzt werden.

5.2 Detaillierung der Definitionsphase

Nach Beendigung der Analysephase erfolgt die Definitionsphase von datenbasierten Dienstleistungen im Werkzeugbau. Ziel ist die Definition eines werkzeugbauspezifischen datenbasierten Leistungsangebots, um den während der vorherigen Analysephase ermittelten Kundennutzen zielgerichtet zu adressieren.

5.2.1 Schritt B: Definition des datenbasierten Leistungsangebots

Dem Anwender der Methodik ist zu Beginn von Schritt B bewusst, auf Basis welcher Kundenbedürfnisse der größte Kundennutzen besteht. Für eine zielgerichtete Adressierung dieses Kundennutzens werden die Detailschritte *Auswahl von kundenbedarfsorientierten Leistungsangeboten* sowie *Definition von datenbasierten Leistungskategorien* angewandt. Zuvor erfolgt eine Erläuterung der hierfür benötigten Grundlagen.

5.2.1.1 Grundlagen

Um als Werkzeugbaubetrieb ein wettbewerbsdifferenzierendes Leistungsangebot zu offerieren, ist es zwingend erforderlich, den kompletten Lebenszyklus eines Werkzeugs zu berücksichtigen[711]. Hinzu kommt, dass ein Produktlebenszyklus neben dem eigentlichen Produktverkauf mehrere potenzielle und vielversprechende Einnahmequellen beinhaltet[712]. Diese Einnahmequellen dürfen von einem Werkzeugbaubetrieb für eine erfolgreiche Wettbewerbsfähigkeit gegenüber der Konkurrenz nicht außer Acht gelassen werden. Der Lebenszyklus eines Werkzeugs kann wissenschaftlich aus drei verschiedenen Perspektiven betrachtet werden (vgl. Abbildung 80). Hierzu zählen die Perspektive des Werkzeugbaubetriebs (Hersteller), des Werkzeugs (Produkt) und des Kunden (Betreiber)[713].

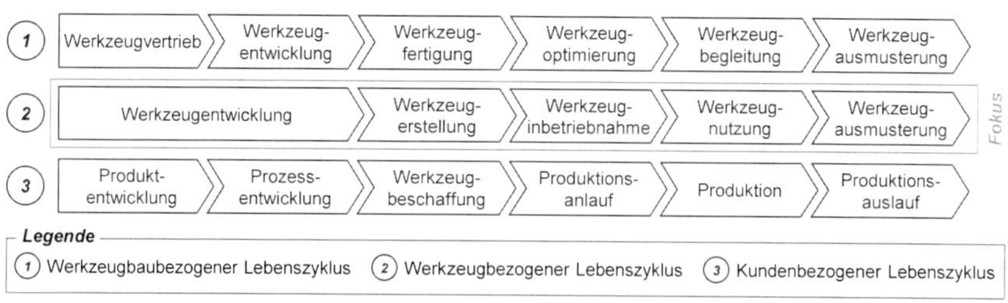

Abbildung 80: Generischer Lebenszyklus eines Werkzeugs[714]

Aufgrund der Tatsache, dass datenbasierte Dienstleistungen entlang des Werkzeuglebenslaufs definiert und ausgelegt werden sollen, wird ausschließlich der produktbezogene Werkzeuglebenszyklus fokussiert. Dieser generische Lebenszyklus eines Werkzeugs setzt sich aus

711 Vgl. Schuh et al. (Marketing), 2016, S. 55.
712 Vgl. Allmendinger; Lombreglia (Age of Smart Services), 2005, S. 136.
713 Vgl. Kühn (Lebenszyklusorientierte Leistungssysteme), 2016, S. 139.
714 I. A. a. Kühn (Lebenszyklusorientierte Leistungssysteme), 2016, S. 139.

den einzelnen Phasen Werkzeugentwicklung, Werkzeugerstellung, Werkzeuginbetriebnahme, Werkzeugnutzung und Werkzeugausmusterung zusammen[715].

Die Lebenszyklusphase *Werkzeugentwicklung* resultiert aus der Initiative eines Kunden, ein neues Endprodukt zu entwickeln. Diese Endproduktentwicklung erfordert auch eine Werkzeugentwicklung und beeinflusst direkt die Betriebsmittel- und Werkzeugkosten, da Methodenplanung sowie Werkzeugkonstruktion für die Endproduktrealisierung durchgeführt werden müssen (vgl. Kapitel 2.3.4). In der darauffolgenden Lebenszyklusphase *Werkzeugerstellung* wird das Werkzeug gefertigt, falls der jeweilige Werkzeugbaubetrieb eine Kundenbeauftragung erhalten hat. Diese Phase inkludiert die Arbeitsplanung, mechanische Fertigung und Montage innerhalb des Werkzeugbaubetriebs (vgl. Kapitel 2.3.4). Die *Werkzeuginbetriebnahme* als dritte Lebenszyklusphase beinhaltet den Try-out und den Serienanlauf. Nachdem die serienreife Funktionsfähigkeit des Werkzeugs durch die Werkzeuginbetriebnahme sichergestellt wurde, werden während der *Werkzeugnutzungsphase* die vom Kunden gewünschten Endprodukte mit dem Werkzeug produziert. Die letzte Werkzeuglebenszyklusphase repräsentiert die *Werkzeugausmusterung*, welche z. B. den Umbau des Werkzeugs für Produktnachfolgevarianten beinhaltet.[716] Auch die weitergehende Nutzung oder Verschrottung des Werkzeugs werden hierzu unter anderem thematisiert.

Im weiteren Verlauf der Arbeit wird auf die Definition und Auslegung von datenbasierten Dienstleistungen im Werkzeugbau für die Lebenszyklusphase *Werkzeugerstellung* verzichtet. Begründung hierfür ist, dass während der Werkzeugerstellung meist keine Umweltbedingungen auftreten, die einen zusätzlichen Nutzen für den Kunden in Form von Dienstleistungen erzeugen können[717]. Es handelt sich um eine Umsetzung der während der Werkzeugentwicklung und -beauftragung definierten Umweltbedingungen. Wie dies der Werkzeugbaubetrieb letztlich realisiert, ist für den Kunden in der Regel irrelevant, wenn alle zuvor definierten Bedingungen eingehalten werden. Der einzige Kundenmehrwert, der während der Werkzeugerstellung erzeugt werden kann, ist neben der eigentlichen Werkzeugerstellung lediglich die Darstellung des Auftragsstatus[718]. Allerdings ist der Kunde nicht bereit, höhere Kosten für eine datenbasierte Dienstleistung dieses Inhalts zu begleichen, da der Kunde dem Werkzeugbaubetrieb stets die geforderte Informationstransparenz für den Auftragsstatus diktieren kann.

5.2.1.2 Auswahl von kundenbedarfsorientierten Leistungsangeboten

Im Rahmen des ersten Detailschritts, Schritt B1, werden werkzeugbauspezifische Leistungsangebote in Form von Dienstleistungen ausgewählt, die für die Adressierung des identifizierten Kundennutzens geeignet sind. Bei diesen Leistungsangeboten handelt es sich noch nicht um Leistungsangebote mit einem datenbasierten Charakter. Dies bedeutet, dass alle aufgeführten Leistungsangebote grundsätzliche Möglichkeiten repräsentieren, einen Kundennutzen zu erzeugen, ohne hierfür inhaltliche Ausprägungen von datenbasierten Dienstleistungen gemäß

[715] Vgl. Kühn (Lebenszyklusorientierte Leistungssysteme), 2016, S. 139.
[716] Vgl. Kühn (Lebenszyklusorientierte Leistungssysteme), 2016, S. 139 f.
[717] Vgl. Schuh et al. (Vom Werkzeughersteller zum globalen Dienstleister), 2010, S. 417 ff.
[718] Vgl. Begovic (Datenbasiertes Wissensmanagement), 2018, S. 207 f.

der Definition aus Kapitel 2.2.2.2 zu beinhalten. Die Motivation für den Aufbau eines werkzeugbauspezifischen Katalogs für kundenausgerichtete, analoge Leistungsangebote resultiert aus zwei Ursachen. Zum einen wird dem Anwender der Methodik aus der Branche Werkzeugbau der Zugang zu datenbasierten Dienstleistungen erleichtert, wenn zunächst auf leicht verständliche Leistungsangebote ohne datenbasierte Komplexität zurückgegriffen wird. Dies ist insbesondere für die Branche Werkzeugbau als positiv zu betrachten, da die Anwendung von datenbasierten Dienstleistungen sehr gering verbreitet ist (vgl. Kapitel 2.3.3.3). Zum anderen bilden die analogen Leistungsangebote die Grundlage für eine datenbasierte Weiterentwicklung, welche im Zuge von Schritt B2 erfolgt.

Im weiteren Verlauf werden die Werkzeuglebenszyklusphasen Werkzeugentwicklung, Werkzeuginbetriebnahme, Werkzeugnutzung und Werkzeugausmusterung betrachtet. Im Folgenden werden verschiedene Leistungsangebote für diese einzelnen Werkzeuglebenszyklusphasen beschrieben. Im Anschluss daran erfolgt eine Bewertung, inwiefern die jeweiligen Leistungsangebote einen positiven Einfluss auf die in Schritt A2 identifizierten Kundennutzen haben. Der aufgeführte Katalog ist punktuell angelehnt an beschriebene Leistungsangebote von KÜHN[719] (vgl. Kapitel 3.2.2) und BEGOVIC[720] (vgl. Kapitel 3.2.6). Allerdings werden diese umfangreich mit weiteren werkzeugbauspezifischen Leistungsangeboten ergänzt. Der Katalog besitzt keinen Anspruch auf Vollständigkeit und kann jederzeit durch den Anwender der Methodik erweitert werden.

Zuerst erfolgt die Betrachtung der Werkzeuglebenszyklusphase **Werkzeugentwicklung**. Im Zuge der *Produktentwicklungsberatung* bietet der Werkzeugbaubetrieb den Kunden seine werkzeugspezifische Expertise für die Produktentwicklung an. Durch die Konsultation des Werkzeugbaus erhält ein Kunde frühzeitig fundierte Aussagen, ob das gewünschte Endprodukt durch ein Werkzeug technologisch realisierbar ist. Neben Aussagen über die Herstellbarkeit können auch etwaige Produktoptimierungen Inhalt dieses Leistungsangebots sein. Hierdurch kann der Kunde sicherstellen, dass spätere und kostspielige Konstruktionsänderungen des Endprodukts sowie Abstimmungsaufwände zwischen Kunde und Werkzeugbaubetrieb vermieden werden.

Die *Werkzeugkonzeptberatung* beinhaltet den frühzeitigen Austausch zwischen Werkzeugbau und Kunde zum Aufbau sowie zur Funktionsfestlegung des Werkzeugs auf Basis des zu produzierenden Endprodukts. Hierdurch erhält der Kunde direkte Rückmeldung, welche Auswirkungen individuelle Design-Features des Endprodukts sowie potenzielle Konstruktionsänderungen auf das hierfür notwendige Werkzeugkonzept haben. Neben dem Werkzeugpreis können bspw. Lieferzeiten aufgrund unterschiedlicher Werkzeugkomplexitäten differieren, die wertvoll für Kundenentscheidungen sind.

Bei der *prozessualen Werkzeugauslegung* übermittelt der Werkzeugbaubetrieb dem Kunden verfahrenstechnische Expertise, wie z. B. Rheologie- oder Fließberechnungen, welche die prozessuale Auslegung des Werkzeugs beeinflussen. So können unter anderem komplizierte

[719] Vgl. Kühn (Lebenszyklusorientierte Leistungssysteme), 2016, S. 143 ff.
[720] Vgl. Begovic (Datenbasiertes Wissensmanagement), 2018, S. 205 ff.

Hinterschneidungen am Endprodukt ungewünschte Lunkerbildungen bei der Anwendung eines Spritzgießwerkzeugs hervorrufen oder im Bereich der Blechumformung eine zusätzliche Umformstufe bedeuten. Dies beeinflusst neben der Werkzeugkomplexität insbesondere auch die Zykluszeiten während des Serienproduktionsprozesses.

Im Rahmen des *Variantenmanagements* unterstützt der Werkzeugbau bei der Erschließung von Synergiepotenzialen zur Senkung der Variantenvielfalt beim Kunden. Das Leistungsangebot verfolgt das Ziel, mit einem Werkzeug mehrere Endprodukte einer Produktgruppe zu erzeugen. So können durch den Werkzeugbau bereits existierende Produkte hinsichtlich ihrer variantentreibenden Merkmale analysiert werden, um anschließend die Gleichteilquote in der Produktgruppe zu erhöhen. Die Erfüllung dieses Leistungsangebots hat direkte Auswirkungen auf das Werkzeugkonzept.

Bei der *Standzeitbetrachtung* wird dem Kunden dargelegt, welche Auswirkungen das Werkzeugkonzept und die prozessuale Werkzeugauslegung auf die Standzeit verschiedener Werkzeugkomponenten haben. Für die Vielzahl der Einflussfaktoren auf die Standzeit, wie etwa Werkstoffe oder Schmierstoffe, ist das Know-how des Werkzeugbaus erforderlich. Im Fokus der Standzeitbetrachtung stehen insbesondere formgebende Komponenten, da sie in der Regel eine höhere Verschleißanfälligkeit im Serienproduktionsprozess besitzen.

Im Folgenden wird die Werkzeuglebenszyklusphase **Werkzeuginbetriebnahme** betrachtet. Die *Serienanlaufbegleitung* beschreibt die Unterstützung zur schnellstmöglichen Erreichung der Funktionsfähigkeit des Werkzeugs für den Serienproduktionsprozess. Verfahrens- und werkzeugtechnologisches Erfahrungswissen von Werkzeugbaubetrieben helfen bei der Inbetriebnahme des Werkzeugs zur Erreichung der gewünschten Produktivität. Dieses Leistungsangebot kann sich auf eigens gefertigte Werkzeuge des Werkzeugbaubetriebs oder auf fremde Werkzeuge von Dritten beziehen. Im Fokus stehen hierbei insbesondere die systematische Dokumentation des Serienanlaufs und zielgerichtete Ableitung sowie Umsetzung von Handlungsfeldern zur Lösung identifizierter Herausforderungen.

Die *Vorbereitung Feinrüstvorgänge* beinhaltet die systematische Beratung zur Sicherstellung des Feinrüstens von Werkzeugen. Unter Feinrüsten wird die erneute Rüstung eines Werkzeugs während der Lebenszyklusphase Werkzeugnutzung verstanden, nachdem es von der Serienproduktionsmaschine entnommen und eingelagert wurde. Feinrüstvorgänge scheitern häufig daran, dass im Gegensatz zur Werkzeuginbetriebnahme der Werkzeugbau nicht involviert ist. Mangelndes Werkzeugerfahrungswissen resultiert infolgedessen in zeitaufwendigen Schleifen des Feinrüstens zur Wiederherstellung der Werkzeugserienreife. Im Rahmen des Leistungsangebots führt der Werkzeugbau bspw. Schulungen durch, die die Mitarbeiter der Serienproduktion für optimale Feinrüstvorgänge vorbereiten.

Nachfolgend wird die Werkzeuglebenszyklusphase **Werkzeugnutzung** betrachtet. Im Rahmen der *Werkzeugzustandsüberwachung* ermöglicht der Werkzeugbaubetrieb die Transparenz über den Zustand eines Werkzeugs während der Serienproduktion. Ziel der Werkzeugzustandsüberwachung sind bspw. Aussagen über potenzielle Produktionsprobleme aufgrund des Werkzeugzustands. Aufgrund der technologischen Expertise können Werkzeugbaubetriebe gezielte Handlungsoptionen ableiten, um bspw. Werkzeugzustandsprobleme zu optimieren.

Die *Werkzeugortung* repräsentiert ein Leistungsangebot zur Sicherstellung der schnellen Werkzeuglokalisierung im Unternehmen. Serienproduktionsbetrieben mangelt es oftmals an einer schnellen Positionsbestimmung von Werkzeugen, wenn zum Teil mehrere tausend Werkzeuge für die Realisierung des Produktportfolios existieren. Werkzeugbaubetriebe müssen hierfür die Werkzeuge um technologisches Equipment ergänzen, sodass eine Werkzeuglokalisierung ermöglicht wird.

Beim *Instandhaltungsmanagement* unterstützt der Werkzeugbaubetrieb bei der Reduzierung bzw. Vermeidung von unvorhergesehenen Werkzeugstillständen. Dies erfolgt durch bedarfsgerechte und zustandsorientierte Wartungen sowie Reparaturen, die durch die technologische Expertise des Werkzeugbaus systematisch abgeleitet werden können.

Im Zuge des *Ersatzteilmanagements* überträgt der Werkezugbau an den Kunden seine Expertise zur Sicherstellung der Ersatzteilverfügbarkeit unter gleichzeitiger Berücksichtigung eines minimalen Lagerbestands. Hierunter fällt zum einen die Festlegung, für welche Werkzeugbauteile eine Bevorratung von Ersatzteilen in welchem Umfang notwendig ist. Zum anderen zählt die Definition von Verschleißgrenzen zur zeitoptimalen Bestellauslösung von Ersatzteilen dazu.

Die *Beschreibung Werkzeughistorie* beinhaltet die transparente Informationsbereitstellung bezüglich einzelner Werkzeuge. Hierzu gehören bspw. Zeitpunkte und Ursachen von Werkzeugreparaturen, Nutzungsdauern während der Serienproduktion oder die Verschleißzustände der einzelnen Werkzeugkomponenten entlang des gesamten Werkzeuglebenslaufs.

Das *Lagermanagement* beschreibt die logistische Planung und Steuerung der Lagerung von Werkzeugen. Dies beinhaltet die räumlich systematische Einlagerung von Werkzeugen zwischen Werkzeugnutzungsphasen, sodass Such- und Transportaufwände reduziert werden. Zudem beinhaltet das Lagermanagement eine zeitliche Perspektive, sodass ein Werkzeug zum optimalen Zeitpunkt aus dem Lager für die Vorbereitung des Feinrüstvorgangs entnommen wird. Hierdurch können minimale Stillstände der Serienproduktionsmaschinen realisiert werden.

Die *Produktionsoptimierung* beinhaltet, dass der Werkzeugbaubetrieb entweder bei der Produktivitätssteigerung der Werkzeugnutzung unterstützt oder für diese verantwortlich ist. Im Zuge dieses Leistungsangebots können leistungsbasierte Verträge (Performance-based Contracting) zwischen Werkzeugbaubetrieb und Kunde abgeschlossen werden.

Im Folgenden wird die Werkzeuglebenszyklusphase **Werkzeugausmusterung** betrachtet. Das *Auslaufmanagement* unterstützt bei der systematischen Bestimmung des optimalen Stilllegungszeitpunkts eines Werkzeugs. Hierbei stehen insbesondere die ökonomische und ökologische Kalkulation sowie Sinnhaftigkeit für den Instandsetzungsaufwand eines zweiten Lebenszyklus im Fokus.

Die *Dokumentationserstellung* beinhaltet die Analyse aller Daten bzw. Erkenntnisse zu einem Werkzeug entlang dessen gesamten Lebenszyklus. Die konsolidierte und interdisziplinäre Betrachtung von Informationen etwa zu den Investitionskosten, Instandhaltungskosten oder Outputmengen ist unter anderem äußerst wertvoll für die optimierte Entwicklung von Folgeprodukten.

Der *Werkzeug Re-use* beschreibt die Überarbeitung von Werkzeugen durch den Werkzeugbaubetrieb, sodass diese für alternative Endprodukte wiederverwendet werden können. Hierzu zählt auch, dass noch funktionstätige Baugruppen von Werkzeugen in der Ausmusterung in neu entwickelten Werkzeugen erneut zum Einsatz kommen. Dieses Leistungsangebot kann sich auf eigens gefertigte Werkzeuge des Werkzeugbaubetriebs oder auf fremde Werkzeuge von Dritten beziehen.

Alle beschriebenen Leistungsangebote schließen sich nicht gegenseitig aus. Somit können verschiedene Leistungsangebote aus den gleichen oder unterschiedlichen Werkzeuglebenszyklusphasen kombiniert dem Kunden offeriert werden. Nachdem der Katalog an werkzeugbauspezifischen Leistungsangeboten in Form von Dienstleistungen erläutert wurde, wird im Folgenden bewertet, inwiefern die jeweiligen Leistungsangebote Auswirkungen auf die in Schritt A2 definierten Kundennutzen haben. Abbildung 81 gibt einen Überblick über die Korrelationsbeziehungen zwischen den einzelnen Leistungsangeboten und den verschiedenen Kundennutzen. So kann bspw. mit dem Leistungsangebot *Beschreibung Werkzeughistorie* ein hoher positiver Einfluss auf die Kundennutzen Wissensmanagement, Kostentransparenz sowie Informationstransparenz erzeugt werden, da die Werkzeughistorie alle Informationen des Werkzeugs über den Lebenszyklus beinhaltet. Aus dieser Informationsbasis resultieren in zweiter Instanz zudem mittlere positive Einflüsse auf die Kundennutzen gleichbleibende Qualität, Prozessoptimierung und Reaktionsfähigkeit.

Der aufgeführte Katalog kann durch den Anwender der Methodik stets um eigene analoge oder datenbasierte Dienstleistungen ergänzt werden. Folglich muss durch den Anwender der Methodik eine eigenständige Bewertung durchgeführt werden, inwiefern das jeweilige Leistungsangebot die einzelnen Kundennutzen beeinflusst. Durch die einfache Erweiterbarkeit des Katalogs wird somit nicht die Integration von unberücksichtigten oder gänzlich neuen Leistungsangeboten verhindert.

Legende

++ ▶ Hoher positiver Einfluss des Leistungsangebots auf den Kundennutzen

\+ ▶ Mittlerer positiver Einfluss des Leistungsangebots auf den Kundennutzen

/ ▶ Geringer bis kein Einfluss des Leistungsangebots auf den Kundennutzen

			1					2		3							4		
			Produktentwicklungsberatung	Werkzeugkonzeptberatung	Prozessuale Werkzeugauslegung	Variantenmanagement	Standzeitbetrachtung	Serienanlaufbegleitung	Vorbereitung Feinrüstvorgänge	Werkzeugzustandsüberwachung	Werkzeugortung	Instandhaltungsmanagement	Ersatzteilmanagement	Beschreibung Werkzeughistorie	Lagermanagement	Produktionsoptimierung	Auslaufmanagement	Dokumentationserstellung	Werkzeug Re-use
Qualität	a	Erhöhung Werkzeugstandzeit	+	++	+	+	++	/	/	/	/	+	/	/	/	/	/	/	/
		Optimierung Nachhaltigkeit	+	+	+	++	++	+	/	+	/	+	++	/	/	+	++	/	++
		Anforderungsgerechtheit	++	++	++	+	++	/	/	/	/	/	/	/	/	/	/	+	+
	b	Reduktion Ausschuss	++	+	+	+	+	+	/	++	/	++	/	/	+	++	/	/	/
		Prozessstabilität	+	+	++	+	++	+	+	++	/	++	/	/	/	++	/	/	/
		Optimierung Wissensmanagement	/	/	/	/	/	+	+	+	+	+	+	++	+	+	+	++	/
	c	Gleichbleibende Qualität	+	/	+	/	+	+	+	++	/	+	/	+	/	++	/	/	/
		Innovation	++	/	/	+	/	/	/	/	/	/	/	/	/	/	/	/	/
Kosten	a	Reduktion Total Cost of Ownership	/	++	+	+	++	+	+	++	/	++	++	/	+	++	+	+	+
		Reduktion Werkzeugpreis	/	++	+	/	+	/	/	/	/	/	/	/	/	/	/	/	+
	b	Kostentransparenz	/	/	/	/	/	/	/	+	/	+	++	++	/	/	+	++	/
		Reduktion Reparaturkosten	/	+	+	/	/	/	/	++	/	++	++	/	/	+	/	/	/
		Reduktion Instandhaltungskosten	/	+	+	/	/	/	/	++	/	++	++	/	/	+	/	/	/
	c	Reduktion Artikelkosten pro Stück	+	+	+	/	/	/	/	+	/	+	+	/	/	++	/	/	+
		Verkürzung Amortisationsdauer	+	+	+	+	+	/	/	+	/	+	+	/	/	++	+	/	+
Zeit	a	Verkürzung Time-to-Market	+	+	+	/	/	+	/	/	/	/	/	/	/	/	/	/	+
		Liefertermintreue zum WZB-Kunden	+	+	+	/	/	++	/	+	/	/	+	/	/	+	/	/	+
	b	Reduktion Zykluszeit	+	+	++	/	/	/	/	/	/	/	/	/	/	+	/	/	/
		Prozessoptimierung	/	/	++	/	/	+	+	++	+	+	+	+	+	++	/	/	/
		Informationstransparenz	/	/	/	/	/	/	/	++	++	+	+	++	++	+	/	++	/
	c	Erhöhung Durchsatz	/	/	/	/	+	/	/	+	/	+	/	/	/	++	/	/	/
		Liefertermintreue zum Endkunden	/	/	/	/	/	+	+	+	/	+	+	/	+	++	/	/	+
Flexibilität	a	Erhöhung Maschineneinsatzspektrum	/	++	++	+	/	/	/	/	/	/	/	/	/	/	/	/	+
		Umsetzung Change Requests (P.-entw.)	++	/	/	/	/	/	/	/	/	/	/	/	/	/	/	/	+
	b	Ersatzteilverfügbarkeit	+	+	/	/	++	/	/	+	/	+	/	/	/	+	/	/	/
		Reaktionsfähigkeit	/	/	/	/	++	/	/	++	+	+	+	+	/	+	/	/	+
		Bedarfsorientierung	/	+	+	/	+	/	/	++	/	+	/	/	/	+	/	/	/
		Verkürzung Rüstzeit	/	+	/	/	/	+	++	/	/	+	/	/	/	/	/	/	/
	c	Individualisierte Produkte	++	/	/	/	/	/	/	/	/	/	/	/	/	/	/	/	/
		Umsetzung Change Requests (S.-prod.)	++	/	/	/	/	/	/	/	/	/	/	/	/	/	/	/	+

1 Werkzeugentwicklung
2 Werkzeuginbetriebnahme
3 Werkzeugnutzung
4 Werkzeugausmusterung

a Werkzeug
b Serienproduktionsprozess
c Endprodukt

P.-entw.: Produktentwicklung
S.-prod.: Serienproduktion

Abbildung 81: Werkzeugbauspezifische Korrelationsbeziehungen zwischen Leistungsangebot und Kundennutzen[721]

Zusammenfassend liegen dem Anwender mit Abschluss von Schritt B1 folgende Ergebnisse vor:

- Definierte werkzeugbauspezifische Leistungsangebote im Falle einer Erweiterung des entwickelten Katalogs
- Ausgewählte werkzeugbauspezifische Leistungsangebote zur Adressierung des identifizierten Kundennutzens

[721] Eigene Darstellung.

5.2.1.3 Definition von datenbasierten Leistungskategorien

Nachdem im vorherigen Schritt B1 ein oder mehrere werkzeugbauspezifische Leistungsangebote ausgewählt wurden, um einen beim Kunden gewünschten Nutzen zu erzeugen, soll im folgenden Schritt B2 eine datenbasierte Erweiterung der jeweiligen Leistungsangebote erfolgen. Die Motivation für diese Erweiterung liegt darin begründet, dass datenbasierte Leistungsangebote ein signifikant höheres Potenzial aufweisen, einen individuellen, anforderungsgerechten sowie wettbewerbsdifferenzierenden Kundennutzen zu erzeugen (vgl. Kapitel 2.2.2).

Im Rahmen von Kapitel 2.3.3.3 wurden die wissenschaftlichen Definitionen von datenbasierten Dienstleistungen für den Werkzeugbau eingeführt. Im Zuge dieser Definitionen werden datenbasierte Dienstleistungen in vier unterschiedliche Komplexitätsstufen differenziert:

- Komplexitätsstufe 1: Deskriptive datenbasierte Dienstleistungen,
- Komplexitätsstufe 2: Diagnostische datenbasierte Dienstleistungen,
- Komplexitätsstufe 3: Prädiktive datenbasierte Dienstleistungen und
- Komplexitätsstufe 4: Präskriptive datenbasierte Dienstleistungen.

Da die analogen Leistungsangebote aus Schritt B1 inhaltlich um eine datenbasierte Komplexität weiterentwickelt werden sollen, sind zu diesem Zeitpunkt der Methodik prozessuale und technologische Voraussetzung irrelevant. Fokussiert wird eine kreative, inhaltliche Weiterentwicklung zur Definition von datenbasierten Dienstleistungen. Eine zu frühe Berücksichtigung von Auslegungsvoraussetzungen wirkt für den Kreativitätsprozess hinderlich. Die Ursache, warum die Definition datenbasierter Dienstleistungen als Kreativitätsprozess verstanden werden muss, liegt darin begründet, dass datenbasierte Dienstleistungen bislang kaum in der Branche Werkzeugbau verbreitet sind (vgl. Kapitel 2.3.3.3). Werkzeugbaubetriebe benötigen daher ein methodisches Vorgehen, welches sie dazu befähigt, analoge Leistungsangebote in datenbasierte Leistungsangebote zu überführen.

Grundvoraussetzung hierfür ist die Beschreibung verschiedener inhaltlicher Kategorien der jeweiligen Komplexitätsstufen. Diese sollen dem Anwender der Methodik dabei helfen, die unterschiedlichen Komplexitätsstufen datenbasierter Dienstleistungen zu definieren. Die Abbildung 82 zeigt diese verschiedenen inhaltlichen Kategorien mit ihren jeweiligen Ausprägungen für die einzelnen Komplexitätsstufen, welche im Folgenden erläutert werden.

Eine inhaltliche Kategorie ist der **Informationsgehalt**. Mit dieser Inhaltskategorie wird je datenbasierter Komplexitätsstufe beschrieben, welche Informationen durch die datenbasierte Dienstleistung bereitgestellt werden. Die Ausprägung dieser Kategorie für deskriptive datenbasierte Dienstleistungen ist die *Visualisierung des Status quo*. Dies bedeutet, dass Informationen erzeugt werden, die eine gesteigerte Sichtbarkeit sowie Transparenz von Ereignissen und Vorgängen ermöglichen. Hierdurch kann z. B. der Verschleißzustand einzelner Bauteile im Werkzeug visualisiert werden. Die Ausprägung für diagnostische datenbasierte Dienstleistungen ist die *Visualisierung von Ursachen*. Es werden Ursache-Wirkungszusammenhänge ermittelt, wodurch die Informationen der ersten Komplexitätsstufe um Begründungen erweitert werden. Bezogen auf den Verschleißzustand einzelner Werkzeugbauteile bedeutet dies z. B., dass visualisiert wird, warum sich der Verschleißzustand geändert hat. Bei der Ausprägung für prädiktive datenbasierte Dienstleistungen handelt es sich um eine *Visualisierung von Prognosen*. Es können zukünftige Zustände prognostiziert werden, die einen zeitlichen Vorsprung für das Auftreten von Ereignissen erzeugen. So können bspw. kritische Verschleißzustände einzelner Werkzeugbauteile während der Serienproduktion vorausgesagt werden, wodurch unvorhergesehene Werkzeugreparaturen vermieden werden können. Die Ausprägung für präskriptive datenbasierte Dienstleistungen lautet *Visualisierung und Optimierung*. Der Informationsgehalt dieser Komplexitätsstufe ist, dass alle Informationen der vorherigen Stufen enthalten und darüber hinaus Zustandsoptimierungen von Prozessen möglich sind. So wird bspw. aufgezeigt, wie dem Verschleiß einzelner Komponenten während der Werkzeugnutzung entgegengewirkt werden kann.

	Deskriptive datenbasierte Dienstleistungen	Diagnostische datenbasierte Dienstleistungen	Prädiktive datenbasierte Dienstleistungen	Präskriptive datenbasierte Dienstleistungen
Informations-gehalt	Visualisierung des Status quo	Visualisierung von Ursachen	Visualisierung von Prognosen	Prozessvisualisierung und -optimierung
Entscheidungs-durchführung	Hoher menschlicher Input zur Entscheidung	Mittlerer menschlicher Input zur Entscheidung	Geringer menschlicher Input zur Entscheidung	Optionaler menschlicher Input oder autonome Aktion
Handlungszeit-rahmen	Reaktiv, vergangenheitsorientiert		Proaktiv, zukunftsorientiert	

Legende
■ Komplexitätsstufen datenbasierter Dienstleistungen
□ Inhaltliche Kategorien datenbasierter Dienstleistungen

Abbildung 82: Kategorien zur inhaltlichen Beschreibung datenbasierter Dienstleistungen verschiedener Komplexitätsstufen[722]

Eine weitere inhaltliche Kategorie zur Beschreibung datenbasierter Dienstleistungen ist die **Entscheidungsdurchführung**, die aus der Informationsaussage abgeleitet werden kann. Mit dieser Inhaltskategorie wird je datenbasierter Komplexitätsstufe beschrieben, welcher menschliche Input notwendig ist, um eine Entscheidung zu treffen bzw. eine Maßnahme durchzuführen. Die Kategorieausprägung für deskriptive datenbasierte Dienstleistungen ist *Hoher menschlicher Input zur Entscheidung*. Die Informationsaussage der ersten Komplexitätsstufe verschafft zwar eine gesteigerte Transparenz sowie Sichtbarkeit, die bei der Entscheidungsfindung unterstützt, allerdings ist für die richtige Entscheidung auf Basis der bereitgestellten Informationen bspw. viel werkzeugbauspezifisches Erfahrungswissen nötig. Die Ausprägung für diagnostische datenbasierte Dienstleistungen ist *Mittlerer menschlicher Input zur Entscheidung*. Weiterhin müssen aus den zur Verfügung gestellten Informationen Entscheidungen und geeignete Maßnahmen manuell abgeleitet werden. Allerdings wird dies erleichtert, da Ursachen für bestimmte Werkzeugzustände bekannt sind. Dieser manuelle Aufwand wird bei prädiktiven datenbasierten Dienstleistungen durch die Kategorie *Geringer menschlicher Input zur Entscheidung* zusätzlich reduziert. Durch die Prognose zukünftiger Ereignisse wird der Aufwand zur Entscheidungsfindung und Maßnahmenableitung während der Werkzeugnutzung verringert. Die Ausprägung für präskriptive datenbasierte Dienstleistungen lautet *Optionaler*

[722] Eigene Darstellung.

menschlicher Input oder autonome Aktion. Die datenbasierten Dienstleistungen dieser Komplexitätsstufe können inhaltlich so ausgelegt werden, dass sie einerseits Entscheidungsempfehlungen bereitstellen, denen der Anwender durch eine Auswahl Folge leisten kann. Andererseits können diese datenbasierten Dienstleistungen so ausgelegt werden, dass eine autonome Maßnahmenausführung erfolgt, für die kein menschlicher Input notwendig ist. Bezogen auf das vorherige Beispiel zum Verschleiß von Werkzeugbauteilen bedeutet dies, dass eine automatische Parameteranpassung des technischen Systems, etwa von Zuhaltekräften, den Bauteilverschleiß reduziert.

Die dritte inhaltliche Kategorie ist der **Handlungszeitrahmen**. Bei der Definition von datenbasierten Dienstleistungen kann zwischen zwei Betrachtungsperspektiven differenziert werden. Hierzu zählen die Perspektiven *Reaktiv, vergangenheitsorientiert* sowie *Proaktiv, zukunftsorientiert*. Die ersten beiden Komplexitätsstufen datenbasierter Dienstleistungen helfen inhaltlich dabei, auftretende Ereignisse besser zu verstehen und auf diese zu reagieren. Die letzten beiden Komplexitätsstufen weisen dagegen eine inhaltliche Zukunftsorientierung auf, die den Dienstleistungsanwender dazu befähigt, auf zukünftige Ereignisse proaktiv reagieren zu können.

Nachdem alle inhaltlichen Kategorien mit ihren jeweiligen Ausprägungen für datenbasierte Dienstleistungen unterschiedlicher Komplexitätsstufen beschrieben wurden, wird im Folgenden ein methodisches Vorgehen aufgezeigt, um werkzeugbauspezifische datenbasierte Leistungskategorien zu definieren. Dieser Prozess ist als ein Kreativitätsprozess zu verstehen. Der Prozess wird anhand einer Workshopvorlage erläutert. Der Workshop kann dabei alleine oder in einer Gruppe durchgeführt werden. Die Vorlage ist in Abbildung 83 dargestellt. Die Anwendung der Vorlage und das damit verbundene Vorgehen werden im weiteren Verlauf erläutert.

Zunächst wird der zu erzeugende Kundennutzen verschriftlicht. Im Anschluss erfolgt die Dokumentation des in Schritt B1 ausgewählten Leistungsangebots, mit dem der Kundennutzen adressiert werden soll. Darauf aufbauend werden als nächster Schritt die Defizite dieses analogen Leistungsangebots für die Erzeugung des Kundennutzens beschrieben. Dabei spielt es für den Werkzeugbaubetrieb als Methodikanwender keine Rolle, ob das Leistungsangebot aktuell offeriert wird. Falls sich das Leistungsangebot bereits im Portfolio des Werkzeugbaubetriebs befindet, erleichtert es die Benennung der Defizite, weil diese aus einer eigenen Status quo Perspektive beschrieben werden können. Diese drei Vorschritte sind unabdingbar, bevor das analoge Leistungsangebot hinsichtlich einer datenbasierten Komplexität erweitert bzw. definiert werden kann. Somit sind alle Informationen auf einen Blick ersichtlich, die für den Kreativitätsprozess berücksichtigt werden müssen. Des Weiteren regt die Nennung der Defizite die Kreativität zur Lösungsfindung an, da diese Defizite durch datenbasierte Komplexitätsstufen als Lösungen überwunden werden sollen.

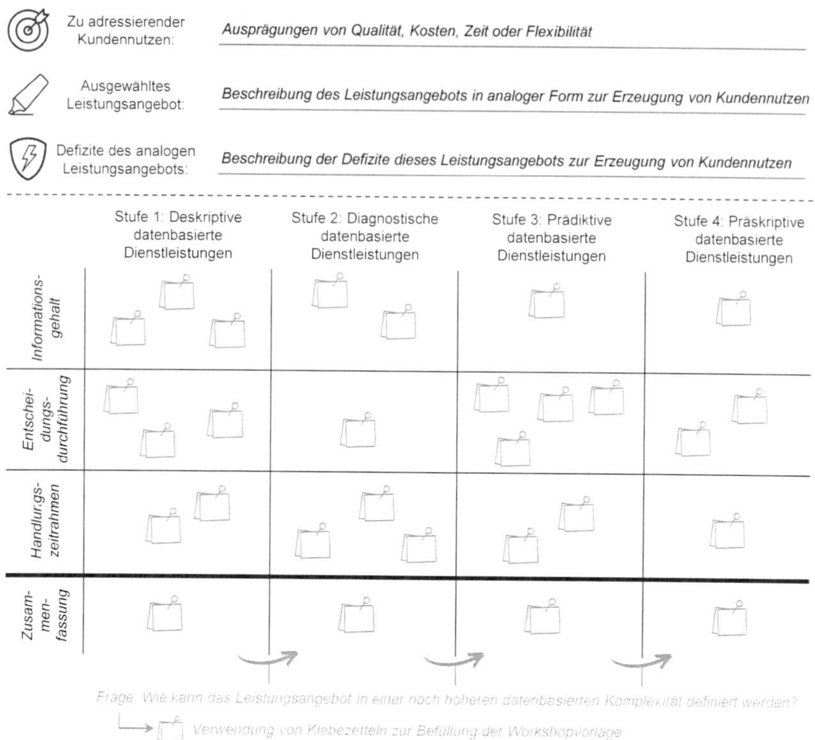

Abbildung 83: Vorlage zur Definition werkzeugbauspezifischer datenbasierter Leistungsangebote[723]

Darauf aufbauend erfolgt die Weiterentwicklung des analogen Leistungsangebots für die erste Komplexitätsstufe datenbasierter Dienstleistungen. Wie eingangs von Schritt B2 erläutert, können datenbasierte Dienstleistungen in drei Kategorien zur inhaltlichen Beschreibung subsummiert werden. Während der Vorgehensanwendung des Workshops wird empfohlen, z. B. Klebezettel zu verwenden, auf denen die einzelnen Gedanken zu diesen jeweiligen inhaltlichen Kategorien gesammelt werden. Hierdurch entstehen mehrere Möglichkeiten, wie datenbasierte Dienstleistungen zu dem jeweiligen analogen Leistungsangebot inhaltlich ausgestaltet sein können. Nachdem alle Kategorien inhaltlich bearbeitet wurden, können in der untersten Zeile der Workshopvorlage die Inhalte der einzelnen Kategorien zu ganzheitlichen datenbasierten Dienstleistungen konsolidiert werden. Sie repräsentieren die definierten deskriptiven datenbasierten Dienstleistungen zur Erzeugung des zu adressierenden Kundennutzens. Nachdem die Definition datenbasierter Dienstleistungen der ersten Komplexitätsstufe abgeschlossen ist, muss sich der Anwender fragen, ob eine noch komplexere Auslegung der datenbasierten Dienstleistung potenziell denkbar ist. Als Hilfsmittel kann hierfür eine Recherche

[723] Eigene Darstellung.

von Best-Practices aus anderen Branchen verwendet werden. Lösungen, die bereits in anderen Unternehmen angewandt oder von anderen Institutionen erforscht werden, können dabei helfen einzuschätzen, ob eine noch komplexere Auslegung der datenbasierten Dienstleistung potenziell möglich ist. Falls ja, wiederholt sich die Befüllung der inhaltlichen Kategorien der jeweiligen Komplexitätsstufe. Falls nein, endet die Befüllung der Vorlage mit dieser Komplexitätsstufe. Hierbei ist für den Anwender wichtig zu verstehen, dass nicht für alle Leistungsangebote vier datenbasierte Komplexitätsstufen existieren. Vielmehr kann die Definition datenbasierter Dienstleistung auf einer unteren Komplexitätsstufe enden, da eine inhaltliche Weiterentwicklung nicht möglich ist.

Nachdem die Befüllung der Vorlage abgeschlossen ist, muss entschieden werden, welche Komplexitätsstufe der jeweiligen datenbasierten Dienstleistung im weiteren Verlauf der Methodik ausgelegt werden soll. Das Ergebnis kann auch sein, dass mehrere Komplexitätsstufen einer datenbasierten Dienstleistung ausgelegt werden sollen, welche abschließend in Schritt F hinsichtlich einer Einführung gegeneinander bewertet werden.

Zusammenfassend kann konstatiert werden, dass es sich bei der zuvor präsentierten Workshopvorlage und deren Verwendung um ein methodisches Vorgehen handelt, mit dem zielgerichtet datenbasierte Dienstleistungen unterschiedlicher Komplexitätsstufen definiert werden können. Die bereits mehrfach praktizierte Anwendung dieses Vorgehens durch den Autor mit Werkzeugbaubetrieben hat gezeigt, dass die Ergebnisse der Definition datenbasierter Dienstleistungen deutlich besser sind, wenn die Befüllung der Vorlage in einer Gruppe und im Zuge von gemeinsamen Diskussionen erfolgt.

Zusammenfassend liegen dem Anwender mit Abschluss von Schritt B2 folgende Ergebnisse vor:

- Definierte datenbasierte Leistungskategorien unterschiedlicher Komplexitätsstufen
- Ausgewählte datenbasierte Dienstleistungen, welche im weiteren Verlauf der Methodik ausgelegt werden

5.3 Detaillierung der Auslegungsphase

Die Auslegung als dritte Phase der Methodik zur Definition und Auslegung datenbasierter Dienstleistungen beinhaltet insgesamt drei Schritte. Ziel der Auslegungsphase ist die Konkretisierung der in Schritt B definierten datenbasierten Dienstleistungen, um die in Schritt A identifizierten Kundenbedürfnisse individuell befriedigen zu können. Zur Auslegung datenbasierter Dienstleistungen zählen die Konkretisierung der Leistungserbringung (Schritt C) und des erforderlichen Datenmodells (Schritt D) sowie die Entwicklung des Ertragsmodells (Schritt E). Die Auslegung erfolgt unter Berücksichtigung der definierten Komplexitätsstufe der jeweiligen datenbasierten Dienstleistung aus Schritt B. Dies bedeutet, dass während der Auslegungsphase Unterschiede für die Methodikanwendung hinsichtlich der jeweiligen Komplexitätsstufen an erforderlichen Stellen beschrieben werden.

Des Weiteren beziehen sich die anschließenden Beschreibungen der Auslegungsphase überwiegend auf die Auslegung datenbasierter Dienstleistungen der Werkzeuglebenszyklusphasen Inbetriebnahme, Nutzung sowie Ausmusterung. Ursache hierfür ist, dass datenbasierte Dienstleistungen während der Werkzeugentwicklung deutlich geringere Auslegungskomplexität beinhalten. In dieser Phase existiert noch kein Werkzeug, welches außerhalb der Systemgrenze Werkzeugbau Verwendung findet. Die Leistungserbringung, z. B. für eine Produktentwicklungsberatung, beinhaltet lediglich den Austausch von Informationen, die an keine bis wenige sensible Umfeldparameter gekoppelt sind.

5.3.1 Schritt C: Auslegung der Leistungserbringung

Als Startpunkt der Auslegungsphase erfolgt die Auslegung der Leistungserbringung im Rahmen von zwei Detailschritten. Ziel von Schritt C ist die Beschreibung der notwendigen Prozesse zwischen Kunde und Werkzeugbaubetrieb als Anbieter zur Erbringung der definierten datenbasierten Dienstleistungen. Vor den Ausführungen der beiden Detailschritte *Definition der Dienstleistungsprozessschritte* sowie *Konzeptionierung der Interaktion und Schnittstellen* zwischen Kunde und Werkzeugbaubetrieb werden die erforderlichen Grundlagen erläutert.

5.3.1.1 Grundlagen

Für die Erbringung von datenbasierten Dienstleistungen sind Interaktionen zwischen Kunde und Anbieter erforderlich[724, 725]. Um die notwendigen Interaktionen und Schnittstellen beschreiben zu können, ist eine Betrachtung der erforderlichen Prozesse beider Parteien zur Leistungserbringung unumgänglich. Im wissenschaftlichen Diskurs existieren vielfältige Prozessbegriffsdefinitionen, was unter anderem durch die Literaturanalyse von HILMER mit über 100 verschiedenen Quellen belegt wird[726]. Im weiteren Verlauf der Arbeit soll in Anlehnung an die Prozessdefinition der DIN EN ISO 9000[727] unter dem Prozessbegriff die Folge von Aktivitäten verstanden werden, die aus diversen Inputs einen bestimmten Output erzeugen[728]. Wird dieses traditionelle Prozessverständnis in Verbindung mit einem Anbieter-Kunden-Verhältnis gebracht, ist in der Wissenschaft von den sogenannten Geschäftsprozessen die Rede. Geschäftsprozesse weisen im Unterschied zum traditionellen Prozessverständnis eine deutlich höhere Kundenorientierung auf.[729] So definiert BERGSMANN Geschäftsprozesse als „die Abfolge aller notwendigen und direkt mit dem Geschäftsfall verbundenen Tätigkeiten zur Erstellung einer Leistung für einen Kunden, mit der bei diesem ein vorausgehender Bedarf gedeckt wird und die daher für diesen von Wert ist […]“[730].

Durch die in Kapitel 3 durchgeführte Literaturanalyse konnte identifiziert werden, dass sich für die Auslegung von Geschäftsprozessen für Dienstleistungen insbesondere der Ansatz des Service Blueprinting eignet (vgl. Kapitel 3.2.8 und Kapitel 3.2.9). Diese Methode des Service

[724] Vgl. Zolnowski et al. (Data-Driven Business Models), 2017, S. 182.
[725] Vgl. Wünderlich et al. (Smart Interactive Services), 2013, S. 3.
[726] Vgl. Hilmer (Prozessmanagement), 2016, S. 268 ff.
[727] Vgl. Deutsches Institut für Normung e. V. (DIN EN ISO 9000: Qualitätsmanagementsysteme), 2015, S. 33.
[728] Vgl. Schmelzer; Sesselmann (Geschäftsprozessmanagement), 2010, S. 62.
[729] Vgl. Bergsmann (End-to-End-Geschäftsprozessmanagement), 2012, S. 30.
[730] Vgl. Bergsmann (End-to-End-Geschäftsprozessmanagement), 2012, S. 29.

Blueprinting unterstützt das Management eines Unternehmens bei der Entwicklung von Dienstleistungen[731]. Beim Service Blueprinting werden Dienstleistungsprozesse und die hieraus resultierenden Interaktionen mit Kunden fokussiert[732]. Erstmals beschrieben wurde das Service Blueprinting bereits im Jahr 1982 von SHOSTACK[733]. Im weiteren Verlauf der Arbeit wird allerdings Bezug auf die Beschreibungen von BITNER ET AL.[734] genommen, da die Autorinnen eine Weiterentwicklung im Sinne einer höheren Kundenorientierung bei der Dienstleistungsprozessauslegung vornehmen.

Die Entwicklung eines Service Blueprints für Dienstleistungen setzt sich aus insgesamt fünf Ebenen zusammen. Diese sind die physische Präsenz (Physical Evidence), Kunden-Aktivitäten (Customer Actions), Onstage-Aktivitäten (Onstage/Visible Contact Employee Actions), Backstage-Aktivitäten (Backstage/Invisible Contact Employee Actions) sowie Unterstützungs-Aktivitäten (Support Processes). Hinzu kommen die drei Trennebenen Interaktionslinie (Line of Interaction), Sichtbarkeitslinie (Line of Visibilty) sowie die Linie der internen Interaktion (Line of Internal Interaction).[735] Abbildung 84 zeigt einen Überblick bezüglich des allgemeinen Aufbaus eines Service Blueprints.

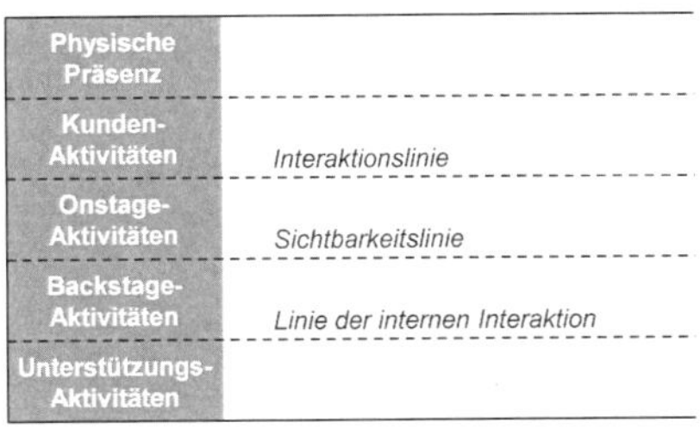

Abbildung 84: Komponenten des Service Blueprinting Ansatzes nach BITNER ET AL.[736]

Die physische Präsenz als oberste Ebene repräsentiert alle tangiblen Gegenstände, mit denen die Kunden während der Dienstleistungserbringung in Berührung kommen. Auf der darunter liegenden Ebene, den Kunden-Aktivitäten, werden alle notwendigen Aktivitäten des Kunden aufgeführt, die für eine vollständige Dienstleistungserbringung erforderlich sind. Die Auslegung der Kunden-Aktivitäten bildet den Ausgangspunkt eines Service Blueprints. Zwischen dieser Ebene und der Ebene der Onstage-Aktivitäten liegt die Interaktionslinie. Sie signalisiert, dass bei einer Überquerung dieser Linie der Kunde mit dem Unternehmen in Kontakt tritt. Daher beinhaltet die Ebene der Onstage-Aktivitäten alle für den Kunden sichtbaren Aktivitäten, sodass eine Erbringung der Dienstleistung erfolgen kann. Zwischen den beiden Ebenen Onstage-Aktivtäten und Backstage-Aktivitäten liegt die Sichtbarkeitslinie, welche den für den Kunden sichtbaren vom unsichtbaren Aktivitätsbereich des Unternehmens abgrenzt. Folglich wer-

[731] Vgl. Shostack (Designing Services), 1984, S. 134.
[732] Vgl. Bitner et al. (Service Blueprinting), 2008, S. 67.
[733] Vgl. Shostack (How to Design a Service), 1982.
[734] Vgl. Bitner et al. (Service Blueprinting), 2008.
[735] Vgl. Bitner et al. (Service Blueprinting), 2008, S. 72.
[736] I. A. a. Bitner et al. (Service Blueprinting), 2008, S. 73.

den auf der Ebene der Backstage-Aktivitäten die für den Kunden nicht sichtbaren Unternehmensaktivitäten zur Dienstleistungserbringung dargestellt. Diese Ebene wird durch die Linie der internen Interaktion von der Ebene der Unterstützungs-Aktivitäten unterteilt. Die Unterstützungs-Aktivitäten repräsentieren alle unterstützenden Voraussetzungen, die zur Dienstleistungserbringung erforderlich sind, aber nicht direkt vom Kunden wahrgenommen werden.[737]

5.3.1.2 Definition der Dienstleistungsprozessschritte

Im Rahmen des ersten Schritts C1 steht die Bestimmung der erforderlichen Prozessschritte im Fokus, um datenbasierte Dienstleistungen zwischen dem Werkzeugbaubetrieb als Anbieter und deren Kunden realisieren zu können. Hierfür wird die Methodik des Service Blueprinting verwendet. Im Folgenden werden für die verschiedenen Ebenen des Service Blueprinting die erforderlichen Prozessschritte für alle Komplexitätsstufen datenbasierter Dienstleistungen definiert. Bei diesen Prozessschritten handelt es sich um die übergeordneten Prozessschritte, welche für die Leistungserbringung von datenbasierten Dienstleistungen zwingend erforderlich sind. Die Prozessschritte können jedoch durch Teilprozessschritte und Aktivitäten anwendungsfallspezifisch von dem Methodikanwender beliebig, gemäß dem Grundgedanken des Service Blueprinting, detailliert und ergänzt werden[738]. Nachdem alle zwingend erforderlichen Prozessschritte definiert sind, können im nächsten Schritt C2 die Interaktionen und Schnittstellen zwischen Kunde und Werkzeugbaubetrieb definiert werden.

Bei der Auslegung der Leistungserbringung von datenbasierten Dienstleistungen wird im Folgenden eine Anpassung des eigentlichen Service Blueprint Aufbaus nach Bitner et al. vorgenommen. Wie bereits in Kapitel 5.3.1.1 erlautert, repräsentiert die Ebene physische Präsenz (Physical Evidence) alle Objekte, mit denen ein Kunde während der Leistungserbringung in Berührung kommt. Dies kann bspw. eine Applikation auf einem mobilen Endgerät sein, welche die Prozessparameter des Werkzeugs während der Serienproduktion visualisiert. Da im Rahmen der Methodik allerdings die Auslegung dieser physischen Präsenz nicht zum Forschungsinhalt gehört, wird im weiteren Verlauf auf diese Ebene verzichtet. Dies ist insbesondere auf die hochgradige Individualität von Kundenwünschen in Bezug auf die physischen Objekte und Visualisierungsformen für datenbasierte Dienstleistungen zurückzuführen.

Im ersten Schritt wird die Auslegung der **Kunden-Aktivtäten** betrachtet. Die erforderlichen Aktivitäten für die Erbringung einer datenbasierten Dienstleistung können aus der Perspektive der Kunden sehr vielfältig sein. Daher werden im Folgenden acht übergeordnete Prozessschritte definiert, die vollständig oder in Teilen für die Erbringung datenbasierter Dienstleistungen von Kunden ausgeführt werden müssen (vgl. Abbildung 85).

[737] Vgl. Bitner et al. (Service Blueprinting), 2008, S. 72 f.
[738] Vgl. Bitner et al. (Service Blueprinting), 2008, S. 74.

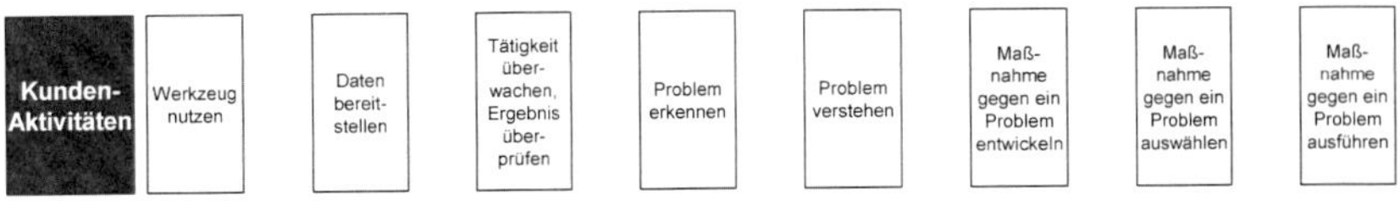

Abbildung 85: Prozessschritte der Ebene Kunden-Aktivitäten[739]

Der Prozessschritt *Werkzeug nutzen* repräsentiert die Erforderlichkeit, dass das Werkzeug zur datenbasierten Leistungserbringung in Verwendung sein muss. Dies kann bspw. während der Serienproduktion oder während der Qualifizierung des Werkzeugs der Fall sein. *Daten bereitstellen* beschreibt hingegen alle Aktivitäten, die erforderlich sind, damit die während der Werkzeugnutzung generierten Daten zur Dienstleistungserfüllung dem Werkzeugbaubetrieb für die Datenanalyse oder Datenverarbeitung zur Verfügung gestellt werden. Diese Daten können automatisch und, falls erforderlich, manuell erfasst sowie weitergeleitet werden. Im Prozessschritt *Tätigkeit überwachen, Ergebnis überprüfen* wird entweder die Tätigkeit parallel zur Werkzeugnutzung überwacht oder das Ergebnis der Leistungserbringung überprüft. Dies bedeutet, dass dem Kunden durch die datenbasierte Dienstleistung bspw. Informationen bereitgestellt werden, die permanent oder in definierten Zeitabständen kontrolliert werden müssen. Der Prozessschritt *Problem erkennen* beschreibt die Identifizierung eines Problems bei oder nach der Werkzeugnutzung durch Dateninterpretation. So ist es bei diesem Prozessschritt erforderlich, dass der Kunde die durchgeführte Tätigkeit oder die bereitgestellten Informationen durch die datenbasierte Dienstleistung eigenständig auf potenzielle Anomalien interpretiert. Der Begriff Problem repräsentiert hierbei jegliche Form von Störungen und Hindernissen. Ein *Problem verstehen* beschreibt hingegen alle Prozesse zur Ursachenidentifizierung von entstandenen Problemen. Des Weiteren müssen die Kunden in diesem Prozessschritt die Auswirkungen der identifizierten Probleme verstehen. Darauf aufbauend werden bei dem Prozess *Maßnahme gegen ein Problem entwickeln* durch den Kunden eine oder mehrere Maßnahmen erarbeitet, um ein Problem zu lösen. Stehen mehrere Maßnahmen zur Problembehebung zur Verfügung, muss die optimalste *Maßnahme gegen ein Problem ausgewählt werden.* Schließlich kann es bei datenbasierten Dienstleistungen vorkommen, dass der Kunde den Prozessschritt *Maßnahme gegen ein Problem ausführen* anwenden muss. Vor diesem Hintergrund werden lediglich die notwendigen Aktivitäten seitens des Kunden betrachtet. Dies bedeutet, dass der Kunde eigenständig Aktivitäten durchführt, um ein identifiziertes sowie interpretiertes Problem zu lösen.

Die Ebene der **Onstage-Aktivitäten** umfasst alle sichtbaren Prozessschritte des Werkzeugbaubetriebs für den Kunden zur Leistungserbringung einer datenbasierten Dienstleistung. Die erforderlichen Prozesse von Werkzeugbaubetrieben für datenbasierte Dienstleistungen auf der Onstage-Ebene lassen sich in die unterschiedlichen Komplexitätsstufen differenzieren. Im Folgenden werden alle notwendigen übergeordneten Prozesse aufgeführt, um die komplexeste Form von datenbasierten Dienstleistungen, die präskriptiven datenbasierten Dienstleistungen, zu realisieren. Die Abbildung 86 ist so zu interpretieren, dass die Prozesse der ver-

[739] Eigene Darstellung.

schiedenen Komplexitätsstufen aufeinander aufbauen. Dies bedeutet, dass die Leistungserbringung von präskriptiven datenbasierten Dienstleistungen die Umsetzbarkeit aller Prozesse der vorherigen Komplexitätsstufen erfordert. Dies wird ebenfalls durch den verwendeten Farbkodex deutlich. Orange gefärbte Prozessschritte sind für alle Komplexitätsstufen (Stufe 1 bis 4) erforderlich. Lila gefärbte Prozessschritte repräsentieren Prozesse für diagnostische datenbasierte Dienstleistungen (Stufe 2) und sind für alle datenbasierten Dienstleistungen, bis auf die deskriptiven datenbasierten Dienstleistungen (Stufe 1), erforderlich. Grün gefärbte Prozessschritte sind für prädiktive (Stufe 3) und präskriptive (Stufe 4) datenbasierte Dienstleistungen erforderlich. Hellblau gefärbte Prozessschritte werden lediglich für präskriptive datenbasierte Dienstleistungen (Stufe 4) benötigt.

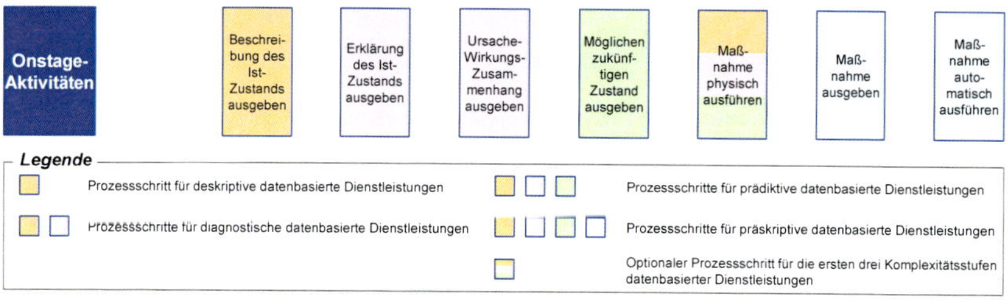

Abbildung 86: Prozessschritte der Ebene Onstage-Aktivitäten[740]

Mit *Beschreibung des Ist-Zustands ausgeben* umfassen deskriptive datenbasierte Dienstleistungen einen übergeordneten Prozessschritt auf der Ebene der Onstage-Aktivitäten. Dieser Prozessschritt beschreibt, dass der Werkzeugbaubetrieb dem Kunden die Darstellung des Ist-Zustands zur Verfügung stellt. Der Ist-Zustand sowie der entsprechende Beschreibungsumfang hängen dabei vom Anwendungskontext ab. Diagnostische datenbasierte Dienstleistungen erfordern zwei weitere Prozessschritte. Im Zuge dessen ist einerseits die *Erklärung des Ist-Zustands* für den Kunden zu nennen, um im Sinne der Diagnostik Auslöser und Hintergründe für das Auftreten von Ereignissen zu erläutern. Dieser Prozessschritt repräsentiert Erklärungen des Ist-Zustands, die aufwandsarm durch einfache Datenanalyse oder ohne Datenanalyse aufgrund der Expertise des Werkzeugbaubetriebs erkannt werden können. Andererseits existiert eine Vielzahl auftretender Ereignisse, die für eine Erklärung eine *Ausgabe von Ursache-Wirkungs-Zusammenhängen* erfordern. Dies bedeutet, dass dem Kunden komplexe Zusammenhänge zwischen verschiedenen Prozessparametern aufgezeigt werden müssen. Hierfür sind systematische Datenanalysen zwingend erforderlich. Für die Realisierung von prädiktiven datenbasierten Dienstleistungen müssen durch den Werkzeugbaubetrieb *mögliche zukünftige Zustände ausgegeben werden.* Der Kunde muss eine Vorschau über den Werkzeugzustand erhalten, um z. B. Entscheidungen über die Aufrechterhaltung der Serienproduktion durch bedarfsgerechte Reparaturen und Instandhaltungen sicherstellen zu können.

Alle beschriebenen Prozesse der ersten drei Komplexitätsstufen datenbasierter Dienstleistungen auf der Ebene Onstage-Aktivitäten können um den Prozessschritt *Maßnahme physisch*

740 Eigene Darstellung.

ausführen ergänzt werden. Hierunter ist zu verstehen, dass für die Erbringung der datenbasierten Dienstleistungen für den Werkzeugbau zwei Optionen existieren. Zum einen kann die datenbasierte Dienstleistung darin bestehen, dem Kunden konkrete Informationen auf Basis des werkzeugbauspezifischen Know-hows bereitzustellen. Zum anderen kann die datenbasierte Dienstleistung darüber hinaus die hieraus resultierenden Maßnahmen, wie z. B. die Durchführung einer notwendigen Werkzeugreparatur, beinhalten. Ob die datenbasierte Dienstleistung eine physische Maßnahme für den Kunden inkludiert, ist anwendungsfallspezifisch.

Die Ebene der Onstage-Aktivitäten enthält für präskriptive datenbasierte Dienstleistungen zwei weitere Prozessschritte. Im Rahmen des Prozessschritts *Maßnahme ausgeben* werden durch eine datenbasierte Dienstleistung Maßnahmenvorschläge und bei Bedarf auch Maßnahmenempfehlungen an den Kunden ausgegeben. Die Ausgestaltung kann beinhalten, dass eine *Maßnahme* durch den Werkzeugbaubetrieb bzw. durch das datenbasierte Leistungsangebot *automatisch ausgeführt wird.*

Die Ebene der **Backstage-Aktivtäten** umfasst für dieses Forschungsvorhaben alle für den Kunden nicht sichtbaren Prozesse des Werkzeugbaubetriebs zur Erbringung von datenbasierten Dienstleistungen. Hierzu zählen jedoch keine Prozessschritte der systemischen Datenerfassung und -verarbeitung, da diese der Ebene Unterstützungs-Aktivitäten zuzuordnen sind. Alle Backstage-Aktivitäten setzen sich in derselben Farblogik zusammen wie die Onstage-Aktivtäten (vgl. Abbildung 87).

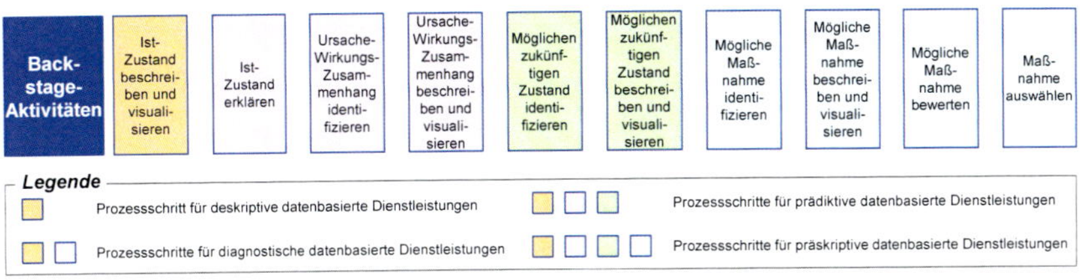

Abbildung 87: Prozessschritte der Ebene Backstage-Aktivitäten[741]

Deskriptive datenbasierte Dienstleistungen erfordern einen übergeordneten Prozessschritt auf der Ebene Backstage-Aktivtäten. Hierzu zählt die *Beschreibung und Visualisierung des Ist-Zustands*. Dies bedeutet, dass eine anwendungsfallspezifische und benutzerfreundliche Aufbereitung der benötigten Daten notwendig ist. Für die Leistungserbringung von diagnostischen datenbasierten Dienstleistungen sind drei zusätzliche Prozessschritte erforderlich. Darunter zählen die *Erklärung des Ist-Zustands*, die *Identifikation von Ursache-Wirkungszusammenhängen* sowie die *Beschreibung und Visualisierung dieser Ursache-Wirkungszusammenhänge*. Ergänzend hierzu sind für die Erbringung von prädiktiven datenbasierten Dienstleistungen zwei weitere Prozessschritte als Backstage-Aktivitäten notwendig. Neben der grundsätzlichen *Identifikation von Zukunftszuständen* müssen diese für eine Ausgabe an den Kunden *beschrieben und visualisiert werden*. Bei der Offerierung von präskriptiven datenbasierten

741 Eigene Darstellung.

Dienstleistungen müssen Werkzeugbaubetriebe vier weitere Backstage-Aktivtäten realisieren. Hierzu zählt, potenzielle *Maßnahmen* für die kundenindividuell vereinbarte Leistungserbringung *zu identifizieren*. Des Weiteren müssen diese *Maßnahmen* in einem zusätzlichen Prozessschritt anforderungsgerecht *beschrieben* und *visualisiert werden*. Der Prozessschritt *mögliche Maßnahmen bewerten* ist anschließend erforderlich, falls der Funktionsumfang der datenbasierten Dienstleistung eine Bewertung unterschiedlicher Lösungsvorschläge für die optimale Leistungserbringung erfordert. Darüber hinaus wird in dem Prozessschritt *Maßnahme auswählen* eine potenzielle Maßnahme zur optimalsten datenbasierten Leistungserbringung ausgewählt.

Die definierten Prozessschritte der beiden Ebenen Onstage- und Backstage-Aktivitäten verdeutlichen, dass alle übergeordneten Prozessschritte der Werkzeugbaubetriebe für die Leistungserbringung von datenbasierten Dienstleistungen systemische **Unterstützungs-Aktivitäten** erfordern. Ausnahmen können die Prozessschritte der deskriptiven datenbasierten Dienstleistung sowie der Prozessschritt *Maßnahme physisch ausführen* bilden. Folglich ist bei der Betrachtung der Unterstützungsprozesse die Berücksichtigung der technologisch, systemischen Voraussetzung zwingend erforderlich. Aufgrund dessen wird die Ebene der Unterstützungs-Aktivitäten definiert als die Ebene, welche alle übergeordneten Prozessschritte der automatischen Datenerfassung und -verarbeitung sowie die erforderlichen digitalen Schatten umfasst (vgl. Abbildung 88).

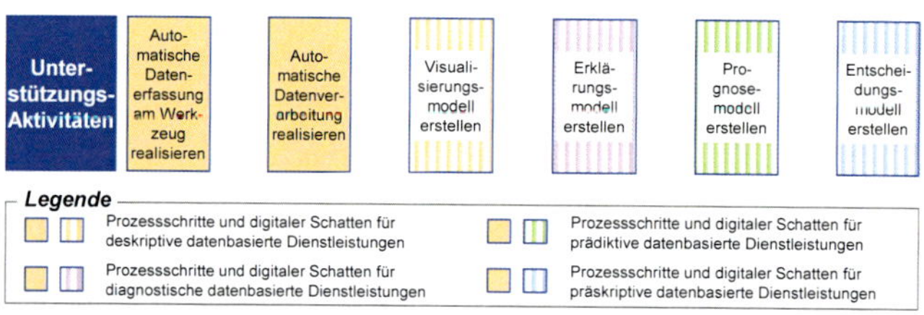

Abbildung 88: Prozessschritte der Ebene Unterstützungs-Aktivitäten[742]

Abbildung 88 zeigt vier schraffierte Elemente. Diese repräsentieren die übergeordneten Prozessschritte der systemischen Datenverarbeitung in Form von digitalen Schatten (vgl. Kapitel 2.1.1.1). Die schraffierten Prozessschritte sind lediglich für eine Komplexitätsstufe datenbasierter Dienstleistungen für die Darstellung des Service Blueprints erforderlich. Der Funktionsumfang eines digitalen Schattens einer höheren Komplexitätsstufe datenbasierter Dienstleistungen beinhaltet ebenfalls den jeweiligen Funktionsumfang der digitalen Schatten von niedrigeren Komplexitätsstufen. So besitzt bspw. ein Entscheidungsmodell auch die Fähigkeiten des Visualisierungs-, Erklärungs- und Prognosemodells.

Für die Leistungserbringung von deskriptiven datenbasierten Dienstleistungen sind auf der Ebene der Unterstützungs-Aktivitäten zwei Prozessschritte und die Erstellung eines Visualisierungsmodells als digitaler Schatten erforderlich. Der Prozessschritt *Automatische Datener-*

[742] Eigene Darstellung.

fassung am Werkzeug realisieren beschreibt, dass während der Werkzeugnutzung automatisch Daten am Werkzeug erhoben werden müssen. Die Anwendung intelligenter Werkzeuge ist folglich unabdingbar (vgl. Kapitel 2.3.3.3). Alle automatisch erfassten Daten und zusätzlich vom Kunden bereitgestellten Daten erfordern den Prozessschritt *Automatische Datenverarbeitung realisieren*, um datenbasierte Dienstleistungen umsetzen zu können. Diese beiden übergeordneten infrastrukturellen und technologischen Prozessschritte sind für alle Komplexitätsstufen datenbasierter Dienstleistungen auf der Ebene Unterstützungs-Aktivitäten erforderlich.

Gleiches gilt für die Erstellung des *Visualisierungsmodells*. Die Prozessschritte zur Erzeugung dieses digitalen Schattens ermöglichen die Erstellung von Visualisierungen der Ist-Situation auf Basis der erhobenen Daten. Ein Visualisierungsmodell zu erstellen ist daher auf der Ebene der Unterstützungs-Aktivitäten Voraussetzung für alle datenbasierten Dienstleistungen. Diagnostische datenbasierte Dienstleistungen erfordern hingegen die Erstellung eines *Erklärungsmodells*. Ergänzend zum Visualisierungsmodell sind hierdurch eine Erklärung der Ist-Situation sowie die Identifikation und Beschreibung von Ursache-Wirkungs-Zusammenhängen möglich. Für prädiktive datenbasierte Dienstleistungen ist hingegen die Erstellung eines *Prognosemodells* notwendig. Es repräsentiert eine Erweiterung des Erklärungsmodells und nutzt die identifizierten Ursache-Wirkungs-Zusammenhänge für die Prognose von zukünftigen Ereignissen. Präskriptive datenbasierte Dienstleistungen erfordern schließlich die Erstellung eines *Entscheidungsmodells*. Als Weiterentwicklung des Prognosemodells können mit dem Entscheidungsmodell Maßnahmen zur Reaktion auf auftretende sowie prognostizierte Ereignisse abgeleitet, bewertet oder selbstständig ausgeführt werden, falls dies kundenseitig erwünscht ist[743].

Abbildung 89 gibt einen zusammenfassenden Überblick des Service Blueprints zur Auslegung der Leistungserbringung von datenbasierten Dienstleistungen im Werkzeugbau. Alle aufgeführten Prozesse weisen die Inhärenz eines übergeordneten Charakters auf. Hierdurch kann ein Anwender der Methodik feststellen, welche Prozessschritte grundsätzlich auf Kunden- und Werkzeugbauseite zur Leistungserbringung von datenbasierten Dienstleistungen notwendig sind. Wie diese Prozessschritte im Detail ausgestaltet werden, erfolgt entsprechend der spezifischen datenbasierten Dienstleistung hochgradig individuell. Bei der individuellen Operationalisierung der Prozessschritte können außerdem zusätzliche Subprozesse je zuvor definiertem Prozess erforderlich sein, die in einer allgemeingültigen Methodik nicht abgebildet werden können. Im Zuge dessen muss einem Werkzeugbaubetrieb als Methodikanwender bewusst sein, dass eine Operationalisierung dieser Prozesse eine Zusammenarbeit und einen Austausch mit dem Kunden erfordert[744]. So ist bspw. die Darstellung der Onstage-Aktivitäten entsprechend der gewünschten User Experience des jeweiligen Kunden auszugestalten.

[743] Eine genauere Auslegung der jeweiligen digitalen Schatten erfolgt im nachfolgenden Schritt D in Form eines Datenmodells.

[744] Vgl. Wünderlich et al. (Smart Interactive Services), 2013, S. 5.

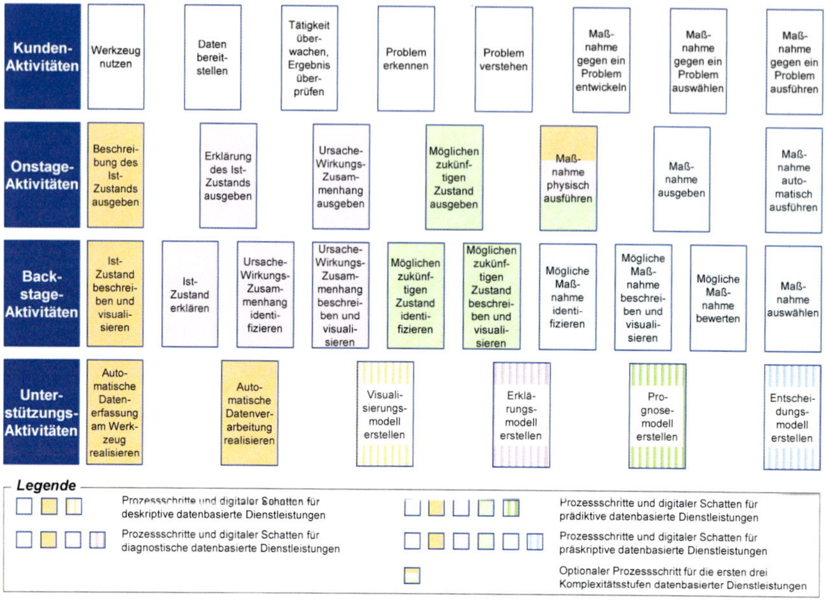

Abbildung 89: Service Blueprint Übersicht für die Leistungserbringung von datenbasierten Dienstleistungen im Werkzeugbau[745]

Zusammenfassend liegen dem Anwender mit Abschluss von Schritt C1 folgende Ergebnisse vor:

- Definierte kunden- und werkzeugbauseitige Prozessschritte sowie erforderliche digitale Schatten zur Leistungserbringung von datenbasierten Dienstleistungen je datenbasierter Komplexitätsstufe
- Differenzierte Prozessschritte hinsichtlich der Sichtbarkeit in Richtung des Kunden

5.3.1.3 Konzeptionierung der Interaktion und Schnittstellen

Im zweiten Detailschritt (Schritt C2) werden die in Schritt C1 definierten Prozessschritte zur Leistungserbringung von datenbasierten Dienstleistungen detailliert. Hierfür werden im Folgenden die Schnittstellen und Interaktionen zwischen den jeweiligen Prozessschritten und digitalen Schatten definiert. Die Service Blueprint Übersicht wird daher um Verknüpfungspfeile ergänzt. Des Weiteren können durch die Schnittstellen der Verknüpfungspfeile mit der *Interaktions- und Sichtbarkeitslinie* sowie der *Linie der internen Interaktion* wichtige Interaktionen zur Leistungserbringung visualisiert werden. Mithilfe der *Interaktionslinie* können somit im Service Blueprint die Anzahl sowie Zeitpunkte der Schnittstellen zwischen Kunde und Werkzeugbaubetrieb bei der Leistungserbringung von datenbasierten Dienstleistungen unterschiedlicher Komplexitätsstufen identifiziert sowie ausgelegt werden. Durch die *Sichtbarkeitslinie* wird für jede datenbasierte Dienstleistung erkannt, für welche Prozessschritte eine Sichtbarkeit hin

[745] Eigene Darstellung.

zum Kunden berücksichtigt werden muss. Hierbei muss stets die Kundenwahrnehmung für die Anforderungserfüllung bei der Prozessauslegung bedacht werden. Gleichzeitig kann anhand der Sichtbarkeitslinie abgelesen werden, welche Prozessschritte „im Hintergrund" des Werkzeugbaus für die Leistungserbringung notwendig sind. Unterhalb der *Linie der internen Interaktion* wird ersichtlich, wie die Prozesse zur automatischen Datenerfassung und -verarbeitung ausgelegt werden müssen sowie welcher digitaler Schatten für die Leistungserbringung erforderlich ist.

Abbildung 90 zeigt die Übersicht eines vollständigen Service Blueprints für die Leistungserbringung einer präskriptiven datenbasierten Dienstleistung im Werkzeugbau. Durch die Darstellung der höchsten Komplexitätsstufe datenbasierter Dienstleistungen kann auf die Visualisierungen der restlichen drei Komplexitätsstufen im Einzelnen verzichtet werden. Alle Prozessschritte für präskriptive datenbasierte Dienstleistungen (hellblau) erfordern ebenfalls die Prozessschritte der anderen drei Komplexitätsstufen (orange, lila und grün). Die Verknüpfungen der jeweiligen Komplexitätsstufen in Form von Pfeilen folgen derselben Logik und demselben Farbkodex. Oberhalb der Interaktionslinie handelt es sich um Prozessschritte und Verknüpfungen, die bei Kundenbedarf zusätzlich zu den zwingend erforderlichen Schnittstellen und Prozessen für präskriptive datenbasierte Dienstleistungen auszulegen sind.

Durch die übergreifende Verknüpfung der einzelnen Prozessschritte der Ebenen ist nun eine chronologische Anordnung aller Prozessschritte möglich. Während in Abbildung 89 die zeitliche Abfolge der Prozessschritte lediglich in den einzelnen Ebenen des Service Blueprints betrachtet werden kann, sind alle Prozessschritte in Abbildung 90 über die Ebenen hinweg in einem zeitlichen Verhältnis durch die Input- und Outputbeziehungen der Pfeile zueinander dargestellt. Auf der Ebene der Kunden-Aktivitäten könnten zwischen allen Prozessschritten Verknüpfungspfeile eingezeichnet werden[746]. So kann bspw. der Prozessschritt „Maßnahme gegen ein Problem ausführen" im Rahmen der ersten drei Komplexitätsstufen stets ausgeführt werden, obwohl keine direkten Verknüpfungen aus anderen Ebenen des Service Blueprints existieren.

Analog zum Schritt C1 wird im vollständigen Service Blueprint weiterhin bei allen Prozessschritten der Singular verwendet, z. B. „Maßnahme ausgeben" anstelle von „Maßnahmen ausgeben". Die Tätigkeiten in den Prozessschritten und damit die gesamten Prozesse mit ihren dazugehörigen Interaktionen können allerdings beliebig häufig wiederholt werden.

[746] Auf eine Verknüpfung der Prozessschritte der Ebene Kunden-Aktivtäten wird aus Gründen der Übersichtlichkeit verzichtet. Dies ist damit begründet, dass bereits in Kapitel 5.3.1.2 erläutert wurde, dass jeder Prozessschritt auf dieser Ebene Vorgänger bzw. Nachfolger von jedem anderen Prozessschritt sein kann.

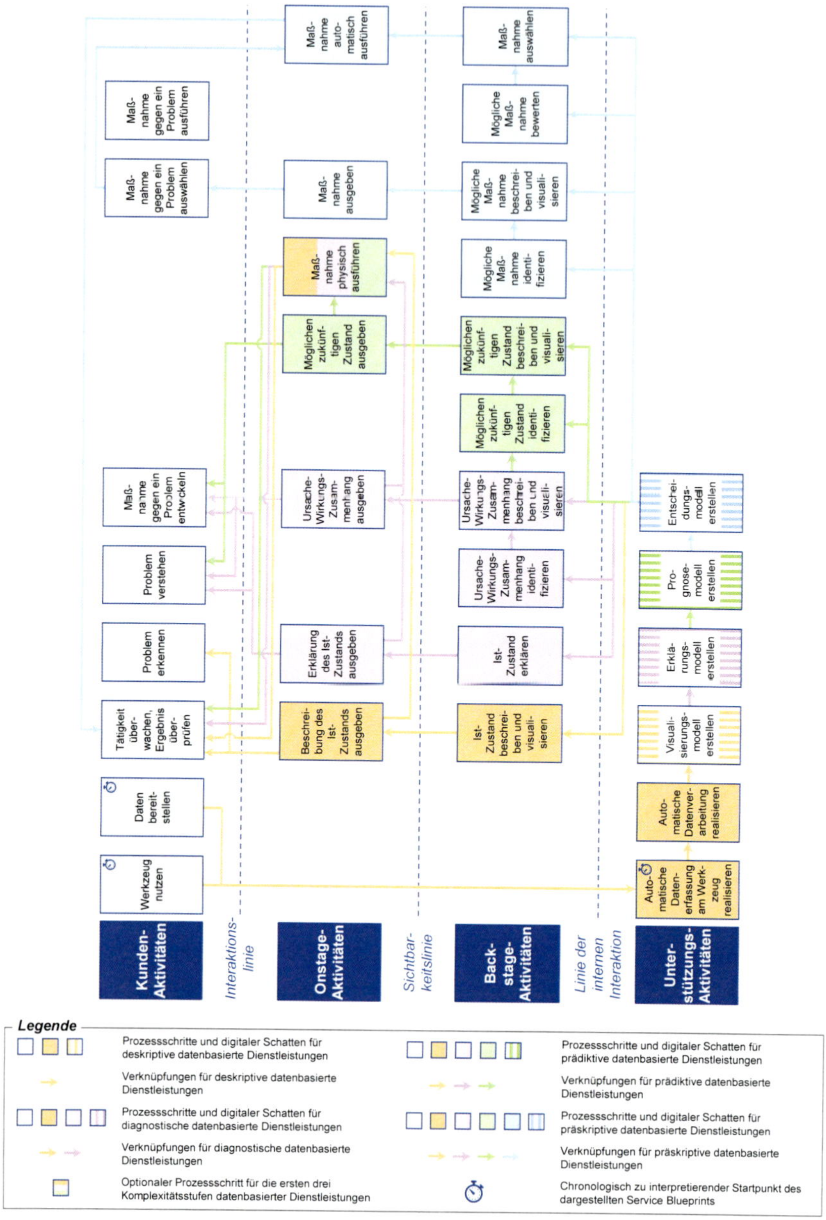

Abbildung 90: Service Blueprint für präskriptive datenbasierte Dienstleistungen[747]

---

[747] Eigene Darstellung.

Die vollständige Darstellung des Service Blueprints für präskriptive datenbasierte Dienstleistungen verdeutlicht, dass eine Vielzahl von Prozessschritten und Interaktionen mit dem Kunden zur erfolgreichen Realisierung nötig sind. Für die Leistungserbringung von präskriptiven datenbasierten Dienstleistungen bedarf es auf der Ebene der *Unterstützungs-Aktivitäten* eines Entscheidungsmodells. Ein Entscheidungsmodell umfasst zusätzlich die Fähigkeiten eines Visualisierungs-, Erklärungs- und Prognosemodells. Grundvoraussetzung für die Anwendung der digitalen Schatten ist, dass der Kunde die Daten der Werkzeugnutzung dem Werkzeugbaubetrieb zur Verfügung stellt. Aus diesem Datenaustausch resultiert chronologisch der erste zentrale Interaktionspunkt zwischen beiden Parteien. Besonderheit dieser unternehmensübergreifenden Interaktion ist, dass diese über den kompletten Lebenslauf der datenbasierten Dienstleistungserbringung ausgelegt werden muss. Der chronologisch zu interpretierende Startpunkt des dargestellten Service Blueprints ist durch Uhrzeitsymbole in den entsprechenden Prozessschritten der Abbildung 90 dargestellt.

Durch ein entwickeltes Entscheidungsmodell können alle Prozessschritte auf der Ebene der *Backstage-Aktivitäten* erbracht werden. Hierbei ist jedoch darauf zu achten, dass manche Prozessschritte erst realisiert werden können, wenn bestimmte prozessuale Voraussetzungen erfüllt sind. So erfordert bspw. eine diagnostische datenbasierte Dienstleistung (grün) den Prozessschritt zur Visualisierung eines möglichen zukünftigen Zustands. Dieser kann jedoch nur erfolgen, wenn Schnittstellen zu den hierfür erforderlichen prozessualen Voraussetzungen implementiert werden. Daher existieren chronologisch aufeinander aufbauende Verknüpfungspfeile (von links nach rechts) zwischen der Identifizierung und Visualisierung von Ursache-Wirkungs-Zusammenhängen sowie der Identifikation möglicher zukünftiger Zustände. Sollen aus diesen Backstage-Aktivitäten konkrete datenbasierte Dienstleistungen abgeleitet werden, müssen Werkzeugbaubetriebe diese generierten Informationen anschließend an den Kunden ausgeben. Es erfolgt somit die Überschreitung der Sichtbarkeitslinie in die jeweiligen darauf chronologisch aufbauenden Prozessschritte der *Onstage-Aktivitäten*. Die entsprechenden Verknüpfungspfeile in die jeweiligen Prozessschritte auf dieser Ebene verdeutlichen dies. Die Onstage-Aktivitäten münden darauf aufbauend in konkreten auszulegenden Interaktionen mit dem Kunden. Im Zuge dessen können für die ersten drei Komplexitätsstufen zwei unterschiedliche Optionen der Interaktion entstehen. Die erste Option beinhaltet die reine Informationsdarstellung für den Kunden. Dies bedeutet, dass bspw. ein zukünftiger Werkzeugzustand in Form einer Information für den Kunden prognostiziert wird. Auf Basis dieser Information muss ein Kunde anschließend eigenständig die Informationen verarbeiten und hieraus eine Maßnahme entwickeln sowie ausführen. Die Schnittstelle zum Kunden ist folglich durch die ausschließliche Informationsdarstellung motiviert. Die Schnittstellenauslegung erfordert daher die Abstimmung mit dem Kunden, wie die Informationen visualisiert und in welchen Zyklen diese bereitgestellt werden sollen. Die zweite Option beinhaltet dagegen die physische Ausführung einer Maßnahme durch den Werkzeugbaubetrieb. Dies bedeutet, dass bspw. aus der Information des Werkzeug-Ist-Zustands eine Werkzeugreparatur abgeleitet werden kann, die anschließend durch den Werkzeugbaubetrieb und nicht durch den Kunden ausgeführt wird. Bei diesen Maßnahmen handelt es sich um solche Maßnahmen, für deren Identifikation kein Entscheidungsmodell notwendig ist. Die Interaktion zwischen beiden Parteien beinhaltet in diesem Fall auch die Überwachung der Tätigkeit und die Überprüfung von Ergebnissen seitens des Kunden. Hierunter fällt z. B., dass Reparaturzeitpunkte mit dem Kunden abgestimmt werden müssen, damit die Serienproduktionsstillstände minimal sind. Folglich sind mit dem Kunden individuelle Schnittstellen auszulegen, sodass die physischen Leistungserbringungen als Komponente der datenbasierten Dienstleistungen realisiert werden können.

Die zuvor beschriebene zweite Option der physischen Maßnahme für die ersten drei Komplexitätsstufen sowie alle hieraus resultierenden Schnittstellen zwischen Kunde und Werkzeugbaubetrieb entfallen bei der Leistungserbringung von präskriptiven datenbasierten Dienstleistungen. Dies liegt darin begründet, dass mithilfe eines Entscheidungsmodells auf der Ebene der Backstage-Aktivitäten mögliche Maßnahmen identifiziert, visualisiert, bewertet und ausgewählt werden. Die Maßnahmenausführung erfolgt durch den Werkzeugbaubetrieb bzw. durch das entwickelte technische System des Werkzeugbaubetriebs stets automatisch. Im Zuge dessen kann einerseits der Fall eintreten, dass der Kunde eine automatische Maßnahmenausführung wünscht. Hieraus resultiert die alleinige Kundeninteraktion, dass dieser die Tätigkeit überwacht und das Ergebnis überprüft. Andererseits können datenbasierte Dienstleistungen der vierten Komplexitätsstufe vor der automatischen Maßnahmenausführung auf Wunsch eine zusätzliche Kundeninteraktion beinhalten. Bei dieser Schnittstelle handelt es sich um eine Art Freigabe der vorgeschlagenen Maßnahmen, die durch das technische System ausgeführt werden sollen, da eine automatische Maßnahmenausführung des Systems ohne menschliche Freigabe zu schwerwiegenden Folgen führen kann. Bei den intelligenten Werkzeugen und Produktionsmaschinen handelt es sich um äußerst komplexe technische Systeme, die eine Vielzahl von Prozessparametern erfassen. Die Wahrscheinlichkeit eines unerwarteten Störfaktors ist daher jederzeit real. Hieraus fehlgeleitete automatische Maßnahmen, z. B. zu hoher Zuhaltedruck der beiden Werkzeughälften, können zu langfristigen Schäden, wie etwa einem Werkzeugbruch, führen. Ob eine solche Zwischeninteraktion mit dem Kunden realisiert werden soll, ist individuell je nach Systemkomplexität und Kundenwunsch zu gestalten.

Zusammenfassend liegen dem Anwender mit Abschluss von Schritt C2 folgende Ergebnisse vor:

- Ausgelegte Interaktionen sowie Schnittstellen zwischen Kunde und Werkzeugbaubetrieb zur Leistungserbringung von datenbasierten Dienstleistungen je Komplexitätsstufe
- Chronologisch angeordnete Prozessschritte der einzelnen Ebenen des Service Blueprints zur Leistungserbringung von datenbasierten Dienstleistungen

5.3.2 Schritt D: Auslegung des Datenmodells

Die Auslegung der Leistungserbringung in Schritt C verdeutlicht, dass für die Umsetzung der Prozessschritte eine systemische Unterstützung erforderlich ist. Daher wurden auf der Ebene der Unterstützungs-Aktivitäten die vier verschiedenen digitalen Schatten Visualisierungs-, Erklärungs-, Prognose- und Entscheidungsmodell definiert. Ziel von Schritt D ist mithin die Auslegung dieser digitalen Schatten in Form eines Datenmodells. Der Begriff Datenmodell beinhaltet die Beschreibung von Daten als Bestandteil einer Datenbank sowie die Relationen der Daten zueinander[748]. Im industriellen Kontext helfen Datenmodelle somit bei der Analyse, dem Entwurf sowie der Implementierung von betrieblichen Informationsmanagementsystemen[749]. Diesen beiden Begriffsdefinitionen folgend müssen für ein Datenmodell die Daten selbst, die Zusammenhänge zwischen Daten, die Analyse dieser Daten zur Informations- bzw. Wissensgenerierung und die hierfür erforderliche Infrastruktur beschrieben werden. Aufgrund der Tatsache, dass die Datenbasis in der Regel nicht im Produktionsumfeld des Werkzeugbaubetriebs, sondern des Kunden erhoben wird, sind im zweiten Teil von Schritt D verschiedene Optionen des Datenaustauschs zwischen beiden Parteien zu beschreiben (vgl. Kapitel 5.3.2.3). Zu diesem Zweck werden nachfolgend alle dafür notwendigen theoretischen Grundlagen beschrieben.

5.3.2.1 Grundlagen

Zur Auslegung des Datenmodells für datenbasierte Dienstleistungen soll auf zwei wissenschaftlich anerkannte Ansätze zurückgegriffen werden. Dies ist einerseits das IoP als Infrastruktur zur bedarfsgerechten Bereitstellung von entscheidungsrelevanten Daten (vgl. Kapitel 3.2.5). Das IoP ist insbesondere als technologisch, infrastrukturelles Konstrukt für datenbasierte Dienstleistungen prädestiniert, da es die Schnittstelle zur Wissensbereitstellung des Kunden berücksichtigt. Aufgrund der Tatsache, dass das IoP bereits ausführlich in Kapitel 3.2.5 erläutert wurde, wird im Folgenden darauf nicht erneut eingegangen. Als zweiten wissenschaftlichen Ansatz wird andererseits auf den Knowledge Discovery in Databases Prozess (KDD-Prozess) eingegangen. Der KDD-Prozess beschreibt eine Vorgehensweise, durch welche Wissen aus Daten generiert werden kann[750]. Dieses Vorgehen ist für die Erbringung von datenbasierten Dienstleistungen zwingend erforderlich.[751]

Der KDD-Prozess ist auf FAYYAD ET AL. zurückzuführen und untergliedert sich in die fünf Prozessschritte Datenauswahl, Datenaufbereitung, Datenvorverarbeitung, Data Mining sowie Interpretation/Evaluation (vgl. Abbildung 91)[752]. Dieses Vorgehen ist als interaktiver und iterativer Prozess zu verstehen[753]. Entlang dieses Prozesses müssen eine Vielzahl von Entscheidungen durch den Anwender getroffen werden, wie etwa die anforderungsgerechte Auswahl der aufzunehmenden Daten[754].

---

[748] Vgl. Meier (Relationale und postrelationale Datenbanken), 2010, S. 17.
[749] Vgl. Fettke; Loos (Strukturanalogien in Datenmodellen), 2005, S. 89.
[750] Vgl. Düsing (Knowledge Discovery in Databases), 2006, S. 241.
[751] In der Literatur existieren zusätzlich der SEMMA- (Sample, Explore, Modify, Model, Assess) und CRISP-DM- (Cross-Industry Standard Process for Data Mining) Prozess als bekannte Data Mining Methoden (vgl. Plotnikova et al. (Data Mining Methodologies), 2020, S. 1.). Diese Arbeit fokussiert allerdings den KDD-Prozess, da dieser in den beiden anderen Methoden enthalten ist und die beiden weiteren Methoden eine Implementierung des Data Mining im Sinne einer Softwareentwicklung betrachten (vgl. Azevedo; Santos (KDD, SEMMA and CRISP-DM), 2008, S. 185.). Dies überschreitet allerdings den Betrachtungsfokus der vorliegenden Arbeit.
[752] Vgl. Fayyad et al. (Knowledge Discovery), 1996, S. 10 f.
[753] Vgl. Bankhofer; Vogel (Datenanalyse und Statistik), 2008, S. 253.
[754] Vgl. Fayyad et al. (Knowledge Discovery), 1996, S. 9.

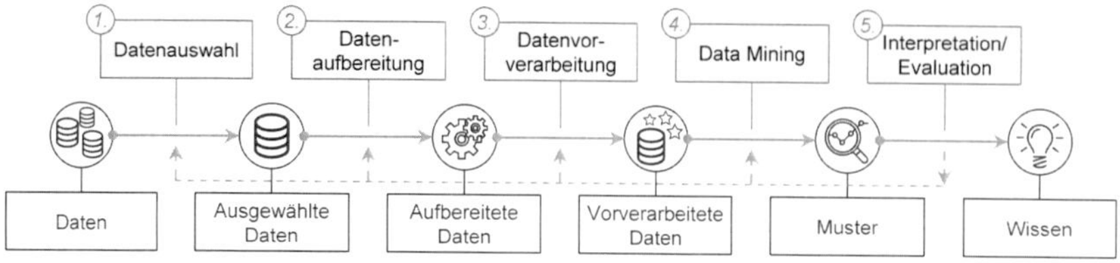

Abbildung 91: Prozess des Knowledge Discovery in Databases[755]

Im ersten Schritt erfolgt die Auswahl problemadäquater Daten als Untersuchungsgegenstand. Anschließend müssen die Daten aufbereitet werden, um eine Optimierung der Qualität des Datenbestands zu erzielen (vgl. Kapitel 2.1.2.4). Im dritten Schritt, der Datenvorverarbeitung, erfolgen eine Datenbereinigung, -reduktion und -transformation, sodass Daten aus verschiedenen Datenquellen zusammengeführt werden können (vgl. Kapitel 2.1.2.4). Der vierte Schritt Data Mining (vgl. Kapitel 2.1.2.6) repräsentiert den zentralen Schritt des KDD-Prozesses. Durch eine Auswahl und Anwendung geeigneter Analysemethoden sollen Beziehungen und Muster innerhalb der Daten entdeckt werden. Abschließend sind die neuen Erkenntnisse auf Plausibilität zu untersuchen und zu interpretieren.[756]

Bei der Betrachtung des Datenmodells für datenbasierte Dienstleistungen ist zudem zu berücksichtigen, dass im Rahmen der präskriptiven datenbasierten Dienstleistungen über die Datenanalyse hinaus autonome Aktionen erforderlich sein können. Um diese autonomen Aktionen im Datenmodell abbilden zu können, soll das Konzept des Multiagentensystems (MAS) verwendet werden. Ein Agent ist ein Computersystem, das in eine Umgebung eingebettet ist und autonome Aktionen zur Erfüllung von spezifisch definierten Aufgaben durchführt[757]. Auch wenn es keine allgemein anerkannte wissenschaftliche Definition des Begriffs Agent gibt, werden einem Agenten die Eigenschaften Autonomie, soziale Fähigkeit, Reaktionsfähigkeit und Proaktivität zugeschrieben[758]. Diese Eigenschaften bedeuten, dass ein Agent eigenständig handelt und auf keine externe Steuerung angewiesen ist. Zudem sollte er in der Lage sein, mit seiner Umwelt, z. B. anderen Agenten, zu interagieren und dementsprechend die Fähigkeit besitzen, die eigene Umwelt wahrzunehmen sowie auf diese, falls notwendig, proaktiv reagieren zu können.[759] Unter einem MAS wird hingegen ein System verstanden, welches aus mehreren Agenten zusammengesetzt ist. Dabei besitzen die jeweiligen Agenten des MAS einzelne Funktionen, die im Verbund Fähigkeiten hervorrufen, welche durch einzelne Agenten nicht realisierbar sind.[760] MAS kommen somit insbesondere dann zur Anwendung, wenn komplexe technische Systeme nicht mehr durch einzelne Agenten abbildbar sind[761]. MAS eignen sich speziell für solche Anwendungsfälle, in denen parallel mehrere Daten in einem dynamischen technischen Umfeld verarbeitet werden müssen[762]. Dieses hohe Maß an Komplexität soll in

[755] I. A. a. Fayyad et al. (Knowledge Discovery), 1996, S. 10.
[756] Vgl. Gabriel et al. (Data Warehouse), 2009, S. 13 f.
[757] Vgl. Wooldridge (Intelligent Agents), 2002, S. 5.
[758] Vgl. Jennings; Wooldridge (Agent Technology), 1995, S. 357 f.
[759] Vgl. Jennings; Wooldridge (Agent Technology), 1995, S. 358.
[760] Vgl. Fischer et al. (Holonic Multiagent Systems), 2003, S. 71.
[761] Vgl. Huhns; Stephens (Societies of Agents), 1999, S. 79.
[762] Vgl. Julian; Botti (Multi-Agent Systems), 2019, S. 1.

der vorliegenden Arbeit auch für präskriptive datenbasierte Dienstleistungen angenommen werden.

Für einen Datenaustausch im B2B-Kontext bieten sich digitale Plattformen an[763]. Der Begriff Plattform definiert grundsätzlich eine einheitliche Basis für die Strukturierung, Entwicklung sowie Nutzung von Geschäftsmodellen, Geschäftsprozessen und Produkten[764]. Der allgemeine Zweck von Plattformen ist das Zusammenkommen von Nutzern und deren Leistungsaustausch, um für alle Beteiligten die Möglichkeit einer Wertschöpfung zu schaffen[765]. Digitale Plattformen konsolidieren diese Funktionen in einer Zugangsseite, die über einen zentralen Einstiegspunkt für Nutzer erreichbar ist[766]. Es werden in der Literatur zwei antagonistische Grundtypen von digitalen Plattformen beschrieben. Sie werden unter den Begriffen transaktionszentrierte und datenzentrierte Plattformen zusammengefasst. Über *Transaktionszentrierte digitale Plattformen* werden Transaktionen vermittelt und hierdurch Angebot sowie Nachfrage verschiedener Parteien zusammengeführt. *Datenzentrierte digitale Plattformen* fokussieren dagegen die digitale Vernetzung, indem ein digitales Ökosystem geschaffen wird, bei dem komplementäre Produkte wie z. B. Software, Hardware, Daten und Dienstleistungen in einem Gesamtsystem verknüpft werden. Datenzentrierte digitale Plattformen bieten den Akteuren somit eine Verarbeitung und Auswertung von Datenströmen.[767] Für die Erbringung von datenbasierten Dienstleistungen inklusive der Realisierung des Datenaustauschs werden datenzentrierte digitale Plattformen benötigt und daher im weiteren Verlauf dieser Arbeit fokussiert. Datenzentrierte digitale Plattformen lassen sich im B2B-Kontext in zwei weitere Subkategorien unterteilen: die Industrial Internet of Things (IIoT)-Plattformen und die Daten-Plattformen[768]. Während IIoT-Plattformen das Sammeln und die Analyse von Maschinen- und Anlagendaten ermöglichen, helfen Daten-Plattformen beim Austausch sowie der Analyse von unternehmensrelevanten Daten (z. B. Produktionsdaten)[769]. Beide Charakteristika können für datenbasierte Dienstleistungen im Werkzeugbau relevant sein, weshalb sich alle Ausführungen zum Thema Plattform in Kapitel 5.3.2.3 auf diese beiden Subkategorien beziehen. Nachdem alle erforderlichen Grundlagen für den Schritt D erläutert wurden, wird im Folgenden eine Detaillierung der entsprechenden Methodikschritte durchgeführt.

5.3.2.2 Definition der Wissensgenerierung

Ziel des ersten Detailschritts, Schritt D1, ist die Beschreibung der Wissensgenerierung aus Daten zur Erbringung von datenbasierten Dienstleistungen. Daher wird im Folgenden ein Wissensgenerierungsmodell entwickelt, welches an die wissenschaftlichen Ansätze des IoP und des KDD-Prozesses angelehnt ist. Der Neuheitsgrad dieses Wissensgenerierungsmodells liegt in der simultanen Berücksichtigung von prozessualen sowie infrastrukturellen Aspekten für die Auslegung von datenbasierten Dienstleistungen. Zunächst erfolgt die Beschreibung des

763 Vgl. Martens et al. (Business-to-Business Data Sharing), 2020, S. 14 f.
764 Vgl. Knoll; Rinderle-Ma (Plattformen), 2015, S. 323.
765 Vgl. Parker et al. (Plattform-Revolution), 2017, S. 26.
766 Vgl. Bauer (Architekturen für Web-Anwendungen), 2009, S. 168.
767 Vgl. Engelhardt et al. (Eigenschaften digitaler Plattformen), 2017, S. 5 ff.
768 Vgl. Koenen; Heckler (Digitale B2B-Plattformen), 2020, S. 7.
769 Vgl. Koenen; Heckler (Digitale B2B-Plattformen), 2020, S. 7.

Aufbaus des Wissensgenerierungsmodells für datenbasierte Dienstleistungen. Anschließend werden die einzelnen Ebenen des Wissensgenerierungsmodells detailliert. Die Auslegung des Datenmodells gelingt, indem die einzelnen Ebenen nacheinander für die jeweilige datenbasierte Dienstleistung einzelfallspezifisch durchlaufen werden. Dies schließt jedoch nicht aus, dass die einzelnen Ebenen des Wissensgenerierungsmodells iterativ durch den Werkzeugbaubetrieb ausgelegt werden können.

Für die Auslegung von datenbasierten Dienstleistungen müssen im ersten Schritt die **Datenquellen** beschrieben werden. Es muss festgelegt werden, welche die richtigen Rohdaten aus unterschiedlichen Datenquellen für den jeweiligen Anwendungsfall der datenbasierten Dienstleistungen sind. Dieser Schritt bildet die Grundvoraussetzung, um Wissen aus Daten zu generieren. Die definierte Rohdatenbasis beeinflusst fundamental die spätere Realisierbarkeit einer datenbasierten Dienstleistung, um den angestrebten Kundennutzen zu erzeugen.

Die zweite Ebene des Wissensgenerierungsmodells für datenbasierte Dienstleistungen ist das **Datenmanagement**. Nach erfolgter Definition der unterschiedlichen Datenquellen müssen auf der Ebene des Datenmanagements die Konsolidierung dieser Daten sowie deren Speicherung ausgelegt werden. Darauf aufbauend müssen Möglichkeiten beschrieben werden, um die Daten zur Analyse verwenden zu können. Aus diesem Grund besitzt die Ebene Datenmanagement vier Subebenen. Darunter zählen zunächst die *Datenreinigung und -integration*. Diese Schritte der Datenvorverarbeitung sind erforderlich, um verschiedene Datenströme aus unterschiedlichen Datenquellen zusammenführen zu können. Die Datenreinigung und -integration bilden somit die Voraussetzung für die Speicherung von Daten in Datenbanken. Die geeignete *Datenbankauswahl* bildet darauf aufbauend eine weitere Subebene des Datenmanagements. Für die Auslegung von datenbasierten Dienstleistungen sind Datenbanken für die Speicherung und den Zugriff auf die Daten erforderlich. Um eine zielgerichtete Datenanalyse zu ermöglichen, müssen auf der Ebene des Datenmanagements auch die restlichen Schritte der Datenvorverarbeitung Berücksichtigung finden. Eine Auslegung der *Datenreduktion* beim Zugriff auf Daten der Datenbank sowie die *Datentransformation* zur effizienteren Datenanalyse bilden daher die dritte und vierte Subebene des Datenmanagements.

Nachdem auf den vorherigen Ebenen die Quellen, Verarbeitung und Speicherung der Daten für datenbasierte Dienstleistungen ausgelegt werden, erfolgt auf der dritten Ebene die Auslegung der **Datenanalyse** für die Umsetzung der jeweiligen datenbasierten Dienstleistung. Es existieren verschiedene Möglichkeiten der Datenanalyse, welche anforderungsgerecht ausgewählt und ausgelegt werden müssen. Die Auslegung dieser Ebene beeinflusst maßgeblich die Wissensgenerierung aus Daten. Jede datenbasierte Dienstleistung erfordert spezifisch auszuwählende Datenanalysemethoden, um ihre spätere Umsetzung für den Kunden zu ermöglichen.

Die oberste Ebene des Wissensgenerierungsmodells für datenbasierte Dienstleistungen ist der **Datenzugriff**. Diese Ebene beschreibt die Wissensbereitstellung auf Basis aller vorherigen Ebenen durch verschiedene Benutzerschnittstellen. Dies kann bspw. durch Applikationen oder autonome Aktionen, ausgelöst durch Multiagentensysteme, erfolgen. Abbildung 92 zeigt das Wissensgenerierungsmodell für datenbasierte Dienstleistungen im Werkzeugbau.

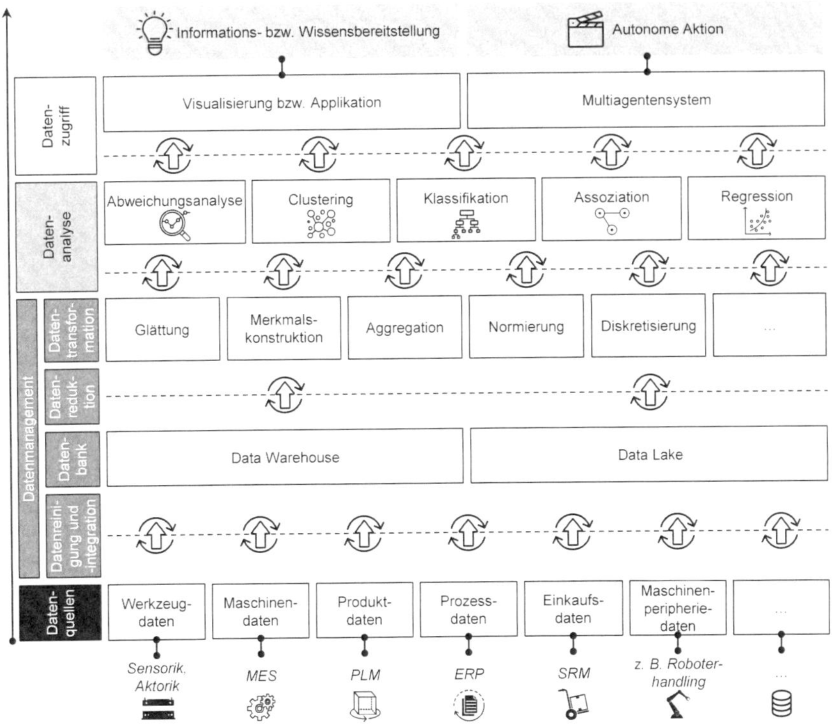

Abbildung 92: Prozessuales und infrastrukturelles Wissensgenerierungsmodell[770]

Im weiteren Verlauf erfolgt eine prozessuale Beschreibung zur Anwendung des Wissensgenerierungsmodells. Hierfür wird nachfolgend detailliert beschrieben, wie die einzelnen Ebenen des Wissensgenerierungsmodells für die Erbringung von datenbasierten Dienstleistungen im Werkzeugbau spezifisch ausgelegt werden müssen.

Der Methodikanwender muss für das Wissensgenerierungsmodell zuerst die **Datenquellen** für die jeweiligen datenbasierten Dienstleistungen bestimmen. Abbildung 92 zeigt verschiedene Möglichkeiten von Datenquellen für datenbasierte Dienstleistungen im Werkzeugbau auf. Darunter zählen bspw. Werkzeugdaten, Maschinendaten, Produktdaten, Prozessdaten, Einkaufsdaten oder Maschinenperipheriedaten. Um innerhalb der Datenquellen eine Spezifizierung vornehmen zu können, müssen die jeweiligen Attribute der Datenquellen definiert werden. Hierfür wird empfohlen, eine Liste mit den potenziell generierbaren Attributen der einzelnen Datenquellen zu erstellen. Anschließend kann ausgewählt werden, welche Attribute für die jeweiligen datenbasierten Dienstleistungen benötigt werden. Attribute sind Eigenschaften eines übergeordneten Gegenstands der Realität[771]. Im Verlauf der Arbeit repräsentieren diese

[770] Eigene Darstellung.
[771] Vgl. Kelzenberg (Datenstrukturmodell im Werkzeugbau), 2020, S. 152.

Gegenstände die übergeordneten Datenquellen. So sind etwa die Daten einer Zuhaltekraft als Attribut der übergeordneten Datenquelle Maschinendaten zu verstehen. Um die Datenquellen für die jeweilige datenbasierte Dienstleistung zielgerichtet eingrenzen zu können, muss der Methodikanwender folgende Fragen beantworten:

- Frage 1: Welche Datenquellen und Attribute der Datenquellen sind erforderlich?
- Frage 2: Wie erfolgt die Erzeugung der angestrebten Rohdatenbasis?
- Frage 3: Wie häufig muss die Rohdatenbasis aktualisiert werden?

Auf Basis des Ergebnisses von Schritt B ist dem Methodikanwender bewusst, welche datenbasierte Dienstleistung ausgelegt werden soll bzw. welche Probleme mit diesem Leistungsangebot beim Kunden adressiert werden sollen. Hierdurch ist der Betrachtungsfokus für die Auslegung der jeweiligen datenbasierten Dienstleistung eindeutig eingegrenzt und die erforderlichen Datenquellen können abgeleitet werden. Abbildung 93 gibt einen Überblick über verschiedene Attribute einzelner Datenquellen. Die aufgeführten Attribute und Datenquellen besitzen keinen Anspruch auf Vollständigkeit. Die Auswahl der zu erfassenden Attribute ist für jede datenbasierte Dienstleistung individuell durchzuführen.

Abbildung 93: Auswahl von Attributen verschiedener Datenquellen[772]

[772] Eigene Darstellung.

Nachdem die erforderlichen Rohdaten definiert wurden, ist im nächsten Schritt zu klären, wie die benötigte Rohdatenbasis erzeugt werden kann. Abgesehen von Werkzeugdaten können alle Daten aus der jeweiligen Anwendungssoftware der einzelnen Datenquellen generiert werden. So können bspw. Maschinendaten aus dem MES-System oder Prozessdaten aus dem jeweiligen ERP-System des Kunden gewonnen werden. Werkzeugdaten müssen dagegen stets durch zusätzlich installierte Sensorik bzw. Aktorik am Werkzeug generiert werden. Folglich muss eine Auslegung von datenbasierten Dienstleistungen auch die Auswahl geeigneter Sensoren zur Rohdatenerzeugung berücksichtigen. Nachdem definiert wurde, welche Attribute für die Werkzeugdaten erhoben werden sollen, ist mithin geeignete Sensorik für die Datenerzeugung auszuwählen. Für die Sensorikauswahl sei an dieser Stelle auf die entsprechende Fachliteratur verwiesen. So beschreiben BOOS ET AL.[773] die relevantesten Sensoriktypen für die Branche Werkzeugbau. BEGOVIC[774] listet für unterschiedliche Attribute der Datenquelle Werkzeug die entsprechend erforderliche Sensorik zur Datenerhebung auf.

Abschließend muss für die Datenquellen definiert werden, in welchen Zeitabständen die erzeugte Rohdatenbasis aktualisiert werden muss. Für die jeweilige datenbasierte Dienstleistung ist zu überprüfen, ob bspw. eine Echtzeitfähigkeit des bereitgestellten Wissens erforderlich ist. Hierfür wären hochfrequente Datenaktualisierungen notwendig, wie z. B. im Megahertz- (MHz), Kilohertz- (KHz) oder Hertzbereich (Hz). Es sind allerdings auch weniger frequente Datenabtastraten, z. B. auf sekündlicher, minütlicher, stündlicher oder täglicher Basis, denkbar. Die Abtastrate sollte für die jeweilige datenbasierte Dienstleistung immer nur so genau wie nötig gewählt werden, um einerseits keine Datenspeicherungskapazitäten zu verschwenden und andererseits eine hohe Datenanalyseeffizienz zu unterstützen. Auch wenn eine trennscharfe Differenzierung zwischen den einzelnen Komplexitätsstufen datenbasierter Dienstleistungen nicht möglich ist, steigt mit zunehmender Komplexitätsstufe die Wahrscheinlichkeit einer höheren Abtastrate der zu sammelnden Daten sowie die Menge an unterschiedlich benötigten Attributen.

Auf der nächsten Ebene des Wissensgenerierungsmodells ist für das **Datenmanagement** zuerst eine Auslegung der *Datenreinigung und -integration* erforderlich. Diese Schritte der Datenvorverarbeitung gewinnen an Bedeutung, wenn Datenströme aus differierenden Datenquellen zusammengeführt werden müssen. In Kapitel 2.1.2.4 wurden für die Schritte verschiedene Methoden zur Umsetzung vorgestellt. Diese verschiedenen Methoden können allerdings nicht spezifisch den verschiedenen Komplexitätsstufen datenbasierter Dienstleistungen zugeordnet werden. Die anzuwendenden Methoden zur Datenreinigung und -integration hängen von der Qualität der Rohdatenbasis ab und müssen für jede datenbasierte Dienstleistung einzelfallspezifisch definiert werden.

Für das Datenmanagement muss im nächsten Schritt entschieden werden, welche *Datenbank* zur Speicherung und den Zugriff auf die Daten verwendet werden soll. Im Rahmen von Kapitel 2.1.2.5 wurden verschiedene Datenbanktypen unter den beiden Konzepten des Data Wa-

[773] Vgl. Boos et al. (Intelligente Werkzeuge), 2018, S. 16 ff.
[774] Vgl. Begovic (Datenbasiertes Wissensmanagement), 2018, S. 146 ff.

rehouse und des Data Lake subsummiert sowie differenziert. Aus den zentralen Charakteristika dieser beiden Datenbankkonzepte kann ein Fragenkatalog zur Auswahlunterstützung abgeleitet werden (vgl. Abbildung 94).

Fragenkatalog (Data Warehouse vs. Data Lake)	*Ja*	*Nein*
? Handelt es sich um eine Speicherung von ausschließlich strukturierten Daten?	☐	☐
? Ist ein schneller Datenzugriff erforderlich?	☐	☐
? Ist eine Speicherung von großen Datenmengen notwendig?	☐	☐
? Ist eine Speicherung von strukturierten und unstrukturierten Daten notwendig?	☐	☐

Abbildung 94: Fragenkatalog zur Bestimmung des Datenbankkonzepts[775]

Ist eine ausschließliche Speicherung von strukturierten Daten notwendig und eine hohe Erforderlichkeit des schnellen Zugriffs auf die gespeicherten Daten gegeben, bietet sich die Verwendung des kostengünstigeren Data Warehouse Konzepts an. Im Falle einer Abspeicherung von sehr großen Datenmengen stoßen Data Warehouse Konzepte allerdings an ihre Grenzen und es sollte das Konzept des Data Lake als Datenbank verwendet werden. Müssen strukturierte und unstrukturierte Daten für die datenbasierte Dienstleistung gesammelt werden, ist ebenfalls das Data Lake Konzept erforderlich. Dies ist insbesondere dann der Fall, wenn Daten aus vielen verschiedenen Datenquellen bzw. mit mehreren Attributen gesammelt werden müssen. Die Wahrscheinlichkeit für die Notwendigkeit eines Data Lake Konzepts steigt folglich mit der Komplexitätsstufe datenbasierter Dienstleistungen.

Als weitere Schritte des Datenmanagements sind die Definition der notwendigen *Datenreduktionsverfahren* sowie der notwendigen *Datentransformationsverfahren* erforderlich. Zu beiden Schritten werden in Kapitel 2.1.2.4 verschiedene Verfahren beschrieben. Allerdings können diese Verfahren der beiden Schritte nicht den vier Komplexitätsstufen datenbasierter Dienstleistungen spezifisch zugeordnet werden. Zur Datenreduktion kann lediglich allgemeingültig formuliert werden, dass mit zunehmender Komplexitätsstufe die Wahrscheinlichkeit steigt, mehrere Datenreduktionsverfahren auszuwählen, um die Verwendung großer Datenmengen zu ermöglichen.

Um Wissen für die jeweilige datenbasierte Dienstleistung aus den Daten zu generieren, ist auf der nächsten Ebene des Wissensgenerierungsmodells eine Auslegung der **Datenanalyse** notwendig. Hierfür ist zunächst eine anforderungsgerechte Methodenauswahl aus den verschiedenen Möglichkeiten der Datenanalyse erforderlich. Die Methoden lauten Abweichungsanalyse, Clustering, Klassifikation, Assoziation und Regression. Eine trennscharfe Zuordnung dieser übergeordneten Methoden und ihrer Submethoden zu den einzelnen Komplexitätsstufen datenbasierter Dienstleistungen ist nicht möglich. Dies liegt darin begründet, dass einzelfallspezifisch mit IT-Experten entschieden werden muss, welche Datenanalysemethoden für die jeweiligen datenbasierten Dienstleistungen alleine oder in Kombination erforderlich sind. Abhängig von der Datenbasis kann jede Methode für jede Komplexitätsstufe sinnvoll sein. Ausnahmen bilden dabei die Assoziations- und Regressionsanalyse. Die Assoziationsanalyse dient zur Erkennung von Mustern innerhalb von Datensätzen. Dieser Funktionsumfang ist für

[775] Eigene Darstellung.

die erste Komplexitätsstufe nicht erforderlich, da keine Ursachen und Zusammenhänge zwischen Ereignissen im Zuge der Wissensausgabe erläutert werden müssen. Die Regressionsanalyse findet hingegen Verwendung, wenn die Entwicklung von Ausgangsvariablen prädiktiv berechnet werden soll. Aussagen über prädiktive Entwicklungen sind allerdings für die ersten beiden Komplexitätsstufen nicht erforderlich. Diese beschriebenen Ausnahmen zur Anwendungseignung der Datenanalysemethoden sind in Abbildung 95 zusammengefasst.

	Abweichungs-analyse	Clustering	Klassifikation	Assoziation	Regression
Komplexitätsstufe 1	✓	✓	✓	✗	✗
Komplexitätsstufe 2	✓	✓	✓	✓	✗
Komplexitätsstufe 3	✓	✓	✓	✓	✓
Komplexitätsstufe 4	✓	✓	✓	✓	✓

Legende
✓ Eignung für die Komplexitätsstufe
✗ Keine Eignung für die Komplexitätsstufe

Abbildung 95: Eignungsbewertung von Datenanalysemethoden für datenbasierte Dienstleistungen[776]

Die oberste Ebene des Wissensgenerierungsmodells für datenbasierte Dienstleistungen ist der **Datenzugriff** bzw. der multi-modale Informations- und Wissenszugriff des Kunden. In Abbildung 92 sind auf dieser Ebene zwei Ausprägungen beschrieben, die Visualisierung bzw. Applikation und das Multiagentensystem (MAS). Die Visualisierung bzw. Applikation beschreibt, inwiefern dem Kunden das generierte Wissen und allgemeine Informationen zur datenbasierten Dienstleistung zur Verfügung gestellt werden. Diese technologische Schnittstelle ist für jede Komplexitätsstufe datenbasierter Dienstleistungen erforderlich. Die Aufgaben dieser Informations- sowie Wissensbereitstellung differieren je datenbasierter Komplexitätsstufe und können mit den in Schritt D beschriebenen Onstage-Aktivitäten zusammengefasst werden:

- Komplexitätsstufe 1: Beschreibung des Ist-Zustands ausgeben
- Komplexitätsstufe 2: Erklärung des Ist-Zustands und Ursache-Wirkungs-Zusammenhänge ausgeben
- Komplexitätsstufe 3: Möglichen zukünftigen Zustand ausgeben
- Komplexitätsstufe 4: Maßnahme ausgeben

Selbst bei einer autonomen Regelung des technischen Systems innerhalb der vierten Komplexitätsstufe ist es erforderlich, dem Kunden Informationen über die autonom ablaufenden Vorgänge zur Verfügung zu stellen. Inwiefern die Informations- bzw. Wissensbereitstellung erfolgen soll, etwa mittels Applikationen, ist mit dem Kunden je datenbasierter Dienstleistung individuell zu detaillieren.

Für die Realisierung von datenbasierten Dienstleistungen der höchsten Komplexitätsstufe ist die technologische Umsetzung eines MAS notwendig. Diese Umsetzung ist sehr komplex und

776 Eigene Darstellung.

erfordert programmiertechnisches Know-how. An dieser Stelle wird vereinfachend angenommen, dass für alle präskriptiven datenbasierten Dienstleistungen MAS erforderlich sind. Theoretisch könnte auch ein einzelner Agent für eine spezifische datenbasierte Dienstleistung ausreichend sein. Die technologische Umsetzung für die Visualisierung bzw. Applikation und das MAS kann durch einen Werkzeugbaubetrieb als Methodikanwender nicht alleine realisiert werden. Hierfür wird insbesondere IT-technische Unterstützung benötigt. Im Rahmen der Auslegung der datenbasierten Dienstleistung muss somit IT-Experten erklärt werden, welches technologische Ziel im Zuge einer Softwareentwicklung umgesetzt werden soll.[777] Um eine Auslegung der Ebene des Datenzugriffs für datenbasierte Dienstleistung im Werkzeugbau zu realisieren, soll auf die sogenannte Blackbox Methode zurückgegriffen werden. Die Anwendung der Blackbox Methode ist prädestiniert, da hierbei „der innere Aufbau eines Phänomens vorläufig noch ohne Bedeutung bzw. unbekannt ist“[778]. Mithilfe der Blackbox Methode werden für einen bestimmten Zweck die Inputs (Eingänge) und Outputs (Ausgänge, Ergebnisse) beschrieben, die durch die Umsetzung der Blackbox realisiert werden sollen[779]. Die Blackbox Methode wird im Ursprung dem Themengebiet der Kybernetik zugeordnet und dient als Hilfsmittel zur Komplexitätsreduzierung unbekannter Systeme[780].

Durch die Blackbox Methode ist der Methodikanwender folglich in der Lage, Mitarbeitern der IT oder Kooperationspartnern zu erläutern, welche inhaltlichen Eingänge (Input) und Ausgänge (Output) die technologische bzw. softwaretechnische Umsetzung des Datenzugriffs erreichen soll. Aufgabe des Methodikanwenders ist somit die Definition der notwendigen Blackboxes, um die jeweilige datenbasierte Dienstleistung auf der Ebene Datenzugriff auszulegen. Dies ist in Abbildung 96 beispielhaft dargestellt.

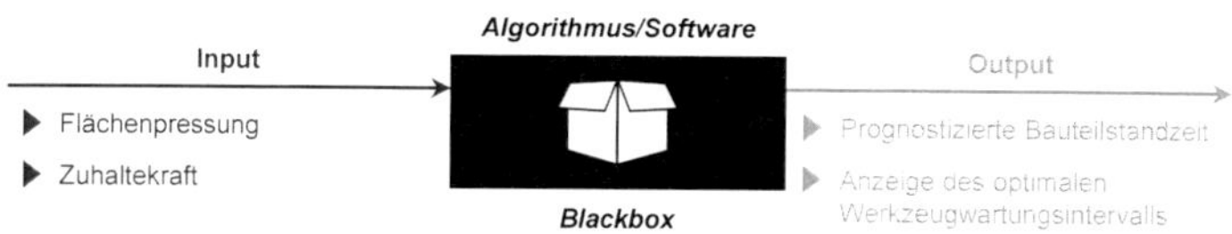

Abbildung 96: Anwendung der Blackbox Methode zur Auslegung der Ebene Datenzugriff[781]

Nachdem die Tätigkeiten zur Auslegung der jeweiligen Ebenen des Wissensgenerierungsmodells für datenbasierte Dienstleistungen im Werkzeugbau beschrieben wurden, soll betont werden, dass es sich um ein iteratives Vorgehen handelt. Auch wenn das Wissensgenerierungsmodell entsprechend dem KDD-Prozess sequenziell durchlaufen werden muss, kann es zwischen den einzelnen Ebenen zu Wechselwirkungen und Rückkopplungen kommen. Zusammenfassend liegen dem Anwender mit Abschluss von Schritt D1 folgende Ergebnisse vor:

---

[777] Auf die Softwareentwicklung wird nicht spezifisch eingegangen, da es sich hierbei primär um eine Aufgabe handelt, die seitens der IT gelöst werden muss. Des Weiteren dient die vorliegende Methodik zur Definition sowie Auslegung von datenbasierten Dienstleistungen im Werkzeugbau und nicht zur Beschreibung einer Operationalisierung.

[778] Vgl. Haberfellner et al. (Systems Engineering), 2018, S. 32.

[779] Vgl. Krieg (Kybernetische Grundlagen), 1971, S. 64.

[780] Vgl. Klaus (Kybernetik), 1962, S. 197.

[781] Eigene Darstellung.

- Beschriebenes Vorgehen zur Wissensgenerierung aus Daten zur Erbringung von datenbasierten Dienstleistungen
- Definiertes Wissensgenerierungsmodell für datenbasierte Dienstleistungen zur Auslegung der benötigten Datenbasis, Analyse dieser Daten sowie die hierfür erforderliche Infrastruktur

5.3.2.3 Beschreibung des Datenaustauschs

Der zweite Detailschritt, Schritt D2, thematisiert die Beschreibung des Datenaustauschs zwischen Werkzeugbaubetrieb und Kunde zur Erbringung von datenbasierten Dienstleistungen. Der Datenaustausch stellt insbesondere im B2B-Kontext eine große Herausforderung dar, weil Kunden oftmals die Preisgabe von Geschäftsgeheimnissen und einen Kontrollverlust über die eigenen Kernprozesse befürchten. Werkzeugbaubetrieben fällt es folglich sehr schwer, ihre Kunden von einem Datenaustausch zu überzeugen, um datenbasierte Dienstleistungen erbringen zu können. Gleichermaßen können Werkzeugbaubetriebe beim Thema Datenaustausch nicht nur die Bedürfnisse der Kunden beachten, da auch aus der Perspektive des Werkzeugbaus Erfolgsvoraussetzungen erfüllt werden müssen. Da innerhalb der Branche Werkzeugbau bislang ein Datenaustausch zwischen Kunde und Werkzeugbaubetrieb nicht existiert[782], ist eine Definition von werkzeugbauspezifischen Anforderungen notwendig, die für einen Datenaustausch Berücksichtigung finden müssen. Diese Anforderungen fokussieren dabei sowohl die Perspektive des Kunden als auch die des Werkzeugbaubetriebs. Im Anschluss daran werden verschiedene Möglichkeiten für einen Datenaustausch zwischen beiden Parteien präsentiert und anhand dieser Anforderungen bewertet.

Die erste Anforderung, die für einen Datenaustausch für die Erbringung von datenbasierten Dienstleistungen im Werkzeugbau berücksichtigt werden muss, ist die **Datensicherheit**. Unter der Datensicherheit wird nachfolgend verstanden, dass ein unautorisierter Zugriff auf die Kundendaten durch Dritte verhindert wird. Dies inkludiert sowohl den verschlüsselten Datentransfer als auch die Speicherung der Daten in einer Datenbank. Diese Form der Datensicherheit ist die wichtigste für Kunden der Branche Werkzeugbau. Sie kann als eine Art Muss-Anforderung verstanden werden, die eine Grundvoraussetzung für Kunden im Bereich des Datenaustauschs ist. Weitere Ausprägungen der Datensicherheit werden für die vorliegende Arbeit in dieser Anforderung nicht berücksichtigt. Dennoch sei darauf hingewiesen, dass Werkzeugbaubetriebe mit ihren Kunden vertraglich die Datennutzung nach erfolgtem Datenaustausch definieren sollten. So können bspw. eindeutige Zwecke je datenbasierter Dienstleistung definiert werden, für welche die Kundendaten verwendet werden dürfen. Erweiterte Datensammlungen oder -auswertungen können dann nur durch zusätzliche Einwilligung des Kunden erfolgen. Weitere vertragliche Inhalte können bspw. die Speicherdauer oder ähnliche sein. Dieses vertragliche Regelwerk kann dazu beitragen, Kundenbedenken zum Thema Datensicherheit abzubauen.

---

782 Hiervon ausgenommen ist der Austausch von allgemeinen Daten zur Durchführung des Auftragsabwicklungsprozesses, wie etwa Konstruktionsdaten oder Dokumente zur Kontrolle des Werkzeugauftragsstatus.

Eine weitere Anforderung, die für einen Datenaustausch für die Erbringung von datenbasierten Dienstleistungen im Werkzeugbau berücksichtigt werden muss, ist die **Transparenz**. Diese Anforderung beinhaltet verschiedene Aspekte. Einerseits muss der Kunde jederzeit verstehen, wie seine Daten verwendet werden und welches Wissen bzw. welche Informationen aus den Daten gewonnen werden. Andererseits muss eine beidseitige Nicht-Manipulierbarkeit der Daten gewährleistet werden. Dies bedeutet, dass die definierten Daten zum Datenaustausch (vgl. Ebene Datenquellen des Wissensgenerierungsmodells aus Kapitel 5.3.2.2) ohne Manipulation bzw. Veränderung der jeweiligen Vertragspartei zur Verfügung gestellt werden. Diese Anforderung des Datenaustauschs besitzt z. B. eine besondere Bedeutung für die Auslegung von Gewährleistungen oder Abrechnungen der datenbasierten Dienstleistungen.

Für einen Datenaustausch zwecks Erbringung datenbasierter Dienstleistungen im Werkzeugbau muss außerdem die Anforderung **Skalierbarkeit** berücksichtigt werden. Die Skalierbarkeit ist einerseits auf die Perspektive Werkzeugbau bezogen. Für den Werkzeugbaubetrieb ist es nicht erstrebenswert, für jeden Kunden eine unterschiedliche Form des Datenaustauschs durchzuführen. Dies würde unterschiedliche infrastrukturelle Implikationen bedeuten und ggf. unterschiedliche Expertisen erfordern, um die verschiedenen Formen des Datenaustauschs zu realisieren. Andererseits kann die Skalierbarkeit auch auf die Perspektive des Kunden bezogen werden. Kunden von Werkzeugbaubetrieben haben in der Regel mehrere Werkzeuglieferanten. Insbesondere große Kunden besitzen kein Interesse, bspw. unterschiedliche Plattformen für den Datenaustausch mit den jeweiligen Werkzeuglieferanten verwenden zu müssen. Folglich haben beide Vertragsparteien ein Interesse, den Datenaustausch so zu gestalten, dass multiple, heterogene datenbasierte Dienstleistungen darüber abgewickelt werden können und nicht nur einzelne.

Die **Übertragbarkeit großer Datenmengen** muss ebenfalls für die Erbringung datenbasierter Dienstleistungen im Werkzeugbau gewährleistet sein. Insbesondere komplexe datenbasierte Dienstleistungen erfordern die Übertragbarkeit von Daten aus mehreren verschiedenen Quellen. Daher muss infrastrukturell gewährleistet werden, dass die erforderlichen Datenvolumina ausgetauscht werden können.

Ähnliches gilt für die letzte Anforderung, die für einen Datenaustausch für die Erbringung von datenbasierten Dienstleistungen im Werkzeugbau berücksichtigt werden muss. Ein Großteil der datenbasierten Dienstleistungen erfordert eine **Echtzeitfähigkeit** im Datenaustausch. Dies gilt insbesondere für komplexe datenbasierte Dienstleistungen, die von den unterschiedlichen Datenquellen eine hohe Abtastrate erfordern. Die vertraglich vereinbarten Leistungen von vielen datenbasierten Dienstleistungen werden im Kontext laufender Serienproduktionsprozesse erbracht. Wenn die hierfür benötigte kontinuierliche Echtzeitfähigkeit im Datenaustausch nicht realisiert werden kann, liegt seitens des Werkzeugbaus ein zu hohes Risiko vor, das definierte datenbasierte Leistungsangebot nicht erfüllen zu können.

Nachdem die wichtigsten Anforderungen für einen Datenaustausch für die Erbringung von datenbasierten Dienstleistungen im Werkzeugbau definiert wurden, werden nachfolgend verschiedene Optionen für diesen Austausch erläutert und anhand der vorherigen Anforderungen bewertet. Wie bereits in Kapitel 5.3.2.1 beschrieben wurde, bieten sich für einen Datenaustausch im industriellen Kontext Plattformen an. Aus diesem Grund finden sie in einem Großteil der folgenden Datenaustauschoptionen Berücksichtigung.[783]

Die **erste Option** zur Realisierung eines Datenaustauschs zwischen Werkzeugbaubetrieb und Kunde für datenbasierte Dienstleistungen beinhaltet eine Plattform, die weder vom Kunden noch vom Werkzeugbau eigenständig betrieben wird. Potenzielle Plattformbetreiber können Drittanbieter wie z. B. Microsoft, Amazon oder SAP sein. Hinzu kommen die Möglichkeiten eines Joint Ventures, bestehend bspw. aus mehreren Werkzeugbaubetrieben, Kunden sowie Daten- und IT-Experten. Charakteristisch für diese Option des Datenaustauschs ist zudem die direkte Übermittlung aller definierten Kundendaten auf die Plattform, zu welcher der Werkzeugbaubetrieb jederzeit einen verschlüsselten Datenzugriff besitzt. Jegliche Datenanalysen werden durch den Werkzeugbaubetrieb auf der Plattform durchgeführt und anschließend in Form von Wissen bzw. Informationen dem Kunden bereitgestellt (vgl. Abbildung 97).

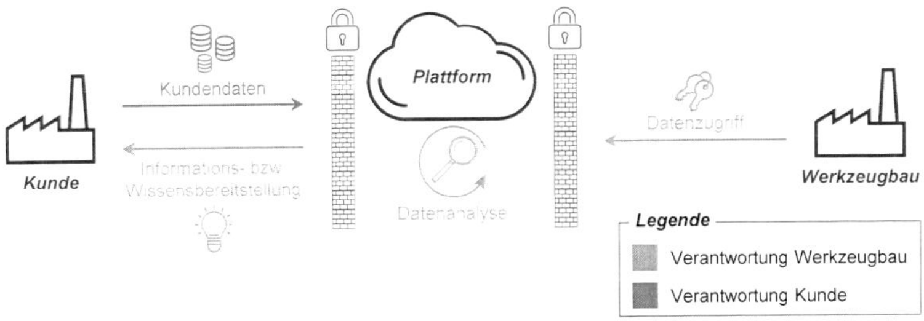

Abbildung 97: Option 1 – Externe Plattform und ungefilterter Datenaustausch[784]

Die Anforderung *Datensicherheit* wird bei dieser Option hoch erfüllt, insbesondere wenn die Plattform durch einen Drittanbieter wie z. B. Microsoft, Amazon oder SAP betrieben wird. Diese Plattformen entsprechen den höchsten Anforderungen der Cyber-Security, welche von keinen anderen Plattformbetreibern gewährleistet werden können. Die Anforderung *Transparenz* ist lediglich in mittlerem Maße erfüllt. Auch wenn die Kundendaten ungefiltert auf der Plattform bereitgestellt werden, besitzt der Werkzeugbau lediglich über einen Login Zugriff auf die Daten. Der Kunde kann bei Bedarf alle Datenanalysen des Werkzeugbaus auf der Plattform einsehen. Die Anforderung *Skalierbarkeit* des Datenaustauschs ist hoch erfüllt. Plattformen großer Drittanbieter sind in der Regel global etabliert. Daher ist es problemlos möglich, bspw. eine Plattform des Anbieters Microsoft auch für viele andere Kunden bzw. Werkzeugbaubetriebe für datenbasierte Dienstleistungen zu verwenden. Die *Übertragbarkeit großer Datenmengen* ist vollends erfüllt, da die Plattformen großer Drittanbieter gegen Entgelt eine nahezu unbegrenzte Speicherkapazität zum Datenaustausch zur Verfügung stellen. Die Anforderung des *echzeitfähigen Datenzugriffs* ist in mittlerem Maße erfüllt, da Werkzeugbaubetriebe die Daten nicht direkt zur Datenanalyse übermittelt bekommen.

---

783 Alle Optionen wurden durch den Autor konzipiert und im Rahmen von Workshops mit mehreren deutschen Werkzeugbaubetrieben validiert.

784 Eigene Darstellung.

Die **zweite Option** zur Realisierung eines Datenaustauschs zwischen Werkzeugbaubetrieb und Kunde für datenbasierte Dienstleistungen beschreibt eine kundeninterne Plattform, über die vom Kunden freigegebene Daten an den Werkzeugbaubetrieb übermittelt werden. Durch diese Datenfilterung und die Tatsache, dass die Plattform vom Kunden selbst betrieben wird, liegt eine hohe Datenhoheit beim Kunden vor. Die Datenanalyse erfolgt mit der Infrastruktur des Werkzeugbaubetriebs und das hieraus generierte Wissen wird dem Kunden direkt zur Verfügung gestellt (vgl. Abbildung 98).

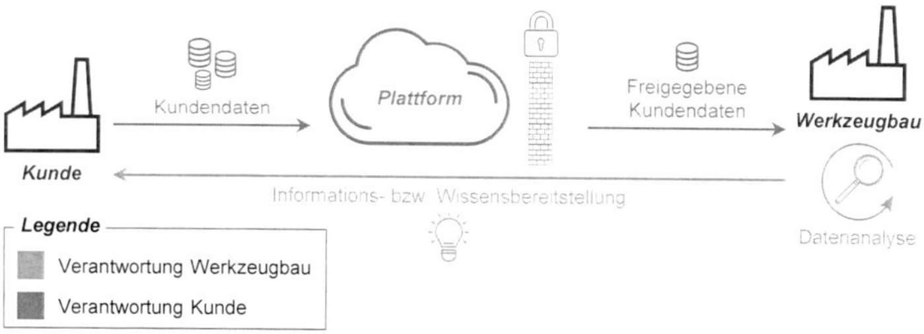

Abbildung 98: Option 2 – Kundeninterne Plattform und gefilterter Datenaustausch[785]

Die Anforderung der *Datensicherheit* wird bei dieser Option lediglich in mittlerem Maße erfüllt, da der Kunde während der Datenbereitstellung und der Werkzeugbaubetrieb während der Datenanalyse für die Datensicherheit eigenverantwortlich ist. In der Regel weisen beide Parteien keine vergleichbare Cyber-Security Expertise auf wie große Drittanbieter. Die Anforderungen *Transparenz*, *Skalierbarkeit* und *Echtzeitfähigkeit* sind nur sehr gering erfüllt. Es besteht ein hohes Risiko, dass der Werkzeugbaubetrieb manipulierte Daten mit einem zu großen Zeitverzug zur Verfügung gestellt bekommt, was dieser nicht kontrollieren kann. Die Skalierbarkeit ist aus der Perspektive des Werkzeugbaus ebenfalls suboptimal, da zur Datenanalyse entsprechend den zur Verfügung gestellten Daten unterschiedliche infrastrukturelle Voraussetzungen je Kunde geschaffen werden müssen. Die *Übertragbarkeit großer Datenmengen* ist vom Kunden abhängig und muss durch diesen infrastrukturell realisiert werden. Da dies nur begrenzt möglich ist, ist die Anforderung lediglich in mittlerem Maße erfüllt.

Die **dritte Option** zur Realisierung eines Datenaustauschs zwischen Werkzeugbaubetrieb und Kunde für datenbasierte Dienstleistungen beschreibt eine kundeninterne Plattform, auf die der Werkzeugbaubetrieb jederzeit verschlüsselt zugreifen kann. Dabei werden alle definierten Daten direkt durch den Kunden auf der Plattform bereitgestellt. Die Datenanalyse erfolgt durch den Werkzeugbaubetrieb auf der Plattform. Hieraus resultierende Informationen und Wissen werden dem Kunden anschließend direkt bereitgestellt (vgl. Abbildung 99).

[785] Eigene Darstellung.

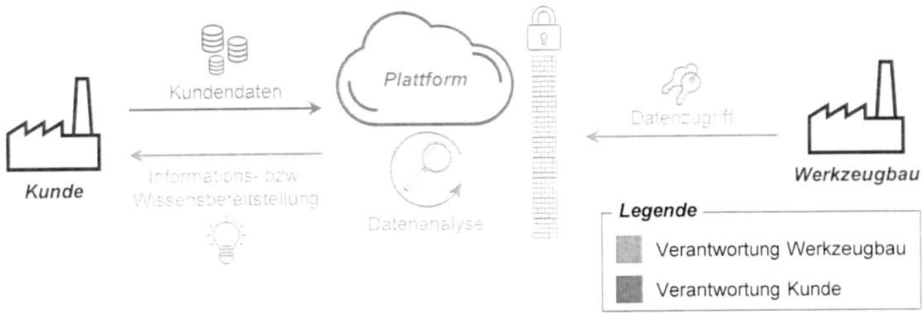

Abbildung 99: Option 3 – Kundeninterne Plattform und ungefilterter Datenaustausch[786]

Die Anforderung *Datensicherheit* wird bei dieser Option ähnlich zu Option 2 in mittlerem Maße erfüllt, da der Kunde für die Datensicherheit eigenverantwortlich ist. Aus Perspektive des Kunden ist für die Datensicherheit positiv zu erwähnen, dass Daten nie das Hoheitsgebiet des Kunden verlassen. Auch wenn der Kunde alle definierten Daten direkt auf der Plattform zur Verfügung stellt und der Werkzeugbau stets auf die Plattform zugreifen kann, sind die Anforderungen *Transparenz* und *Echtzeitfähigkeit* lediglich in mittlerem Maße erfüllt. Aufgrund der Tatsache, dass die Plattform in der Verantwortung des Kunden liegt, ist dieser auch potenziell in der Lage, Daten zu manipulieren oder zeitverzögert bereitzustellen. Die Anforderung *Skalierbarkeit* ist aufseiten des Werkzeugbaus sehr gering erfüllt, da dieser für jede kundenindividuelle Plattform Expertise zur Anwendung aufbauen müsste. Die *Übertragbarkeit großer Datenmengen* ist vom Kunden abhängig und muss durch diesen infrastrukturell realisiert werden. Da dies nur begrenzt möglich ist, ist die Anforderung lediglich in mittlerem Maße erfüllt.

Die **vierte Option** zur Realisierung eines Datenaustauschs zwischen Werkzeugbaubetrieb und Kunde für datenbasierte Dienstleistungen beinhaltet einen direkten und ungefilterten Datenaustausch zwischen beiden Parteien. Der Werkzeugbau muss folglich infrastrukturelle Voraussetzungen schaffen, um die Daten im eigenen Unternehmen verarbeiten und analysieren zu können. Nach erfolgreicher Datenanalyse erfolgt eine direkte Informations- bzw. Wissensbereitstellung beim Kunden (vgl. Abbildung 100).

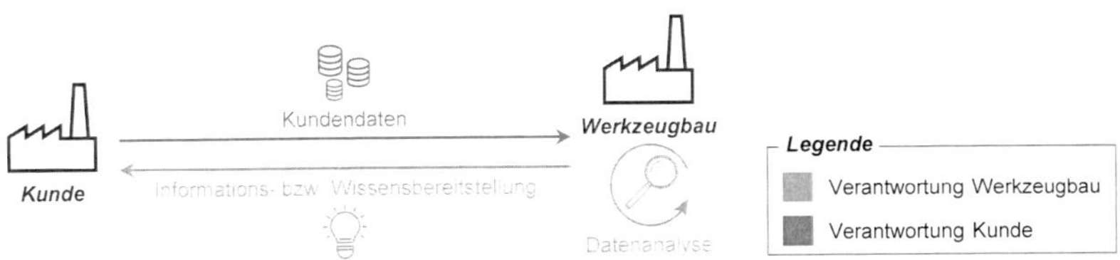

Abbildung 100: Option 4 – Direkter ungefilterter Datenaustausch[787]

Die *Datensicherheit* ist, im Vergleich zu den anderen Optionen, am geringsten. Der Werkzeugbau muss dem Kunden garantieren, dass kein Zugriff von Dritten auf die Daten erfolgen kann. Dies stellt eine enorme Herausforderung für die in der Regel kleinen Werkzeugbaubetriebe

[786] Eigene Darstellung.
[787] Eigene Darstellung.

dar, die nicht mit absoluter Sicherheit bzw. nur unter großem monetären Aufwand erfüllt werden kann. Die Anforderungen *Transparenz* sowie *Echtzeitfähigkeit* sind in hohem Maße erfüllt, da ein direkter ungefilterter Daten- und Informationsaustausch zwischen beiden Parteien erfolgt, der bspw. eine Manipulierbarkeit der Daten verhindert. Die *Skalierbarkeit* ist aus der Perspektive des Werkzeugbaus suboptimal, da je Kunde unterschiedliche infrastrukturelle Voraussetzungen geschaffen werden müssen, um die zur Verfügung gestellten Daten analysieren zu können. Die *Übertragbarkeit großer Datenmengen* ist von der Infrastruktur des Werkzeugbaus abhängig. Da diese Infrastruktur für große Datenmengen nur begrenzt möglich ist, ist die Anforderung lediglich in mittlerem Maße erfüllt. Eine zusammenfassende Bewertung der vier präsentierten Optionen ist Abbildung 101 zu entnehmen.

	Datensicherheit	Transparenz	Skalierbarkeit	Übertragbarkeit großer Datenmengen	Echtzeitfähigkeit
Option 1	●	◑	●	●	◑
Option 2	◑	○	○	◑	○
Option 3	◑	◑	○	◑	◑
Option 4	○	●	○	◑	●

Legende
- ▢ (grau) Datenaustauschoption
- ▢ Anforderung
- ● Anforderung hoch erfüllt
- ◑ Anforderung mittel erfüllt
- ○ Anforderung sehr gering erfüllt

Abbildung 101: Aggregierte Bewertung der Datenaustauschoptionen[788]

Die beschriebenen Optionen für einen Datenaustausch für datenbasierte Dienstleistungen im Werkzeugbau besitzen keinen Anspruch auf Vollständigkeit. Der Methodikanwender muss individuell entscheiden, welche Form des Datenaustauschs für das eigene Unternehmen die größte Sinnhaftigkeit hinsichtlich Erfolgsaussichten und Umsetzbarkeit ergibt. Hierfür sind die einzelnen Anforderungen gegeneinander abzuwägen. Grundsätzlich wird empfohlen, dem Kunden die Möglichkeit bereitzustellen, die Datenübertragung jederzeit manuell unterbrechen zu können, um potenziellen Kundenbedenken eines Kontrollverlusts entgegenzuwirken. Hieraus resultierende Auswirkungen sollten allerdings vorab vertraglich festgehalten werden. In Abhängigkeit des Ertragsmodells (vgl. Kapitel 5.3.3) müssten bspw. Kompensationszahlungen für den Werkzeugbau definiert werden, um dem Kunden eine solche Möglichkeit mit einem kalkulierbaren Risiko offerieren zu können. Zusammenfassend liegen dem Anwender mit Abschluss von Schritt D2 folgende Ergebnisse vor:

- Definierte Anforderungen, die im Rahmen eines Datenaustauschs für datenbasierte Dienstleistungen im Werkzeugbau berücksichtigt werden müssen
- Entwickelte und ausgewählte Option zum Datenaustausch zwischen Werkzeugbaubetrieb und Kunde

788 Eigene Darstellung.

5.3.3 Schritt E: Entwicklung des Ertragsmodells

Als letzter Schritt der Auslegungsphase erfolgt die Entwicklung eines Ertragsmodells für datenbasierte Dienstleistungen im Werkzeugbau im Rahmen von zwei Detailschritten. Da datenbasierte Dienstleistungen auf individuelle Kundenbedürfnisse ausgerichtet sind, muss sich diese Individualität auch in einem dafür geeigneten Ertragsmodell widerspiegeln[789]. Zudem schöpft der klassische einmalige Verkauf eines Werkzeugs oder einer Dienstleistung nicht das Umsatzpotenzial aus, welches datenbasierten Dienstleistungen zugeschrieben wird[790].

Ziel von Schritt E ist daher die Beschreibung von Möglichkeiten verschiedener Ertragsmodelle für die jeweiligen Komplexitätsstufen datenbasierter Dienstleistungen. Des Weiteren sollen die Voraussetzungen betrachtet werden, die für die Umsetzung der einzelnen Ertragsmodelle notwendig sind. Vor den Ausführungen der beiden Detailschritte *Eignungsbewertung der Ertragsmodellmöglichkeiten* sowie *Ertragsmodellauslegung anhand werkzeugbauspezifischer Voraussetzungen* werden die erforderlichen Grundlagen erläutert.

5.3.3.1 Grundlagen

Ein Ertragsmodell beschreibt, inwiefern mit einem Geschäftsmodell Erträge generiert werden können und beantwortet gleichzeitig die Frage, wie die Elemente eines Nutzenversprechens an den Kunden verrechnet werden[791]. Ähnlich definieren SCHUH ET AL. ein Ertragsmodell als Bestandteil eines übergeordneten Geschäftsmodells. Dieses beinhaltet die Werte des Leistungsangebots, für die der Kunde zahlen muss sowie die Kosten, die auf der Unternehmensseite dem gegenüberstehen.[792] Den Definitionen können drei Begriffe entnommen werden, welche aus wissenschaftlicher Perspektive für ein umfassendes Ertragsmodellverständnis erläutert werden müssen. Diese lauten *Erträge*, *Kosten* und *Geschäftsmodell*. *Erträge* werden nach COENENBERG ET AL., gemäß den International Financial Reporting Standards (IFRS), als „Nutzenmehrung der Periode, die aus dem Zufluss oder der Wertsteigerung von Vermögenswerten (assets) oder der Abnahme von Schulden (liabilities) resultieren [...]“, definiert[793]. Die Begriffe Erträge und Erlöse werden in dieser Arbeit synonym verwendet. *Kosten* werden hingegen als „[b]etriebszweckbezogener, bewerteter Güterverbrauch“ definiert[794]. Der Begriff *Geschäftsmodell* wird in der wissenschaftlichen Literatur umfangreich diskutiert. Es existiert diesbezüglich bislang keine einheitliche Definition.[795] SCHUH ET AL. vergleichen daher verschiedene wissenschaftliche Ansätze zu Geschäftsmodellen und entwickeln eine synthetisierte Grundstruktur eines Geschäftsmodells. Die Autoren identifizieren drei Teilmodelle und Perspektiven, die für die Operationalisierung eines Geschäftsmodells betrachtet werden müssen.

Das erste Teilmodell ist das *Leistungserstellungsmodell* als Unternehmens- bzw. Anbieterperspektive. Für die Operationalisierung des entsprechenden Geschäftsmodells müssen die

[789] Vgl. Kampker et al. (Entwicklung von Smart Services), 2018, S. 156.
[790] Vgl. Rabe et al. (Planning of Smart Services), 2018, S. 2953.
[791] Vgl. Zott; Amit (Business Model Design), 2010, S. 218.
[792] Vgl. Schuh et al. (Dienstleistungsgeschäftsmodelle), 2016, S. 73.
[793] Vgl. Coenenberg et al. (Jahresabschluss), 2016, S. 518.
[794] Vgl. Plinke et al. (Industrielle Kostenrechnung), 2015, S. 23.
[795] Vgl. Bieger; Reinhold (Wertbasiertes Geschäftsmodell), 2011, S. 17.

Schlüsselressourcen, Schlüsselaktivitäten sowie die Schlüsselpartnerschaften definiert werden. Das zweite Teilmodell ist das *Leistungsangebots- und Marktadressierungsmodell* als Kunden- und Marktperspektive. Hierunter fallen die Definition des Leistungsangebots, Kundensegmente, Kundenbeziehungen sowie Kanäle zur Offerierung des Geschäftsmodells. Das dritte Teilmodell ist das *Ertragsmodell* als Kapitalisierungsperspektive.[796] Ein Ertragsmodell ist folglich als ein Bestandteil eines übergeordneten Geschäftsmodells zu verstehen. Für die Definition und Auslegung datenbasierter Dienstleistungen im Werkzeugbau ist eine Betrachtung des ganzheitlichen Geschäftsmodells nicht notwendig. Da eine Operationalisierung der datenbasierten Dienstleistung in Form eines Geschäftsmodells nicht das Ziel der vorliegenden Arbeit ist, werden in den vorherigen Methodikschritten nicht alle Inhalte der beiden erstgenannten Teilmodelle erarbeitet. So ist bspw. für eine Auslegung, im Gegensatz zur Operationalisierung, die Beantwortung der Kundensegmente oder Schlüsselpartnerschaften nicht von Bedeutung. Vollends unbeantwortet ist bislang jedoch die Auslegung geeigneter Ertragsmodelle. Ein signifikanter Nutzen von datenbasierten Dienstleistungen für Werkzeugbaubetriebe ist, dass durch diese ein wettbewerbsdifferenzierendes Leistungsangebot entsteht, welches neue Formen an zahlungswirksamen Monetarisierungseffekten beinhaltet. Dieser Nutzen muss bereits bei der Auslegung datenbasierter Dienstleistungen berücksichtigt werden, um eine rationale Entscheidung treffen zu können, welche der ausgelegten datenbasierten Dienstleistungen von dem jeweiligen Werkzeugbaubetrieb anschließend operationalisiert werden sollen. Daher wird im weiteren Verlauf die Auslegung des Ertragsmodells fokussiert. Ein Ertragsmodell setzt sich aus den drei Elementen *Abrechnungs- und Erlösweg*, *Preismechanismus* sowie *Kostenstruktur* zusammen[797].

Die **Abrechnungs- und Erlöswege** beschreiben verschiedene Möglichkeiten, wie ein Unternehmen Erträge erwirtschaftet. Die Gesamterträge eines Unternehmens können sich aus mehreren Abrechnungs- und Erlöswegen zusammensetzen[798]. SCHUH ET AL. beschreiben acht verschiedene Formen der Abrechnungs- und Erlöswege. Diese lauten Pay-for-Equipment (PfE)-Modell, Pay-for-Availability (PfA)-Modell, Pay-for-Use (PfU)-Modell, Pay-on-Production (PoP)-Modell, Mitgliedsgebühren, Verleih/Vermietung/Leasing, Lizenzgebühren und Makler-/Vermittlungs-/Transaktionsgebühren. Das *PfE-Modell* repräsentiert den klassischen Verkauf einer Marktleistung, welche durch eine Einmalzahlung oder durch Ratenzahlungen erfolgt. Die konkrete Nutzung der Marktleistung ist dabei nicht von Relevanz. Die gebrauchsabhängige Nutzung spielt hingegen für das *PfA-*, *PfU-* und *PoP-Modell* eine entscheidende Rolle. Beim *PfA-Modell* erfolgen Bezahlungen an den Hersteller im Rahmen der technischen Verfügbarkeit der vereinbarten Marktleistung. Neben dem Übertrag des technischen Risikos an den Hersteller muss der Kunde keinen einmaligen Kaufpreis in Höhe des PfE-Modells entrichten. Das *PfU-Modell* beschreibt einen Abrechnungs- und Erlösweg, bei dem der tatsächliche Gebrauch einer Marktleistung dem Kunden in Rechnung gestellt wird. Das *PoP-Modell* repräsentiert ein ähnliches Prinzip, wobei die Abrechnungsbasis die Anzahl an produzierten Einheiten durch die Marktleistung ist. Das PoP-Modell eignet sich im Vergleich zum PfU-Modell daher insbe-

[796] Vgl. Schuh et al. (Dienstleistungsgeschäftsmodelle), 2016, S. 68 ff.
[797] Vgl. Schuh et al. (Dienstleistungsgeschäftsmodelle), 2016, S. 73.
[798] Vgl. Stähler (Digitale Ökonomie), 2001, S. 46.

sondere im Produktionsumfeld von herzustellenden Stückgütern. Durch diese beiden Abrechnungs- und Erlöswege wird neben dem technischen Risiko auch das Risiko schwankender Anlagenauslastungen auf den Hersteller übertragen. Bei *Mitgliedsgebühren* werden Erträge erwirtschaftet, indem durch eine Gebühr ein unbegrenzter Zugang zu einer Marktleistung gewährt wird. *Verleih/Vermietung/Leasing* repräsentiert eine Erlösform, bei der ein zeitlich begrenztes Nutzungsrecht für eine Marktleistung existiert. Die *Lizenzgebühr* kann auf geschütztes geistiges Eigentum, wie etwa Patente, erhoben werden. *Makler-/Vermittlungs-/Transaktionsgebühren* beschreiben Abrechnungs- und Erlöswege von Intermediationsdienstleistungen, die über Dritte erzielt werden.[799]

Nach der Festlegung der Abrechnungs- und Erlöswege erfolgt die Bestimmung des **Preismechanismus**[800]. Dies ist darauf zurückzuführen, dass Preismechanismen stark von den Abrechnungs- und Erlöswegen abhängen[801]. Mithilfe von Preismechanismen wird zwischen zwei Vertragsparteien festgelegt, wie der Wertzuwachs eines Leistungsangebots aufgeteilt wird[802]. Bei diesen preispolitischen Entscheidungen kann der Preismechanismus als Steuerungselement angesehen werden, um Anreize so zu setzen, dass opportunistische Spielräume zwischen den Parteien reduziert werden[803]. Nach OSTERWALDER UND PIGNEUR lassen sich Preismechanismen in die beiden Haupttypen *feste Preise* und *dynamische Preisfindung* unterteilen. Feste Preise repräsentieren vordefinierte Preise, die auf statischen Variablen beruhen. Dynamische Preise können sich dagegen auf Basis von wechselnden Marktbedingungen ändern.[804] Abbildung 102 gibt einen Überblick über verschiedene Formen von Preismechanismen inklusive Erläuterungen.

Preis-mechanismus	Preisabhängigkeit	Erläuterung
Festpreis	Feste Listenpreise	Der Preis ist für individuelle Produkte, Dienstleistungen oder andere Wertbeiträge festgelegt.
	Abhängigkeit von Produkteigenschaft	Der Preis schwankt aufgrund der Anzahl oder der Qualität des Produkts oder der Serviceleistung.
	Abhängigkeit vom Kundensegment	Der Preis hängt ab vom Typus und der Charakteristik eines Kundensegments.
	Abhängigkeit vom Volumen	Der Preis wird festgesetzt als eine Funktion der Kaufmenge.
Dynamisch	Verhandlungssache	Der Preis wird zwischen zwei oder mehr Parteien frei verhandelt.
	Ertragsmanagement	Der Preis ist abhängig vom Bestand und dem Zeitpunkt des Erwerbs (im Normalfall genutzt für vergängliche Ressourcen wie Hotelzimmer und Flugsitze).
	Abhängigkeit von Angebot und Nachfrage	Der Preis wird dynamisch festgelegt anhand von Angebot und Nachfrage.
	Versteigerung	Der Preis wird entschieden durch eine Versteigerung zwischen mehreren Bietern.

Abbildung 102: Verschiedene Formen von Preismechanismen[805]

799 Vgl. Schuh et al. (Dienstleistungsgeschäftsmodelle), 2016, S. 81 ff.
800 Vgl. Zerdick et al. (Internet-Ökonomie), 2001, S. 25.
801 Vgl. Schuh et al. (Dienstleistungsgeschäftsmodelle), 2016, S. 84.
802 Vgl. Roth; Stoppel (Preissysteme), 2014, S. 198.
803 Vgl. Hypko et al. (Performance-based contracting), 2010, S. 471 ff.
804 Vgl. Osterwalder; Pigneur (Business Model Generation), 2010, S. 32 f.
805 Inhaltlich i. A. a. Osterwalder; Pigneur (Business Model Generation), 2010, S. 33.; grafische Darstellung i. A. a. Schuh et al. (Dienstleistungsgeschäftsmodelle), 2016, S. 84.

Die **Kostenstruktur** repräsentiert das dritte Element eines Ertragsmodells. Kosten lassen sich anhand der Ausbringungsmenge einer Marktleistung differenzieren. So kann zwischen *variablen* (mengenabhängigen) und *fixen* (mengenunabhängigen) *Kosten* unterschieden werden. Während variable Kosten anhand der Menge von erstellten Marktleistungen differieren, fallen fixe Kosten stets in gleicher Höhe an. Die Kosten einer Marktleistung können für ein Unternehmen durch die Nutzung von Skalen- und Verbundeffekten sinken.[806] Skaleneffekte (Economies of Scale) bedeuten, dass durch eine hohe Ausbringungsmenge einer Marktleistung Kostenvorteile wie etwa durch Spezialisierung und Standardisierung entstehen[807]. Diese Kostenvorteile können auch durch Verbundeffekte (Economies of Scope) erzielt werden, indem für unterschiedliche Marktleistungen bspw. die gleichen Prozesse oder Ressourcen verwendet werden[808].

5.3.3.2 Eignungsbewertung der Ertragsmodellmöglichkeiten

Ziel des ersten Detailschritts, Schritt E1, ist die Eignungsbewertung von Ertragsmodellmöglichkeiten für die jeweiligen Komplexitätsstufen datenbasierter Dienstleistungen im Werkzeugbau. Für diesen Zweck wird eine Ertragsmodelltypologie entwickelt, welche mögliche Ertragsmodelle für datenbasierte Dienstleistungen der Branche Werkzeugbau beinhaltet. Die Ertragsmodelltypologie setzt sich dabei aus den Elementen eines Ertragsmodells und dessen jeweiligen Ausprägungen zusammen (vgl. Kapitel 5.3.3.1). Die Verwendung einer Typologie eignet sich besonders, da eine große Menge an theoretisch denkbaren Ertragsmodellformen möglich ist und eine praktische Anwendbarkeit gewährleistet werden muss[809]. Durch Kombination der Ausprägungen der Ertragsmodellelemente lassen sich verschiedene Ertragsmodellmöglichkeiten bilden. Der Definition einer Typologie folgend besitzt die im weiteren Verlauf entwickelte Ertragsmodelltypologie für datenbasierte Dienstleistungen im Werkzeugbau keinen Anspruch auf Vollständigkeit.

Die in Kapitel 5.3.3.1 beschriebenen Elemente und jeweiligen Ausprägungen für Ertragsmodelle sollen im Folgenden für die Auslegung von datenbasierten Dienstleistungen in der Branche Werkzeugbau spezifiziert werden. Im Zuge dessen werden für das Element **Abrechnungs- und Erlöswege** die Ausprägungen *Mitgliedsgebühren* sowie *Makler-/Vermittlungs-/Transaktionsgebühren* nicht betrachtet. Im Werkzeugbau ist es nicht realisierbar, *Mitgliedsgebühren* für die Erbringung einer datenbasierten Dienstleistung zu erheben. Dies ist darauf zurückzuführen, dass ein datenbasiertes Dienstleistungsangebot im Werkzeugbau eine derartige Kundenspezifität aufweist, dass eine Abrechnung über unternehmensübergreifende Mitgliedsgebühren nicht möglich ist. Eine Erhebung von Mitgliedsgebühren ist nur dann sinnvoll, wenn ein großer Kundenstamm Zugriff auf den selben Leistungsumfang haben soll, etwa bei Streaming-Plattformen wie Netflix oder Spotify. Des Weiteren bleiben *Makler-/Vermittlungs-/*

806 Vgl. Osterwalder; Pigneur (Business Model Generation), 2010, S. 41.
807 Vgl. Piller et al. (Mass Customization), 2004, S. 438.
808 Vgl. Panzar; Willig (Economies of Scope), 1981, S. 268.
809 Vgl. Schomburg (EDV-gestützte PPS-Systeme im Maschinenbau), 1980, S. 27.

Transaktionsgebühren unbeachtet, da Intermediationsdienstleistungen wie klassische Maklerprovisionen beim Immobilienkauf nicht mit der Definition von datenbasierten Dienstleistungen aus Kapitel 2.2.2.2 vereinbar sind.

Für das Element **Preismechanismus** werden die beiden Ausprägungen *Ertragsmanagement* und *Versteigerung* nicht betrachtet. Aufgrund der Tatsache, dass datenbasierte Dienstleistungen nicht durch einen begrenzten Bestand oder eine vergängliche Natur charakterisiert sind, ist das *Ertragsmanagement* als Preismechanismus nicht geeignet. Die *Versteigerung* wird im weiteren Verlauf ebenfalls außen vorgelassen, da eine Auktion für eine datenbasierte Dienstleistung nicht sinnvoll ist. Datenbasierte Dienstleistungen im Werkzeugbau sind aufgrund ihrer Kundenindividualität nicht für mehrere, unterschiedliche Abnehmer in einer potenziellen Auktion von Interesse.

Die **Kostenstruktur** als drittes Element eines Ertragsmodells wird mit ihren Ausprägungen in dieser Arbeit nicht betrachtet. Das Forschungsziel ist die Entwicklung einer Methodik zur Definition und Auslegung datenbasierter Dienstleistungen im Werkzeugbau. Eine darauf aufbauende Operationalisierung der datenbasierten Dienstleistungen ist für die Beantwortung der Forschungsfrage nicht erforderlich. Durch die Fokussierung der Auslegung von datenbasierten Dienstleistungen sind keine fundierten Aussagen über Kosten möglich, da für eine Operationalisierung der jeweiligen datenbasierten Dienstleistung Umsetzungsvoraussetzungen zum Teil unbeantwortet sind. Dies geht einher mit den Erläuterungen aus Kapitel 5.3.3.1 zu den Teilmodellen eines Geschäftsmodells. Für die fundierte Berechnung von Kosten müssen alle Inhalte der einzelnen Teilmodelle detailliert beantwortet werden, was durch den definierten Betrachtungsbereich dieser Arbeit nicht möglich ist. Auch wenn die Kosten nicht detailliert betrachtet werden, ist mit der Ertragsmodelltypologie dennoch eine Aussage über das finanzielle Risiko eines Ertragsmodells möglich (vgl. Kapitel 5.3.3.1). Mit diesen ausgeschlossenen Ausprägungen ergibt sich die Ertragsmodelltypologie für die Auslegung von datenbasierten Dienstleistungen im Werkzeugbau (vgl. Abbildung 103).

Element	Ausprägung					
Abrechnungs- und Erlösweg	Pay-for-Equipment (PfE)	Pay-for-Availability (PfA)	Pay-for-Use (PfU)	Pay-on-Production (PoP)	Verleih/ Vermietung/ Leasing	Lizenzgebühren
Preis-mechanismus	Feste Listenpreise	Festpreis abhängig von Produkt-eigenschaft	Festpreis abhängig vom Kunden-segment	Festpreis abhängig vom Volumen	Verhand-lungssache	Preis abhängig von Angebot und Nachfrage

Abbildung 103: Ertragsmodelltypologie für datenbasierte Dienstleistungen im Werkzeugbau[810]

Im Folgenden werden die Ausprägungen der aufgeführten Ertragsmodelltypologie für datenbasierte Dienstleistungen im Werkzeugbau spezifiziert. Im Zuge des Ertragsmodellelements **Abrechnungs- und Erlösweg** beinhaltet die Ausprägung *PfE*, dass ein Kunde alle erforderlichen Voraussetzungen zur Leistungserbringung zum vollen Preis kauft. Als hieraus resultierender Eigentümer ist der Kunde für die Umsetzung der datenbasierten Dienstleistung selbst

[810] Eigene Darstellung.

verantwortlich. Eine Abrechnung erfolgt beim *PfA-Modell* dagegen nur, wenn das der datenbasierten Dienstleistung zugrundeliegende Werkzeug dem Kunden einsatzbereit zur Verfügung steht. Bei *PfU* erzielt der Werkzeugbau durch die datenbasierte Dienstleistung Erträge, indem das Werkzeug beim Kunden im Einsatz der Serienproduktion ist. Ähnliches gilt für datenbasierte Dienstleistungen, die auf Basis des *PoP-Modells* abgerechnet werden. Hierbei definieren sich die Erträge einer datenbasierten Dienstleistung allerdings aus der Anzahl der produzierten Teile mit dem jeweiligen Werkzeug. Beim Abrechnungs- und Erlösweg *Verleih/Vermietung/Leasing* werden die prozessualen und technischen Voraussetzungen zur Erbringung einer oder mehrerer datenbasierter Dienstleistungen dem Kunden gegen ein regelmäßiges Entgelt innerhalb eines zeitlich begrenzten Nutzungsraums überlassen. Dabei muss es sich nicht zwingend um das Werkzeug selbst handeln. Es ist bspw. auch möglich, dass lediglich technisches Equipment verliehen wird, mit dem eine datenbasierte Dienstleistung umgesetzt werden kann. Bei *Lizenzgebühren* handelt es sich schließlich um die Möglichkeit, dass der Kunde eine Lizenzgebühr entrichtet, um die erfassten sowie verarbeiteten Daten des Werkzeugbaubetriebs zu verwenden und hieraus eigene datenbasierte Dienstleistungen für sich selbst oder für Dritte zu erbringen. Voraussetzung für Lizenzgebühren ist, dass für das Werkzeug kein Eigentumsübertrag an den Kunden erfolgt.

Im Rahmen des Ertragsmodellelements **Preismechanismus** bedeutet die Ausprägung *feste Listenpreise*, dass datenbasierte Dienstleistungen zu fixen Preisen dem Kunden offeriert werden. Dabei kann der Werkzeugbaubetrieb z. B. die Preise von datenbasierten Dienstleistungen anhand der Anzahl benötigter Sensorik skalieren. Bei der Ausprägung *Festpreis abhängig von der Produkteigenschaft* richtet sich die Preisfestlegung hingegen nach dem Funktionsumfang bzw. der Qualität der datenbasierten Dienstleistung. So kann bspw. der Funktionsumfang anhand der Komplexitätsstufe der jeweiligen datenbasierten Dienstleistung bewertet werden. Wird der Preis einer datenbasierten Dienstleistung für jedes Kundensegment eines Werkzeugbaubetriebs festgelegt, ist dieser Preismechanismus der Ausprägung *Festpreis abhängig vom Kundensegment* zuzuordnen. Bei diesem Preismechanismus würden bspw. für Kunden des Werkzeugtyps Blechumformung andere Preise festgelegt werden als für Kunden von Spritzgießwerkzeugen. Die Ausprägung *Festpreis abhängig vom Volumen* beschreibt, dass sich der Preis für datenbasierte Dienstleistungen danach richtet, wie viele Werkzeuge mit datenbasierten Dienstleistungen vom Kunden in Anspruch genommen werden. Die Ausprägung Festpreis abhängig vom Volumen kann also nur dann von einem Werkzeugbaubetrieb angewandt werden, wenn der Kunde mehr als ein Werkzeug, z. B. in Form eines Werkzeugsatzes, ordert. Beim dynamischen Preismechanismus *Verhandlungssache* wird der Preis zwischen beiden Vertragsparteien individuell verhandelt. Einfluss hierauf nimmt bspw. die Komplexitätsstufe der jeweiligen datenbasierten Dienstleistung. Die Festlegung des *Preises abhängig von Angebot und Nachfrage* repräsentiert eine dynamische Anpassung des Preises, je nachdem in welchem Ausmaß die datenbasierte Dienstleistung vom Kunden in Anspruch genommen werden möchte.

Nachfolgend werden die Ausprägungen der hergeleiteten Ertragsmodelltypologie hinsichtlich ihrer Eignung für die unterschiedlichen Komplexitätsstufen datenbasierter Dienstleistungen im

Werkzeugbau bewertet. Dabei werden die jeweiligen Ausprägungen in diesen drei Abstufungen bewertet:

- *Geeignet*: Die Ausprägung des Ertragsmodells eignet sich problemlos zur Anwendung für eine datenbasierte Dienstleistung der jeweiligen Komplexitätsstufe.
- *Bedingt geeignet*: Die Ausprägung des Ertragsmodells eignet sich nur unter Einschränkungen zur Anwendung für eine datenbasierte Dienstleistung der jeweiligen Komplexitätsstufe.
- *Nicht geeignet*: Die Ausprägung des Ertragsmodells eignet sich in keinem Fall zur Anwendung für eine datenbasierte Dienstleistung der jeweiligen Komplexitätsstufe.

Zunächst erfolgt die **Bewertung der Ertragsmodelltypologie für deskriptive datenbasierte Dienstleistungen**. Beim Abrechnungs- und Erlösweg eignen sich für datenbasierte Dienstleistungen im Werkzeugbau der ersten Komplexitätsstufe lediglich *PfE* und *Verleih/Vermietung/Leasing*. *PfE* eignet sich, da die Voraussetzungen zur Erbringung der datenbasierten Dienstleistung, wie z. B. technisches Equipment, dem Kunden verkauft werden können. Dieser Abrechnungs- und Erlösweg ist für alle datenbasierten Dienstleistungen möglich und wird daher im Zuge der weiteren Bewertungen nicht weiter erwähnt. *Verleih/Vermietung/Leasing* eignet sich ebenfalls für deskriptive datenbasierte Dienstleistungen. Da die technologischen und prozessualen Voraussetzungen für diese Komplexitätsstufe vergleichsweise wenig Aufwand bedeuten, können datenbasierte Dienstleistungen als eine Art digitales Add-on zum Werkzeug durch den Werkzeugbaubetrieb zeitlich begrenzt für den Kunden in einem sehr guten Aufwand-/Nutzenverhältnis zu- bzw. abgeschaltet werden. Bedingt geeignet sind dagegen die *Lizenzgebühren*. Ein Werkzeugbaubetrieb kann die Daten seinen Kunden zur eigenständigen Erbringung der datenbasierten Dienstleistung überlassen. Allerdings ist die Komplexität für die Durchführung dieser Dienstleistung relativ gering, weshalb es sich aus monetärer Perspektive und Marktdifferenzierungsperspektive für den Werkzeugbau anbieten würde, die deskriptive datenbasierte Dienstleistung eigens zu erbringen. Die gebrauchsabhängigen Erlöswege *PfA*, *PfU* und *PoP* sind für deskriptive datenbasierte Dienstleistungen im Werkzeugbau nicht geeignet. Eine Ursache hierfür ist, dass diese Komplexitätsstufe die Verfügbarkeit eines Werkzeugs nicht direkt beeinflusst, trotz Schaffung einer höheren Transparenz. Eine Anwendung dieser Erlöswege würde für deskriptive datenbasierte Dienstleistungen ein sehr hohes Risiko für den Werkzeugbaubetrieb bedeuten.

Beim Preismechanismus eignen sich der *Festpreis abhängig vom Volumen* sowie *Verhandlungssache* für alle Komplexitätsstufen datenbasierter Dienstleistungen im Werkzeugbau. So können bspw. niedrigere Preise für die Erbringung datenbasierter Dienstleistungen festgelegt werden, wenn der Kunde mehrere Werkzeuge mit diesem Leistungsumfang ordert. Die *Verhandlungssache* ist insbesondere für alle Komplexitätsstufen geeignet, da beide Parteien hierdurch die Möglichkeit besitzen, dem individuellen Charakter der Leistung auch im Preismechanismus gerecht zu werden. *Feste Listenpreise* und *Festpreis abhängig vom Kundensegment* eignen sich ebenfalls für deskriptive datenbasierte Dienstleistungen. In dieser Komplexitätsstufe ist die Realisierung dieser beiden Preismechanismen am einfachsten möglich, da der relativ simple Leistungsumfang generisch, z. B. über das verwendete technische Equipment, bepreist werden kann. Der *Festpreis abhängig von Produkteigenschaft* ist lediglich bedingt geeignet, da aufgrund des relativ geringen Funktionsumfangs der datenbasierten Dienstleistung wenig Spielraum für eine Preisgestaltung existiert. Die permanente Ermittlung von *Nachfrage und Angebot* für den benötigten Leistungsumfang ist aufgrund dieses geringen Funktionsumfangs nicht denkbar. Abbildung 104 gibt einen zusammenfassenden Überblick über geeignete Ertragsmodellbestandteile für deskriptive datenbasierte Dienstleistungen.

Element	Ausprägung					
Abrechnungs- und Erlösweg	Pay-for-Equipment (PfE) ✓	Pay-for-Availability (PfA) ✗	Pay-for-Use (PfU) ✗	Pay-on-Production (PoP) ✗	Verleih/ Vermietung/ Leasing ✓	Lizenzgebühren ~
Preismechanismus	Feste Listenpreise ✓	Festpreis abhängig von Produkteigenschaft ~	Festpreis abhängig vom Kundensegment ✓	Festpreis abhängig vom Volumen ✓	Verhandlungssache ✓	Preis abhängig von Angebot und Nachfrage ✗

Legende
Geeignet: ✓
Bedingt geeignet: ~
Nicht geeignet: ✗

Abbildung 104: Bewertete Ertragsmodellbestandteile für deskriptive datenbasierte Dienstleistungen[811]

Als nächstes erfolgt die **Bewertung der Ertragsmodelltypologie für diagnostische datenbasierte Dienstleistungen**. Im Gegensatz zu deskriptiven datenbasierten Dienstleistungen sind bei diagnostischen datenbasierten Dienstleistungen die gebrauchsabhängigen Abrechnungs- und Erlöswege bedingt geeignet. Durch die Ableitung von Korrelationen und kausalen Zusammenhängen ermöglichen die datenbasierten Dienstleistungen der zweiten Komplexitätsstufe ein deutlich besseres Verständnis der entsprechenden Serienproduktionsprozesse. Allerdings ist durch diese datenbasierte Dienstleistung immer noch keine direkte Ergebnisbeeinflussung der Serienproduktion möglich, weshalb *PfA*, *PfU* und *PoP* als Erlösweg weiterhin ein relativ hohes Risiko für Werkzeugbaubetriebe aufweisen. Für *Verleih/Vermietung/Leasing* sowie *Lizenzgebühren* ist die Bewertung auf die gleichen Begründungen wie bei deskriptiven datenbasierten Dienstleistungen zurückzuführen.

Bei Betrachtung des Preismechanismus sind die Ausprägungen *Feste Listenpreise* und *Festpreis abhängig vom Kundensegment* lediglich bedingt geeignet. Innerhalb dieser beiden Preismechanismen fällt es bei zunehmender Komplexität der datenbasierten Dienstleistung schwerer, diese ohne Betrachtung des Funktionsumfangs zu bepreisen. Die noch relativ geringe Komplexitätsstufe begründet allerdings, dass eine Realisierbarkeit noch bedingt möglich ist. Der *Festpreis abhängig von Produkteigenschaft* ist ebenfalls bedingt geeignet. Vorteil dieses Festpreismechanismus gegenüber den beiden zuvor bewerteten Mechanismen ist, dass sich der Preis anhand des Funktionsumfangs der datenbasierten Dienstleistung orientiert. So könnte bspw. ein Preis je abgegebener Diagnose festgelegt werden. Die dynamische Festlegung des *Preises abhängig von Angebot und Nachfrage* ist im Vergleich zur ersten Komplexitätsstufe besser möglich, da der Funktionsumfang der datenbasierten Dienstleistungen und somit der potenzielle Umfang von Leistungsangeboten steigt. Dieser Preismechanismus ist allerdings nur bedingt geeignet, da das Nachfrageverhalten seitens des Kunden in der Regel gleichmäßig sein wird. Dies ist darauf zurückzuführen, dass keine direkte Beeinflussung des

[811] Eigene Darstellung.

Ergebnisses in der Serienproduktion mit dieser Komplexitätsstufe möglich ist. Abbildung 105 gibt einen zusammenfassenden Überblick über geeignete Ertragsmodellbestandteile für diagnostische datenbasierte Dienstleistungen.

Element	Ausprägung					
Abrechnungs- und Erlösweg	Pay-for-Equipment (PfE)	Pay-for-Availability (PfA)	Pay-for-Use (PfU)	Pay-on-Production (PoP)	Verleih/ Vermietung/ Leasing	Lizenzgebühren
Preismechanismus	Feste Listenpreise	Festpreis abhängig von Produkteigenschaft	Festpreis abhängig vom Kundensegment	Festpreis abhängig vom Volumen	Verhandlungssache	Preis abhängig von Angebot und Nachfrage

Legende: Geeignet; Bedingt geeignet; Nicht geeignet

Abbildung 105: Bewertete Ertragsmodellbestandteile für diagnostische datenbasierte Dienstleistungen[812]

Im weiteren Verlauf erfolgt die **Bewertung der Ertragsmodelltypologie für prädiktive datenbasierte Dienstleistungen**. Prädiktive datenbasierte Dienstleistungen sind in der Lage, die Verfügbarkeit des Werkzeugs und hierdurch das Produktionsergebnis direkt zu beeinflussen. Mit dieser Komplexitätsstufe können Produktivitätssteigerungen beim Kunden realisiert werden. Folglich stellen die gebrauchsabhängigen Erlöswege *PfA*, *PfU* und *PoP* eine Möglichkeit dar, auch in der Abrechnungsperspektive der datenbasierten Dienstleistungen einen wettbewerbsdifferenzierenden Mehrwert für den Kunden zu erzeugen. *Verleih/Vermietung/Leasing* ist aufgrund der höheren Komplexität des datenbasierten Leistungsangebots lediglich bedingt geeignet. Die zeitlich begrenzte Überlassung von Leistungsumfängen ist theoretisch möglich. Allerdings besteht für Werkzeugbaubetriebe die Gefahr, dass die aufwendig geschaffenen Voraussetzungen nur sehr selten durch den Kunden wahrgenommen werden. *Lizenzgebühren* sind geeignet, da die Kunden auf Basis der bereitgestellten Informationen bzw. ausgewerteten Daten in der Lage sind, eigene, darauf aufbauende Leistungen durchzuführen.

Die drei statischen Preismechanismen *Feste Listenpreise*, *Festpreis abhängig von Produkteigenschaft* und *Festpreis abhängig vom Kundensegment* sind nicht geeignet, da sie der kundenspezifischen Individualität der datenbasierten Dienstleistungen dieser Komplexitätsstufe nicht gerecht werden. Vielmehr weisen dynamische Preismechanismen eine Eignung für diese Komplexitätsstufe datenbasierter Dienstleistungen auf. So ist es bspw. im Rahmen einer *Verhandlung* möglich, vertraglich zu bestimmen, dass erzielte Kundenerlöse aus Produktivitätssteigerungen anteilig als Bonus an den Werkzeugbaubetrieb als anbietenden Betreiber der datenbasierten Dienstleistung abgeführt werden. Der Mechanismus *Preis abhängig von Angebot und Nachfrage* ist ebenfalls geeignet. Es ist z. B. denkbar, dass sich der Preis der datenbasierten Dienstleistung während der Nutzung erhöht, falls der Kunde anstelle einer Produktivitätsgarantie eine zeitlich befristete Produktivitätssteigerung nachfragt, um Kapazitätsschwankungen abdecken zu können. Abbildung 106 gibt einen zusammenfassenden Überblick über entsprechend geeignete Ertragsmodellbestandteile für prädiktive datenbasierte Dienstleistungen.

812 Eigene Darstellung.

Element	Ausprägung					
Abrechnungs- und Erlösweg	Pay-for-Equipment (PfE) ✓	Pay-for-Availability (PfA) ✓	Pay-for-Use (PfU) ✓	Pay-on-Production (PoP) ✓	Verleih/ Vermietung/ Leasing ~	Lizenz-gebühren ✓
Preis-mechanismus	Feste Listenpreise ✗	Festpreis abhängig von Produkt-eigenschaft ✗	Festpreis abhängig vom Kunden-segment ✗	Festpreis abhängig vom Volumen ✓	Verhand-lungssache ✓	Preis abhängig von Angebot und Nachfrage ✓

Legende — Geeignet: ✓ — Bedingt geeignet: ~ — Nicht geeignet: ✗

Abbildung 106: Bewertete Ertragsmodellbestandteile für prädiktive datenbasierte Dienstleistungen[813]

Als nächstes erfolgt die **Bewertung der Ertragsmodelltypologie für präskriptive datenbasierte Dienstleistungen**. Die komplexeste Form datenbasierter Dienstleistungen unterscheidet sich aus der Perspektive geeigneter Ertragsmodellmöglichkeiten im Vergleich zu diagnostischen datenbasierten Dienstleistungen lediglich in der Bewertung von zwei Ausprägungen des Abrechnungs- und Erlöswegs. Alle anderen Begründungen der jeweiligen Eignungsbewertungen bleiben gleich. Der Erlösweg *Verleih/Vermietung/Leasing* ist für präskriptive datenbasierte Dienstleistungen nicht geeignet. Der Aufwand zur Schaffung aller notwendigen Voraussetzungen zur Realisierung einer präskriptiven datenbasierten Dienstleistung ist zu groß, im Verhältnis zur Tatsache, dass die Leistung nur zeitlich begrenzt und ohne Planungssicherheit für Werkzeugbaubetriebe erfüllt werden soll. *Lizenzgebühren* weisen ebenfalls keine Eignung auf, da der komplexeste Fall, autonome Entscheidungsausführungen des technischen Systems, nicht über Lizenzgebühren abgedeckt werden kann. Abbildung 107 gibt einen zusammenfassenden Überblick über geeignete Ertragsmodellbestandteile für präskriptive datenbasierte Dienstleistungen.

Element	Ausprägung					
Abrechnungs- und Erlösweg	Pay-for-Equipment (PfE) ✓	Pay-for-Availability (PfA) ✓	Pay-for-Use (PfU) ✓	Pay-on-Production (PoP) ✓	Verleih/ Vermietung/ Leasing ✗	Lizenz-gebühren ✗
Preis-mechanismus	Feste Listenpreise ✗	Festpreis abhängig von Produkt-eigenschaft ✗	Festpreis abhängig vom Kunden-segment ✗	Festpreis abhängig vom Volumen ✓	Verhand-lungssache ✓	Preis abhängig von Angebot und Nachfrage ✓

Legende — Geeignet: ✓ — Bedingt geeignet: ~ — Nicht geeignet: ✗

Abbildung 107: Bewertete Ertragsmodellbestandteile für präskriptive datenbasierte Dienstleistungen[814]

Jeder einzelnen Ertragsmodelltypologie der jeweiligen Komplexitätsstufe datenbasierter Dienstleistungen kann auf Basis der Bewertung entnommen werden, welche Kombinationen der einzelnen Ausprägungen für potenzielle Ertragsmodellmöglichkeiten geeignet sind. Zusammenfassend liegen dem Anwender mit Abschluss von Schritt E1 folgende Ergebnisse vor:

- Erarbeitete Ertragsmodelltypologie zur Entwicklung von Ertragsmodellen für datenbasierte Dienstleistungen im Werkzeugbau

[813] Eigene Darstellung.

[814] Eigene Darstellung.

- Bewertete Ertragsmodellmöglichkeiten hinsichtlich ihrer Eignung für datenbasierte Dienstleistungen unterschiedlicher Komplexitätsstufen im Werkzeugbau

5.3.3.3 Ertragsmodellauslegung anhand werkzeugbauspezifischer Voraussetzungen

Im vorherigen Kapitel 5.3.3.2 konnten anhand der entwickelten Ertragsmodelltypologie verschiedene Ertragsmodellmöglichkeiten identifiziert werden, die für unterschiedliche Komplexitätsstufen datenbasierter Dienstleistungen geeignet sind. Darauf aufbauend ist das Ziel des zweiten Detailschritts, Schritt E2, diese Ertragsmodellmöglichkeiten für eine potenzielle praktische Umsetzung im Werkzeugbau detailliert auszulegen. Hierfür werden im weiteren Verlauf Voraussetzungen beschrieben, die für eine werkzeugbauspezifische Ertragsmodellauslegung berücksichtigt werden müssen. Für die Herleitung dieser Voraussetzungen bietet sich die Anwendung eines morphologischen Kastens nach ZWICKY[815] an. Die Auswahl dieses methodischen Vorgehens liegt der Tatsache zugrunde, dass es sich um eine Kreativitätstechnik handelt, bei der ein schwer spezifizierbares Problem in verschiedene Elemente bzw. Merkmale zur Problemlösung untergliedert wird[816].

Im ersten Schritt von Kapitel 5.3.3.3 wird der morphologische Kasten definiert, welcher alle Voraussetzungen beinhaltet, um Ertragsmodelle für datenbasierte Dienstleistungen im Werkzeugbau umzusetzen bzw. praxisnah auszulegen. Darauf aufbauend werden die Ausprägungen der entwickelten Ertragsmodelltypologie aus Schritt E1 in den morphologischen Kasten eingeordnet. Durch diese Einordnung kann abgeleitet werden, welche werkzeugbauspezifischen Voraussetzungen für die Umsetzung der einzelnen Ertragsmodellmöglichkeiten notwendig sind.

Um Ertragsmodelle praxisnah auslegen zu können, ist es sinnvoll, die Perspektive von Anbieter und Kunde der datenbasierten Dienstleistung zu berücksichtigen. So existieren aufseiten des Kunden zentrale Voraussetzungen, die berücksichtigt werden müssen, sodass ein Ertragsmodell für datenbasierte Dienstleistungen neben dem eigentlichen Leistungsangebot als zusätzliches Verkaufsargument betrachtet wird. Andererseits müssen für den Werkzeugbau verschiedene Voraussetzungen vorliegen bzw. durch ihn geschaffen werden, sodass ein neuartiges Ertragsmodell dem Kunden mit einem kalkulierbaren Risiko offeriert werden kann.

Als erstes erfolgt die **Entwicklung des morphologischen Kastens aus der Kundenperspektive**. Im Rahmen des Ertragsmodells muss zwischen beiden Vertragsparteien geklärt werden, ob eine Eigentumsübergabe des Werkzeugs vom Werkzeugbaubetrieb an den Kunden gewünscht ist. Viele Kunden wollen das Risiko vermeiden, dass im Falle einer Insolvenz der Werkzeugbaubetriebe das Werkzeug in die Konkursmasse des Insolvenzverwalters übergeht und der Kunde als Nutzer des Werkzeugs den direkten Zugriff auf dieses verliert. Für manche Ertragsmodelle ist es allerdings sinnvoll, dass der Werkzeugbaubetrieb Eigentümer des Werkzeugs bleibt. In diesem Fall müssen dem Kunden die Vorteile solcher Ertragsmodelle dargelegt werden, sodass kundenseitig von einer Eigentumsübergabe abgesehen wird. Die

815 Vgl. Zwicky (Morphologisches Weltbild), 1966.
816 Vgl. Schawel; Billing (Management Tools), 2018, S. 219.

Voraussetzung lautet somit *Werkzeugeigentum* und beinhaltet zwei Ausprägungen. Diese unterscheiden sich dahingegehend, ob der Kunde oder der Werkzeugbaubetrieb Eigentümer des Werkzeugs ist.

Aufgrund der Tatsache, dass datenbasierte Dienstleistungen im Werkzeugbau bislang kaum verbreitet sind (vgl. Kapitel 2.3.3.3), existieren in der logischen Konsequenz auch selten neuartige Ertragsmodelle, die auf das kundenindividuelle Leistungsangebot ausgerichtet sind. Folglich ist der Abrechnungs- und Erlösweg PfE am verbreitetsten. Eine Vielzahl einzelner datenbasierter Dienstleistungen soll den Kunden allerdings über den gesamten Werkzeuglebenszyklus unterstützen. Die Reduzierung der Total Costs of Ownership (TCO) eines Werkzeugs ist dabei als zentrale positive Konsequenz zu nennen. Daher ist bei der Festlegung einzelner Ertragsmodelle von datenbasierten Dienstleistungen zwingend darauf zu achten, dass die Verhandlungsperspektive des Kunden auf die TCO gelegt wird. Dies kann bei der Offerierung erster datenbasierter Leistungsangebote eine Herausforderung für den Werkzeugbau darstellen, da technische Einkäufer von Werkzeugen, insbesondere bei größeren Unternehmen, in der Regel kein Budget für eine TCO-Betrachtung zur Verfügung haben. Darüber hinaus liegt der Fokus beim Einkauf aktuell oftmals ausschließlich auf dem Werkzeugeinstandspreis. Die Voraussetzung ist somit die *TCO-Berücksichtigung* während der Verhandlung zwischen Werkzeugbaubetrieb sowie Kunde und beinhaltet zwei Ausprägungen. Diese unterscheiden sich dahingehend, ob der Kunde die gesamten Lebenszykluskosten des Werkzeugs berücksichtigt oder nicht.

Eine weitere Voraussetzung für die Realisierung von Ertragsmodellen für datenbasierte Dienstleistungen ist, dass aus der Perspektive des Kunden eine *Planungssicherheit der Kosten* existiert. Kunden haben das Interesse, mithilfe eines Ertragsmodells die Kosten während der Leistungsinanspruchnahme abschätzen zu können. Der Kunde strebt ein möglichst geringes finanzielles Risiko an, welches durch eine hohe Kostentransparenz sowie Stabilität des benötigten Budgets geprägt ist. Für diese Voraussetzung existieren drei Ausprägungen. Durch das Ertragsmodell des datenbasierten Leistungsangebots kann eine unplanbare Kostenstruktur oder eine transparente Kostenstruktur durch die eindeutige Zuordnung von Kosten und Leistungen resultieren. Ein Ertragsmodell kann allerdings auch so ausgestaltet sein, dass das Kostenmanagement vollends durch den Werkzeugbau übernommen wird und hierdurch eine maximale Planungssicherheit der Kosten für den Kunden entsteht.

Für die Realisierung eines Ertragsmodells datenbasierter Dienstleistungen ist außerdem zu berücksichtigen, dass sich ein Kunde nur für das neue datenbasierte Leistungsangebot entscheiden wird, wenn für eine Inanspruchnahme dieses Leistungsangebots keine höhere Zahlungsnotwendigkeit im Vergleich zu einem traditionellen Werkzeug erforderlich ist. Ein traditionelles Werkzeug beschreibt in diesem Kontext, dass mit dem Werkzeug keine datenbasierten Dienstleistungen erbracht werden können. Die Voraussetzung lautet somit *initiale Zahlungshöhe* und beinhaltet drei Ausprägungen. Diese unterscheiden sich, ob eine deutlich geringere, ähnliche oder deutlich höhere Zahlungsfähigkeit seitens des Kunden erforderlich ist.

Im Folgenden wird die **Entwicklung des morphologischen Kastens aus der Werkzeugbauperspektive** beschrieben. Für die Umsetzung einzelner Ertragsmodelle datenbasierter Dienstleistungen im Werkzeugbau ist aus der Perspektive von Werkzeugbaubetrieben die Voraussetzung der *Finanzierbarkeit* zu schaffen. Datenbasierte Leistungsangebote, die nicht durch eine einmalige Zahlung in den Besitz des Kunden übergehen, verbleiben buchhalterisch in der Bilanz des Werkzeugbaubetriebs und belasten auf der Forderungsseite. Folglich müssen Werkzeugbaubetriebe in der Lage sein, zu Beginn der datenbasierten Leistungserbringung diese auch finanziell stemmen zu können. Auch wenn die Erträge über den gesamten Werkzeuglebenszyklus deutlich oberhalb eines klassischen Verkaufs liegen, verlagert sich der Return on Invest (RoI) in spätere Zeitperioden. Als Ausprägungen dieser Voraussetzungen muss ein Werkzeugbaubetrieb folglich überprüfen, ob eine Finanzierung der Ertragsmodellumsetzung erforderlich ist oder nicht.

Eine weitere Voraussetzung zur Umsetzung bestimmter Ertragsmodelle ist die *Werkzeugzuverlässigkeit*. So erfolgt bspw. bei gebrauchsabhängigen Ertragsmodellen ein Risikoübertrag des Werkzeugausfalls an den Werkzeugbaubetrieb. Die Werkzeugzuverlässigkeit hat somit entscheidenden Einfluss darauf, ob bestimmte Ertragsmodelle mit einem vertretbaren Risiko für den Werkzeugbaubetrieb realisierbar sind. Die Voraussetzung untergliedert sich in vier Ausprägungen. Diese beinhalten, ob der unvorhergesehene Ausfall des Werkzeugs wahrscheinlich, unwahrscheinlich, nahezu ausgeschlossen oder vollständig ausgeschlossen ist.

Einher mit der vorherigen Voraussetzung geht die *Planungssicherheit der Erträge* für datenbasierte Dienstleistungen. Ertragsmodelle können hinsichtlich der Zahlungsmodalitäten unterschiedlich ausgestaltet werden. Dabei können die Ertragsströme von bestimmten Bedingungen und definierten Zeitpunkten abhängen. Diese Bedingungen und Zeitpunkte determinieren das Risiko des Werkzeugbaubetriebs, mit der datenbasierten Dienstleistung Erträge zu erwirtschaften. Die Voraussetzung untergliedert sich in fünf Ausprägungen. Diese beinhalten planbare einmalige Ertragsströme, unplanbare einmalige Ertragsströme, planbare periodische Ertragsströme, unplanbare periodische Ertragsströme sowie unplanbare kundenabhängige periodische Ertragsströme.

Die bisherigen Voraussetzungen aus der Werkzeugbauperspektive verdeutlichen, dass es bei der Realisierung von Ertragsmodellen für datenbasierte Dienstleistungen zu neuen Formen der Risikoallokation zwischen Kunde und Werkzeugbaubetrieb kommen kann. Für eine praktische Umsetzung einzelner Ertragsmodelle ist folglich als Voraussetzung eine *Risikobegrenzung* erforderlich. Hierfür ist individuell zu prüfen, welches Risiko für den Werkzeugbau existiert und durch welche Maßnahmen dieses Risiko begrenzt werden kann. So ist bspw. trotz der identifizierten Planungssicherheit der Erträge zu überprüfen, ob Situationen eintreten können, durch die keine Ertragsströme an den Werkzeugbaubetrieb erfolgen. Dies könnte unter anderem bei Auslastungsschwierigkeiten des Kunden eintreten. In solchen Fällen sind bspw. Mindestzahlungen an den Werkzeugbau individuell vertraglich zu vereinbaren. Des Weiteren muss bei Ertragsmodellen, die auf der Werkzeugzuverlässigkeit basieren, kontrolliert werden, ob Haftungsrisiken für Serienproduktionsausfälle existieren, die vertraglich begrenzt werden müssen. Ziel dieser Voraussetzung ist somit die Kontrolle, ob die Risikoverlagerung des Geschäftserfolgs vom Kunden zum Werkzeugbaubetrieb in einem für den Werkzeugbau vertretbaren Rahmen liegt. Daneben existieren auch Ertragsmodelle, bei denen keine Maßnahmen zur Risikobegrenzung erforderlich sind. Die vier Ausprägungen der Voraussetzung *Risikobegrenzung* lauten folglich keine Maßnahmen zur Risikobegrenzung, Maßnahmen zur Begrenzung des Zahlungsausfallrisikos, Maßnahmen zur Begrenzung des Haftungsrisikos sowie Maßnahmen zur Begrenzung des Zahlungsausfallrisikos und des Haftungsrisikos.

Abbildung 108 gibt einen zusammenfassenden Überblick über die entwickelte Morphologie mit allen werkzeugbauspezifischen Voraussetzungen und den jeweiligen Ausprägungen zur Ertragsmodellauslegung für datenbasierte Dienstleistungen im Werkzeugbau.

Perspektive	Voraussetzung	Ausprägung				
Kunde	Werkzeugeigentum	Der Kunde ist Eigentümer des Werkzeugs.	Der Werkzeugbaubetrieb ist Eigentümer des Werkzeugs.			
Kunde	TCO-Berücksichtigung	Es erfolgt keine Berücksichtigung der gesamten Lebenszykluskosten des Werkzeugs.	Es erfolgt eine Berücksichtigung der gesamten Lebenszykluskosten des Werkzeugs.			
Kunde	Planungssicherheit der Kosten	Es liegt eine unplanbare Kostenstruktur vor.	Es liegt eine transparente Kostenstruktur vor durch die eindeutige Zuordnung von Kosten und Leistungen.	Die Übernahme des Kostenmanagements erfolgt durch den Werkzeugbaubetrieb.		
Kunde	Initiale Zahlungshöhe	Es ist eine deutlich geringere Zahlungshöhe notwendig im Vergleich zum vollen Anschaffungspreis des traditionellen Werkzeugs.	Es ist eine Zahlung in ähnlicher Höhe notwendig wie beim vollen Anschaffungspreis des traditionellen Werkzeugs.	Es ist eine deutlich höhere Zahlung notwendig als beim vollen Anschaffungspreis des traditionellen Werkzeugs.		
Werkzeugbau	Finanzierung	Eine Finanzierung der Ertragsmodellumsetzung ist nicht erforderlich.	Eine Finanzierung der Ertragsmodellumsetzung ist erforderlich.			
Werkzeugbau	Werkzeugzuverlässigkeit	Der unvorhergesehene Ausfall des Werkzeugs ist wahrscheinlich.	Der unvorhergesehene Ausfall des Werkzeugs ist unwahrscheinlich.	Der unvorhergesehene Ausfall des Werkzeugs ist nahezu ausgeschlossen.	Der unvorhergesehene Ausfall des Werkzeugs ist vollständig ausgeschlossen.	
Werkzeugbau	Planungssicherheit der Erträge	Es liegen planbare einmalige Ertragsströme vor.	Es liegen unplanbare einmalige Ertragsströme vor.	Es liegen planbare periodische Ertragsströme vor.	Es liegen unplanbare periodische Ertragsströme vor.	Es liegen unplanbare kundenabhängige periodische Ertragsströme vor.
Werkzeugbau	Risikobegrenzung	Es sind keine Maßnahmen zur Risikobegrenzung erforderlich.	Es sind Maßnahmen zur Begrenzung des Zahlungsausfallrisikos erforderlich.	Es sind Maßnahmen zur Begrenzung des Haftungsrisikos erforderlich.	Es sind Maßnahmen zur Begrenzung des Zahlungsausfallrisikos und des Haftungsrisikos erforderlich.	

Abbildung 108: Morphologie werkzeugbauspezifischer Voraussetzung zur Ertragsmodellauslegung[817]

Um eine praxistaugliche Realisierung von Ertragsmodellen für datenbasierte Dienstleistungen im Werkzeugbau gewährleisten zu können, wird im Folgenden die Ertragsmodelltypologie aus Schritt E1 für eine Befüllung des definierten morphologischen Kastens verwendet. Die Befüllung des morphologischen Kastens wird mit den Ausprägungen des Elements Abrechnungs- und Erlöswege von der Ertragsmodelltypologie durchgeführt. Die Ausprägungen des Elements Preismechanismus werden dagegen nicht in den morphologischen Kasten eingeordnet. Wie bereits in Kapitel 5.3.3.2 erläutert wurde, erfolgt die Bestimmung des Preismechanismus stets nach der Festlegung der Abrechnungs- und Erlöswege. Letztere sind somit initial entscheidend für die Entwicklung von Ertragsmodellen. Daher unterstützt Schritt E2 den Methodikanwender bei der Auswahl geeigneter Abrechnungs- und Erlöswege. Der Preismechanismus muss darauf aufbauend je datenbasierter Dienstleistung individuell durch den Werkzeugbaubetrieb

[817] Eigene Darstellung.

bzw. in Abstimmung mit dem Kunden definiert werden. Folglich beschreibt die Auswahl geeigneter Abrechnungs- und Erlöswege mit gleichzeitiger Berücksichtigung der Umsetzungsvoraussetzungen die übergeordnete praxisnahe Auslegung eines Ertragsmodells für datenbasierte Dienstleistungen im Werkzeugbau.

Beim Abrechnungs- und Erlösweg **PfE** für datenbasierte Dienstleistungen ist der Kunde Eigentümer des Werkzeugs. Für die Veräußerung des Werkzeugs ist eine Berücksichtigung der gesamten Werkzeuglebenszykluskosten seitens des Kunden nicht erforderlich, da das Werkzeug durch den Kunden vollständig gekauft wird. Aufgrund der Tatsache, dass dieser für die Umsetzung der datenbasierten Dienstleistung selbst verantwortlich ist, muss die Zahlung des Kunden in ähnlicher Höhe zu einem traditionellen Werkzeug liegen[818]. Die Planungssicherheit der Kosten ist für den Kunden transparent, da zwischen beiden Vertragsparteien die Kosten für das Leistungsangebot verhandelt werden. Seitens des Werkzeugbaubetriebs ist für diesen Abrechnungs- und Erlösweg positiv hervorzuheben, dass keine Finanzierung für die Ertragsmodellumsetzung erforderlich ist. Lediglich während der Werkzeugherstellung muss der Werkzeugbaubetrieb in Vorleistung treten, was keinen Unterschied zur Herstellung eines traditionellen Werkzeugs bedeutet. Da keine datenbasierten Dienstleistungen durch den Werkzeugbaubetrieb direkt geleistet werden, kann im Rahmen der Voraussetzung Werkzeugzuverlässigkeit sowohl ein unwahrscheinlicher als auch ein wahrscheinlicher unvorhergesehener Werkzeugausfall vorliegen. Aufgrund dessen und durch den planbaren einmaligen Ertragsstrom sind keine Maßnahmen zur Risikobegrenzung erforderlich.

Der Abrechnungs- und Erlösweg **PfA** erfordert für die Erbringung von datenbasierten Dienstleistungen, dass der Werkzeugbaubetrieb Eigentümer des Werkzeugs ist. Im Zuge der Verhandlung ist es für PfA entscheidend, dass der Kunde die gesamten Lebenszykluskosten des Werkzeugs berücksichtigt. Ertragsmodelle von datenbasierten Dienstleistungen, die auf gebrauchsabhängigen Abrechnungs- und Erlöswegen basieren, besitzen den großen Vorteil, dass durch die datenbasierten Dienstleistungen geringere TCO für ein Werkzeug angestrebt werden. Für den Kunden besteht bei PfA eine hohe Planungssicherheit der Kosten, da das Kostenmanagement während des Werkzeuglebenszyklus durch den Werkzeugbaubetrieb übernommen wird. Aufgrund der Tatsache, dass bei diesem Ertragsmodell das Werkzeug im Besitz des Werkzeugbaubetriebs bleibt, ist eine deutlich geringere initiale Zahlungshöhe des Kunden gegenüber dem Verkauf von traditionellen Werkzeugen erforderlich. Hierunter kann bspw. die Erhebung von Installationsgebühren für das Werkzeug fallen. Aus der Perspektive des Werkzeugbaubetriebs resultiert diese gering benötigte initiale Kundenzahlungshöhe jedoch in einer erforderlichen Finanzierung der Ertragsmodellumsetzung. Eine Möglichkeit hierfür ist etwa die Gründung einer Zwischengesellschaft mit verschiedenen Finanzierungspartnern. Hierdurch ist es möglich, die Risiken dieses Ertragsmodells aus der Bilanz des Werkzeugbaubetriebs zu verlagern. Bei der Abrechnung mittels PfA werden nur Ertragsströme erzielt, wenn das zugrundeliegende Werkzeug der datenbasierten Dienstleistung einsatzbereit

818 Kunden der Branche Werkzeugbau werden in der Regel nicht bereit sein, deutlich höhere Werkzeugeinkaufskosten zu akzeptieren, damit sie eigenständig datenbasierte Dienstleistungen für sich erbringen können.

zur Verfügung steht. Daher erfordert dieses gebrauchsabhängige Ertragsmodell eine möglichst maximale Werkzeugzuverlässigkeit. Die vollständige Werkzeugzuverlässigkeit kann jedoch nicht als Ausprägung der Voraussetzung definiert werden, da ein Werkzeug als technisches System eine zu hohe Komplexität aufweist, die von einer Vielzahl verschiedener Umgebungsparameter beeinflusst wird. Die Generierung von Erträgen erfolgt periodisch. So kann bspw. die Verfügbarkeit eines Werkzeugs auf monatlicher Basis abgerechnet werden. Die Planbarkeit der periodischen Erträge ist allerdings nicht gegeben, da durch unvorhergesehene Werkzeugausfälle, trotz datenbasierter Dienstleistungen, Zahlungen an den Werkzeugbau ausbleiben können. Daher müssen für dieses Ertragsmodell Maßnahmen zur Begrenzung des Haftungsrisikos bei Serienproduktionsausfällen mit dem Kunden vereinbart werden.

Die beiden weiteren gebrauchs- bzw. nutzungsabhängigen Abrechnungs- und Erlöswege **PfU** sowie **PoP** werden aufgrund der Gleichheit der Ausprägungen im morphologischen Kasten zusammen beschrieben. Eigentümer des Werkzeugs muss der Werkzeugbaubetrieb sein. Der Begründung zum PfA-Modell folgend ist es zwingend erforderlich, dass die Verhandlungsperspektive des Kunden auf die gesamten Lebenszykluskosten des Werkzeugs gelenkt wird. Die Planungssicherheit der Kosten bei PfU und PoP ist gegeben. Bei diesen übergeordneten Ertragsmodellen ist eine transparente Kostenstruktur für die Kunden gegeben, da eine eindeutige Zuordnung der Kosten zu den wahrgenommenen Leistungen möglich ist. So fallen Kosten nur an, wenn das Werkzeug genutzt wird oder Serienteile damit produziert werden. Da das Werkzeug nicht in den Besitz des Kunden übergeht, ist eine deutlich geringere initiale Zahlungshöhe des Kunden gegenüber dem Verkauf von traditionellen Werkzeugen erforderlich. Hieraus resultiert aus Perspektive der Werkzeugbaubetriebe, dass eine Finanzierung für die Ertragsmodellumsetzung erforderlich ist. Ebenfalls der Begründung zum PfA-Modell folgend muss für PfU und PoP die Wahrscheinlichkeit des unvorhergesehenen Werkzeugausfalls so gering wie möglich sein. Die Planungssicherheit der Erträge ist für den Werkzeugbaubetrieb für diese beiden übergeordneten Ertragsmodelle am geringsten. Durch die nutzungsbasierte Abrechnung begibt sich der Werkzeugbaubetrieb in Abhängigkeit des Kunden, da dieser die Kontrolle über die Serienproduktionsdauer und -menge hat. Worst-Case-Szenario für den Werkzeugbaubetrieb wäre, dass der Kunde einen Auslastungseinbruch erleidet und hierdurch die Nutzung des Werkzeugs gar nicht mehr oder nur in einem sehr geringen Maße erforderlich ist. Das datenbasierte Leistungsangebot würde folglich unvorhergesehen keine Erträge für den Werkzeugbaubetrieb erzielen. Daher müssen seitens des Werkzeugbaubetriebs Maßnahmen zur Begrenzung des Zahlungsausfallrisikos getroffen werden. Gleiches gilt für das Haftungsrisiko, falls es zu unvorhergesehenen Werkzeugausfällen kommt während einer hohen Nutzungsnachfrageperiode des Kunden.

Beim Abrechnungs- und Erlösweg **Verleih/Vermietung/Leasing** für datenbasierte Dienstleistungen gibt es zwei Möglichkeiten. Der Kunde oder der Werkzeugbau kann Eigentümer des Werkzeugs sein. Bei diesem Abrechnungs- und Erlösweg werden die prozessualen sowie technischen Voraussetzungen zur Erbringung einer oder mehrerer datenbasierter Dienstleistungen durch den Kunden als eine Art digitales Add-on hinzugebucht. Der Kunde selbst muss überlegen, ob er das für die datenbasierten Dienstleistungen zugrundeliegende Werkzeug besitzen möchte oder nicht. Für die Verhandlungsperspektive des Kunden muss keine Berücksichtigung der gesamten Lebenszykluskosten des Werkzeugs vorliegen, da diese Form des Ertragsmodells keine permanente Nutzung der datenbasierten Dienstleistung seitens des Kunden vorsieht. Die Planungssicherheit der Kosten ist durch eine transparente Kostenstruktur gegeben. Für den Kunden fallen nämlich nur Kosten in selbstbestimmten, zeitlich begrenzten Zeiträumen für die datenbasierten Dienstleistungen an. Die initiale Zahlungshöhe des Kunden ist abhängig vom Eigentumsbedarf des Kunden. Sollte der Kunde Eigentümer des Werkzeugs sein wollen, ist eine ähnliche Zahlungshöhe wie beim Anschaffungspreis eines traditionellen Werkzeugs Voraussetzung. Sollte der Werkzeugbaubetrieb Eigentümer des Werkzeugs bleiben, ist dagegen eine deutlich geringere Zahlungshöhe erforderlich. Hieraus resultiert, dass eine Finanzierung des Ertragsmodells für den Werkzeugbaubetrieb nur notwendig ist, falls der Kunde kein Eigentümer des Werkzeugs ist. Da datenbasierte Dienstleistungen dieses übergeordneten Ertragsmodells lediglich zeitlich begrenzt in Anspruch genommen werden, muss die Werkzeugzuverlässigkeit nicht genauso hoch wie bei gebrauchsabhängigen Ertragsmodellen sein. Die Planungssicherheit der Erträge ist nicht gegeben. Ein Werkzeugbaubetrieb kann nicht voraussehen, wann ein Kunde die datenbasierten Dienstleistungen für welchen Zeitraum in Anspruch nehmen möchte. Im Moment, in dem eine Inanspruchnahme erfolgt, sind es einmalige Ertragsströme, da der Kunde die Leistung zum kompletten Preis vorab bezahlen muss. Maßnahmen zur Begrenzung des Zahlungsausfallrisikos sind genau dann erforderlich, wenn der Werkzeugbaubetrieb Eigentümer des Werkzeugs ist. In diesem Falle müsste festgeschrieben werden, dass der Kunde bspw. das entsprechende Werkzeug inklusive datenbasierter Dienstleistungen für eine Mindestanzahl pro Jahr in Anspruch nimmt.

Beim Abrechnungs- und Erlösweg **Lizenzgebühren** für datenbasierte Dienstleistungen liegen die gleichen Voraussetzungen für eine praxistaugliche Auslegung des Ertragsmodells wie bei Verleih/Vermietung/Leasing vor. Dies ist dann der Fall, wenn der Werkzeugbaubetrieb Eigentümer des Werkzeugs ist. Grundsätzlich ist für beide übergeordnete Ertragsmodelle erneut zu erwähnen, dass sie nicht für sehr komplexe datenbasierte Dienstleistungen geeignet sind (vgl. Schritt E1).

Abbildung 109 zeigt zusammenfassend alle Voraussetzungsausprägungen für die einzelnen Abrechnungs- und Erlöswege sowie deren hieraus resultierenden Ertragsmodelle für datenbasierte Dienstleistungen im Werkzeugbau.

Perspektive	Voraussetzung	Ausprägung				
Kunde	Werkzeugeigentum	Der Kunde ist Eigentümer des Werkzeugs.	Der Werkzeugbaubetrieb ist Eigentümer des Werkzeugs.			
	TCO-Berücksichtigung	Es erfolgt keine Berücksichtigung der gesamten Lebenszykluskosten des Werkzeugs.	Es erfolgt eine Berücksichtigung der gesamten Lebenszykluskosten des Werkzeugs.			
	Planungssicherheit der Kosten	Es liegt eine unplanbare Kostenstruktur vor.	Es liegt eine transparente Kostenstruktur vor durch die eindeutige Zuordnung von Kosten und Leistungen.	Die Übernahme des Kostenmanagements erfolgt durch den Werkzeugbaubetrieb.		
	Initiale Zahlungshöhe	Es ist eine deutlich geringere Zahlungshöhe notwendig im Vergleich zum vollen Anschaffungspreis des traditionellen Werkzeugs.	Es ist eine Zahlung in ähnlicher Höhe notwendig wie beim vollen Anschaffungspreis des traditionellen Werkzeugs.	Es ist eine deutlich höhere Zahlung notwendig als beim vollen Anschaffungspreis des traditionellen Werkzeugs.		
Werkzeugbau	Finanzierung	Eine Finanzierung der Ertragsmodellumsetzung ist nicht erforderlich.	Eine Finanzierung der Ertragsmodellumsetzung ist erforderlich.			
	Werkzeugzuverlässigkeit	Der unvorhergesehene Ausfall des Werkzeugs ist wahrscheinlich.	Der unvorhergesehene Ausfall des Werkzeugs ist unwahrscheinlich.	Der unvorhergesehene Ausfall des Werkzeugs ist nahezu ausgeschlossen.	Der unvorhergesehene Ausfall des Werkzeugs ist vollständig ausgeschlossen.	
	Planungssicherheit der Erträge	Es liegen planbare einmalige Ertragsströme vor.	Es liegen unplanbare einmalige Ertragsströme vor.	Es liegen planbare periodische Ertragsströme vor.	Es liegen unplanbare periodische Ertragsströme vor.	Es liegen unplanbare kundenabhängige periodische Ertragsströme vor.
	Risikobegrenzung	Es sind keine Maßnahmen zur Risikobegrenzung erforderlich.	Es sind Maßnahmen zur Begrenzung des Zahlungsausfallrisikos erforderlich.	Es sind Maßnahmen zur Begrenzung des Haftungsrisikos erforderlich.	Es sind Maßnahmen zur Begrenzung des Zahlungsausfallrisikos und des Haftungsrisikos erforderlich.	

Legende

Pay-for-Equipment (PfE) · Pay-for-Availability (PfA) · Pay-for-Use (PfU) · Pay-on-Production (PoP) · Verleih/Vermietung/Leasing · Lizenzgebühren

Abbildung 109: Ausprägungen für die Auslegung von werkzeugbauspezifischen Ertragsmodellen[819]

Zusammenfassend liegen dem Anwender mit Abschluss von Schritt E2 folgende Ergebnisse vor:

- Definierte Voraussetzungen zur praxistauglichen Umsetzung von Ertragsmodellen für datenbasierte Dienstleistungen im Werkzeugbau
- Ausgelegte Ertragsmodelle für datenbasierte Dienstleistungen unterschiedlicher Komplexitätsstufen im Werkzeugbau

5.4 Detaillierung der Bewertungsphase

Im Zuge der Methodik wird zunächst analysiert, welche Nutzen vom Kunden von einem Leistungsangebot erwartet werden. Daraufhin werden im Schritt B datenbasierte Dienstleistungen definiert, mit denen die identifizierten Kundennutzen adressiert werden können. In der anschließenden Auslegungsphase werden die jeweiligen datenbasierten Dienstleistungen detailliert ausgelegt. Diese erarbeiteten Erkenntnisse erfordern abschließend eine Entscheidung, welche datenbasierte Dienstleistung vom Werkzeugbaubetrieb in der Zukunft implementiert werden soll.

[819] Eigene Darstellung.

5.4.1 Schritt F: Bewertung der Einführung

Die Bewertungsphase der Methodik zur Definition und Auslegung datenbasierter Dienstleistungen im Werkzeugbau erfolgt in Schritt F. Während der vorherigen Auslegungsphase wurden monetäre Faktoren, wie z. B. infrastrukturelle Kosten, nicht berücksichtigt. Detaillierte Kosten- oder Amortisationsrechnungen auf Basis konkreter Zahlenwerte, bspw. durch Angebote, sind aufwendig und sollten erst durchgeführt werden, wenn eine konkrete operative Umsetzung der jeweiligen datenbasierten Dienstleistung angestrebt wird. Die Ergebnisse der Auslegungsphase verschaffen dem Methodikanwender allerdings einen ganzheitlichen Überblick, um die Aufwände und Nutzen der definierten sowie ausgelegten datenbasierten Dienstleistungen qualitativ abzuschätzen. Schritt F beinhaltet daher ein Vorgehen, mit dem eine qualitative Nutzen- und Aufwandsbewertung für die einzelnen datenbasierten Dienstleistungen erfolgen kann. Zuvor werden die dafür benötigten theoretischen Grundlagen erläutert.

5.4.1.1 Grundlagen

In der Literatur existiert eine Vielzahl von Bewertungsmethoden, die einen Entscheidungsvergleich zwischen verschiedenen Alternativen ermöglichen[820]. Die Auswahl einer Alternative wird als rational bezeichnet, wenn diese ein größtmögliches Ausmaß an Bedürfnisbefriedigung für den Entscheider verspricht[821]. Wie im vorherigen Kapitel erläutert, kann bei der Entscheidungsauswahl der definierten und ausgelegten datenbasierten Dienstleistungen auf keine monetär messbaren Kriterien zurückgegriffen werden. Aufgrund dessen eignet sich besonders das Vorgehen der sogenannten Nutzwertanalyse. Diese Methode ist zudem prädestiniert, da sie einen transparenten Entscheidungs- und Bewertungsprozess für komplexe Alternativen beschreibt.[822] Die Nutzwertanalyse besitzt außerdem den Vorteil der Flexibilität des Zielsystems. Es können beliebig viele Bewertungskriterien je Alternative bewertet werden, wodurch eine direkte Vergleichbarkeit hinsichtlich der Stärken und Schwächen jeder Lösungsvariante ermöglicht wird.[823]

Die systematische Entscheidungsfindung startet bei der Nutzwertanalyse durch eine Ausgangssituation, in der mehrere inhaltlich vergleichbare Alternativen zur Auswahl stehen. Diese Alternativen müssen systematisch bewertet werden, um eine Rangfolge der Alternativen zu finden. Die Bewertungskriterien können dabei messbar, nicht messbar, objektiv und subjektiv sein. Das übergeordnete Ziel ist die entsprechende Identifikation der optimalen Alternative (vgl. Abbildung 110).[824]

820 Vgl. Binner (Prozessmanagement), 2016, S. 25.
821 Vgl. Laux et al. (Entscheidungstheorie), 2018, S. 36.
822 Vgl. Drews; Hillebrand (Projektmanagement-Methoden), 2010, S. 119 f.
823 Vgl. Binner (Prozessmanagement), 2016, S. 45.
824 Vgl. Drews; Hillebrand (Projektmanagement-Methoden), 2010, S. 120.

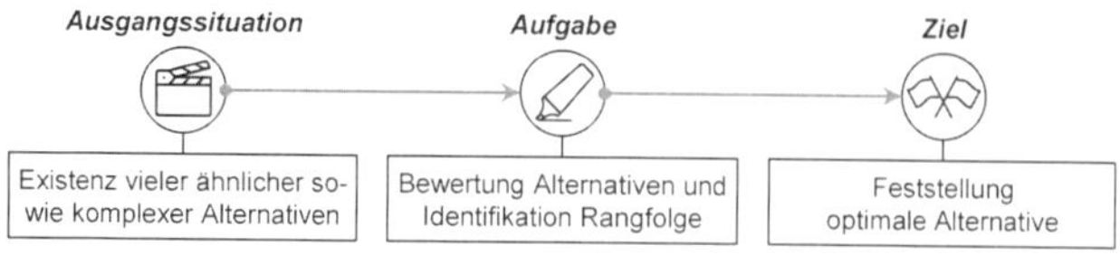

Abbildung 110: Aufgabe der Nutzwertanalyse[825]

Das Vorgehen der Nutzwertanalyse erfolgt nach einem mehrschrittigen und strukturierten Ablauf. Zunächst müssen zur Bewertung der einzelnen Alternativen Mess- bzw. Bewertungskriterien definiert werden. Darauf aufbauend müssen diese Bewertungskriterien zueinander in Relation gesetzt und hinsichtlich ihrer Wichtigkeit bewertet werden. Für diese gewichteten Bewertungskriterien müssen anschließend Maßstäbe festgelegt werden, mit denen im weiteren Verlauf die einzelnen Alternativen anhand der Kriterien bewertet werden können. Hierdurch ergeben sich für die jeweiligen Alternativen Gesamtnutzwerte, die mittels einer Analyse eine Rangfolge zwischen den Alternativen als Lösung erlauben.[826]

Wie zuvor erwähnt, kann das Vorgehen der Nutzwertanalyse auch für die Bewertung von Schwächen bzw. Aufwendungen von Alternativen verwendet werden. Dieses Vorgehen wird daher im Folgenden in seinen Grundzügen für die Bewertung des Gesamtnutzens und -aufwands von datenbasierten Dienstleistungen verwendet.

5.4.1.2 Gesamtbewertung der ausgelegten datenbasierten Dienstleistungen

Die Gesamtbewertung der ausgelegten datenbasierten Dienstleistungen erfolgt nach dem in Kapitel 5.4.1.1 beschriebenen Vorgehen. Zunächst werden verschiedene gewichtete Bewertungskriterien für die Bewertung des Nutzens und des Aufwands von datenbasierten Dienstleistungen definiert. Danach werden die Teilnutzen und -aufwände je Bewertungskriterium bestimmt, um hieraus jeweils einen Gesamtnutzen sowie Gesamtaufwand zu berechnen. Diese bilden die Grundlage für die abschließende grafische Zusammenfassung und Entscheidung. Die grafische Zusammenfassung wird zum klassischen Vorgehen der Nutzwertanalyse ergänzt.[827]

Im ersten Schritt erfolgt die **Definition der Bewertungskriterien**. Der Nutzwert bzw. die Vorteile einer datenbasierten Dienstleistung kann bzw. können nur bewertet werden, wenn eine ganzheitliche Betrachtung der jeweiligen datenbasierten Dienstleistung erfolgt. Auch wenn aus den einzelnen Auslegungsschritten individuelle Vorteile resultieren, kommen diese erst durch das Zusammenspiel aller Schritte zur vollen Ausprägung. Im Folgenden werden daher allgemeine Bewertungskriterien für alle Schritte definiert, die für den Gesamtnutzen von datenbasierten Dienstleistungen berücksichtigt werden müssen (vgl. Abbildung 111).

[825] I. A. a. Drews; Hillebrand (Projektmanagement-Methoden), 2010, S. 120.
[826] Vgl. Drews; Hillebrand (Projektmanagement-Methoden), 2010, S. 122 ff.
[827] Das beschriebene Vorgehen kann bei Bedarf an spezifische Situationen des anwendenden Werkzeugbaubetriebs angepasst werden. So sind bspw. Ergänzungen von aufgeführten Bewertungskriterien individuell möglich.

Bewertungskriterien zur Bewertung des Gesamtnutzens

- Innovationshöhe
- Wettbewerbsdifferenzierungspotenzial
- Neukundenpotenzial
- Skalierungspotenzial
- Mitarbeiterzufriedenheit
- ...

Abbildung 111: Bewertungskriterien zur Bewertung des Gesamtnutzens[828]

Datenbasierte Dienstleistungen weisen einen hohen Nutzen für den Werkzeugbaubetrieb auf, wenn sie eine große *Innovationshöhe* besitzen. Die Innovationshöhe kann daran bewertet werden, inwiefern vergleichbare Leistungen bereits innerhalb der Branche Werkzeugbau offeriert werden. Aus der Innovationshöhe resultiert das *Wettbewerbsdifferenzierungspotenzial*. Es muss bewertet werden, ob der methodikanwendende Werkzeugbaubetrieb durch die Offerierung der ausgelegten datenbasierten Dienstleistungen eine kundenwahrnehmbare Pionierstellung im Wettbewerb einnehmen kann. Des Weiteren können datenbasierte Dienstleistungen dazu beitragen, dass Neukunden aufgrund des erweiterten Leistungsangebots akquiriert werden. Dieser Nutzen wird durch das Bewertungskriterium *Neukundenpotenzial* abgebildet. Die Methodik beschreibt ein Vorgehen, wie durch datenbasierte Dienstleistungen ein für den jeweiligen Kunden individueller und nicht imitierbarer Mehrwert erzeugt werden kann. Dennoch sollte bewertet werden, inwiefern die jeweilige datenbasierte Dienstleistung auch auf weitere Kunden übertragen werden kann. Dieser Aspekt wird durch das Bewertungskriterium *Skalierungspotenzial* abgebildet. Ein weiteres nutzenorientiertes Bewertungskriterium ist die *Mitarbeiterzufriedenheit*. Änderungen bzw. Erweiterungen des Leistungsangebots sollen im Idealfall auch die Motivation der Mitarbeiter im Werkzeugbaubetrieb erhöhen, da neue Tätigkeitsfelder entstehen.

Für eine Bewertung des Gesamtaufwands einer potenziellen Implementierung der ausgelegten datenbasierten Dienstleistungen ist es sinnvoll, die einzelnen Schritte der Auslegungsphase differenziert zu bewerten. Dies ist damit zu begründen, dass für die Umsetzung der Leistungserbringung (Schritt C), des Datenmodells (Schritt D) und des entsprechenden Ertragsmodells (Schritt E) individuelle Aufwände entstehen. Abbildung 112 zeigt die verschiedenen Bewertungskriterien zur Bewertung des Aufwands der drei Schritte der Auslegungsphase.

Bewertungskriterien zur Bewertung des Gesamtaufwands

Schritt C
- Organisatorischer Gesamtaufwand
- Organisatorischer Investitionsaufwand
- Implementierungsdauer
- ...

Schritt D
- Infrastruktureller Investitionsaufwand
- Notwendiger Kompetenzaufbau
- Implementierungsdauer
- Vertragsgestaltungskomplexität
- Datenverfügbarkeit und Datenqualität
- ...

Schritt E
- Amortisationsdauer
- Finanzierungsrisiko
- Vertragsgestaltungskomplexität
- ...

Abbildung 112: Bewertungskriterien zur Bewertung des Gesamtaufwands[829]

828 Eigene Darstellung.
829 Eigene Darstellung.

Ziel von Schritt C ist die Beschreibung der notwendigen Prozesse zwischen Kunde und Werkzeugbaubetrieb als Anbieter zur Erbringung der definierten datenbasierten Dienstleistungen. Für die Implementierung dieser erforderlichen Prozesse ist ein *organisatorischer Gesamtaufwand* notwendig. Es kann bspw. sein, dass neue Organisationseinheiten geschaffen werden müssen, die zur Erbringung der datenbasierten Dienstleistung beim Kunden erforderlich sind. Hieraus kann unter anderem auch ein *organisatorischer Investitionsaufwand* entstehen, da etwa neue Mitarbeiter eingestellt werden müssen. Je nachdem wie komplex die datenbasierte Dienstleistung ist und welche Voraussetzungen beim Werkzeugbau bereits gegeben sind, resultiert hieraus auch eine organisatorische *Implementierungsdauer*, bis die Leistungserbringung realisiert werden kann.

Im Rahmen von Schritt D wird ein Vorgehen zur Auslegung des erforderlichen Datenmodells für datenbasierte Dienstleistungen beschrieben. Es werden alle Aspekte ausgelegt, um die geeignete Datenbasis zu definieren, die Daten auszutauschen, die Daten hinsichtlich einer Informations- bzw. Wissensgenerierung zu analysieren und alle hierfür erforderlichen infrastrukturellen Voraussetzungen zu beschreiben. Aus diesem Grund kann der Aufwand qualitativ hinsichtlich des *infrastrukturellen Investitionsaufwands* sowie der vorhandenen *Datenverfügbarkeit und Datenqualität* bewertet werden. Des Weiteren muss bewertet werden, inwiefern ein *notwendiger Kompetenzaufbau*, etwa für die Durchführung von Datenanalysen, erforderlich ist. Diese drei Bewertungskriterien beeinflussen maßgeblich die *Implementierungsdauer* des Datenmodells für die jeweilige datenbasierte Dienstleistung. Wie in Schritt D erörtert, müssen zwischen Werkzeugbaubetrieb und Kunde eine Vielzahl von Themenfeldern zum Datenmodell vertraglich festgehalten werden. Dazu zählen bspw. die Frequenz der Datenübermittlung oder die Nutzungsrechte der übermittelten Daten. Hieraus kann eine hohe *Vertragsgestaltungskomplexität* resultieren, die je datenbasierter Dienstleistung differiert.

Ziel von Schritt E, dem letzten Auslegungsschritt, ist die Beschreibung von Möglichkeiten verschiedener Ertragsmodelle für datenbasierte Dienstleistungen. Die Auslegung des Ertragsmodells beeinflusst maßgeblich die *Amortisationsdauer*. Auch wenn noch keine konkreten Kosten vorliegen, kann diese durch das ausgelegte Ertragsmodell qualitativ bewertet werden. Ähnliches gilt für das *Finanzierungsrisiko*. Abhängig von der Komplexität der jeweiligen datenbasierten Dienstleistung sind unterschiedliche Aufwände notwendig, um die Finanzierung des späteren Geschäftsmodells zu ermöglichen. Die ausgelegten Abrechnungs- und Erlöswege sowie Preismechanismen erfordern zudem Aufwände für die Vertragsgestaltung. So müssen bspw. Zahlungszeitpunkte oder Haftungsregeln je datenbasierter Dienstleistung vertraglich zwischen Kunde und Werkzeugbaubetrieb definiert werden. Hieraus kann ebenfalls ein hoher Aufwand durch die *Vertragsgestaltungskomplexität* resultieren, welche je datenbasierter Dienstleistung differiert.

Im nächsten Schritt ist die **Gewichtung der Bewertungskriterien** erforderlich. Die Gewichtung der Nutzen- und Aufwandskriterien erfolgt durch die jeweilige Anwendung des paarweisen Vergleichs nach BINNER. Das Vorgehen ist identisch zur Beschreibung aus Kapitel 5.1.1.3. Im Unterschied hierzu werden nun allerdings nicht die verschiedenen Dimensionen des Kundennutzen gegeneinander bewertet, sondern die zuvor definierten Nutzenkriterien sowie Aufwandskriterien der definierten und ausgelegten datenbasierten Dienstleistungen (vgl. Abbildung 113).

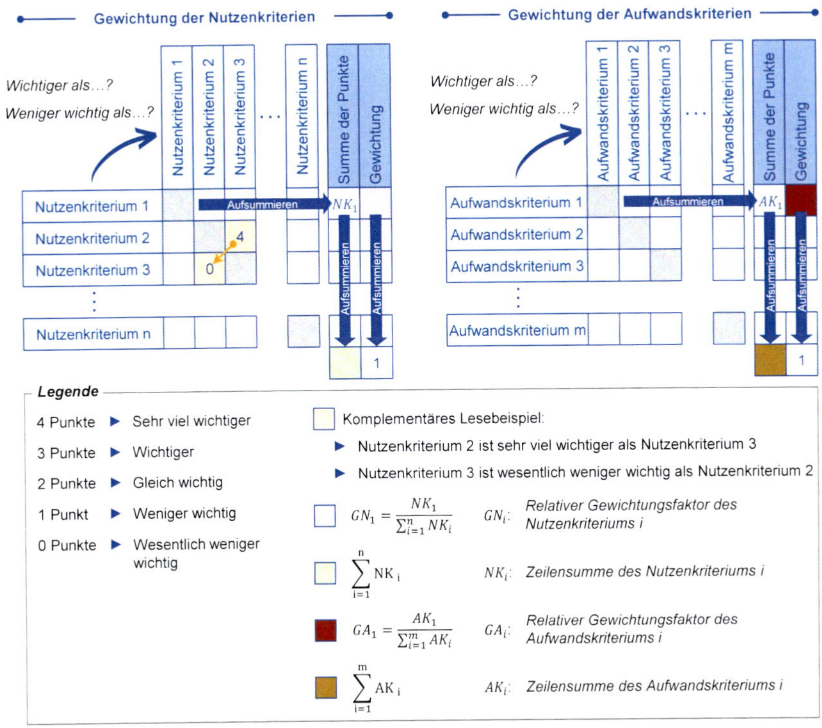

Abbildung 113: Gewichtung der Bewertungskriterien auf Basis des paarweisen Vergleichs[830]

Durch die separate Anwendung des paarweisen Vergleichs für die Nutzen- und Aufwandsbewertung ergeben sich Gewichtungsfaktoren für alle Nutzen- und Aufwandskriterien. Die jeweiligen relativen Gewichtungsfaktoren für die Nutzenkriterien werden im Folgenden GN_i und für die Aufwandskriterien GA_i genannt. Wie in Abbildung 113 dargestellt, ergeben sich die relativen Gewichtungsfaktoren durch die Division der jeweiligen Zeilensummen der Nutzenkriterien (NK_i) oder der Aufwandskriterien (AK_i) mit der Gesamtsumme aller in der Matrix vergebener Priorisierungswerte:

$$GN_i = \frac{NK_i}{\sum_{i=1}^{n} NK_i} \qquad GA_i = \frac{AK_i}{\sum_{i=1}^{m} AK_i}$$

830 Eigene Darstellung.

Im nächsten Schritt erfolgt die **Bestimmung der Teilnutzen und Teilaufwände** der definierten Bewertungskriterien für den Gesamtnutzen sowie den Gesamtaufwand. Diese Bestimmung erfolgt vollends qualitativ. Der Anwender der Methodik kann auf eine Bewertungsskala zurückgreifen, die eine Punkteskala von 1 bis 5 beinhaltet. Für die Bestimmung der Teilnutzen muss der Methodikanwender bewerten, ob durch die definierte sowie ausgelegte datenbasierte Dienstleistung das jeweilige Nutzenkriterium mit einem „sehr geringen", „geringen", „mittleren", „hohen" oder „sehr hohen" Nutzen bewertet werden kann (vgl. Abbildung 114).

	I	II	III	IIII	~~IIII~~
$TN_{i,d}$ ▶	1 Punkt	2 Punkte	3 Punkte	4 Punkte	5 Punkte
	Sehr geringer Nutzen	Geringer Nutzen	Mittlerer Nutzen	Hoher Nutzen	Sehr hoher Nutzen

Abbildung 114: Punkteskala zur Bewertung des Teilnutzens der Nutzenkriterien[831]

Für die Bestimmung der Teilaufwände muss der Methodikanwender hingegen beurteilen, ob durch die definierte sowie ausgelegte datenbasierte Dienstleistung das jeweilige Aufwandskriterium mit einem „sehr geringen", „geringen", „mittleren", „hohen" oder „sehr hohen" Aufwand bewertet werden kann (vgl. Abbildung 115).

	I	II	III	IIII	~~IIII~~
$TA_{i,d}$ ▶	1 Punkt	2 Punkte	3 Punkte	4 Punkte	5 Punkte
	Sehr geringer Aufwand	Geringer Aufwand	Mittlerer Aufwand	Hoher Aufwand	Sehr hoher Aufwand

Abbildung 115: Punkteskala zur Bewertung des Teilaufwands der Aufwandskriterien[832]

Die Teilnutzen werden im Folgenden je Nutzenkriterium $TN_{i,d}$ und die Teilaufwände je Aufwandskriterium $TA_{i,d}$ für eine jeweilige datenbasierte Dienstleistung genannt. Die Notation „*d*" repräsentiert die jeweilige definierte und ausgelegte datenbasierte Dienstleistung, für die eine Bestimmung der Teilnutzen und Teilaufwände der Bewertungskriterien durchgeführt wird.

Durch die geleisteten Vorarbeiten kann im nächsten Schritt die **Berechnung des Gesamtnutzens und Gesamtaufwands** je datenbasierter Dienstleistung d erfolgen. Hierfür wird die Gesamtsumme aus den jeweiligen Multiplikationen der Gewichtungsfaktoren (GN_i bzw. GA_i) und der bewerteten Teilnutzen ($TN_{i,d}$) bzw. Teilaufwände ($TA_{i,d}$) der jeweiligen Bewertungskriterien berechnet. Der Gesamtnutzen einer definierten und ausgelegten datenbasierten Dienstleistung wird als N_d und der Gesamtaufwand als A_d bezeichnet.

$$N_d = \sum_{i=1}^{n} GN_i * TN_{i,d} \qquad A_d = \sum_{i=1}^{m} GA_i * TA_{i,d}$$

Der Gesamtnutzen und Gesamtaufwand einer datenbasierten Dienstleistung wird immer mit diesem Vorgehen innerhalb der Punkteskala von 1 bis 5 berechnet. Hierdurch wird entsprechend dem vorherigen Bewertungsvorgehen eine intuitive Vergleichbarkeit zwischen den verschiedenen datenbasierten Dienstleistungen möglich. Zudem ist zu beachten, dass für die Einführungsbewertung verschiedener datenbasierter Dienstleistungen nur die Schritte „Be-

[831] Eigene Darstellung.
[832] Eigene Darstellung.

stimmung der Teilnutzen und Teilaufwände“ sowie „Berechnung des Gesamtnutzens und Gesamtaufwands“ wiederholt werden müssen. Um eine objektive Vergleichbarkeit zwischen allen definierten und ausgelegten datenbasierten Dienstleistungen gewährleisten zu können, ist es zwingend erforderlich, dass diese stets mit denselben gewichteten Bewertungskriterien in Schritt F beurteilt werden.

Im letzten Schritt erfolgt eine **grafische Zusammenfassung und Entscheidung**. Hierfür müssen der berechnete Gesamtnutzen und Gesamtaufwand je datenbasierter Dienstleistung miteinander in Relation gesetzt und mit den restlichen definierten sowie ausgelegten datenbasierten Dienstleistungen verglichen werden. Für diese zusammenfassende Entscheidungsfindung wird eine Portfoliomatrix verwendet. Der Aufbau und die Anwendung der Portfoliomatrix sind dabei in ihren Grundzügen angelehnt an SCHUH ET AL[833].

Die Portfoliomatrix ist ein zweidimensionales Koordinatensystem, auf deren Abszisse der berechnete Gesamtaufwand (A_d) und auf der Ordinate der Gesamtnutzen (N_d) dargestellt werden. Auf Basis der zuvor erläuterten Berechnungssystematik können diese beiden Achsen in die Punkteskala eins bis fünf unterteilt werden. Zur Entscheidungsunterstützung kann der Methodikanwender eine Indifferenzgerade in das Koordinatensystem integrieren. Anhand der Indifferenzgerade wird abgelesen, inwiefern eine datenbasierte Dienstleistung einen zusätzlichen Gesamtnutzen aufweisen muss, um einen höheren Gesamtaufwand ausgleichen bzw. rechtfertigen zu können. Gleiches gilt für die umgekehrte Betrachtungsperspektive. Der Methodikanwender kann durch das Drehen der Indifferenzgerade im Koordinatenkreuz selbst entscheiden, ob eine tendenziell nutzenorientiertere oder aufwandsorientiertere Gesamtentscheidungsbewertung erzielt werden soll. Des Weiteren kann der Methodikanwender Entscheidungszonen innerhalb der Portfoliomatrix skizzieren, bevor die bewerteten datenbasierten Dienstleistungen eingetragen werden. So sind datenbasierte Dienstleistungen im oberen linken Abschnitt der Matrix vergleichsweise vorteilhafter für einen Werkzeugbaubetrieb in Bezug auf das Nutzen- und Aufwand-Verhältnis als solche, die im unteren rechen Abschnitt der Matrix eingezeichnet werden (vgl. Abbildung 116).

Zur Ableitung einer Gesamtentscheidung werden die bewerteten datenbasierten Dienstleistungen entsprechend ihrem jeweiligen Gesamtnutzen (N_d) und Gesamtaufwand (A_d) in die Portfoliomatrix eingetragen. Anschließend erfolgt die Einzeichnung der horizontalen und vertikalen Distanzen der jeweiligen datenbasierten Dienstleistungen zur Indifferenzgerade. Diese werden in Abbildung 116 durch die orangenen, blauen und schwarzen gestrichelten Linien repräsentiert. Oberhalb der Indifferenzgerade können die eingetragenen datenbasierten Dienstleistungen entsprechend der absteigenden Distanz der Schnittpunkte auf der Indifferenzgerade anschließend in eine Reihenfolge gebracht werden. Sollten auch datenbasierte Dienstleistungen unterhalb der Indifferenzgerade für eine spätere Implementierung in Erwägung gezogen werden, ist die Entscheidungsreihenfolge reziprok zu erstellen. Dies bedeutet, dass die Reihenfolge aus den kürzesten Distanzen zur Indifferenzgerade resultiert.

833 Vgl. Schuh et al. (Implement it), 2018, S. 48 f.

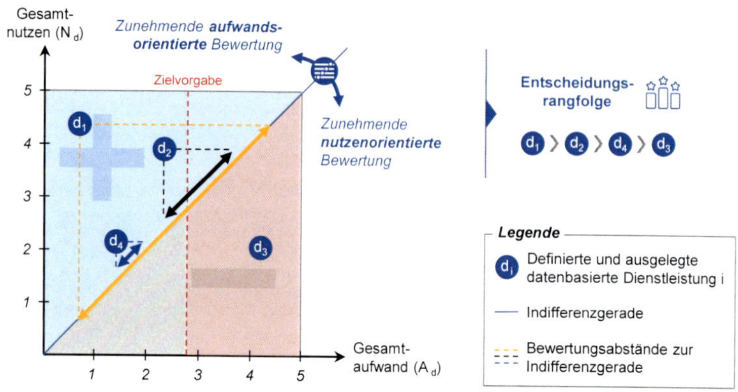

Abbildung 116: Portfoliomatrix zur Ableitung einer Bewertungsentscheidung[834]

In Abbildung 116 ist dargestellt, dass der Methodikanwender vorab eine Zielvorgabe für einen Gesamtaufwand eingezeichnet hat (rot gestrichelte Linie). Durch diese Einzeichnung kann intuitiv abgelesen werden, welche datenbasierten Dienstleistungen für den Werkzeugbaubetrieb definitiv nicht geeignet sind. Diese rote Entscheidungszone sollte allerdings nur unterhalb der Indifferenzgerade gewählt werden. Datenbasierte Dienstleistungen, die in diesem Bereich oberhalb der Indifferenzgerade liegen, sollten unter Umständen dennoch realisiert werden, da sie einen signifikanten Gesamtnutzen für den jeweiligen Werkzeugbaubetrieb erzeugen. Dies trifft bspw. auf die datenbasierten Dienstleistungen zu, welche eine hohe strategische Relevanz für den Werkzeugbaubetrieb besitzen, da sie bspw. die Grundlage für weitere datenbasierte Dienstleistungen bilden. Jeder Methodikanwender muss dies individuell für sich bewerten.

Bei der Gegenüberstellung einzelner datenbasierter Dienstleistungen kann es sich auch um unterschiedliche Ausprägungen einer datenbasierten Dienstleistung in Form verschiedener Komplexitätsstufen handeln, die in Schritt B2 definiert und in der Auslegungsphase jeweils detailliert wurden. Auf Basis der zuvor beschriebenen Entscheidungsfindung können für eine nachfolgende Implementierung von datenbasierten Dienstleistungen Handlungsfelder abgeleitet und in Form einer Umsetzungsroadmap überführt werden. Zusammenfassend liegen dem Anwender mit Abschluss von Schritt F folgende Ergebnisse vor:

- Bewerteter qualitativer Gesamtnutzen und Gesamtaufwand je datenbasierter Dienstleistung
- Entscheidung, welche datenbasierten Dienstleistungen für den jeweiligen Werkzeugbaubetrieb in welcher Reihenfolge für eine anschließende Implementierung geeignet sind und welche nicht

834 Eigene Darstellung i. A. a. Schuh et al. (Implement it), 2018, S. 49.

5.5 Integration und Zwischenfazit der Methodik

Innerhalb der vorherigen Kapitel 4 und 5 wurden die einzelnen Schritte der Methodik zur Definition sowie Auslegung datenbasierter Dienstleistungen im Werkzeugbau zunächst hergeleitet und anschließend detailliert. Sowohl bei der Herleitung als auch bei der Detaillierung der Methodik wurden stets die Zusammenhänge und Schnittstellen zwischen den einzelnen Methodikschritten (Schritt A, B, C, D, E und F) sowie Detailschritten (Schritt A1, A2, B1, B2, C1, C2, D1, D2, E1 und E2) fokussiert. An den jeweiligen Stellen wurden hierzu detaillierte Erläuterungen vorgenommen, die zu einer integrierten Methodik führen, welche eine geschlossene und zielgerichtete Anwendung der Methodik im Werkzeugbau ermöglicht. Im Folgenden werden zur Verdeutlichung die zentralen Zusammenhänge und Schnittstellen der Methodik zusammengefasst.

Im Rahmen der Analysephase wird durch den **Schritt A** der Kundennutzen ermittelt. Durch die Analyse der Kundenbedürfnisse kann abgeleitet werden, welche Mehrwerte seitens des Kunden durch datenbasierte Dienstleistungen für eine erfolgreiche Marktakzeptanz erzeugt werden müssen.

Diese beschriebenen Kundennutzen bilden die Basis für die Definitionsphase, welche durch **Schritt B** repräsentiert wird. Im Zuge von Schritt B wird ein Vorgehen erläutert, um werkzeugbauspezifische datenbasierte Leistungsangebote zu definieren, mit denen die identifizierten Kundennutzen adressiert werden sollen. Hierfür wird ein werkzeugbauspezifischer Leistungskatalog entwickelt, der auf den definierten Kundennutzen aus Schritt A basiert und direkte Korrelationsbeziehungen zwischen Kundennutzen und Leistungsangeboten aufzeigt. Hierdurch existiert ein direkter Zusammenhang zwischen den ersten beiden Schritten. Darauf aufbauend wird präsentiert, wie datenbasierte Dienstleistungen in Form von vier unterschiedlichen Komplexitätsstufen definiert werden können. Die in diesem Schritt definierten datenbasierten Dienstleistungen bilden die Grundlage für die anschließende Auslegungsphase, weshalb Schritt B zudem im direkten Zusammenhang mit der darauffolgenden Auslegungsphase steht.

Mithilfe der **Schritte C**, **D** und **E** wird ein detailliertes Vorgehen beschrieben, um die zuvor definierten deskriptiven, diagnostischen, prädiktiven oder präskriptiven datenbasierten Dienstleistungen spezifisch auszulegen. Zunächst erfolgt in Schritt C die Auslegung der Leistungserbringung. Entsprechend der vorab definierten Komplexitätsstufe ergeben sich in diesem Schritt unterschiedliche Prozesse und Interaktionen zwischen Werkzeugbaubetrieb und Kunde. Darüber hinaus wird festgelegt, welcher digitaler Schatten zur technischen Umsetzung der einzelnen Prozesse und Interaktionen benötigt wird. Dieser digitale Schatten wird im darauffolgenden Schritt D in Form eines Datenmodells detailliert ausgelegt. Hierdurch existiert ein direkter Zusammenhang zwischen den ersten beiden Schritten der Auslegungsphase. Es wird ein Wissensgenerierungsmodell definiert, mit dem die Auslegung der benötigten Datenbasis, Analyse dieser Daten sowie die hierfür erforderliche Infrastruktur für datenbasierte Dienstleistungen gelingt. Des Weiteren werden Möglichkeiten des Datenaustauschs für die definierten datenbasierten Dienstleistungen beschrieben. Die detailliert ausgelegten datenbasierten Dienstleistungen, hinsichtlich Leistungserbringung sowie Datenmodell, bilden die

Grundlage für die anschließende Auslegung anforderungsgerechter Ertragsmodelle. Aufgrund der zuvor erarbeiteten Erkenntnisse ist eine praxistaugliche Auswahl und anschließende Auslegung von Ertragsmodellen für die unterschiedlichen Komplexitätsstufen datenbasierter Dienstleistungen möglich.

Die Auslegung der Leistungserbringung und des Datenmodells sowie die Entwicklung von Ertragsmodellmöglichkeiten je definierter datenbasierter Dienstleistung sind erforderlich, um abschließend die Bewertungsphase der Methodik zu durchlaufen. Mithilfe von **Schritt F** ist innerhalb dieser Phase eine fundierte Bewertung möglich, welche datenbasierte Dienstleistung für den jeweiligen Werkzeugbaubetrieb für eine operative Umsetzung geeignet ist oder nicht. Alle Ergebnisse der Auslegungsphase fließen dabei aggregiert in die systematische Entscheidungsbewertung mit ein und stehen somit in direktem Zusammenhang mit Schritt F.

Die Zusammenhänge zwischen den einzelnen Phasen und Schritten verdeutlichen, dass eine Definition und Auslegung datenbasierter Dienstleistungen im Werkzeugbau nur durch die Anwendung aller Schritte und ihrer jeweiligen Aufgaben zuverlässig erreicht werden kann. Im Zuge dessen ist zu betonen, dass die einzelnen Aufgaben durch den Methodikanwender auf die jeweilige Unternehmenssituation übertragen und unternehmensspezifisch ausgestaltet werden müssen. Die in der vorliegenden Arbeit entwickelte und präsentierte Methodik stellt in Summe ein geschlossenes Hilfsmittel für den Werkzeugbau dar, um kundenindividuelle sowie -zentrierte datenbasierte Dienstleistungen auszulegen, mit denen durch eine anschließende operative Umsetzung eine nachhaltige Wettbewerbsdifferenzierung gelingen kann.

6 Validierung anhand von Fallbeispielen

Die Methodik zur Definition und Auslegung datenbasierter Dienstleistungen im Werkzeugbau wurde im Rahmen von Kapitel 5 detailliert beschrieben. Im Folgenden wird die Validierung der erarbeiteten Methodik anhand von zwei Fallbeispielen durchgeführt. Ziel ist folglich die Prüfung der praktischen Anwendbarkeit der Methodik im Anwendungszusammenhang von Werkzeugbaubetrieben. Durch diese Validierung werden die letzten beiden Phasen der angewandten Forschung nach ULRICH (vgl. Kapitel 1.5) erfüllt. Nach erfolgreicher Validierung ist der vorliegende Forschungsprozess vollständig abgeschlossen.

Die Validierung wird anhand der fischer Werkzeug- und Formenbau GmbH sowie der Fritz Stepper GmbH & Co. KG durchgeführt. Für jedes Unternehmen wird eine bereits existierende bzw. umgesetzte datenbasierte Dienstleistung ausgewählt. Der unternehmensindividuelle Prozess zur Definition und Auslegung dieser jeweiligen datenbasierten Dienstleistung wird mit der entwickelten Methodik verglichen.

Abbildung 117 gibt einen Überblick, inwiefern die einzelnen Schritte vollständig analog zur beschriebenen Vorgehensweise oder in einer leicht abgeänderten Form entsprechend den unternehmensspezifischen Rahmenbedingungen angewandt wurden. Innerhalb der beiden Fallbeispiele konnten alle Methodikschritte und die darin aufgeführten Instrumente mindestens einmal angewandt werden.

Vorgehen / Methodik / Fallbeispiel	Schritt A: Kundennutzen	Schritt B: Datenbasiertes Leistungsangebot	Schritt C: Leistungserbringung	Schritt D: Datenmodell	Schritt E: Ertragsmodell	Schritt F: Einführungsbewertung
fischer Werkzeug- und Formenbau GmbH	◆	◆	◇	◇	◇	◆
Fritz Stepper GmbH & Co. KG	◇	◆	◆	◆	◆	◇

Legende
- ◆ Schritt wurde im Fallbeispiel vollständig analog zur beschriebenen Vorgehensweise durchgeführt
- ◇ Schritt wurde im Fallbeispiel durchgeführt, Vorgehensweise wurde an spezifische Rahmenbedingungen angepasst

Abbildung 117: Deckungsgleichheit Methodik und Fallbeispiele[835]

6.1 Fallbeispiel: fischer Werkzeug- und Formenbau GmbH

Die Unternehmensgruppe fischer ist ein Hersteller von Dübeln, Konstruktionsbaukästen, Komponenten im Autoinnenraum und elektronischen Systemen sowie ein Anbieter von Prozessberatungen. Die Unternehmensgruppe trägt die Rechtsform fischer Holding GmbH & Co. KG und setzt sich aus den fünf Unternehmensbereichen fischer Befestigungssysteme, fischer automotive, fischertechnik, fischer Consulting und LNT Automotion zusammen. Im Jahr 2019 erwirtschaftete die Unternehmensgruppe einen Bruttoumsatz von 887 Mio. €, wovon etwa

[835] Eigene Darstellung i. A. a. Kuhlmann (Corporate Tooling), 2017, S. 213.

75 % außerhalb von Deutschland generiert wurde. Neben dem Stammsitz in Waldachtal Tumlingen existieren in Deutschland weitere Produktionsstandorte in Horb am Neckar, Freiburg Hochdorf und Denzlingen. Zudem wird in Argentinien, Brasilien, China, Italien, Tschechien sowie den USA international produziert. Des Weiteren existieren 50 Landesgesellschaften in 38 Ländern. Weltweit arbeiten etwa 5.200 Menschen für die Unternehmensgruppe fischer. Die fischer Werkzeug- und Formenbau GmbH (nachfolgend fischer Werkzeug- und Formenbau genannt) bildet den Betrachtungsbereich der Validierung.

Im Rahmen der Tätigkeit als wissenschaftlicher Mitarbeiter am Werkzeugmaschinenlabor WZL der RWTH Aachen University hat der Autor zwei bilaterale Projekte mit dem fischer Werkzeug- und Formenbau durchgeführt. Zielsetzung des ersten Projekts war die Umsetzungsbegleitung einer Segmentierung am Standort Horb am Neckar. Im Zuge des zweiten Projekts wurde die Entwicklung einer ganzheitlichen Industrie 4.0-Strategie verfolgt. Daneben existierte ein kontinuierlicher Austausch während diverser fachspezifischer Netzwerkveranstaltungen sowie durch die Teilnahme am Wettbewerb „Excellence in Production“ zum „Werkzeugbau des Jahres“.

6.1.1 Ausgangssituation

Bereits sechs Jahre nach der Gründung des Unternehmens wurde der fischer Werkzeug- und Formenbau im Jahr 1954 gegründet und ist seitdem fester Bestandteil der Unternehmensgruppe fischer. Eine Ausgliederung des fischer Werkzeug- und Formenbaus erfolgte im Jahr 2015 zur eigenständigen GmbH. Eine besondere Eigenschaft des fischer Werkzeug- und Formenbaus ist, dass er sowohl intern als auch extern im globalen Wettbewerb agiert.

Der fischer Werkzeug- und Formenbau umfasst rund 120 Mitarbeiter an insgesamt vier Standorten. Neben dem Hauptsitz in Horb am Necker befinden sich weitere Standorte in Waldachtal Tumlingen, Freiburg Hochdorf und Vyškov in Tschechien. Die Validierung der Methodik erfolgte anhand des Hauptsitzes in Horb am Neckar. An diesem Standort sind die Konstruktion, Programmierung, Fertigung, Montage, Qualitätssicherung, Technikum sowie der Service und die Produktionsbetreuung verortet.

Charakteristisch für den fischer Werkzeug- und Formenbau ist die Herstellung von Spritzgießwerkzeugen. Besondere Expertise liegt dabei in der Realisierung von komplexen Pilot- und Vorserienwerkzeugen, Multikavitätenwerkzeugen, Multikomponentenwerkzeugen sowie Induktionswerkzeugen im Bereich der Sondertechnologien. Dieses breite Werkzeugspektrum sowie die große Vielfalt an Auftragsarten wie Neuwerkzeug,- Ersatzteil-, Instandhaltungs- und Reparaturaufträge stellen eine große Herausforderung für eine effiziente Auftragsbearbeitung der internen und externen Kunden dar. Vor diesem Hintergrund zeichnet sich der fischer Werkzeug- und Formenbau durch ein strukturiertes Projektmanagement und eine segmentierte Fertigung aus. Hierdurch können benötigte Ressourcen und Kapazitäten für die Neuwerkzeugfertigung sowie für unplanbare Aufträge systematisch vorgehalten werden. Des Weiteren fokussiert der fischer Werkzeug- und Formenbau die Umsetzung von Industrie 4.0-Anwendungen. Hierdurch wird das Ziel verfolgt, sowohl interne Wertschöpfungspotenziale zu realisieren und in Richtung der internen sowie externen Kunden zusätzliche Leistungsangebote neben dem eigentlichen Kernprodukt zu offerieren. Aus diesen Gründen zählt der fischer Werkzeug- und Formenbau zu einem der besten Werkzeugbaubetriebe in Deutschland. Als Beleg hierfür hat das Unternehmen den Kategoriesieg „Interner Werkzeugbau ab 50 Mitarbeitende“ im Jahr 2020 im Rahmen des Wettbewerbs „Excellence in Production“ erhalten. Zur Begründung wurde von der Jury unter anderem positiv hervorgehoben, dass der fischer Werkzeug- und Formenbau auch durch die Entwicklung innovativer datenbasierter Dienstleistungen eine Vorreiterrolle innerhalb der deutschen Branche Werkzeugbau einnimmt[836].

Im Anschluss erfolgt die ganzheitliche Beschreibung der entwickelten Methodik zur Definition und Auslegung von datenbasierten Dienstleistungen anhand des Fallbeispiel des fischer Werkzeug- und Formenbaus.

6.1.2 Anwendung der Methodik

Die Anwendung der Methodik am Beispiel des fischer Werkzeug- und Formenbaus wird anhand des sogenannten digitalen fischer Werkzeugmanagementtools (nachfolgend Werkzeugmanagementtool) beschrieben. Das Werkzeugmanagementtool repräsentiert eine systematische Bündelung aller relevanten Informationen zu einem Werkzeug entlang des kompletten Werkzeuglebenszyklus. Des Weiteren dient es der zentralen Steuerung sowie Dokumentation von Änderungen, Optimierungen, Instandhaltungen sowie Reparaturen zwischen Serienfertigung und Werkzeugbau. Abbildung 118 zeigt einen Screenshot zur Darstellung des Werkzeugmanagementtools und einen Ausschnitt der Funktionen.

Abbildung 118: Digitales Werkzeugmanagementtool der fischer Werkzeug- und Formenbau GmbH[837]

6.1.2.1 Schritt A: Ermittlung des Kundennutzens

Die im Rahmen der vorliegenden Arbeit entwickelte Methodik wurde in Übereinstimmung zu **Schritt A1** beim fischer Werkzeug- und Formenbau durch die Ermittlung von Kundenbedürfnissen angewandt. Hierzu wurde zunächst als quantitative Methode die quantitative Befragung in Form eines schriftlichen Fragebogens angewendet. Der schriftliche Fragebogen wurde sowohl an die Serienproduktion als interner Kunde sowie an die externen Kunden versendet. Der Fokus des Fragebogens lag dabei auf der Beantwortung drei inhaltlicher Themenfelder. Diese beinhalteten die Beschreibung von Problemen und die Nennung von Verbesserungspotenzialen im Umgang mit Werkzeugen sowie existierenden Interaktionen mit dem fischer Werkzeug-

[836] EiP-Preisverleihung vom 18.11.2020 durch Univ. Prof. Dr.-Ing. Dipl.-Wirt. Ing. Günther Schuh.
[837] fischer Werkzeug- und Formenbau GmbH, 2021.

und Formenbau. Des Weiteren wurden Anforderungen an den fischer Werkzeug- und Formenbau für die Zukunft abgefragt. Da als interner Werkzeugbau die Sicherstellung der Serienproduktion oberste Priorität hat, finden zudem wöchentlich qualitative Befragungen mit der Serienproduktion statt. Mithilfe dieser qualitativen Methode wird gewährleistet, dass die im Fragebogen ermittelten Kundenbedürfnisse permanent aktualisiert bzw. um neue Bedürfnisse der Kunden ergänzt werden können.

Die im Zuge von Schritt A1 identifizierten Kundenbedürfnisse können alle den beiden Kundennutzendimensionen *Zeit* und *Qualität* zugeordnet werden. Entsprechend dem **Schritt A2** werden von diesen Kundenbedürfnissen die werkzeugbauspezifischen Ausprägungen der beiden Kundennutzendimensionen abgeleitet. Die werkzeugbauspezifischen Kundennutzen der Nutzendimension *Zeit* äußern sich beim fischer Werkzeug- und Formenbau insbesondere im Zielbereich des Serienproduktionsprozesses. Hervorzuheben sind hierbei die Ausprägungen *Zykluszeit* und *Prozessoptimierung*. Dies trifft insbesondere auf die Hochkavitätenwerkzeuge für Endprodukte mit einem sehr hohen Volumen wie etwa Dübel zu. Des Weiteren lässt sich der Kundennutzen der Nutzendimension *Zeit* auf die Ausprägung der *Informationstransparenz* während des Serienproduktionsprozesses ableiten. Für die interne Serienproduktion ist es nämlich wichtig, dass für die Planung der Werkzeugnutzung aktuelle Informationen über den Werkzeugzustand entlang des gesamten Werkzeuglebenszyklus vorliegen. Informationen von besonderer Bedeutung für dieses Kundenbedürfnis sind etwa der Zeitpunkt der zuletzt durchgeführten Wartungen und Instandhaltungen, Standzeiten der Werkzeugbauteile sowie Störungen aus vergangenen Werkzeugnutzungen.

Die werkzeugbauspezifischen Kundennutzen der Nutzendimension *Qualität* äußern sich beim fischer Werkzeug- und Formenbau ebenfalls im Zielbereich des Serienproduktionsprozesses. Hervorzuheben sind hierbei die Ausprägungen *Wissensmanagement* sowie *Prozessstabilität*. Als Kundenbedürfnis wird geäußert, dass für die Werkzeugnutzung ein einfacher, dezentraler und personenunabhängiger Zugriff auf Wissen zum jeweiligen Werkzeug in der Serienproduktion vorliegen muss, sodass qualitativ hochwertige Endprodukte mit einer bestmöglichen Produktivität gefertigt werden können. Die zuvor identifizierten Kundenbedürfnisse und die daraus abgeleiteten Kundennutzen besitzen eine besondere Bedeutung, da sich stets mehr als 400 aktive Werkzeuge im Einsatz der internen Serienproduktion befinden. Analog zur entwickelten Methodik lagen dem fischer Werkzeug- und Formenbau somit am Ende der Analysephase konkrete werkzeugbauspezifische Kundennutzen vor, die den identifizierten Kundenbedürfnissen zugeordnet werden können und durch entsprechende datenbasierte Dienstleistungen adressiert werden sollen.

6.1.2.2 Schritt B: Definition des datenbasierten Leistungsangebots

Zunächst hat der fischer Werkzeug- und Formenbau in der Definitionsphase in **Schritt B1** kundenbedarfsorientierte Leistungsangebote ausgewählt, um die identifizierten Kundennutzen zu erzeugen. Das Leistungsangebot umfasst im Bereich der Werkzeugentwicklung die Kundenberatung in den drei Themenfeldern Produktentwicklung, Werkzeugkonzept sowie prozessuale Werkzeugauslegung. Im Bereich der Werkzeugnutzung setzt sich das Leistungsangebot neben dem eigentlichen Kernprodukt aus Instandhaltungsmanagement, Ersatzteilmanagement, Beschreibung der Werkzeughistorie, Lagermanagement sowie Produktionsoptimierung zusammen. Die identifizierten erforderlichen Kundennutzen werden mit diesem bisherigen Leistungsangebot allerdings nicht ausreichend erfüllt. Um die identifizierten erforderlichen Kundennutzen *Wissensmanagement*, *Informationstransparenz*, *Prozessstabilität* sowie *Prozessoptimierung* besser zu adressieren, wurde die Entscheidung getroffen, die Leistungsangebote Beschreibung der Werkzeughistorie, Instandhaltungsmanagement und Werkzeugzustandsüberwachung zu optimieren. Die in Abbildung 81 aufgeführten Korrelationsbeziehungen zwischen Leistungsangebot und Kundennutzen (vgl. Kapitel 5.2.1.2) konnten somit für diesen spezifischen Anwendungsfall belegt werden.

Da diese bestehenden Leistungsangebote bis zu diesem Zeitpunkt unabhängig voneinander umgesetzt wurden, entstand die Idee, deren Inhalte in einem zentralen digitalen Werkzeugmanagementtool zu bündeln. Dadurch sollen die Defizite der bisherigen analogen Leistungsangebote überwunden werden. Hierzu zählen insbesondere der fehlende Zugriff auf digitalisierte, aktuelle sowie abteilungsübergreifende Informationen zu Werkzeugen entlang des gesamten Werkzeuglebenszyklus. Um eine datenbasierte Erweiterung des Leistungsangebots zu definieren, wurde das methodische Vorgehen aus **Schritt B2** angewandt. Im Rahmen eines Workshops wurde durch mehrere Mitarbeiter des Werkzeugbaus erarbeitet, welchen Funktionsumfang das Werkzeugmanagementtool als datenbasierte Dienstleistung in den vier unterschiedlichen Komplexitätsstufen haben könnte. Die in Kapitel 5.2.1.3 entwickelte Workshopvorlage wurde im Zuge dessen in Form einer Excel-Datei angewandt und durch einen Moderator digital ausgefüllt. Dabei wurden potenzielle Funktionsumfänge des Werkzeugmanagementtools in den ersten drei Komplexitätsstufen beschrieben.

- Komplexitätsstufe 1: Visualisierung aller relevanter Werkzeuginformationen entlang des Werkzeuglebenszyklus in einem dezentralen System und proaktive Angabe von Informationen durch das System für die jeweiligen Werkzeuge (z. B. wiederholter Verschleiß der gleichen Werkzeugbauteile während der Werkzeugnutzung).
- Komplexitätsstufe 2: Funktionsumfang der Stufe 1 plus proaktive Beschreibung für Ursachen der jeweiligen Werkzeugzustände.
- Komplexitätsstufe 3: Funktionsumfang der Stufe 2 plus automatische vorausschauende Einplanung notwendiger Werkzeuginstandhaltungen durch Einbindung weiterer Systeme wie das Produktionsmanagementtool Arburg Leitrechnersystem (ALS) der Serienproduktion oder das werkzeugbauspezifische ERP- und PPS-System IKOffice.

Im Rahmen des Workshops wurde diskutiert, dass eine Ausgestaltung des Werkzeugmanagementtools inhaltlich für die Komplexitätsstufe 4 nicht möglich ist, da eine Ableitung von autonomen Produktionseingriffen für diesen Anwendungsfall nicht sinnvoll ist. Daher endete die Befüllung der Vorlage auf Komplexitätsstufe 3. In Bezug auf das Werkzeugmanagementtool wurde entschieden, dass die Komplexitätsstufe 1 als zeitnah zu erreichender Zielzustand weiterverfolgt werden soll. Analog zur entwickelten Methodik lag dem fischer Werkzeug- und Formenbau somit am Ende der Definitionsphase eine datenbasierte Dienstleistung vor, welche im weiteren Verlauf ausgelegt werden konnte.

6.1.2.3 Schritt C: Auslegung der Leistungserbringung

Die Definition der Dienstleistungsprozessschritte sowie die Konzeptionierung aller Interaktionen und Schnittstellen entsprach den **Schritten C1** und **C2** der entwickelten Methodik. Auch wenn keine direkte Anwendung der beschriebenen Service Blueprinting Methode nach BITNER ET AL. erfolgte, wurde die Auslegung der Leistungserbringung des Werkzeugmanagementtools in den gleichen inhaltlichen Ebenen wie beim Service Blueprinting durchlaufen. Da die Inhalte der Schritte C1 und C2 durch den fischer Werkzeug- und Formenbau iterativ erarbeitet wurden, werden diese im Folgenden zusammen beschrieben.

Für die Realisierung des Werkzeugmanagementtools im Sinne eines Informationsmanagementtools muss eine automatische Verarbeitung aller relevanter Werkzeuginformationen erfolgen. Das hierfür erforderliche Visualisierungsmodell kann in diesem Fallbeispiel mit dem Informationsmanagementtool gleichgesetzt werden. Die technologische Umsetzung und Aufrechterhaltung des Informationsmanagementtools erfolgt durch die IT der Unternehmensgruppe fischer. Auf der Ebene der Backstage-Aktivitäten müssen seitens des fischer Werkzeug- und Formenbaus alle relevanten Informationen im System eingepflegt werden, sodass der Ist-Zustand der ganzheitlichen Historie eines Werkzeugs beschrieben werden kann. Falls im Zuge dieser Backstage-Aktivitäten Probleme auftreten, existiert eine Interaktionsschnittstelle zwischen dem fischer Werkzeug- und Formenbau und der IT. So können bspw. Mitarbeiter des fischer Werkzeug- und Formenbaus Änderungswünsche des Werkzeugmanagementtools direkt im Tool beantragen. Auf der Ebene der Onstage-Aktivitäten erfolgt die Ausgabe des Ist-Zustands zur Serienproduktion, indem die Serienproduktion die identischen Leserechte für das Informationsmanagementtool besitzt wie der Werkzeugbau. Der Zugriff von Mitarbeitern der Serienproduktion wird dadurch hergestellt, indem die Werkzeugnummer im System händisch eingegeben wird oder das Werkzeug mittels eines angebrachten Barcodes zum Informationsabruf gescannt wird. Auf der Ebene der Kunden-Aktivitäten ist erforderlich, dass die Serienproduktion das Werkzeug verwendet bzw. plant zu verwenden. Auch wenn das Werkzeugmanagementtool proaktive Hinweise bspw. auf Verschleißzustände gibt, müssen die Mitarbeiter der Serienproduktion das Problem eigenständig erkennen und in Form von Gegenmaßnahmen, wie etwa einer Instandhaltung, in die Wege leiten. Die Interaktion zum Werkzeugbau erfolgt im Zuge dessen nicht nur über das Werkzeugmanagementtool, sondern auch über einen sogenannten Werkzeugkoordinator, welcher die Nutzung der Werkzeuge in der Serienproduktion koordiniert.

6.1.2.4 Schritt D: Auslegung des Datenmodells

In Übereinstimmung zu **Schritt D1** kann das Datenmodell zur Realisierung des Werkzeugmanagementtools mit dem entwickelten prozessualen und infrastrukturellen Wissensgenerierungsmodell aus Kapitel 5.3.2.2 beschrieben werden. Für die technologische Umsetzung des Werkzeugmanagementtools wurden zunächst die Datenquellen definiert. Dies sind zum einen Werkzeugdaten in Form einer Schusszählersensorik, um die Nutzungsbelastung des Werkzeugs überprüfen zu können. Zum anderen werden Prozessdaten als Schnittstelle zum ERP-System für das Werkzeugmanagementtool verwendet. Das Aktualisierungsintervall der Rohdatenbasis des Schusszählers erfolgt nach Beendigung der Werkzeugnutzung, indem die

Schusszahl im Werkzeugmanagementtool mit der bisherigen Nutzung kumuliert wird. Alle Daten, die aus dem ERP-System generiert werden, werden auf Basis definierter Uhrzeiten am Tag mehrfach im Werkzeugmanagementtool aktualisiert. Auf der Ebene des Datenmanagements ist keine Datenreinigung und -integration nach der Datenerhebung erforderlich. Zur Speicherung und für den Zugriff auf die Daten des Werkzeugmanagementtools wird das Data Warehouse Konzept in Form einer SQL-Datenbank verwendet. Auf die weiteren Schritte des Datenmanagements, die Datenreduktion und Datentransformation, wird seitens der IT bewusst verzichtet, da diese für das Werkzeugmanagementtool aufgrund der geringen und sehr homogenen Datenmenge nicht erforderlich sind. Für diese spezielle Form der datenbasierten Dienstleistung sind zudem keine Datenanalyseverfahren notwendig. Die Daten werden in aggregierter Form als Informationen der Serienproduktion visuell zur Verfügung gestellt. Die gewünschte Darstellung der Visualisierung des Ist-Zustands ist durch den Werkzeugbau in Kooperation mit der Serienproduktion festgelegt worden. Die Ergebnisse dieser gemeinsamen Definition oder potenzielle Änderungswünsche werden durch die IT der Unternehmensgruppe fischer programmiertechnisch umgesetzt.

Bei der Realisierung des Datenaustauschs wird für das Werkzeugmanagementtool auf die in Kapitel 5.3.2.3 beschriebene Option 4, den direkten sowie ungefilterten Datenaustausch, zurückgegriffen. Da es sich beim Kunden um die interne Serienproduktion handelt, ist die Komplexität der Datenaustauschrealisierung aus **Schritt D2** deutlich unkomplizierter als zu externen Kunden. Der Datenaustausch mit externen Kunden zur Umsetzung datenbasierter Dienstleistungen befindet sich aktuell in noch keiner konkreten Auslegungsphase. Die wichtigsten Kriterien, die für diese Auslegung vom fischer Werkzeug- und Formenbau zukünftig berücksichtigt werden, sind die *Datensicherheit* sowie die *Datentransparenz*.

6.1.2.5 Schritt E: Entwicklung des Ertragsmodells

Der Abrechnungs- und Erlösweg sowie der Preismechanismus des Werkzeugs lauten PfE und fester Listenpreis (vgl. **Schritt E1**). Die Abrechnung des Werkzeugmanagementtools gegenüber der Serienproduktion erfolgt durch den fischer Werkzeug- und Formenbau aktuell jedoch nicht. Diese datenbasierte Dienstleistung wird zurzeit gratis zur Verfügung gestellt. Dabei handelt es sich um eine bewusste Entscheidung des fischer Werkzeug- und Formenbaus. Der Werkzeugbau hat die langfristige Zielstellung, datenbasierte Dienstleistung in Kombination mit dem Werkzeug auch externen Kunden mit neuen Ertragsmodellen zu offerieren. Hierfür befindet sich der Werkzeugbau aktuell in einer Anfangsphase, um Erfahrungen zu sammeln. Analog zum **Schritt E2** ist sich der fischer Werkzeug- und Formenbau bereits jetzt darüber bewusst, dass für eine werkzeugbauspezifische Ertragsmodellauslegung verschiedene Voraussetzungen aus der Kunden- und Werkzeugbauperspektive berücksichtigt werden müssen. Aus der Kundenperspektive werden insbesondere die Verhandlungsperspektive und aus der Werkzeugbauperspektive die Finanzierung sowie die Risikobegrenzung als wichtigste Voraussetzungen der Ertragsmodellauslegung datenbasierter Dienstleistungen hervorgehoben.

Dem fischer Werkzeug- und Formenbau lagen somit am Ende der Auslegungsphase alle notwendigen Informationen vor, um das Werkzeugmanagementtool für eine anforderungsgerechte Operationalisierung weiter zu verfolgen.

6.1.2.6 Schritt F: Bewertung der Einführung

Zur Gesamtbewertung der ausgelegten datenbasierten Dienstleistung wurde das beschriebene Verfahren zur Bestimmung des Gesamtnutzens und Gesamtaufwands aus **Schritt F** verwendet. Hierfür wurden Bewertungskriterien definiert und gewichtet sowie anschließend Teilnutzen und Teilaufwände bestimmt. Da die Bewertungskriterien zur Bestimmung des Gesamtnutzens und -aufwands datenbasierter Dienstleistungen sensible Rückschlüsse auf unternehmensinterne strategische Ausrichtungen zulassen, können diese im Folgenden nicht im Detail genannt werden. Neben dem Werkzeugmanagementtool wurden für eine potenzielle Operationalisierung weitere definierte und ausgelegte datenbasierte Dienstleistungen bewertet, welche im Rahmen dieser Validierung nicht vorgestellt werden.

6.1.3 Fazit

Am Beispiel des Werkzeugmanagementtools des fischer Werkzeug- und Formenbaus kann die erfolgreiche Anwendung der Methodik sowie darin verorteter Elemente zur Definition und Auslegung datenbasierter Dienstleistungen im Werkzeugbau aufgezeigt werden. Positiv hervorzuheben sind dabei insbesondere die systematische Vorgehensweise zur Analyse von Kundenbedürfnissen sowie die hieraus resultierende Ableitung und Definition anforderungsgerechter datenbasierter Dienstleistungen. Die bisher gesammelten Erfahrungen des fischer Werkzeug- und Formenbaus aus den Schritten C, D und E für das Werkzeugmanagementtool bilden ein großes Potenzial, zukünftig auch datenbasierte Dienstleistungen höherer Komplexitätsstufen mit neuartigen Ertragsmodellen in Richtung der internen Serienproduktion sowie externer Kunden erfolgreich zu offerieren.

Das Fallbeispiel belegt, dass alle Schritte der Methodik ein praxisrelevantes Vorgehen beinhalten, in sich abgeschlossen sind und inhaltlich schlüssig aufeinander aufbauen. Gleichzeitig konnte aufgezeigt werden, dass die Methodik ein notwendiges Maß an Flexibilität aufweist, um trotz der Komplexität zur Definition und Auslegung datenbasierter Dienstleistungen bei differierenden Unternehmensrahmenbedingungen konkrete Ergebnisse zu erzielen.

6.2 Fallbeispiel: Fritz Stepper GmbH & Co. KG

Das Unternehmen Fritz Stepper GmbH & Co. KG (nachfolgend Stepper) wurde im Jahr 1965 in Pforzheim gegründet und ist spezialisiert auf schnell laufende, zuverlässige sowie präzise Hochleistungsstanzwerkzeuge für die Steckverbinder- und Kontaktteilindustrie. Als externer Werkzeugbau werden insbesondere Kunden in den Branchen Automotive, weiße Ware, Telekommunikation und Medizintechnik bedient. Besonderes Alleinstellungsmerkmal von Stepper ist die Entwicklung des weltweit ersten modular aufgebauten Stanzwerkzeugs aus dem Jahr 1975. Im Mittelpunkt der Innovation steht ein universelles Grundwerkzeug, welches mithilfe modularer Einschübe zum individuellen Werkzeug für umfangreiche Teilefamilien wird. Durch die ständige Weiterentwicklung dieser Innovation wird das Ziel verfolgt, auch bei komplexen Biege-, Roll- und Prägeoperationen ein einfaches Handling sowie minimale Wartungsaufwände für die Kunden zu realisieren. Stepper besitzt mit 48 Auszubildenden von rund 185 Mitarbeitern eine besonders hohe Ausbildungsquote innerhalb der deutschen Branche Werkzeugbau.

Im Rahmen der Tätigkeit als wissenschaftlicher Mitarbeiter am Werkzeugmaschinenlabor WZL der RWTH Aachen University hatte der Autor einen engen Austausch mit dem Unternehmen auf Basis der Projektergebnisse des gemeinsamen abgeschlossenen Forschungsprojekts „Selbstlernendes mechatronisches Stanzwerkzeug (SeMeSta)“ der Förderinitiative KMU-innovativ des BMBF. Das Ziel der Projektergebnisverwertung lag in der Konzeption von datenbasierten Leistungsangeboten, die in Form von neuartigen Geschäftsmodellen den Kunden offeriert werden können. Des Weiteren existierte ein fortwährender Austausch während diverser fachspezifischer Netzwerkveranstaltungen sowie durch die Teilnahme am Wettbewerb „Excellence in Production“ zum „Werkzeugbau des Jahres“.

6.2.1 Ausgangssituation

Zentrales Differenzierungsmerkmal von Stepper innerhalb der Branche Werkzeugbau ist die Technologieführerschaft im Stanzbereich. Um die hohen Präzisions- und Standzeitanforderungen an die Werkzeuge zu erfüllen, fertigt Stepper alle Werkzeuge mit einer Fertigungstiefe von nahezu 100 %. Dabei stehen eine Vielzahl von Fertigungstechnologien wie z. B. Hochgeschwindigkeitsfräsen, Hochpräzisionserodieren, Hochpräzisionsschleifen sowie Laserablation zur Verfügung. Des Weiteren existieren fünf Beschichtungsanlagen und ein eigenes Forschungslabor, um die Werkzeugbauteile für höchste Standzeiten zu präparieren. Hieraus resultieren diverse Innovationen wie etwa die Stepper Spezial-Diamantbeschichtung. Diese Innovationen und Expertise verhelfen Stepper zur Herstellung von Stanzwerkzeugen, mit denen bis zu 3.000 Hüben pro Minute in der Serienproduktion gefertigt werden kann. Neben der Herstellung von Werkzeugen fertigt Stepper zudem Produkte auf eigenen Serienproduktionsanlagen.

Stepper fokussiert seit mehreren Jahren die Entwicklung von intelligenten Werkzeugen. Durch die Sammlung und Auswertung von relevanten Serienproduktionsdaten verfolgt das Unternehmen das Ziel, die Prozessstabilität der Werkzeuge weiterhin zu erhöhen. Darüber hinaus entwickelt das Unternehmen vermehrt datenbasierte Dienstleistungen, um den Kunden individuelle Leistungsangebote zur Erzeugung eines zusätzlichen Kundenmehrwerts zu offerieren. Als erste Erfolgsbeispiele können im Zuge dessen bspw. vorausschauende Instandhaltungen (Predictive Maintenance) genannt werden. Als Beleg für die zuvor beschriebene Innovationskraft und technologische Expertise von Stepper kann der Gesamtsieg zum „Werkzeugbau des Jahres“ im Rahmen des Wettbewerbs „Excellence in Production“ im Jahr 2019 aufgeführt werden. Als Begründung wurde von der Jury hervorgehoben, dass Stepper seit seiner Gründung einen kontinuierlichen Aufbau bester technologischer und humaner Ressourcen fokussiert, durch die branchenwegweisende Innovationen ermöglicht sowie qualitativ hochwertigste Werkzeuge realisiert werden.

Die erläuterte Ausgangssituation, insbesondere aufgrund der Vorreiterrolle in der Entwicklung intelligenter Werkzeuge, prädestiniert Stepper als Fallbeispiel zur ganzheitlichen Beschreibung der entwickelten Methodik zur Definition und Auslegung von datenbasierten Dienstleistungen im Werkzeugbau[838].

6.2.2 Anwendung der Methodik

Die Anwendung der Methodik von Stepper wird anhand des sogenannten X-TREME Vision Control Systems (nachfolgend Vision-System) beschrieben. Das Vision-System repräsentiert ein 100 %-Messsystem, durch welches der Kunde in der Lage ist, alle gefertigten Produkte mit dem Werkzeug hinsichtlich der Maßhaltigkeit zu kontrollieren. Mittels des Vision-Systems werden dem Kunden somit Echtzeitinformationen über die Prozessstabilität der jeweiligen Serienproduktion zur Verfügung gestellt. Abbildung 119 zeigt einen Ausschnitt der bereitgestellten Informationen über ein Dashboard sowie einen Ausschnitt des Funktionsumfangs.

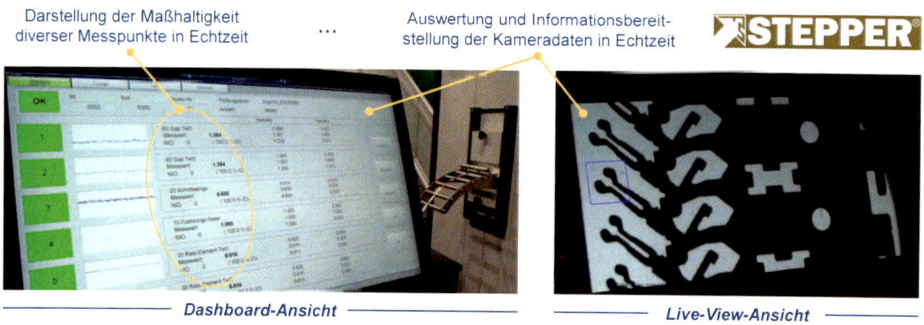

Abbildung 119: X-TREME Vision Control System der Fritz Stepper GmbH & Co. KG[839]

6.2.2.1 Schritt A: Ermittlung des Kundennutzens

Die Identifizierung der werkzeugbauspezifischen Kundenbedürfnisse erfolgt in Teilen analog zur beschriebenen Vorgehensweise in **Schritt A1**. Als qualitative Methode zur Ermittlung von Kundenbedürfnissen verwendet Stepper regelmäßig qualitative Befragungen von Kunden. Im Fokus stehen hierbei insbesondere Kunden mit einer langjährigen Geschäftsbeziehung zum Unternehmen. In Form von Strategiebesprechungen wird die Zusammenarbeit auf kontinuierliche Verbesserungspotenziale untersucht. Weitere Methoden zur Ermittlung von Kundenbedürfnissen kommen nicht zum Einsatz. Dies ist unter anderem auf die Technologieführerschaft von Stepper im Themenfeld der Hochleistungsstanzwerkzeuge für die Stecker- und Kontaktteilindustrie zurückzuführen. Aufgrund dessen wird Stepper in der Regel nur von Kunden kontaktiert, wenn diese hochkomplexe Endprodukte in einer hohen Ausbringung mit einer hohen Werkzeugstandzeit produzieren wollen. Die Bedürfnisse der Kunden von Stepper unterliegen somit einer vergleichsweise geringen Volatilität. Sowohl Neu- als auch Bestandskunden ist das qualitativ hochwertige Leistungsangebot in der Regel bekannt. Dies ist bspw. auch auf die in der Branche bekannte Unternehmensphilosophie zurückzuführen. Stepper verfolgt das Ziel,

[838] EiP-Preisverleihung vom 13.11.2019 durch Univ. Prof. Dr.-Ing. Thomas Bergs.
[839] Fritz Stepper GmbH & Co. KG, 2021.

mit den bestausgebildeten Mitarbeitern sowie den besten Maschinen und Technologien das qualitativ beste Werkzeug für den Kunden zu fertigen.

Alle Kundenbedürfnisse konnten zum Zeitpunkt der Validierung entsprechend dem entwickelten Vorgehen aus **Schritt A2** den beiden Kundennutzendimensionen *Qualität* und *Flexibilität* zugeordnet werden. Eine werkzeugbauspezifische Konkretisierung des Kundennutzens *Qualität* erfolgt bei Stepper dadurch, dass die Qualität in den drei Zielbereichen Werkzeug, Serienproduktionsprozess sowie Endprodukt fokussiert wird. Im Zielbereich Werkzeug wird insbesondere die Qualitätsausprägung *Werkzeugstandzeit* verfolgt. Für den Serienproduktionsprozess werden die Kundennutzenausprägungen eines *geringen Ausschusses* sowie einer *hohen Prozessstabilität* priorisiert. Diese Ausprägungen der Nutzendimension *Qualität* gewinnen aufgrund der nachgefragten Volumen von bis zu 15.000 Teilen pro Minute an besonderer Bedeutung. Im Zielbereich Endprodukt sollen *innovative Produkte* mit einer *hohen gleichbleibenden Qualität* realisiert werden. Dies ist darauf zurückzuführen, dass Stepper oftmals dann konsultiert wird, wenn günstigere Wettbewerber die gewünschten Endprodukte aufgrund mangelnden Know-hows für die entsprechend benötigte Werkzeugtechnik nicht umsetzen können.

Die werkzeugbauspezifischen Kundennutzen der Nutzendimension *Flexibilität* äußern sich bei Stepper im Zielbereich des Serienproduktionsprozesses. Hervorzuheben sind hierbei die Ausprägungen *Ersatzteilverfügbarkeit* und *Reaktionsfähigkeit*. Im Bereich der *Ersatzteilverfügbarkeit* besitzen die Kunden das Bedürfnis, dass unvorhergesehene, beschädigte Bauteile, etwa durch einen Fehlhub, so schnell wie möglich erneut zur Verfügung gestellt werden. Die Fertigungstiefe von nahezu 100 % hilft Stepper, diesen Kundennutzen durch sehr flexible Verfügbarkeit der benötigten Fertigungstechnologien zu adressieren. Hierdurch kann bspw. realisiert werden, dass Ersatzteile innerhalb von 24 Stunden dem Kunden vorliegen. Der Kundennutzen *Reaktionsfähigkeit* lässt sich aus dem Bedürfnis ableiten, dass mögliche Störungen im Serienproduktionsprozess prognostiziert werden können, um den Produktionsausfall der hohen Endproduktvolumina zu vermeiden. Analog zur entwickelten Methodik lagen Stepper somit am Ende der Analysephase konkrete werkzeugbauspezifische Kundennutzen vor, die den identifizierten Kundenbedürfnissen zugeordnet werden können und durch entsprechende datenbasierte Dienstleistungen adressiert werden sollen.

6.2.2.2 Schritt B: Definition des datenbasierten Leistungsangebots

Stepper hat zunächst im **Schritt B1** der Definitionsphase ein kundenbedarfsorientiertes Leistungsangebot ausgewählt, um die identifizierten Kundennutzen zu erzeugen. Das Leistungsangebot von Stepper umfasst im Themenfeld der Werkzeugentwicklung die Beratung in den Bereichen Produktentwicklung, Werkzeugkonzept sowie prozessuale Werkzeugauslegung. Hinzu kommen das Variantenmanagement und die Standzeitbetrachtung. Die Begleitung des Serienanlaufs ist bei Stepper im Bereich der Werkzeuginbetriebnahme elementar. Kein Werkzeug verlässt das Unternehmen ohne eine vorherige Werkzeugabnahme auf den internen Serienpressen. Im Bereich der Werkzeugnutzung setzte sich das Leistungsangebot neben dem eigentlichen Kernprodukt aus der Werkzeugzustandsüberwachung, Instandhaltungsmanagement, Ersatzteilmanagement und Produktionsoptimierung zusammen. Für Werkzeuge, die im eigenen Unternehmen zur Serienproduktion genutzt werden, existieren zudem die Leistungsangebote Beschreibung der Werkzeughistorie und das Lagermanagement. Um die in Schritt A2 abgeleiteten Kundennutzen *Prozessstabilität*, *gleichbleibende Qualität* und *Reaktionsfähigkeit* zu adressieren, wurde durch Stepper die Entscheidung getroffen, das bisherige Leistungsangebot der Werkzeugzustandsüberwachung durch die Realisierung datenbasierter Dienstleistungen zu optimieren. Die in Abbildung 81 aufgeführten Korrelationsbeziehungen zwischen Leistungsangebot und Kundennutzen (vgl. Kapitel 5.2.1.2) konnten somit für diesen spezifischen Anwendungsfall ebenfalls belegt werden.

Zuerst versuchte Stepper die Werkzeugzustandsüberwachung durch die Aufnahme von Prozessparametern mittels Sensorik während der Werkzeugnutzung zu realisieren. Nachteile, wie etwa Bauraumrestriktionen, bekräftigten die Idee, eine Werkzeugzustandsüberwachung zukünftig über die Produktkontrolle durchzuführen. Analog zum Vorgehen von **Schritt B2** wurde eruiert, wie die Werkzeugzustandsüberwachung in Form einer Produktkontrolle als datenbasierte Dienstleistung in unterschiedlichen Komplexitätsstufen aussehen könnte. Im Zuge dessen wurden potenzielle Funktionsumfänge des Vision-Systems in allen vier Komplexitätsstufen beschrieben.

- Komplexitätsstufe 1: Visuelles Messsystem zur 100 %-Kontrolle aller gefertigter Endprodukte. Der Kunde erhält zu jedem gestanzten Endprodukt Qualitätsinformationen hinsichtlich der Einhaltung der geforderten Maßtoleranzen.
- Komplexitätsstufe 2: Funktionsumfang der Stufe 1 plus Festlegung von Eingriffsgrenzen. Das Vision-System stellt zusätzlich Informationen darüber bereit, welche Bauteile des Werkzeugs gewartet werden müssen, um die geforderte Produktqualität während der Werkzeugnutzung weiterhin zu gewährleisten.
- Komplexitätsstufe 3: Erkennung von Trends des Werkzeugzustands auf Basis der Analyse sich entwickelnder Maße der gestanzten Endprodukte mit anschließender Ausgabe von Handlungsempfehlungen an den Kunden durch das Vision-System.
- Komplexitätsstufe 4: Funktionsumfang der Stufe 3 plus automatische Bestellung erforderlicher Ersatzteile und automatische Anpassung von Wartungsintervallen durch Kopplung des Vision-Systems an die ERP- und PPS-Systeme des Kunden.

Stepper hat sich entschieden, zunächst die Realisierung des Vision-Systems als datenbasierte Dienstleistung der Komplexitätsstufe 2 zu externen Kunden zu verfolgen. In der internen Serienproduktion laufen bereits erste Versuche, die Komplexitätsstufe 3 umzusetzen. Die weitere Beschreibung der Methodikanwendung bezieht sich weitestgehend auf die Komplexitätsstufe 2. Analog zur entwickelten Methodik lag Stepper somit am Ende der Definitionsphase eine datenbasierte Dienstleistung vor, welche im weiteren Verlauf ausgelegt werden konnte.

6.2.2.3 Schritt C: Auslegung der Leistungserbringung

Die Definition der Dienstleistungsprozessschritte erfolgte wie in **Schritt C1** auf verschiedenen inhaltlichen Ebenen, die mit der Service Blueprinting Methode nach BITNER ET AL. vergleichbar sind. Daher wurde auf der Ebene der Unterstützungs-Aktivitäten zunächst festgelegt, wie die Datenerfassung am Werkzeug erfolgen soll und wie die Daten im Sinne einer automatischen

Datenverarbeitung in ein Erklärungsmodell überführt werden. Das Vision-System verarbeitet alle Messdaten zu den Stanzteilen, visualisiert diese und zeigt Ursache-Wirkungszusammenhänge zwischen Messdaten und Werkzeugzustand auf der Ebene der Onstage-Aktivitäten auf. Um die beschriebenen Onstage- und Unterstützungs-Aktivitäten realisieren zu können, wurden auf der Ebene der Backstage-Aktivitäten entsprechend benötigte Ressourcen aufgebaut. Insbesondere wurden hierfür Mitarbeiter bereitgestellt, die in Vollzeit für das Vision-System verantwortlich sind. Hierzu zählen zum einen Experten, die mittels Datenanalyse versuchen, Ursache-Wirkungszusammenhänge aus den generierten Daten abzuleiten. Des Weiteren kümmern sich Mitarbeiter um die Auslegung des Vision-Systems für Neuwerkzeuge. Zu lösende Fragestellungen sind etwa die Anzahl und der Anbringungsort der benötigten Kameras. Auf der Ebene der Kunden-Aktivitäten ist es erforderlich, dass der Kunde das Werkzeug mit Vision-System verwendet. Auch wenn das Vision-System proaktive Hinweise auf Ursachen für die Entwicklung von Maßabweichungen gibt, muss der Kunde eigenständig Maßnahmen zur Problemlösung entwickeln.

Die Konzeptionierung der Interaktion und Schnittstellen zum Kunden liegt analog zu **Schritt C2** für die Komplexitätsstufe 2 in der Visualisierung aller generierter Informationen durch das Vision-System. Um eine höhere Akzeptanz beim Kunden für diese datenbasierte Dienstleistung zu erzielen, wurde bei der Interaktionsauslegung darauf geachtet, dass die Interaktionspunkte zu Stepper für die Nutzung des Vision-Systems so gering wie möglich sind. Daher ist die datenbasierte Dienstleistung so ausgelegt, dass der Kunde das Leistungsangebot nach Aushändigung und Anwendungsschulung selbstständig verwenden kann. Für das Vision-System als datenbasierte Dienstleistung in den Komplexitätsstufen 3 und 4 strebt Stepper zukünftig eine Interaktion mit dem Kunden über den gesamten Werkzeuglebenszyklus an. Die aus dem Vision-System resultierenden Maßnahmen sollen durch Stepper selbst beim Kunden durchgeführt werden. Die Interaktionen der Komplexitätsstufe 3 werden bereits heute bei Stepper zwischen Werkzeugbau und Serienproduktion intern erfolgreich umgesetzt.

6.2.2.4 Schritt D: Auslegung des Datenmodells

In Übereinstimmung mit **Schritt D1** kann das Datenmodell zur Realisierung des Vision-Systems mit dem entwickelten prozessualen und infrastrukturellen Wissensgenerierungsmodell aus Kapitel 5.3.2.2 beschrieben werden. Auf der Ebene der Datenquellen wurden für das Vision-System Werkzeug- und Produktdaten festgelegt. Zu den Werkzeugdaten zählt als Attribut etwa die Laufruhe (Schwingungen oder Vibration) des Werkzeugs, die über Druck- und Temperatursensoren im Werkzeug ermittelt wird. Für die Produktdaten wurden die Stammdaten des Produkts wie bspw. die definierten Maße und Toleranzen festgelegt. Des Weiteren dienen die Bilder der Stanzteile durch die Kameras des Vision-Systems als Datenquellen. In manchen Werkzeugen werden auch Kameras innerhalb des Werkzeugs verbaut, um Maßabweichungen der Stanzteile von sehr komplexen Umformstufen detektieren zu können. Zur Aufnahme von Maßabweichungen wurden zudem Versuche mittels Lasertriangulation durchgeführt. Die Starrheit und das große Volumen des benötigten Bauraums sprechen aktuell jedoch gegen die Verwendung dieses Messverfahrens als Datenquelle. Das Aktualisierungsintervall der aufgenommenen Daten des Vision-Systems ist eine Echtzeitaufnahme der Messdaten der jeweiligen Stanzteile. Auf der Ebene des Datenmanagements ist keine Datenreinigung und -integration nach der Datenerhebung erforderlich. Als Datenbank zur Speicherung und den Zugriff auf die Daten des Vision-Systems wird das Data Warehouse Konzept in Form einer SQL-Datenbank verwendet. Das Vision-System ist so ausgelegt, dass es als Plug and Play-Lösung vom Kunden angewandt werden kann. Nach Anschluss des Vision-Systems an ein Netzwerkkabel muss der Kunde lediglich einen Zielserver für die generierten Daten definieren. Bei diesen Messwerten handelt es sich um ein CSV (Comma-Separated Value)-Dateiformat. Auf die weiteren Schritte des Datenmanagements, die Datenreduktion und Datentransformation, kann bei dieser Datenbasis für die Komplexitätsstufe 2 des Vision-Systems verzichtet werden. Als Datenanalyseverfahren zur Identifikation von Ursache-Wirkungszusammenhängen werden, wie in Kapitel 5.3.2.2 erläutert, die Verfahren *Abweichungsanalyse*, *Clustering* und *Klassifikation* verwendet. Die Visualisierung der Informationen des Vision-Systems, sprich der Datenzugriff des Kunden, erfolgt über einen Bildschirm. Alle hierfür erforderlichen programmiertechnischen Voraussetzungen werden durch die IT von Stepper realisiert.

Für die Anwendung der datenbasierten Dienstleistung zwischen dem Kunden und Stepper ist kein Datenaustausch erforderlich. Die Anwendung der datenbasierten Dienstleistung in der internen Serienproduktion auf Basis der Komplexitätsstufe 3 wird dagegen durch einen direkten sowie ungefilterten Datenaustausch realisiert (vgl. Option 4 aus Kapitel 5.3.2.3). Analog zu **Schritt D2** sieht Stepper eine zukünftige Durchführung eines Datenaustauschs hin zu externen Kunden nur dann umsetzbar, wenn die Kriterien *Datensicherheit* und *Datentransparenz* gewährleistet sind.

6.2.2.5 Schritt E: Entwicklung des Ertragsmodells

Die datenbasierte Dienstleistung des Vision-Systems der Komplexitätsstufe 2 wird aktuell für externe Kunden mit dem Abrechnungs- und Erlösweg PfE sowie mit dem Preismechanismus fester Listenpreis offeriert. Stepper plant zukünftig auch andere Ertragsmodelle der datenbasierten Dienstleistung für die Kunden zu offerieren. Hierunter fällt bspw., dass der Kunde das Werkzeug mit Vision-System zu einem günstigeren Werkzeuganschaffungspreis kaufen kann. Die weitere Abrechnung erfolgt anschließend über die Nutzung des Werkzeugs bzw. die Anzahl produzierter Teile. Da das Vision-System sowohl die Ausbringungsmenge als auch die Bauteilqualität überwacht, sind alle gebrauchsabhängigen Abrechnungs- und Erlöswege (PfA, PfU und PoP) für die höheren Komplexitätsstufen datenbasierter Dienstleistungen des Vision-Systems möglich. Die Eignungsbewertung von werkzeugbauspezifischen Ertragsmodellmöglichkeiten aus **Schritt E1** konnte somit anhand der aktuellen Durchführung des Ertragsmodells sowie der zukünftig geplanten Ertragsmodelle der datenbasierten Dienstleistungen im Anwendungsfall bestätigt werden.

Analog zu **Schritt E2** sieht Stepper die Umsetzung werkzeugbauspezifischer Voraussetzungen als zwingend erforderlich, um andere Ertragsmodelle als den reinen Verkauf des Kernprodukts und der datenbasierten Dienstleistung umzusetzen. Aus Sicht der Kunden wird insbesondere die Verhandlungsperspektive genannt. Neue Abrechnungsmodelle in Zusammenhang mit datenbasierten Dienstleistungen werden nur dann gelingen, wenn beim Kunden die

Werkzeuglebenszykluskosten bei der Auftragsverteilung Berücksichtigung finden. Des Weiteren können für die Branche neuartige Ertragsmodelle nur dann umgesetzt werden, wenn mit dem Kunden eine vertrauensvolle Ertragsmodellauslegung erfolgt. Alle hierfür erforderlichen, in Kapitel 5.3.3.3 aufgeführten Voraussetzungen inklusive der jeweiligen Ausprägungen wurden durch Stepper bestätigt.

Stepper lagen am Ende der Auslegungsphase alle notwendigen Informationen vor, um das Vision-System für eine anforderungsgerechte Operationalisierung weiter zu verfolgen.

6.2.2.6 Schritt F: Bewertung der Einführung

Zur Bewertung der ausgelegten datenbasierten Dienstleistung wurde das beschriebene Verfahren zur Bestimmung des Gesamtnutzens und -aufwands aus **Schritt F** verwendet. Neben der Definition von Bewertungskriterien sowie deren Gewichtung erfolgte eine anschließende Bestimmung der Teilnutzen und Teilaufwände. Aufgrund der Tatsache, dass die Bewertungskriterien zur Bestimmung des Gesamtnutzens und -aufwands datenbasierter Dienstleistungen sensible Rückschlüsse auf unternehmensinterne strategische Ausrichtungen zulassen, können diese im Folgenden nicht im Detail genannt werden. Eine grafische Zusammenfassung der Ergebnisse wurde durch Stepper nicht durchgeführt. Neben dem Vision-System in unterschiedlichen Komplexitätsstufen wurden weitere definierte und ausgelegte datenbasierte Dienstleistungen bewertet, welche im Rahmen dieser Validierung aufgrund eines zu großen Betrachtungsumfangs nicht präsentiert werden.

6.2.3 Fazit

Am Beispiel des Vision-Systems von Stepper konnte die erfolgreiche Anwendung der Methodik sowie darin verorteter Elemente zur Definition und Auslegung datenbasierter Dienstleistungen im Werkzeugbau aufgezeigt werden. Eine besondere Stärke des aktuellen Stands der datenbasierten Dienstleistung durch das Vision-System ist, dass es sehr viele technische Grundvoraussetzungen besitzt, um externen Kunden höhere Komplexitätsstufen zu offerieren. Dies geht einher mit den gesammelten Erfahrungen von Datenauswertungen aus der Verwendung des Vision-Systems zur Realisierung prädiktiver datenbasierter Dienstleistungen in der eigenen Serienproduktion. Hier nimmt Stepper eine Vorreiterrolle in der Branche Werkzeugbau ein. Die konkreten Planungen, datenbasierte Dienstleistungen durch neuartige Ertragsmodelle an das Kernprodukt zu koppeln, heben diese innovative Rolle ebenso hervor.

Das Fallbeispiel belegt ebenfalls, dass alle Schritte der Methodik ein praxisrelevantes Vorgehen beinhalten, in sich abgeschlossen sind sowie inhaltlich schlüssig aufeinander aufbauen. Des Weiteren konnte bewiesen werden, dass einzelne Schritte der Methodik an die spezifischen Rahmenbedingungen eines Unternehmens angepasst werden können, um konkrete Ergebnisse zu erzielen.

6.3 Kritische Reflexion

Die zuvor präsentierten Fallbeispiele der *fischer Werkzeug- und Formenbau GmbH* sowie der *Fritz Stepper GmbH & Co. KG* belegen die praktische sowie werkzeugbauspezifische Anwendbarkeit der entwickelten Methodik zur Definition und Auslegung datenbasierter Dienstleistungen für den Werkzeugbau. Während der Durchführung beider Fallbeispiele konnte insbesondere auch der identifizierte Handlungsbedarf aus der Praxis (vgl. Kapitel 2.4) belegt werden. Die zusätzliche Offerierung von kundenspezifischen datenbasierten Dienstleistungen neben dem eigentlichen Kernprodukt wird von beiden Werkzeugbaubetrieben als eminent wichtig für eine zukünftig erfolgreiche Wettbewerbsdifferenzierung eingestuft. Darüber hinaus konnte durch die Anwendung der Methodik in beiden Werkzeugbaubetrieben belegt werden, dass datenbasierte Dienstleistungen im Werkzeugbau in verschiedene Komplexitätsstufen untergliedert werden müssen, welche die Kundenbedürfnisbefriedigung unterschiedlich beeinflussen und Differenzierungen in der Auslegung datenbasierter Dienstleistungen zur Folge haben.

Neben dem Handlungsbedarf aus der Praxis konnten zudem alle wissenschaftlich theoretisch hergeleiteten Anforderungen (vgl. Kapitel 3.1.2) an eine Methodik zur Definition und Auslegung von datenbasierten Dienstleistungen im Werkzeugbau durch die Validierung bewiesen werden. Die Erfüllung der werkzeugbaubezogenen, dienstleistungsbezogenen, datenbezogenen und ertragsmodellbezogenen Anforderungen wurde durch die Methodikanwendung beider Praxisunternehmen bestätigt.

Die **werkzeugbaubezogenen Anforderungen** sind die *Einzel- und Kleinserienfertigung* sowie *Unternehmensrandbedingungen*. Die Durchführung der Unikatfertigung der beiden Fallbeispiele erfüllt die erstgenannte Anforderung. Zudem konnte die Methodik an die jeweiligen Unternehmensrandbedingungen während der Validierung individuell angepasst werden. Dies kommt insbesondere durch die Heterogenität der beiden Fallbeispiele zum Ausdruck. Hierzu zählen bspw. der unterschiedliche Fokus des Marktzugangs, das Leistungsspektrum sowie die Organisationsstruktur. Hieraus kann abgeleitet werden, dass die Anwendbarkeit der Methodik in der gesamten Branche Werkzeugbau möglich ist.

Eine Erfüllung der **dienstleistungsbezogenen Anforderungen** *Kundennutzen, Produkt-Service-Kombination* sowie *Leistungserbringung* konnte ebenso nachgewiesen werden. Beide Werkzeugbaubetriebe rücken die bedarfsgerechte Erzeugung eines Kundennutzen in den initialen Fokus für die Definition und Auslegung von datenbasierten Dienstleistungen. Zudem handelt es sich bei beiden erläuterten datenbasierten Dienstleistungen um eine Kombination aus physischen und digitalen Sachleistungen. Des Weiteren konnten mithilfe der Methodik alle notwendigen Prozesse zur Leistungserbringung auf Anbieter- und Kundenseite ausgelegt werden.

Die **datenbezogenen Anforderungen** sind *Datenmodell* und *Datenanalysefähigkeit*. Mithilfe der Methodik konnten die notwendige IKT zur Datenerzeugung und -übermittlung sowie die Dateninfrastruktur zur Datenspeicherung und Datenverarbeitung für die jeweiligen datenbasierten Dienstleistungen in beiden Werkzeugbaubetrieben ausgelegt werden. Die Datenanalysefähigkeit spielt bei bisherigen datenbasierten Dienstleistungen der fischer Werkzeug- und

Formenbau GmbH bisher noch eine untergeordnete Rolle. Das Fallbeispiel der Fritz Stepper GmbH & Co. KG erfüllt jedoch auch diese Anforderung vollends, da das Unternehmen mittels der Methodik bereits verschiedene Datenanalysemethoden für datenbasierte Dienstleistungen ausgelegt hat. Folglich wurden auch die datenbezogenen Anforderungen ganzheitlich erfüllt.

Es konnte durch die Validierung ebenfalls die Erfüllung der **ertragsmodellbezogenen Anforderungen** *Ertragsmodellfokus* und *Risikoberücksichtigung* bewiesen werden. Beide Unternehmen planen bzw. offerieren bereits Ertragsmodelle für datenbasierte Dienstleistungen in Kombination mit dem Werkzeug, bei denen der alleinige Verkauf des Leistungsangebots nicht im Fokus steht. Als Grundvoraussetzung solcher Ertragsmodelle sehen beide Werkzeugbaubetriebe Maßnahmen zur Begrenzung hieraus resultierender Risiken als unabdingbar. Die in der Methodik hierfür entwickelten Instrumentarien kamen in den jeweiligen Validierungen zur Anwendung.

Die im Rahmen von Kapitel 6 beschriebenen Fallbeispiele, inklusive der durchgeführten Reflexion, verifizieren die entwickelte Methodik als ganzheitlichen Lösungsansatz zur Definition und Auslegung datenbasierter Dienstleistungen für die Branche Werkzeugbau. Resultierend hieraus kann die Erfüllung der übergeordneten Zielsetzung der vorliegenden Arbeit konstatiert werden.

7 Zusammenfassung und Ausblick

Die Leistungsfähigkeit der deutschen Industrie wird maßgeblich durch die Branche Werkzeugbau beeinflusst. Der Werkzeugbau verbindet die Produktentwicklung mit der Serienproduktion und ist zu einem Großteil verantwortlich für die Realisierung qualitativ hochwertiger Produkte, die weltweit einen anerkannten Ruf genießen. Die deutsche Branche Werkzeugbau ist aktuell allerdings mit einer Vielzahl von Herausforderungen konfrontiert. Hierunter fallen unter anderem ein durch die Globalisierung hervorgerufener wachsender Wettbewerbsdruck, rückläufige Produktmargen, steigende Produktreifegrade und die hiermit einhergehende Kommoditisierung von Produkten. In der Konsequenz verlieren die traditionellen Wettbewerbsdifferenzierungsmerkmale der Branche Werkzeugbau am Hochlohnstandort Deutschland Qualität, Komplexität und Präzision der hergestellten Werkzeuge zunehmend an Bedeutung. Die bisherigen Geschäftsmodelle der deutschen Branche Werkzeugbau müssen daher kritisch hinterfragt werden.

Ein besonderes Potenzial zur Schaffung neuer Differenzierungsmerkmale liegt im Zeitalter von Industrie 4.0 in datenbasierten Dienstleistungen. Durch diese können Werkzeugbaubetriebe neben dem eigentlichen Kernprodukt Werkzeug als Anbieter von kundenindividuellen Lösungen agieren. Die Bereitstellung kundenfokussierter und anforderungsgerechter datenbasierter Dienstleistungen erzeugt einen nicht imitierbaren Kundennutzen, der eine Differenzierung vom Wettbewerb garantiert. Der Werkzeugbau ist für die Bereitstellung datenbasierter Dienstleistungen prädestiniert, da er als Befähiger der Serienproduktion eine Vielzahl von Möglichkeiten besitzt, den Kunden entlang des gesamten Werkzeuglebenszyklus zu begleiten.

Eine genaue Betrachtung des Leistungsangebots deutscher Werkzeugbaubetriebe zeigt, dass die Offerierung von datenbasierten Dienstleistungen bislang kaum verbreitet ist. Im Fokus der Geschäftsaktivitäten steht in der Regel das Kernprodukt Werkzeug. Falls in Ausnahmefällen von Werkzeugbaubetrieben datenbasierte Dienstleistungen angeboten werden, führen diese häufig zu einer sehr geringen Marktakzeptanz. Dies ist insbesondere darauf zurückzuführen, dass deutsche Werkzeugbaubetriebe bei der Definition von datenbasierten Dienstleistungen die Fokussierung der individuellen Kundenbedürfnisse missachten bzw. nicht in der Lage sind, die tatsächlichen Kundenbedürfnisse zu identifizieren.

Werkzeugbaubetriebe stehen zur erfolgreichen Wettbewerbsdifferenzierung folglich vor der Herausforderung, datenbasierte Dienstleistungen proaktiv zu definieren und so auszulegen, dass durch diese kundenspezifische Mehrwerte generiert werden können. Folgerichtig bedarf es eines systematischen Ansatzes, durch den Werkzeugbaubetriebe datenbasierte Dienstleistungen definieren und anforderungsgerecht auslegen können. Aus wissenschaftlicher Perspektive existieren aktuell allerdings keine Ansätze, die eine Definition und Auslegung datenbasierter Dienstleistungen unter Berücksichtigung werkzeugbauspezifischer Anforderungen ganzheitlich erfüllen. Insbesondere werden werkzeugbauspezifische Charakteristika wie die Einzel- und Kleinserienfertigung innerhalb der Ansätze vernachlässigt. Darüber hinaus werden dienstleistungsbezogene, datenbezogene und ertragsmodellbezogene Anforderungen nicht gleichzeitig sowie vollumfänglich betrachtet. Hinzu kommt, dass in den meisten bestehenden

Ansätzen datenbasierte Dienstleistungen für ihre Definition und Auslegung nicht in verschiedene Komplexitätsstufen differenziert werden. Folglich werden bislang lediglich Teilaspekte für die Definition und Auslegung von datenbasierten Dienstleistungen für die Branche Werkzeugbau erörtert. Die Zielsetzung der vorliegenden Dissertation resultiert folglich in der Entwicklung einer Methodik zur Definition und Auslegung datenbasierter Dienstleistungen im Werkzeugbau. Die Arbeit ist zur Beantwortung der Forschungsfrage im Kontext der Phasen angewandter Forschung nach ULRICH (vgl. Kapitel 1.5) konzipiert.

Der Aufbau der Methodik orientiert sich am entwickelten Ordnungsrahmen mit den drei generischen Phasen Analyse-, Definitions- und Auslegungsphase (vgl. Kapitel 4.2). Ergänzend zu den abgeleiteten drei generischen Phasen des Ordnungsrahmens wird die Methodik um eine Phase der Bewertung erweitert. Die Bewertung repräsentiert eine konsolidierte Betrachtung aller erzielten Teilergebnisse während der Methodikanwendung. Diese ist für eine anforderungsgerechte Entscheidung zwingend erforderlich, um die für den Werkzeugbaubetrieb idealste datenbasierte Dienstleistung anschließend zu operationalisieren

Die Analysephase wird durch den Schritt A, die *Ermittlung des Kundennutzens*, abgebildet. Die erste Phase der Methodik untergliedert sich in die beiden Detailschritte Identifizierung von werkzeugbauspezifischen Kundenbedürfnissen sowie in Ableitung des Kundennutzens. Diese initiale Analysephase zeigt, dass die Definition erfolgreicher datenbasierter Dienstleistungen nur dann gelingen kann, wenn das Leistungsangebot systematisch von den Bedürfnissen der Kunden abgeleitet wird. Hierfür erfolgt in der Methodik eine werkzeugbauspezifische Bewertung verschiedener Methoden zur Analyse von Kundenbedürfnissen. Des Weiteren wird aufgezeigt, wie aus den identifizierten Kundenbedürfnissen werkzeugbauspezifische Kundennutzen abgeleitet werden können.

Diese identifizierten Kundennutzen werden durch den zweiten Teil der Methodik adressiert. In der Definitionsphase wird ein Vorgehen in Form von Schritt B beschrieben, welches die *Definition des werkzeugbauspezifischen datenbasierten Leistungsangebots* zur Erzeugung der ermittelten Kundennutzen ermöglicht. Hierfür wird zunächst ein Katalog entwickelt, der eine Zuordnung von werkzeugbauspezifischen Leistungsangeboten zu verschiedenen Kundennutzen der Branche Werkzeugbau ermöglicht. Diese Leistungsangebote werden darauf aufbauend mittels eines methodischen Vorgehens in Form von datenbasierten Dienstleistungen in unterschiedlichen Komplexitätsstufen definiert.

Die Auslegungsphase als dritte Phase der Methodik untergliedert sich in die drei Schritte *Auslegung der Leistungserbringung*, *Auslegung des Datenmodells* und *Entwicklung des Ertragsmodells*. Startpunkt der Auslegungsphase ist mit Schritt C die *Auslegung der Leistungserbringung*. Ziel von Schritt C ist die Auslegung der erforderlichen Prozesse zwischen Werkzeugbaubetrieb als Anbieter und Kunde zur Erbringung der definierten datenbasierten Dienstleistung. Schritt C untergliedert sich in die beiden Detailschritte Definition der Dienstleistungsprozessschritte sowie Konzeptionierung der Interaktion und Schnittstellen. Im vierten Schritt der Methodik, der *Auslegung des Datenmodells*, wird die Auslegung der definierten datenbasierten Dienstleistung aus einer datentechnologischen Perspektive betrachtet. Einerseits wird ein

Instrumentarium vorgestellt, durch welches datenbasierte Dienstleistungen von den Datenquellen bis hin zur Informations- und Wissensausgabe sowie autonomer Aktionen für die höchste Komplexitätsstufe ausgelegt werden können. Andererseits werden verschiedene Möglichkeiten des Datenaustauschs zwischen Werkzeugbaubetrieb und Kunde beschrieben. Dabei werden auch Kriterien erläutert, die beim Datenaustausch im B2B-Kontext von Werkzeugbaubetrieben zwingend Berücksichtigung finden müssen. Im Schritt E wird zum Ende der Auslegungsphase die *Entwicklung des Ertragsmodells* für datenbasierte Dienstleistungen beschrieben. Hierfür werden zunächst Ertragsmodelle hinsichtlich einer grundsätzlichen Eignung für datenbasierte Dienstleistungen unterschiedlicher Komplexitätsstufen bewertet. Darauf aufbauend wird eine Morphologie entwickelt, durch die eine werkzeugbauspezifische Auslegung der jeweiligen geeigneten Ertragsmodelle gelingt. Die Morphologie repräsentiert somit Ausprägungen für Voraussetzungen zur Ertragsmodellumsetzung im Werkzeugbau.

Als letzte Phase der Methodik erfolgt in Schritt F eine *Bewertung der Einführung* der definierten und ausgelegten datenbasierten Dienstleistungen im Werkzeugbau. Hierfür wird für jede datenbasierte Dienstleistung eine qualitative Nutzen- und Aufwandsbewertung durchgeführt. Die letzte Phase ist als eine konsolidierte Betrachtung aller in der Methodik zuvor erarbeiteten Ergebnisse anzusehen.

Im Rahmen der Validierung der Methodik wurden zwei Fallbeispiele bei den Werkzeugbaubetrieben *fischer Werkzeug- und Formenbau GmbH* sowie *Fritz Stepper GmbH & Co. KG* dargestellt. Diese Validierung und die anschließende kritische Reflexion haben gezeigt, dass die Methodik, neben den werkzeugbaubezogenen Anforderungen, auch die dienstleistungsbezogenen, datenbezogenen sowie ertragsmodellbezogenen Anforderungen erfüllt und damit erfolgreich in der Praxis angewendet werden kann.

In Summe wird Werkzeugbaubetrieben durch die Methodik ein ganzheitlicher Lösungsansatz als wissenschaftlicher Beitrag zur Verfügung gestellt, mit dem es gelingt, datenbasierte Dienstleistungen für den Werkzeugbau anforderungsgerecht zu definieren und auszulegen. Dabei ist es unerheblich, ob Werkzeugbaubetriebe bereits Erfahrung mit der Realisierung von datenbasierten Dienstleistungen gesammelt haben. Vielmehr werden Werkzeugbaubetriebe durch die Methodik befähigt, datenbasierte Dienstleistungen strategisch für das eigene Unternehmen zu strukturieren. Zudem können Werkzeugbaubetriebe bewerten, inwiefern datenbasierte Dienstleistungen für eine anschließende Operationalisierung grundsätzlich geeignet sind und welche Voraussetzungen hierfür zu berücksichtigen sind.

Als Ausblick der vorliegenden Arbeit bietet die entwickelte Methodik insbesondere zwei Themenbereiche für eine weiterführende Forschung. Hierzu zählt einerseits die praktische Realisierung der definierten und ausgelegten datenbasierten Dienstleistungen im Werkzeugbau. Da es bspw. im Bereich des Datenaustauschs aktuell noch viele Vorbehalte bei Kunden der Branche Werkzeugbau gibt, ist es sinnvoll, datenbasierte Dienstleistungen zunächst mit langjährigen Kunden durchzuführen, zu denen ein gegenseitiges Vertrauensverhältnis existiert. So fehlt es z. B. aktuell noch an Instrumenten, mit denen die Etablierung einer Kultur der Offenheit in Bezug auf den Datenaustausch mit Neukunden gelingt. Andererseits existiert Forschungsbedarf bei der Überführung der definierten und ausgelegten datenbasierten Dienstleistungen in konkrete neuartige Geschäftsmodelle. Im Zuge dessen ist zu erforschen, welche Voraussetzungen geschaffen werden müssen, damit Werkzeugbaubetriebe sich zukünftig vorwiegend als Anbieter von datenbasierten Dienstleistungen positionieren können. Neuartige Geschäftsmodelle wie etwa „Production as a Service“, bei denen Werkzeuge als datenbasierte Betreibermodelle inklusive datenbasierter Dienstleistungen offeriert werden, bedeuten einen disruptiven Geschäftsmodellwandel für die Branche Werkzeugbau. Diese Geschäftsmodelle erfordern allerdings unter anderem eine Finanzierbarkeit der kapital- und Know-how-intensiven Werkzeuge, die durch Werkzeugbaubetriebe alleine schwer zu realisieren sein wird. So muss bspw. eine Art Intermediärebene zwischen Werkzeugbaubetrieb und Kunden geschaffen werden, die neue Möglichkeiten der Finanzierung eröffnet. Erste Erfolgsbeispiele in anderen Branchen, wie etwa dem Maschinen- und Anlagenbau, verdeutlichen, dass diese Intermediärebene mithilfe des Finanzsektors geschaffen werden kann. Für die Branche Werkzeugbau liegt hierfür zurzeit noch elementarer Forschungsbedarf vor, da keinerlei branchenspezifische Erfahrungsberichte existieren. Hieraus lassen sich eine Vielzahl weiterer zu erforschender Fragestellungen ableiten, wie etwa die spezifische Vertragsgestaltung oder die kundenübergreifende Skalierbarkeit von neuartigen Geschäftsmodellen im Werkzeugbau, die auf datenbasierten Dienstleistungen basieren.

8 Literaturverzeichnis

Abramovici, M.; Göbel, J. C.; Neges, M. (Smart Engineering):
Smart Engineering as Enabler for the 4th Industrial Revolution. In: Fathi, M. (Hrsg.) Integrated Systems: Innovations and Applications. Cham: Springer, 2015, S. 163-170.

Aggarwal, C. C. (Data Classification):
An Introduction to Data Classification. In: Aggarwal, C. C. (Hrsg.) Data Classification. Algorithms and Applications. (Reihe: Chapman & Hall / CRC data mining and knowledge discovery series). Boca Raton, London, New York: CRC Press, 2015, S. 1-36.

Aggarwal, C. C.; Kong, X.; Gu, Q.; Han, J.; Yu, P. S. (Active Learning):
Active Learning: A Survey. In: Aggarwal, C. C. (Hrsg.) Data Classification. Algorithms and Applications. (Reihe: Chapman & Hall / CRC data mining and knowledge discovery series). Boca Raton, London, New York: CRC Press, 2015, S. 571-605.

Alderfer, C. P. (New Theory of Human Needs):
An Empirical Test of a New Theory of Human Needs. In: Organizational Behavior and Human Performance. 4. Jg., 1969, Nr. 2, S. 142-175.

Allmendinger, G.; Lombreglia, R. (Age of Smart Services):
Four Strategies for the Age of Smart Services. In: Harvard Business Review. 83. Jg., 2005, Nr. 10, S. 131-145.

Anke, J.; Krenge, J. (Wirtschaftlichkeit von Smart Services):
Wirtschaftlichkeit von Smart Services. Prototyp eines Tools zur Abschätzung der Wirtschaftlichkeit von Smart Services für vernetzte Produkte. In: Nissen, V.; Stelzer, D.; Straßburger, S.; Fischer, D. (Hrsg.) Multikonferenz Wirtschaftsinformatik (MKWI) 2016. Technische Universität Ilmenau, 09.-11. März 2016. Ilmenau: Universitätsverlag Ilmenau, 2016, S. 1275-1286.

Appelfeller, W.; Feldmann, C. (Digitale Transformation):
Die digitale Transformation des Unternehmens. Systematischer Leitfaden mit zehn Elementen zur Strukturierung und Reifegradmessung. Berlin: Springer Gabler, 2018.

Ashton, K. (That 'Internet of Things' Thing):
That 'Internet of Things' Thing. In: RFID Journal. Online verfügbar – zuletzt geprüft im November 2020: https://www.rfidjournal.com/that-internet-of-things-thing-3, 2009.

Atzori, L.; Giusto, D.; Iera, A.; Morabito, G. (Preface IoT):
Preface. In: Giusto, D.; Iera, A.; Morabito, G.; Atzori, L. (Hrsg.) The Internet of Things. 20th Tyrrhenian Workshop on Digital Communications. New York: Springer, 2010, S. V-XVIII.

Azevedo, A.; Santos, M. F. (KDD, SEMMA and CRISP-DM):
KDD, SEMMA and CRISP-DM: A Parallel Overview. In: Weghorn, H.; Abraham, A. P. (Hrsg.) mccsis'08. IADIS Multi Conference on Computer Science and Informations Systems. 22-27 July 2008. Amsterdam, The Netherlands. Proceedings of INFORMATICS 2008 and DATA MINING 2008: IADIS Press, 2008, S. 182-185.

Bachthaler, M. (Anwendung der Systemtechnik):
Entwicklung und Anwendung der Systemtechnik bei komplexen innovativen Vorhaben sowie bei Mensch-Maschine-Systemen. Eine Systemmethodik für das Technische Management. (Reihe: Fortschritt-Berichte VDI Reihe 16, Technik und Wirtschaft). Düsseldorf: VDI, 2000.

Bandte, H. (Komplexität in Organisationen):
Komplexität in Organisationen. Organisationstheoretische Betrachtungen und agentenbasierte Simulation. 1. Aufl. Wiesbaden: DUV Deutscher Universitätsverlag, 2007.

Bankhofer, U.; Vogel, J. (Datenanalyse und Statistik):
Datenanalyse und Statistik. Eine Einführung für Ökonomen im Bachelor. Wiesbaden: Gabler, 2008.

Bauer, G. (Architekturen für Web-Anwendungen):
Architekturen für Web-Anwendungen. Eine praxisbezogene Konstruktions-Systematik. (Reihe: Studium). 1. Aufl. Wiesbaden: Vieweg+Teubner, 2009.

Bauernhansl, T. (Vierte Industrielle Revolution):
Die Vierte Industrielle Revolution – Der Weg in ein wertschaffendes Produktionsparadigma. In: Vogel-Heuser, B.; Bauernhansl, T.; Hompel, M. ten (Hrsg.) Handbuch Industrie 4.0 Bd. 4. Allgemeine Grundlagen. (Reihe: Springer Reference Technik). 2. Aufl. Berlin: Springer Vieweg, 2017, S. 1-31.

Bauernhansl, T.; Krüger, J.; Reinhart, G.; Schuh, G. (WGP-Standpunkt I4.0):
WGP-Standpunkt Industrie 4.0. Positionspapier der Wissenschaftlichen Gesellschaft für Produktionstechnik WGP e. V., 2016.

Bayrle, C.; Ohmer, C.; Seiter, M. (Service-Business-Innovation-Lab):
Service-Business-Innovation-Lab – Ein Vorschlag für ein praxisorientiertes Vorgehen zur Entwicklung datenbasierter Service-Geschäftsmodelle. In: Bruhn, M.; Hadwich, K. (Hrsg.) Service Business Development. Strategien - Innovationen - Geschäftsmodelle. Bd. 1. Wiesbaden: Springer Gabler, 2018, S. 498-518.

Bea, F. X.; Haas, J. (Strategisches Management):
Strategisches Management. (Reihe: Grundwissen der Ökonomik Betriebswirtschaftslehre). 4., neu bearb. Aufl. Stuttgart: Lucius & Lucius, 2005.

Begovic, A. (Datenbasiertes Wissensmanagement):
Datenbasiertes Wissensmanagement für Smart Services im Werkzeugbau. Dissertation der RWTH Aachen University. Aachen: Apprimus, 2018.

Behme, W. (Business-Intelligence):
Business-Intelligence als Baustein des Geschäftserfolgs. In: Mucksch, H.; Behme, W. (Hrsg.) Das Data-Warehouse-Konzept. Architektur - Datenmodelle - Anwendungen. Wiesbaden: Gabler, 1996, S. 27-45.

Beliakov, G.; Pradera, A.; Calvo, T. (Aggregation Functions):
Aggregation Functions: A Guide for Practitioners. (Reihe: Studies in Fuzziness and Soft Computing, Bd. 221). Berlin, Heidelberg: Springer, 2007.

Belz, C.; Schuh, G.; Groos, S. A.; Reinecke, S. (Erfolgreiche Leistungssysteme):
Erfolgreiche Leistungssysteme in der Industrie. In: Schuh, G.; Groos, S. A.; Reinecke, S. (Hrsg.) Industrie als Dienstleister. (Reihe: Fachbuch für Marketing). St. Gallen: Thexis, 1997, S. 14-107.

Ben-Gal, I. (Outlier Detection):
Outlier Detection. In: Maimon, O.; Rokach, L. (Hrsg.) Data Mining and Knowledge Discovery Handbook. 2. Aufl. New York, Dordrecht, Heidelberg, London: Springer, 2010, S. 117-130.

Benjamini, Y.; Leshno, M. (Statistical Methods):
Statistical Methods for Data Mining. In: Maimon, O.; Rokach, L. (Hrsg.) Data Mining and Knowledge Discovery Handbook. 2. Aufl. New York, Dordrecht, Heidelberg, London: Springer, 2010, S. 523-540.

Berekoven, L.; Eckert, W.; Ellenrieder, P. (Marktforschung):
Marktforschung. Methodische Grundlagen und praktische Anwendung. 12. Aufl. Wiesbaden: Gabler, 2009.

Bergsmann, S. (End-to-End-Geschäftsprozessmanagement):
End-to-End-Geschäftsprozessmanagement. Organisationselement - Integrationsinstrument - Managementansatz. Wien: Springer, 2012.

Beverungen, D.; Müller, O.; Matzner, M.; Mendling, J.; Vom Brocke, J. (Smart Service Systems):
Conceptualizing Smart Service Systems. In: Electronic Markets. 29. Jg., 2019, Nr. 1, S. 7-18.

Bieger, T.; Reinhold, S. (Wertbasiertes Geschäftsmodell):
Das wertbasierte Geschäftsmodell – Ein aktualisierter Strukturierungsansatz. In: Bieger, T.; Knyphausen-Aufseß, D. zu; Krys, C. (Hrsg.) Innovative Geschäftsmodelle. Konzeptionelle Grundlagen, Gestaltungsfelder und unternehmerische Praxis. (Reihe: Academic Network). Heidelberg: Springer, 2011, S. 13-70.

Biehl, S. (Design Guidelines for Smart Services):
Design guidelines for smart services: A strategic-logic perspective on seeking competitive advantage with digitized servitization strategies. Dissertation der University of St. Gallen. Bamberg: Difo-Druck GmbH, 2017.

Bilsing, A. (Leistungsfähigkeit im Werkzeugbau):
Kennzahlengestützte Bewertung der technologischen Leistungsfähigkeit der Fertigung im Werkzeug- und Formenbau. Dissertation der RWTH Aachen University. Aachen: Shaker, 2007.

Binder, V. A.; Kantowsky, J. (Technologiepotenziale):
Technologiepotenziale. Neuausrichtung der Gestaltungsfelder des Strategischen Technologiemanagements. Wiesbaden: Deutscher Universitätsverlag, 1996.

Binner, H. F. (Prozessmanagement):
Methoden-Baukasten für ganzheitliches Prozessmanagement. Systematische Problemlösungen zur Organisationsentwicklung und -gestaltung. Wiesbaden: Springer Gabler, 2016.

Bischoff, J. (I4.0 im Mittelstand):
Erschließen der Potenziale der Anwendung von Industrie 4.0 im Mittelstand. Kurzfassung. Eigenpublikation des Bundesministeriums für Wirtschaft und Energie, 2015.

Bitner, M. J.; Ostrom, A. L.; Morgan, F. N. (Service Blueprinting):
Service Blueprinting: A Practical Technique for Service Innovation. In: California Management Review. 50. Jg., 2008, Nr. 3, S. 66-94.

BMWi (Industrie 4.0):
Industrie 4.0 und Digitale Wirtschaft. Impulse für Wachstum, Beschäftigung und Innovation. Eigenpublikation des Bundesministeriums für Wirtschaft und Energie, 2015.

BMWi (Industriestrategie 2030):
Industriestrategie 2030. Leitlinien für eine deutsche und europäische Industriepolitik. Eigenpublikation des Bundesministeriums für Wirtschaft und Energie, 2019.

Bonnemeier, S.; Burianek, F.; Reichwald, R. (Revenue Models for Integrated Customer Solutions):
Revenue models for integrated customer solutions: Concept and organizational implementation. In: Journal of Revenue and Pricing Management. 9. Jg., 2010, Nr. 3, S. 228-238.

Boos, W. (Modulare Werkzeuge):
Methodik zur Gestaltung und Bewertung von modularen Werkzeugen. Dissertation der RWTH Aachen University. Aachen: Apprimus, 2008.

Boos, W.; Kelzenberg, C.; Goertz, D.; Busch, M. (Strukturkrise bewältigen):
Strukturkrise bewältigen. Strategieentwicklung im Werkzeugbau. In: FORM+Werkzeug. 17. Jg., 2020, Nr. 1, S. 24-25.

Boos, W.; Kelzenberg, C.; Prümmer, M.; Goertz, D.; Boshof, J.; Horstkotte, R.; Ochel, T.; Lürken, C. (Tooling in Germany 2020):
Tooling in Germany 2020. 1. Aufl. Aachen: Werkzeugmaschinenlabor WZL der RWTH Aachen, 2020.

Boos, W.; Kelzenberg, C.; Wiese, J.; Goertz, D.; Boshof, J.; Busch, M.; Kessler, N. (Digitale Transformation im Werkzeugbau):
Digitale Transformation im Werkzeugbau. 1. Aufl. Aachen: Werkzeugmaschinenlabor WZL der RWTH Aachen, 2019.

Boos, W.; Kelzenberg, C.; Wiese, J.; Stracke, F.; Ebbecke, C.; Graberg, T.; Jakubowski, S.; Lapper, S. (Intelligente Werkzeuge):
Intelligente Werkzeuge und datenbasierte Geschäftsmodelle. 1. Aufl. Aachen: Werkzeugmaschinenlabor WZL der RWTH Aachen, 2018.

Boos, W.; Salmen, M.; Begovic, A.; Kelzenberg, C.; Stracke, F. (Smart Tooling):
Smart Tooling. 1. Aufl. Aachen: Werkzeugmaschinenlabor WZL der RWTH Aachen, 2016.

Boos, W.; Salmen, M.; Hensen, T.; Wiese, J.; Lange, J. de; Goertz, D. (Digital Vernetzen):
Erfolgreich Digital Vernetzen auf dem Shopfloor im Werkzeugbau. 1. Aufl. Aachen: Werkzeugmaschinenlabor WZL der RWTH Aachen, 2016.

Boos, W.; Salmen, M.; Kelzenberg, C.; Johannsen, L.; Helbig, J.; Ebbecke, C. (Tooling in Germany 2018):
Tooling in Germany 2018. 2. Aufl. Aachen: Werkzeugmaschinenlabor WZL der RWTH Aachen, 2018.

Boos, W.; Salmen, M.; Kelzenberg, C.; Stark, M.; Schultes, T. K.; Graberg, T. (World of Tooling):
World of Tooling 2018. 2. Aufl. Aachen: Werkzeugmaschinenlabor WZL der RWTH Aachen, 2018.

Borgelt, C. (Datenanalyse):
Einführung in Datenanalyse und Data Mining mit intelligenten Technologien. Whitepaper des Instituts für Wissens- und Sprachverarbeitung der Otto-von-Guericke-Universität Marburg, 1997.

Bossel, H. (Systeme, Dynamik, Simulation):
Systeme, Dynamik, Simulation. Modellbildung, Analyse und Simulation komplexer Systeme. Norderstedt: Books on Demand, 2004.

Boyes, H.; Hallaq, B.; Cunningham, J.; Watson, T. (The IIoT: An Analysis Framework):
The industrial internet of things (IIoT): An analysis framework. In: Computers in Industry. 42. Jg., 2018, Nr. 101, S. 1-12.

Brandenburg, F. (Technologische Produktinnovationen):
Methodik zur Planung technologischer Produktinnovationen. Dissertation der RWTH Aachen University. Aachen: Shaker, 2002.

Brankamp, K. (Werkzeug- und Betriebsmittelbau):
Wettbewerbsfaktor Werkzeug- und Betriebsmittelbau. In: Brankamp, K. (Hrsg.) Wettbewerbsfaktor Werkzeug- und Betriebsmittelbau. (Reihe: Praxisleitfaden für das Management). Zürich: Verlag Industrielle Organisation, 1991, S. 1-11.

Bretschneider, U. (Integration von Kunden):
Die Ideen-Community zur Integration von Kunden in den Innovationsprozess. Empirische Analysen und Implikationen. Dissertation der Technischen Universität München. (Reihe: Research). Wiesbaden: Springer Gabler, 2012.

Bruhn, M.; Hadwich, K. (Servicetransformation):
Servicetransformation – Eine Einführung in die theoretischen und praktischen Problemstellungen. In: Bruhn, M.; Hadwich, K. (Hrsg.) Servicetransformation. Entwicklung vom Produktanbieter zum Dienstleistungsunternehmen. (Reihe: Forum Dienstleistungsmanagement). Wiesbaden: Springer Gabler, 2016, S. 3-22.

Bruhn, M.; Hadwich, K. (Dienstleistungen 4.0 – Erscheinungsformen):
Dienstleistungen 4.0 – Erscheinungsformen, Transformationsprozesse und Managementimplikationen. In: Bruhn, M.; Hadwich, K. (Hrsg.) Dienstleistungen 4.0. Konzepte - Methoden - Instrumente. Bd. 1. Wiesbaden: Springer Fachmedien Wiesbaden, 2017, S. 1-40.

Bruhn, M.; Hepp, M.; Hadwich, K. (Vom Produkthersteller zum Serviceanbieter):
Vom Produkthersteller zum Serviceanbieter – Geschäftsmodelle der Servicetransformation. In: Marketing Review St. Gallen. 32. Jg., 2015, Nr. 1, S. 56-67.

Brunhuber, E. (Druckgussfertigung):
Praxis der Druckgussfertigung. 4. Aufl. Berlin: Schiele & Schön, 1991.

Bruns, M. (Systemtechnik):
Systemtechnik. Ingenieurwissenschaftliche Methodik zur interdisziplinären Systementwicklung. Berlin, Heidelberg: Springer, 1991.

Bühler, P.; Maas, P. (Transformation von Geschäftsmodellen):
Transformation von Geschäftsmodellen in einer digitalisierten Welt. In: Bruhn, M.; Hadwich, K. (Hrsg.) Dienstleistungen 4.0. Geschäftsmodelle - Wertschöpfung - Transformation. Bd. 2. Wiesbaden: Springer Gabler, 2017, S. 43-70.

Bullinger, H.-J.; Ganz, W.; Neuhüttler, J. (Smart Services):
Smart Services – Chancen und Herausforderungen digitalisierter Dienstleistungssysteme für Unternehmen. In: Bruhn, M.; Hadwich, K. (Hrsg.) Dienstleistungen 4.0. Konzepte - Methoden - Instrumente. Bd. 1. Wiesbaden: Springer Fachmedien Wiesbaden, 2017, S. 97-120.

Cedeño, J. M. V.; Papinniemi, J.; Hannola, L.; Donoghue, I. (Developing Smart Services):
Developing Smart Services by Internet of Things in Manufacturing Business. In: Logforum. 14. Jg., 2018, Nr. 1, S. 59-71.

Chessell, M. (Foreword):
Foreword by Mandy Chessel. In: Mistrik, I.; Bahsoon, R.; Ali, N.; Heisel, M.; Maxim, B. (Hrsg.) Software Architecture for Big Data and the Cloud. 1. Aufl. Cambridge: Elsevier/Morgan Kaufmann, 2017, S. XXV-XXVII.

Chessell, M.; Wolfson, D.; Vincent, T. (Hybrid Cloud Architecture):
Architecting to Deliver Value from Big Data and Hybrid Cloud Architecture. In: Mistrik, I.; Bahsoon, R.; Ali, N.; Heisel, M.; Maxim, B. (Hrsg.) Software Architecture for Big Data and the Cloud. 1. Aufl. Cambridge: Elsevier/Morgan Kaufmann, 2017, S. 33-48.

Chowdhury, S.; Haftor, D.; Pashkevich, N. (Smart PSS):
Smart Product-Service Systems (Smart PSS) in Industrial Firms: A Literature Review. In: Procedia CIRP. 73. Jg., 2018, S. 26-31.

Coenenberg, A. G.; Haller, A.; Schultze, W. (Jahresabschluss):
Jahresabschluss und Jahresabschlussanalyse. Betriebswirtschaftliche, handelsrechtliche, steuerrechtliche und internationale Grundlagen – HGB, IAS/IFRS, US-GAAP, DRS. 24., überarb. Aufl. Stuttgart: Schäffer-Poeschel, 2016.

Corsten, H.; Gössinger, R. (Dienstleistungsmanagement):
Dienstleistungsmanagement. (Reihe: Lehr- und Handbücher der Betriebswirtschaftslehre). 5. vollst. überarb. und erw. Aufl. München: Oldenbourg, 2007.

Corsten, H.; Gössinger, R. (Produktionswirtschaft):
Produktionswirtschaft. Einführung in das industrielle Produktionsmanagement. (Reihe: Lehr- und Handbücher der Betriebswirtschaftslehre). 14. überarb. und erw. Aufl. Berlin: De Gruyter Oldenbourg, 2016.

Darlington, R. B.; Hayes, A. F. (Regression Analysis):
Regression Analysis and Linear Models. Concepts, Applications, and Implementation. (Reihe: Methodology in the social sciences). New York: The Guilford Press, 2017.

Dausmann, M.; Bröckl, U.; Schoop, D.; Goll, J. (Programmiersprache):
C als erste Programmiersprache. Vom Einsteiger zum Fortgeschrittenen. 7., überarb. und erw. Aufl. Wiesbaden: Vieweg+Teubner, 2011.

Dawes, J. (Point Scales):
Do data characteristics change according to the number of scale points used? In: International Journal of Market Research. 50. Jg., 2008, Nr. 1, S. 61-77.

Demchenko, Y.; Grosso, P.; Laat, C.; Membrey, P. (Big Data Issues):
Addressing Big Data Issues in Scientific Data Infrastructure. In: Smari, W. W.; Fox, G. C. (Hrsg.) Proceedings of the 2013 International Conference on Collaboration Technologies and Systems (CTS). 20-24 May 2013, San Diego, California, USA. Piscataway, NJ: IEEE by The Printing House, 2013, S. 48-55.

Deutsches Institut für Normung e. V. (DIN 8580: Fertigungsverfahren):
DIN 8580: Fertigungsverfahren – Begriffe, Einteilung. Berlin: Beuth, 2003.

Deutsches Institut für Normung e. V. (DIN EN ISO 9000: Qualitätsmanagementsysteme):
DIN EN ISO 9000: Qualitätsmanagementsysteme – Grundlagen und Begriffe. Berlin: Beuth, 2015.

Doege, E.; Behrens, B.-A. (Handbuch Umformtechnik):
Handbuch Umformtechnik. Grundlagen, Technologien, Maschinen. (Reihe: VDI-Buch). 2. Aufl. Heidelberg: Springer, 2010.

Drews, G.; Hillebrand, N. (Projektmanagement-Methoden):
Lexikon der Projektmanagement-Methoden. Die besten Methoden für jede Situation, Werkzeugkasten für effizientes Projektmanagement. (Reihe: Haufe Praxisratgeber). 2. Aufl. Freiburg: Haufe, 2010.

Düsing, R. (Knowledge Discovery in Databases):
Knowledge Discovery in Databases. Begriff, Forschungsgebiet, Prozess und System. In: Chamoni, P.; Gluchowski, P. (Hrsg.) Analytische Informationssysteme. Business Intelligence-Technologien und -Anwendungen. 3. Aufl. Berlin, Heidelberg, New York: Springer, 2006, S. 241-262.

Eggert, C.-G.; Winkler, C.; Schumann, J. H. (Datenfreigabe für Smart Services):
Datenfreigabe als Grundlage für erfolgreiche Smart Services im Business-to-Business-Kontext: Herausforderungen und erste Lösungsansätze. In: Obermaier, R. (Hrsg.) Handbuch Industrie 4.0 und Digitale Transformation. Betriebswirtschaftliche, technische und rechtliche Herausforderungen. Wiesbaden: Springer Gabler, 2019, S. 479-501.

Engelhardt, v. S.; Wangler, L.; Wischmann, S. (Eigenschaften digitaler Plattformen):
Eigenschaften und Erfolgsfaktoren digitaler Plattformen. Eine Studie im Rahmen der Begleitforschung des Technologieprogramms AUTONOMIK für Industrie 4.0 des Bundesministeriums für Wirtschaft und Energie. Berlin, 2017.

Engelhardt, W. H.; Kleinaltenkamp, M.; Reckenfelderbäumer, M. (Leistungsbündel als Absatzobjekte):
Leistungsbündel als Absatzobjekte. Ein Ansatz zur Überwindung der Dichotomie von Sach- und Dienstleistungen. In: Schmalenbachs Zeitschrift für betriebswirtschaftliche Forschung. 45. Jg., 1993, Nr. 5, S. 395-426.

Engelhardt, W. H.; Reckenfelderbäumer, M. (Industrielles Service-Management):
Industrielles Service-Management. In: Kleinaltenkamp, M.; Plinke, W.; Jacob, F.; Söllner, A. (Hrsg.) Markt- und Produktmanagement. Die Instrumente des Business-to-Business-Marketing. 2., überarb. und erw. Auflage. Wiesbaden: Gabler, 2006, S. 209-316.

Evans, J. R. (Business Analytics):
Business Analytics. Methods, Models, and Decisions. 2. Aufl. Boston: Pearson, 2017.

Eversheim, W.; Klocke, F. (Werkzeugbau mit Zukunft):
Werkzeugbau mit Zukunft. Strategie und Technologie. Berlin: Springer, 1998.

Fair Isaac Corporation (Business Intelligence):
Business Intelligence and Big Data Analytics: Speeding the Cycle from Insights to Action. Four Steps to More Profitable Customer Engagement. Whitepaper der Fair Isaac Corporation (FICO), 2013.

Fayyad, U. M.; Piatetsky-Shapiro, G.; Smyth, P. (Knowledge Discovery):
From Data Mining to Knowledge Discovery. An Overview. In: Fayyad, U. M.; Piatetsky-Shapiro, G.; Smyth, P.; Uthurusamy, R. (Hrsg.) Advances in Knowledge Discovery and Data Mining. Menlo Park, California: AAAI Press, 1996, S. 1-34.

Fettke, P.; Loos, P. (Strukturanalogien in Datenmodellen):
Zur Identifikation von Strukturanalogien in Datenmodellen. Ein Verfahren und seine Anwendung am Beispiel des Y-CIM-Referenzmodells von Scheer. In: Wirtschaftsinformatik. 47. Jg., 2005, Nr. 2, S. 89-100.

Fiedler, A.; Krieger, C.; Sackmann, D.; Wenzel-Schinzer, H. (Reifegradmodell):
RMI 4.0: Ein Reifegradmodell für den Mittelstand. In: Industrie 4.0 Management. 34. Jg., 2018, Nr. 2, S. 48-52.

Fischer, K.; Schillo, M.; Siekmann, J. (Holonic Multiagent Systems):
Holonic Multiagent Systems: A Foundation for the Organisation of Multiagent Systems. In: Mařík, V.; McFarlane, D.; Valckenaers, P. (Hrsg.) Holonic and Multi-Agent Systems for Manufacturing. First International Conference on Industrial Applications of Holonic and Multi-Agent Systems, HoloMAS 2003, Prague, Czech Republic, 1-3 September 2003. Proceedings. (Reihe: Lecture Notes in Computer Science, Bd. 2744). Berlin, Heidelberg: Springer, 2003, S. 71-80.

Frank, M.; Koldewey, C.; Rabe, M.; Dumitrescu, R.; Gausemeier, J.; Kühn, A. (Smart Services):
Smart Services – Konzept einer neuen Marktleistung. In: ZWF. 113. Jg., 2018, Nr. 5, S. 306-311.

Freiknecht, J.; Papp, S. (Big Data):
Big Data in der Praxis. Lösungen mit Hadoop, Spark, HBase und Hive. Daten speichern, aufbereiten, visualisieren. 2., erw. Aufl. München: Hanser, 2018.

Freitag, M.; Hämmerle, O.; Hans, C. (Smart Service Lifecycle Management):
Smart Service Lifecycle Management in der Industrie. In: Borgmeier, A.; Grohmann, A.; Gross, S. F. (Hrsg.) Smart Services und Internet der Dinge. Geschäftsmodelle, Umsetzung und Best Practices: Industrie 4.0, Internet of Things (IoT), Machine-to-Machine, Big Data, Augmented Reality Technologie. München: Hanser, 2017, S. 73-89.

Frick, L. (Geschäftsmodelle im Werkzeugbau):
Erfolgreiche Geschäftsmodelle im Werkzeugbau. Dissertation der RWTH Aachen University. Aachen: Shaker, 2006.

Fricker, I. C. (Strategische Stringenz):
Strategische Stringenz im Werkzeug- und Formenbau. Dissertation der RWTH Aachen University. Aachen: Shaker, 2005.

Gabriel, R.; Gluchowski, P.; Pastwa, A. (Data Warehouse):
Data Warehouse & Data Mining. Herdecke, Witten: W3L, 2009.

Garbe, B. (Einfluss industrieller Dienstleistungen):
Industrielle Dienstleistungen. Einfluss und Erfolgsfaktoren. (Reihe: Neue betriebswirtschaftliche Forschung, Bd. 240). Wiesbaden: Gabler, 1998.

Gausemeier, J.; Anacker, H.; Czaja, A. M.; Wassmann, H.; Dumitrescu, R. (Weg intelligenter technischer Systeme):
Auf dem Weg zu intelligenten technischen Systemen. In: Gausemeier, J.; Dumitrescu, R.; Rammig, F.-J.; Schäfer, W.; Trächtler, A. (Hrsg.) 9. Paderborner Workshop Entwurf mechatronischer Systeme. April 2013. (Bd. 310). Paderborn: Verlagsschriftenreihe des Heinz Nixdorf Instituts, 2013, S. 11-47.

Gausemeier, J.; Tschirner, C.; Dumitrescu, R. (Intelligente technische Systeme):
Der Weg zu Intelligenten Technischen Systemen. Spitzencluster it's OWL – Mit Intelligenten Technischen Systemen an die Spitze. In: Industrie Management. 29. Jg., 2013, Nr. 1, S. 49-52.

Gebauer, H.; Joncourt, S.; Saul, C. (Wandel vom Produzenten zum Dienstleister):
Der Wandel vom Produzenten zum Dienstleister – Eine konzeptionelle Analyse der Servicetransformation im Wassersektor. In: Bruhn, M.; Hadwich, K. (Hrsg.) Servicetransformation. Entwicklung vom Produktanbieter zum Dienstleistungsunternehmen. (Reihe: Forum Dienstleistungsmanagement). Wiesbaden: Springer Gabler, 2016, S. 750-771.

Gehrau, V.; Schulze, A. (Quantitative Beobachtung):
Quantitative Beobachtung: Grundprinzipien und Anwendungen. In: Möhring, W.; Schlütz, D. (Hrsg.) Handbuch standardisierte Erhebungsverfahren in der Kommunikationswissenschaft. Wiesbaden: Springer, 2013, S. 329-346.

Geisberger, E.; Broy, M. (agendaCPS):
agendaCPS. Integrierte Forschungsagenda Cyber-Physical Systems. (Reihe: acatech Studie), 2012.

Genennig, S. M.; Roth, A.; Jonas, J. M.; Moslein, K. M. (Value Propositions in Service Systems):
Value Propositions in Service Systems Enabled by Digital Technology: A Field Based Design Science Approach. In: Journal of Service Management Research (SMR). 2. Jg., 2018, Nr. 4, S. 6-21.

Giehler, F. (Planungsproduktivität):
Erhöhung der Planungsproduktivität am Beispiel der Auftragsabwicklung im Werkzeugbau. Dissertation der RWTH Aachen University. Aachen: Apprimus, 2010.

Goffin, K.; Lemke, F.; Koners, U. (Identifying Hidden Needs):
Identifying Hidden Needs. Creating Breakthrough Products. New York: Palgrave Macmillan, 2010.

Gorelik, A. (Big Data Lake):
The Enterprise Big Data Lake. Delivering the Promise of Big Data and Data Science. 1. Aufl. Sebastopol: O'Reilly Media, 2019.

Greer, C.; Burns, M.; Wollman, D.; Griffor, E. (CPS and IoT):
Cyber-Physical Systems and Internet of Things. NIST Special Publication 1900-202. National Institute of Standards and Technology, 2019.

Groner, R.; Raess, S.; Sury, P. (Gestaltung von Benutzerschnittstellen):
Usability: Systematische Gestaltung und Optimierung von Benutzerschnittstellen. In: Batinic, B.; Appel, M. (Hrsg.) Medienpsychologie. (Reihe: Springer-Lehrbuch). Heidelberg: Springer, 2008, S. 425-446.

Grubic, T. (Servitization):
Servitization and remote monitoring technology. A literature review and research agenda. In: Journal of Manufacturing Technology Management. 25. Jg., 2014, Nr. 1, S. 100-124.

Grzegorzewski, P.; Kochanski, A. (Data Preprocessing):
Data Preprocessing in Industrial Manufacturing. In: Grzegorzewski, P.; Kochanski, A.; Kacprzyk, J. (Hrsg.) Soft Modeling in Industrial Manufacturing. (Reihe: Studies in Systems, Decision and Control, Bd. 183). Cham: Springer, 2019, S. 27-41.

Guba, E. G.; Lincoln, Y. S. (Qualitative Research):
Competing Paradigms in Qualitative Research. In: Denzin, N. K.; Lincoln, Y. S. (Hrsg.) Handbook of Qualitative Research. Thousand Oaks: Sage Publications, 1994, S. 105-117.

Gudergan, G. (Koordinationsinstrumente industrieller Dienstleistungen):
Erfolg und Wirkungsmodell von Koordinationsinstrumenten für industrielle Dienstleistungen. Dissertation der RWTH Aachen University. Aachen: Shaker, 2008.

Gutenberg, E. (Betriebswirtschaftslehre):
Grundlagen der Betriebswirtschaftslehre. Die Produktion. (Reihe: Enzyklopädie der Rechts- und Staatswissenschaft). Berlin, Heidelberg: Springer, 1951.

Haasler, B. (Hochtechnologie):
Hochtechnologie und Handarbeit. (Reihe: Berufsbildung, Arbeit und Innovation - Dissertationen und Habilitationen - Bd. 1). 1. Aufl. Bielefeld: W. Bertelsmann, 2004.

Haberfellner, R.; Weck, O. de; Fricke, E.; Vössner, S. (Systems Engineering):
Systems Engineering. Grundlagen und Anwendung. 14. überarb. Aufl. Zürich: Orell Füssli, 2018.

Haller, S. (Dienstleistungsmanagement):
Dienstleistungsmanagement. Grundlagen - Konzepte - Instrumente. (Reihe: Lehrbuch). 7., aktual. Aufl. Wiesbaden: Springer Gabler, 2017.

Hamidian, K.; Kraijo, C. (Digitalisierung):
DigITalisierung – Status quo. In: Keuper, F.; Hamidian, K.; Verwaayen, E.; Kalinowski, T.; Kraijo, C. (Hrsg.) Digitalisierung und Innovation. Planung, Entstehung, Entwicklungsperspektiven. Wiesbaden: Bearingpoint, 2013, S. 3-23.

Han, J.; Kamber, M.; Pei, J. (Data Mining):
Data Mining. Concepts and Techniques. (Reihe: The Morgan Kaufmann series in data management systems). 3. Aufl. Amsterdam: Elsevier/Morgan Kaufmann, 2012.

Hanski, J.; Reunanen, M.; Kunttu, S.; Karppi, E.; Lintala, M.; Nieminen, H. (Customer Observation):
Customer Observation as a Source of Latent Customer Needs and Radical New Ideas for Product-Service Systems. In: Lee, J.; Ni, J.; Sarangapani, J.; Mathew, J. (Hrsg.) Engineering Asset Management 2011. Proceedings of the Sixth World Congress on Engineering Asset Management. (Reihe: Lecture Notes in Mechanical Engineering). London: Springer, 2014, S. 395-407.

Hawkins, D. M. (Identification of Outliers):
Identification of Outliers. (Reihe: Monographs on Applied Probability and Statistics). Dordrecht: Springer, 1980.

Heinen, E. (Betriebswirtschaftslehre):
Einführung in die Betriebswirtschaftslehre. 1. Aufl. Wiesbaden: Gabler, 1968.

Hensen, T. (Strategische Auslegung):
Strategische Auslegung industrieller Werkzeugbaubetriebe. Dissertation der RWTH Aachen University. Aachen: Apprimus, 2017.

Herterich, M.; Uebernickel, F.; Brenner, W. (Industrielle Dienstleistungen 4.0):
Nutzenpotentiale cyber-physischer Systeme für industrielle Dienstleistungen 4.0. In: HMD Praxis der Wirtschaftsinformatik. 52. Jg., 2015, Nr. 5, S. 665-680.

Hertweck, A. (Strategische Erneuerung):
Strategische Erneuerung durch integriertes Management industrieller Dienstleistungen. Dissertation der Universität Stuttgart. (Reihe: Schriften zur Unternehmensplanung, Bd. 62). Frankfurt am Main: Lang, 2002.

Heuermann, A.; Duin, H.; Gorldt, C.; Thoben, K.-D.; Nobel, T. (Digitale Dienstleistungen):
Reifegradorientierte Konzeption und iterative Implementierung digitaler Dienstleistungen für maritime Logistikprozesse. In: Stich, V.; Schumann, J. H.; Beverungen, D.; Gudergan, G.; Jussen, P. (Hrsg.) Digitale Dienstleistungsinnovationen. Smart Services agil und kundenorientiert entwickeln, 2019, S. 17-47.

Heyn, M. (Entwicklungskooperationen):
Methodik zur schnittstellenorientierten Gestaltung von Entwicklungskooperationen. Dissertation der RWTH Aachen University. Aachen: Shaker, 1999.

Hildenbrand, K. (Strategisches Dienstleistungsmanagement):
Strategisches Dienstleistungsmanagement in produzierenden Unternehmen. Dissertation der Universität St. Gallen. Bamberg: Difo-Druck GmbH, 2006.

Hildenbrand, K.; Gebauer, H.; Fleisch, E. (Strategische Ausrichtung des Servicegeschäfts):
Strategische Ausrichtung des Servicegeschäfts in produzierenden Unternehmen. In: Barkawi, K.; Baader, A.; Montanus, S. (Hrsg.) Erfolgreich mit After Sales Services. Geschäftsstrategien für Servicemanagement und Ersatzteillogistik. Berlin: Springer, 2006, S. 73-94.

Hilke, W. (Dienstleistungs-Marketing):
Grundprobleme und Entwicklungstendenzen des Dienstleistungs-Marketing. In: Hilke, W. (Hrsg.) Dienstleistungs-Marketing. Banken und Versicherungen. Freie Berufe. Handel und Transport. (Reihe: Schriften zur Unternehmensführung, Bd. 35). Wiesbaden: Gabler, 1989, S. 5-44.

Hilmer, C. (Prozessmanagement):
Prozessmanagement in indirekten Bereichen. Empirische Untersuchung und Handlungsempfehlungen. Dissertation der Otto-Friedrich-Universität Bamberg. (Reihe: Unternehmensführung & Controlling). Wiesbaden: Springer Gabler, 2016.

Hippel, V. E. (Lead-User):
Lead Users: A Source of Novel Product Concepts. In: Management Science. 32. Jg., 1986, Nr. 7, S. 791-805.

Hohl, J. (Qualitatives Interview):
Das qualitative Interview. In: Zeitschrift für Gesundheitswissenschaften. 8. Jg., 2000, Nr. 2, S. 142-148.

Hölter, A.-K.; Schmidt-Ross, I. D. (Customer Journey):
Omni-Channel-Management und Customer Journey. In: Binckebanck, L.; Hölter, A.-K.; Tiffert, A. (Hrsg.) Führung von Vertriebsorganisationen. Strategie - Koordination - Umsetzung. 2. Aufl. Wiesbaden: Springer Gabler, 2020, S. 107-124.

Homburg, C.; Garbe, B. (Bestandsaufnahme industrieller Dienstleistungen):
Industrielle Dienstleistungen. Bestandsaufnahme und Entwicklungsrichtungen. In: Zeitschrift für Betriebswirtschaft (ZfB). 66. Jg., 1996, Nr. 3, S. 253-282.

Homburg, C.; Garbe, B. (Industrielle Dienstleistungen):
Industrielle Dienstleistungen – lukrativ, aber schwer zu meistern. In: Harvard Business Manager. 18. Jg., 1996, Nr. 1, S. 68-75.

Hopmann, C.; Michaeli, W.; Greif, H.; Ehrig, F. (Technologie des Spritzgießens):
Technologie des Spritzgießens. Lern- und Arbeitsbuch. 4., aktual. Aufl. München: Hanser, 2017.

Huhns, M. N.; Stephens, L. M. (Societies of Agents):
Multiagent Systems and Societies of Agents. In: Weiss, G. (Hrsg.) Multiagent Systems. A Modern Approach to Distributed Artificial Intelligence. Cambridge, Massachusetts: MIT Press, 1999, S. 79-120.

Hunke, F.; Seebacher, S.; Schüritz, R.; Illi, A. (Process Model for Data-Driven Business Model Innovation):
Towards a Process Model for Data-Driven Business Model Innovation. In: Proceedings of the 2017 IEEE 19th Conference on Business Informatics (CBI). 24-27 July 2017, Thessaloniki, Greece: IEEE, 2017, S. 150-157.

Husmann, M. (Markteinführung datenbasierter Dienstleistungen):
Erfolgsfaktoren bei der Markteinführung von datenbasierten Dienstleistungen im Maschinen- und Anlagenbau. Dissertation der RWTH Aachen University. Aachen: Apprimus, 2020.

Hypko, P.; Tilebein, M.; Gleich, R. (Performance-based contracting):
Benefits and uncertainties of performance-based contracting in manufacturing industries. An agency theory perspective. In: Journal of Service Management. 21. Jg., 2010, Nr. 4, S. 460-489.

Imhof, C.; Tokarski, K. O. (Ermittlungen von Kundenbedürfnissen):
Ermittlungen von Kundenbedürfnissen zur innovativen Neuproduktentwicklung. Eine Fallstudienanalyse bei Start-ups und etablierten Unternehmen. In: Tokarski, K. O.; Schellinger, J.; Berchtold, P. (Hrsg.) Nachhaltige Unternehmensführung. Herausforderungen und Beispiele aus der Praxis. Wiesbaden: Springer Gabler, 2019, S. 239-255.

International Telecommunication Union (Overview of Industrial IoT):
Overview of smart manufacturing in the context of the industrial Internet of things. Recommendation ITU-T Y.4003, 2018, Nr. 6, S. 1-17.

Jennings, N.; Wooldridge, M. (Agent Technology):
Applying Agent Technology. In: Applied Artificial Intelligence. 9. Jg., 1995, Nr. 4, S. 357-369.

Julian, V.; Botti, V. (Multi-Agent Systems):
Multi-Agent Systems. In: Applied Sciences. 9. Jg., 2019, Nr. 7, Art.-Nr. 1402.

Jüttner, U.; Windler, K.; Schäfer, A.; Zimmermann, A. (Design von Smart Services):
Design von Smart Services – Eine explorative Studie im Business-to-Business-Sektor. In: Bruhn, M.; Hadwich, K. (Hrsg.) Dienstleistungen 4.0. Geschäftsmodelle - Wertschöpfung - Transformation. Bd. 2. Wiesbaden: Springer Gabler, 2017, S. 334-361.

Kagermann, H.; Jacobs, J. C.; Sattelberger, T. (Digitale Transformation):
Die digitale Transformation gestalten. Was Personalvorstände zur Zukunft der Arbeit sagen. Ein Stimmungsbild aus dem Human-Resources-Kreis von acatech und Jacobs Foundation. Eine Studie der acatech - Deutsche Akademie der Technikwissenschaften e. V. (Reihe: acatech Impuls). München: Herbert Utz, 2016.

Kagermann, H.; Riemensperger, F.; Hoke, D.; Schuh, G.; Scheer, A.-W.; Spath, D.; Leukert, B.; Wahlster, W.; Rohleder, B.; Schweer, D. (Smart Service Welt):
Smart Service Welt. Umsetzungsempfehlungen für das Zukunftsprojekt Internetbasierte Dienste für die Wirtschaft. Abschlussbericht. Eine Studie der acatech - Deutsche Akademie der Technikwissenschaften e. V. Berlin, 2015.

Kagermann, H.; Wahlster, W.; Helbig, J. (Zukunftsprojekt Industrie 4.0):
Umsetzungsempfehlungen für das Zukunftsprojekt Industrie 4.0. Abschlussbericht des Arbeitskreises Industrie 4.0. Deutschlands Zukunft als Produktionsstandort sichern. Eine Studie der acatech - Deutsche Akademie der Technikwissenschaften e. V., 2013.

Kampker, A.; Frank, J.; Schwartz, M.; Jussen, P. (Entwicklung von Smart Services):
Lernen von den Besten: Fünf Erfolgsfaktoren bei der Entwicklung von Smart Services. In: Meyer, K.; Klingner, S.; Zinke, C. (Hrsg.) Service Engineering. Von Dienstleistungen zu digitalen Service-Systemen. Wiesbaden: Springer Vieweg, 2018, S. 151-165.

Kantardzic, M. (Data Mining Concepts):
Data Mining. Concepts, Models, Methods, and Algorithms. 1. Aufl. Hoboken, New Jersey: Wiley-Interscience IEEE Press, 2011.

Kantardzic, M. (Data Mining Concepts):
Data Mining. Concepts, Models, Methods, and Algorithms. 3. Aufl. Hoboken, New Jersey: Wiley-Interscience IEEE Press, 2020.

Karrenberg, U. (Signale, Prozesse, Systeme):
Signale - Prozesse - Systeme. Eine multimediale und interaktive Einführung in die Signalverarbeitung. 6. Aufl. Berlin, Heidelberg: Springer Vieweg, 2012.

Kassner, L.; Gröger, C.; Königsberger, J.; Hoos, E.; Kiefer, C.; Weber, C.; Silcher, S.; Mitschang, B. (Stuttgart IT Architecture):
The Stuttgart IT Architecture for Manufacturing. An Architecture for the Data-Driven Factory. In: Hammoudi, S.; Maciaszek, L. A.; Missikoff, M. M.; Camp, O.; Cordeiro, J. (Hrsg.) Enterprise Information Systems. 18th International Conference, ICEIS 2016, Rome, Italy, 25-28 April 2016, Revised Selected Papers. (Reihe: Lecture Notes in Business Information Processing). Cham: Springer, 2017, S. 53-80.

Kast, R.; Lindemann, M.; Teuber, S.; Lübbe, K.; Wiesler, G.; Schiller, Y.; Schirmer, U.; Ahlers, G.; Holm, T.; Voß, E.; Galvagni, I.; Heckel, M. (Gestaltungshinweise):
Gestaltungshinweise zu ausgewählten Handlungsfeldern. In: Schirmer, U. (Hrsg.) Demografie Exzellenz. Wiesbaden: Springer Fachmedien, 2016, S. 49-150.

Kelzenberg, C. (Datenstrukturmodell im Werkzeugbau):
Datenstrukturmodell für den digitalen Schatten der Auftragsabwicklung von Werkzeugbaubetrieben. Dissertation der RWTH Aachen University. Aachen: Apprimus, 2020.

Kempermann, H.; Lichtblau, K. (Dienstleistungspotenziale):
Dienstleistungspotenziale im Rahmen von Industrie 4.0. Eine Studie der vbw - Vereinigung der Bayerischen Wirtschaft e. V., 2014.

Kent, P.; Kulkarni, R.; Sglavo, U. (High-Performance Analytics):
Finding Big Value in Big Data: Unlocking the Power of High-Performance Analytics. In: Liebowitz, J. (Hrsg.) Big Data and Business Analytics. Boca Raton: CRC Press, 2013, S. 87-102.

Kett, I. W.; Schewe, G. (Management Skills):
Management Skills. Beziehungen nutzen, Probleme lösen, effektiv kommunizieren. 1. Aufl. Wiesbaden: Gabler, 2010.

Klaus, G. (Kybernetik):
Kybernetik in philosophischer Sicht. 2. Aufl. Berlin: Dietz, 1962.

Klein, M. M. (Design Rules for Smart Services):
Design Rules for Smart Services. Overcoming Barriers with Rational Heuristics. Dissertation der University of St. Gallen. Bamberg: Difo-Druck GmbH, 2017.

Kleinemeier, M. (Automatisierungspyramide):
Von der Automatisierungspyramide zu Unternehmenssteuerungs-Netzwerken. In: Vogel-Heuser, B.; Bauernhansl, T.; Hompel, M. ten (Hrsg.) Handbuch Industrie 4.0 Bd. 1. Produktion. (Reihe: Springer Reference Technik). 2., erw. und bearb. Aufl. Berlin: Springer Vieweg, 2017, S. 219-226.

Klocke, F. (Fertigungsverfahren 4):
Fertigungsverfahren 4. Umformen. 6. Aufl. Berlin: Springer Vieweg, 2017.

Klocke, F.; Arntz, K. (Technologien für den Werkzeugbau):
Technologien für den Werkzeug- und Formenbau von morgen. In: Klocke, F.; Eversheim, W. (Hrsg.) 4. Internationales Kolloquium Werkzeugbau mit Zukunft. Aachen, 2004, S. 1-26.

Klocke, F.; Schuh, G.; Zohm, F.; Fricker, I. C.; Sauer, A.; Wegehaupt, P. (Zukunftsstudie):
Zukunftsstudie Werkzeug- und Formbenbau. Aachen: Eigendruck WZL, 2005.

Klotzbach, C. (Industrieller Werkzeugbau):
Gestaltungsmodell für den industriellen Werkzeugbau. Dissertation der RWTH Aachen University. Aachen: Shaker, 2007.

Knoll, M.; Rinderle-Ma, S. (Plattformen):
Plattformen – Eine Einführung. In: HMD Praxis der Wirtschaftsinformatik. 52. Jg., 2015, Nr. 3, S. 322-336.

Koch, S. N. (Wandlungsfähigkeit):
Methodik zur Steigerung der Wandlungsfähigkeit von Fabriken im Maschinen- und Anlagenbau. Dissertation der RWTH Aachen University. Aachen: Apprimus, 2011.

Koenen, T.; Heckler, S. (Digitale B2B-Plattformen):
Deutsche digitale B2B-Plattformen. Auf Deutschlands industrieller Stärke aufbauen. Ein Ökosystem für B2B-Plattformen fördern. Eine Studie des BDI. Berlin: Industrie-Förderung Gesellschaft mbH, 2020.

Kolz, D. M. (Datenbasierte Dienstleistungen):
Komponenten industrieller, datenbasierter Dienstleistungen. Dissertation der RWTH Aachen University. Aachen: Apprimus, 2020.

Komorek, N. J. (Kollaborative Wertschöpfung):
Gestaltungsmodell für kollaborative Wertschöpfung im industriellen Werkzeugbau. Dissertation der RWTH Aachen University. Aachen: Apprimus, 2014.

Koof, C. F.; Hepp, M.; Büttgen, M.; Hadwich, K. (Rolle der Kundenintegration):
Rolle der Kundenintegration im Servicetransformationsprozess. In: Bruhn, M.; Hadwich, K. (Hrsg.) Servicetransformation. Entwicklung vom Produktanbieter zum Dienstleistungsunternehmen. (Reihe: Forum Dienstleistungsmanagement). Wiesbaden: Springer Gabler, 2016, S. 451-480.

Kozielski, S. A. (Integratives Kennzahlensystem):
Integratives Kennzahlensystem für den Werkzeugbau. Dissertation der RWTH Aachen University. Aachen: Apprimus, 2010.

Kramp, T.; van Kranenburg, R.; Lange, S. (Introduction to the IoT):
Introduction to the Internet of Things. In: Bassi, A.; Bauer, M.; Fiedler, M.; Kramp, T.; van Kranenburg, R.; Lange, S.; Meissner, S. (Hrsg.) Enabling Things to Talk. Designing IoT solutions with the IoT Architectural Reference Model. Heidelberg: Springer, 2013, S. 1-10.

Krcmar, H. (Informationsmanagement):
Einführung in das Informationsmanagement. 2., überarb. Aufl. Berlin: Springer Gabler, 2015.

Krieg, W. (Kybernetische Grundlagen):
Kybernetische Grundlagen der Unternehmungsgestaltung. (Reihe: Unternehmung und Unternehmungsführung). Bern, Stuttgart: Haupt, 1971.

Kubicek, H. (Heuristische Bezugsrahmen):
Heuristischer Bezugsrahmen und heuristisch angelegte Forschungsdesigns als Elemente einer Konstruktionsstrategie empirischer Forschung. In: Köhler, R. (Hrsg.) Empirische und handlungstheoretische Forschungskonzeptionen in der Betriebswirtschaftslehre. Kommission Wissenschaftstheorie im Verband der Hochschullehrer für Betriebswirtschaft e. V./ Bericht über die Tagung in Aachen, März 1976. Stuttgart: Poeschel, 1977, S. 3-36.

Kuhlmann, K. (Geschäftsprozesse):
Methodik zur Gestaltung von Geschäftsprozessen im industriellen Werkzeugbau. Dissertation der RWTH Aachen University. Aachen: Apprimus, 2011.

Kuhlmann, T. B. (Corporate Tooling):
Corporate Tooling. Modularer Werkzeugbau als Befähiger internationaler Produktionsnetzwerke. Dissertation der RWTH Aachen University. Aachen: Apprimus, 2017.

Kuhn, T. S. (Wissenschaftliche Revolution):
Die Struktur wissenschaftlicher Revolutionen. Frankfurt am Main: Suhrkamp, 1988.

Kühn, A.; Joppen, R.; Reinhart, F.; Röltgen, D.; Enzberg, S.; Dumitrescu, R. (Analytics Canvas):
Analytics Canvas – A Framework for the Design and Specification of Data Analytics Projects. 28th CIRP Design Conference, May 2018, Nantes, France. In: Procedia CIRP. 70. Jg., 2018, S. 162-167.

Kühn, T. (Lebenszyklusorientierte Leistungssysteme):
Lebenszyklusorientierte Leistungssysteme im Werkzeugbau. Dissertation der RWTH Aachen University. Aachen: Apprimus, 2016.

Lanquillon, C.; Mallow, H. (Advanced Analytics mit Big Data):
Advanced Analytics mit Big Data. In: Dorschel, J. (Hrsg.) Praxishandbuch Big Data. Wirtschaft - Recht - Technik. Weisbaden: Springer Gabler, 2015, S. 55-89.

Laux, H.; Gillenkirch, R. M.; Schenk-Mathes, H. Y. (Entscheidungstheorie):
Entscheidungstheorie. 10., aktual. und erw. Aufl. Berlin: Springer Gabler, 2018.

Lehner, F.; Wildner, S.; Scholz, M. (Wirtschaftsinformatik):
Wirtschaftsinformatik. Eine Einführung. 2. Aufl. München: Hanser, 2008.

Li, L. (Data Quality):
Data Quality and Data Cleaning in Database Applications. Dissertation der Edinburgh Napier University. Edinburgh, 2012.

Likert, R. (Measurement of Attitudes):
A Technique for the Measurement of Attitudes. In: Archives of Psychology. 22. Jg., 1932, Nr. 140, S. 5-55.

Lindemann, M.; Briele, K.; Schmitt, R. H. (Integration of Customer Needs):
Methodical data-driven integration of customer needs from Social Media into the product development process. In: Procedia CIRP. 88. Jg., 2020, S. 127-132.

Linden, A.; Kart, L.; Schulte, W. R. (Analytics Capabilities):
Extend Your Portfolio of Analytics Capabilities. Gartner Report ID: G00254653. Veröffentlichung: 23. September, 2013.

Maaß, W.; Pier, M.; Moser, B. (Smart Services in der Landwirtschaft):
Smart Services in der Landwirtschaft. Die Digitalisierung der Kartoffel als Fallbeispiel für Smart Services in der Landwirtschaft. In: Meyer, K.; Klingner, S.; Zinke, C. (Hrsg.) Service Engineering. Von Dienstleistungen zu digitalen Service-Systemen. Wiesbaden: Springer Vieweg, 2018, S. 167-181.

Maheshwari, A. K. (Business Intelligence):
Business Intelligence and Data Mining. (Reihe: Big data and business analytics). New York: Business Expert Press, 2015.

Maleri, R. (Dienstleistungsproduktion):
Grundlagen der Dienstleistungsproduktion. (Reihe: Springer-Lehrbuch). 2., überarb. und erw. Aufl. Berlin: Springer, 1991.

Malini, N.; Pushpa, M. (Credit Card Fraud Identification):
Analysis on Credit Card Fraud Identification Techniques based on KNN and Outlier Detection. In: Proceedings of the 2017 Third International Conference on Advances in Electrical, Electronics, Information, Communication and Bio-Informatics (AEEICB). 27-28 February 2017, Chennai, India: IEEE, 2017, S. 255-258.

Markey, R. (Geschätzte Kunden):
Geschätzte Kunden. In: Harvard Business Manager. 42. Jg., 2020, Nr. 11, S. 20-29.

Martens, B.; Streel, A. de; Graef, I.; Tombal, T.; Duch-Brown, N. (Business-to-Business Data Sharing):
Business-to-Business data sharing: An economic and legal analysis. Joint Research Centre (JRC) Digital Economy Working Paper 2020-05, 2020.

Matt, D. M.; Franzellin, V. M.; Rauch, E. (Kundennutzenorientierte Strategieentwicklung):
Kundennutzenorientierte Strategieentwicklung. Kombination von Axiomatic Design und Delphi-Analyse zur Entwicklung von Strategien, Produkten und Dienstleistungen. In: ZWF Zeitschrift für wirtschaftlichen Fabrikbetrieb. 105. Jg., 2010, Nr. 7-8, S. 700-705.

Meffert, H.; Bruhn, M.; Hadwich, K. (Dienstleistungsmarketing):
Dienstleistungsmarketing. Grundlagen - Konzepte - Methoden. 9., überarb. Aufl. Wiesbaden: Springer Gabler, 2018.

Meier, A. (Relationale und postrelationale Datenbanken):
Relationale und postrelationale Datenbanken. 7., überarb. Aufl. Berlin, Heidelberg: Springer, 2010.

Meise, V. (Organisationsgestaltung):
Ordnungsrahmen zur prozessorientierten Organisationsgestaltung. Modelle für das Management komplexer Reorganisationsprojekte. Dissertation der Westfälischen Wilhelms-Universität Münster. (Reihe: Studien zur Wirtschaftsinformatik, Bd. 10). Hamburg: Dr. Kovač, 2001.

Menges, G.; Michaeli, W.; Mohren, P. (Spritzgießwerkzeuge):
Spritzgießwerkzeuge. Auslegung, Bau, Anwendung. 6. Aufl. München: Hanser, 2007.

Mennig, G. (Werkzeuge für die Kunststoffverarbeitung):
Werkzeuge für die Kunststoffverarbeitung. Bauarten, Herstellung, Betrieb. In: Mennig, G. (Hrsg.). 4. Aufl. München: Hanser, 1995.

Meudt, T.; Pohl, M.; Metternich, J. (Automatisierungspyramide):
Die Automatisierungspyramide – Ein Literaturüberblick. Whitepaper des Instituts für Produktionsmanagement, Technologie und Werkzeugmaschinen. PTW TU Darmstadt, 2017.

Neemann, C. W. (Schutz gegen Produktimitationen):
Methodik zum Schutz gegen Produktimitationen. Dissertation der RWTH Aachen University. Aachen: Shaker, 2007.

Neuhausen, J. (Modulare Produktionssysteme):
Methodik zur Gestaltung modularer Produktionssysteme für Unternehmen der Serienproduktion. Dissertation der RWTH Aachen University. Aachen: Fakultät für Maschinenwesen, 2002.

Oliveira, P.; Rodrigues, F.; Henriques, P.; Galhardas, H. (Data Quality Problems):
A Taxonomy of Data Quality Problems. Paper presented at the 2nd Int. Workshop on Data and Information Quality. Porto, 14th June, 2005, S. 219-233.

Osterwalder, A.; Pigneur, Y. (Business Model Generation):
Business Model Generation. A Handbook for Visionaries, Game Changers, and Challengers. Hoboken, New Jersey: Wiley, 2010.

Osterwalder, A.; Pigneur, Y.; Bernarda, G.; Smith, A. (Value Proposition Design):
Value Proposition Design. How to create products and services customers want. (Reihe: Strategyzer series). Hoboken, New Jersey: Wiley, 2014.

Paluch, S. (Smart Services):
Smart Services – Analyse von strategischen und operativen Auswirkungen. In: Bruhn, M.; Hadwich, K. (Hrsg.) Dienstleistungen 4.0. Geschäftsmodelle - Wertschöpfung - Transformation. Bd. 2. Wiesbaden: Springer Gabler, 2017, S. 161-183.

Panzar, J. C.; Willig, R. D. (Economies of Scope):
Economies of Scope. In: The American Economic Review. 71. Jg., 1981, Nr. 2, S. 268-272.

Parker, G. G.; van Alstyne, M. W.; Choudary, S. P. (Plattform-Revolution):
Die Plattform-Revolution. Von Airbnb, Uber, PayPal und Co. lernen: Wie neue Plattform-Geschäftsmodelle die Wirtschaft verändern. Methoden und Strategien für Start-ups und Unternehmen. Frechen: mitp, 2017.

Pasmore, W.; Francis, C.; Haldeman, J. (Sociotechnical Systems):
Sociotechnical Systems: A North American Reflection on Empirical Studies of the Seventies. In: Human Relations. 35. Jg., 1982, Nr. 12, S. 1179-1204.

Patzak, G. (Systemtechnik):
Systemtechnik – Planung komplexer innovativer Systeme. Grundlagen, Methoden, Techniken. Berlin, Heidelberg: Springer, 1982.

Peschl, T. (Strategisches Management):
Strategisches Management hybrider Leistungsbündel. Dissertation der Universität Stuttgart. (Reihe: Schriften zur Unternehmensplanung, Bd. 85). Frankfurt am Main: Peter Lang, 2010.

Piller, F. T.; Moeslein, K.; Stotko, C. M. (Mass Customization):
Does mass customization pay? An economic approach to evaluate customer integration. In: Production Planning & Control. 15. Jg., 2004, Nr. 4, S. 435-444.

Pitsch, M. (Kompetenzfeldbasierte Vernetzung):
Kompetenzfeldbasierte Vernetzung von Werkzeugbaustandorten. Dissertation der RWTH Aachen University. Aachen: Apprimus, 2014.

Plinke, W.; Rese, M.; Utzig, B. P. (Industrielle Kostenrechnung):
Industrielle Kostenrechnung. Eine Einführung. (Reihe: Springer-Lehrbuch). 8. Aufl. Berlin, Heidelberg: Springer Vieweg, 2015.

Plotnikova, V.; Dumas, M.; Milani, F. (Data Mining Methodologies):
Adaptations of data mining methodologies: a systematic literature review. In: PeerJ Computer Science. 6. Jg., 2020, S. 1-43.

Pollack, A. (Entwicklung eines Informationssystems):
Entwicklung eines Informationssystems zur strategischen Planung des Werkzeugbaus. Ein Beitrag zur Strategiefindung auf Basis von Benchmarking-Ergebnissen. Dissertation der RWTH Aachen University. Aachen: Shaker, 1995.

Pöppelbuß, J.; Durst, C. (Smart Service Canvas):
Smart Service Canvas – Ein Werkzeug zur strukturierten Beschreibung und Entwicklung von Smart-Service-Geschäftsmodellen. In: Bruhn, M.; Hadwich, K. (Hrsg.) Dienstleistungen 4.0. Geschäftsmodelle - Wertschöpfung - Transformation. Bd. 2. Wiesbaden: Springer Gabler, 2017, S. 92-111.

Popper, K. R. (Logik der Sozialwissenschaften):
Die Logik der Sozialwissenschaften. In: Adorno, T. W.; Dahrendorf, R.; Pilot, H.; Albert, H.; Habermas, J.; Popper, K. R. (Hrsg.) Der Positivismusstreit in der deutschen Soziologie. 4. Aufl. Darmstadt: Luchterhand, 1975, S. 103-123.

Porter, M. E.; Heppelmann, J. E. (Smarte Produkte):
Wie Smarte Produkte den Wettbewerb verändern. Sonderdruck aus Heft 12/2014. In: Harvard Business Manager. 36. Jg., 2014, Nr. 12, S. 1-28.

Rabe, M.; Asmar, L.; Kühn, A.; Dumitrescu, R. (Planning of Smart Services):
Planning of Smart Services based on a Reference Architecture. In: Tagungsband 15th International Design Conference, 21-24 May, 2018, S. 2949-2960.

Rasch, B.; Friese, M.; Hofmann, W.; Naumann, E. (Quantitative Methoden):
Quantitative Methoden. Band 2. Berlin, Heidelberg: Springer, 2004.

Rayes, A.; Salam, S. (Internet of Things):
Internet of Things From Hype to Reality. The Road to Digitization. 2. Aufl. Cham: Springer, 2019.

Reckenfelderbäumer, M.; Busse, D. (Kundenmitwirkung):
Kundenmitwirkung bei der Entwicklung von industriellen Dienstleistungen – eine phasenbezogene Analyse. In: Bullinger, H.-J.; Scheer, A.-W. (Hrsg.) Service Engineering. Entwicklung und Gestaltung innovativer Dienstleistungen. Berlin, Heidelberg: Springer, 2003, S. 145-170.

Reijers, H. A. (Workflow Processes):
Design and Control of Workflow Processes. Business Process Management for the Service Industry. Berlin, Heidelberg: Springer, 2003.

Reinhart, G.; Zühlke, D. (CIM zu Industrie 4.0):
Von CIM zu Industrie 4.0. In: Reinhart, G. (Hrsg.) Handbuch Industrie 4.0. Geschäftsmodelle, Prozesse, Technik. München: Hanser, 2017, S. XXXI-XL.

Richter, M.; Souren, R. (Dienstleistungsbegriff):
Zur Problematik einer betriebswirtschaftlichen Definition des Dienstleistungsbegriffs: ein produktions- und wissenschaftstheoretischer Erklärungsansatz. (Reihe: Ilmenauer Schriften zur Betriebswirtschaftslehre, Bd. 4). Ilmenau: Univ.-Bibliothek; proWiWi, 2008.

Rokach, L. (Clustering Algorithms):
A survey of Clustering Algorithms. In: Maimon, O.; Rokach, L. (Hrsg.) Data Mining and Knowledge Discovery Handbook. 2. Aufl. New York, Dordrecht, Heidelberg, London: Springer, 2010, S. 269-298.

Rose, K.; Eldridge, S.; Chapin, L. (The IoT: An Overview):
The Internet of Things: An Overview. Understanding the Issues and Challenges of a More Connected World. Whitepaper der Internet Society (ISOC), 2015.

Roth, S.; Stoppel, E. (Preissysteme):
Preissysteme zur Gestaltung und Aufteilung des Service Value. In: Bruhn, M.; Hadwich, K. (Hrsg.) Service Value als Werttreiber. Konzepte, Messung und Steuerung. (Reihe: Forum Dienstleistungsmanagement). Wiesbaden: Springer Gabler, 2014, S. 183-204.

Rousseeuw, P. J.; Hubert, M. (Statistics for Outlier Detection):
Robust statistics for outlier detection. In: WIREs Data Mining and Knowledge Discovery. 1. Jg., 2011, Nr. 1, S. 73-79.

Roy-Hubara, N.; Shoval, P.; Sturm, A. (Database Model Selection):
A Method for Database Model Selection. In: Reinhartz-Berger, I.; Zdravkovic, J.; Gulden, J.; Schmidt, R. (Hrsg.) Enterprise, Business-Process and Information Systems Modeling. 20th International Conference, BPMDS 2019. 24th International Conference, EMMSAD 2019, Held at CAiSE 2019. Rome, Italy, 3-4 June 2019, Proceedings. (Reihe: Lecture Notes in Business Information Processing). Cham: Springer, 2019, S. 261-275.

Runkler, T. A. (Data Mining Methoden):
Data Mining. Methoden und Algorithmen intelligenter Datenanalyse. (Reihe: Computational intelligence). Wiesbaden: Vieweg+Teubner, 2010.

Salmen, M. (Digital vernetzter Werkzeugbau):
Gestaltungsmodell für den digital vernetzten Shopfloor im Werkzeugbau. Dissertation der RWTH Aachen University. Aachen: Apprimus, 2016.

Schanz, G. (Wissenschaftstheoretische Grundfragen):
Wissenschaftstheoretische Grundfragen der Führungsforschung. In: Kieser, A.; Reber, G.; Wunderer, R. (Hrsg.) Handwörterbuch der Führung. (Reihe: Enzyklopädie der Betriebswirtschaftslehre, Bd. 10). Stuttgart: Poeschel, 1987, S. 2039-2047.

Schawel, C.; Billing, F. (Management Tools):
Top 100 Management Tools. Das wichtigste Buch eines Managers. Von ABC-Analyse bis Zielvereinbarung. 6. Aufl. Wiesbaden: Springer Gabler, 2018.

Schmelzer, H. J.; Sesselmann, W. (Geschäftsprozessmanagement):
Geschäftsprozessmanagement in der Praxis. Kunden zufrieden stellen, Produktivität steigern, Wert erhöhen. 7., überarb. und erw. Aufl. München: Hanser, 2010.

Schomburg, E. (EDV-gestützte PPS-Systeme im Maschinenbau):
Entwicklung eines betriebstypologischen Instrumentariums zur systematischen Ermittlung der Anforderungen an EDV gestützte Produktionsplanungs- und -steuerungssysteme im Maschinenbau. Dissertation der RWTH Aachen University. Aachen, 1980.

Schuh, G.; Anderl, R.; Gausemeier, J.; Hompel, M. ten; Wahlster, W. (Industrie 4.0 Maturity Index):
Industrie 4.0 Maturity Index. Die digitale Transformation von Unternehmen gestalten. (Reihe: acatech Studie). München: Herbert Utz, 2017.

Schuh, G.; Boos, W.; Kelzenberg, C.; Lange, J. de; Stracke, F.; Helbig, J.; Boshof, J.; Ebbecke, C. (Implement it):
Industrie 4.0: Implement it! 1. Aufl. Aachen: Werkzeugmaschinenlabor WZL der RWTH Aachen, 2018.

Schuh, G.; Boos, W.; Kuhlmann, K.; Rittstieg, M. (Operative Exzellenz):
Operative Exzellenz im Werkzeug- und Formenbau. 1. Aufl. Aachen: Apprimus, 2010.

Schuh, G.; Boos, W.; Rittstieg, M.; Schittny, B. (Vom Werkzeughersteller zum globalen Dienstleister):
Vom Werkzeughersteller zum globalen Dienstleister. In: ZWF. 105. Jg., 2010, Nr. 5, S. 416-420.

Schuh, G.; Boos, W.; Salmen, M.; Hensen, T. (Marketing):
Marketing. Fluch oder Segen. In: werkzeug&formenbau. 26. Jg., 2016, Nr. 1, S. 54-57.

Schuh, G.; Boshof, J.; Dölle, C.; Kelzenberg, C.; Tittel, J. (Subskriptionsmodelle):
Subskriptionsmodelle im Maschinen- und Anlagenbau. In: Bergs, T.; Brecher, C.; Schmitt, R. H.; Schuh, G. (Hrsg.) Turning Data into Value. Internet of Production. Statusberichte aus der Produktionstechnik 2020. Aachen: Fraunhofer-Institut für Produktionstechnologie IPT und Werkzeugmaschinenlabor WZL der RWTH Aachen, 2020, S. 282-301.

Schuh, G.; Breit, S.; Echterfeld, J.; Graberg, T.; Kreutzer, R.; Manz, S.; Michaelis, M.; Patzwald, M.; Pieper, T.; Schön, N.; Volm, M. (Datengetriebene Geschäftsmodelle):
Value Capture – Datengetriebene Geschäftsmodelle erfolgreich in produzierenden Unternehmen implementieren. In: Bergs, T.; Brecher, C.; Schmitt, R. H.; Schuh, G. (Hrsg.) Turning Data into Value. Internet of Production. Statusberichte aus der Produktionstechnik 2020. Aachen: Fraunhofer-Institut für Produktionstechnologie IPT und Werkzeugmaschinenlabor WZL der RWTH Aachen, 2020, S. 36-56.

Schuh, G.; Gudergan, G. (Management industrieller Dienstleistungen):
Einführung und Grundlagen des Managements industrieller Dienstleistungen. In: Schuh, G.; Gudergan, G.; Kampker, A. (Hrsg.) Management industrieller Dienstleistungen. Handbuch Produktion und Management 8. (Reihe: VDI-Buch). 2. Aufl. 2016. Berlin, Heidelberg: Springer Vieweg, 2016, S. 1-19.

Schuh, G.; Gudergan, G.; Grefrath, C. (Dienstleistungsgeschäftsmodelle):
Geschäftsmodelle für industrielle Dienstleistungen. In: Schuh, G.; Gudergan, G.; Kampker, A. (Hrsg.) Management industrieller Dienstleistungen. Handbuch Produktion und Management 8. (Reihe: VDI-Buch). 2. Aufl. 2016. Berlin, Heidelberg: Springer Vieweg, 2016, S. 65-104.

Schuh, G.; Gudergan, G.; Kampker, A. (Management industrieller Dienstleistungen):
Management industrieller Dienstleistungen. Handbuch Produktion und Management 8. (Reihe: VDI-Buch). 2. Aufl. Berlin, Heidelberg: Springer Vieweg, 2016.

Schuh, G.; Gudergan, G.; Thomassen, P.; Brenken, B. (Strategisches Management):
Strategisches Management industrieller Dienstleistungen. In: Schuh, G.; Gudergan, G.; Kampker, A. (Hrsg.) Management industrieller Dienstleistungen. Handbuch Produktion und Management 8. (Reihe: VDI-Buch). 2. Aufl. 2016. Berlin, Heidelberg: Springer Vieweg, 2016, S. 31-63.

Schuh, G.; Jordan, F.; Maasem, C.; Zeller, V. (I4.0: Implikationen für Unternehmen):
Industrie 4.0: Implikationen für produzierende Unternehmen. In: Gassmann, O.; Sutter, P. (Hrsg.) Digitale Transformation im Unternehmen gestalten. Geschäftsmodelle, Erfolgsfaktoren, Handlungsanweisungen, Fallstudien. München: Hanser, 2016, S. 39-58.

Schuh, G.; Kelzenberg, C.; Boshof, J.; Graberg, T.; Ochel, T. (Strategien der Datenmonetarisierung):
Strategien der Datenmonetarisierung in produzierenden Unternehmen. In: Trauth, D.; Bergs, T.; Prinz, W. (Hrsg.) Monetarisierung von technischen Daten. Innovationen aus Industrie und Forschung. Berlin: Springer, 2021, S. 143-165.

Schuh, G.; Pitsch, M.; Kühn, T. (Customer Integration):
Customer Integration to Gain Cost Efficiency Alongside Tool's Life Cycle. In: Procedia CIRP. 29. Jg., 2015, S. 275-280.

Schuh, G.; Prote, J.-P.; Dany, S. (Internet of Production):
Internet of Production. In: Schuh, G.; Brecher, C.; Klocke, F.; Schmitt, R. (Hrsg.) Engineering Valley – Internet of Production auf dem RWTH Aachen Campus: Festschrift für Univ.-Prof. em. Dr.-Ing. Dipl.-Wirt. Ing. Dr. h. c. mult. Walter Eversheim. Aachen: Apprimus, 2017, S. 1-11.

Schuh, G.; Prote, J.-P.; Gützlaff, A.; Thomas, K.; Sauermann, F.; Rodemann, N. (Internet of Production):
Internet of Production: Rethinking production management. In: Wulfsberg, J. P.; Hintze, W.; Behrens, B.-A. (Hrsg.) Production at the leading edge of technology. Berlin, Heidelberg: Springer, 2019, S. 533-542.

Schuh, G.; Riesener, M.; Prote, J.-P.; Dölle, C.; Molitor, M.; Schlösser, S.; Liu, Y.; Tittel, J. (Produktion im Internet of Production):
Industrie 4.0: Agile Entwicklung und Produktion im Internet of Production. In: Frenz, W. (Hrsg.) Handbuch Industrie 4.0: Recht, Technik, Gesellschaft. Berlin: Springer, 2020, S. 467-488.

Schuh, G.; Salmen, M.; Jussen, P.; Riesener, M.; Zeller, V.; Hensen, T.; Begovic, A.; Birkmeier, M.; Hocken, C.; Jordan, F.; Kantelberg, J.; Kelzenberg, C.; Kolz, D. M.; Maasem, C.; Siegers, J.; Stark, M.; Tönnes, C. (Geschäftsmodell-Innovation):
Geschäftsmodell-Innovation. In: Reinhart, G. (Hrsg.) Handbuch Industrie 4.0. Geschäftsmodelle, Prozesse, Technik. München: Hanser, 2017, S. 3-29.

Schuh, G.; Varnhagen, V.; Pitsch, M.; Kuhlmann, K.; Komorek, N. J.; Stich, C.; Bechtold, J.; Lauenstein, C. (Fokus Automobilindustrie):
Fokus Automobilindustrie. Digitale Wertschöpfungsnetzwerke im Werkzeugbau. 1. Aufl. Aachen: Apprimus, 2013.

Schuler GmbH (Handbuch der Umformtechnik):
Handbuch der Umformtechnik. Berlin, Heidelberg, New York: Springer, 1996.

Schultes, T. K. (Digitale Lieferantenvernetzung):
Gestaltungsmodell zur digitalen Vernetzung von Werkzeugbaubetrieben mit Lieferanten. Dissertation der RWTH Aachen University. Aachen: Apprimus, 2020.

Sendler, U. (Industrie 4.0):
Industrie 4.0 – Beherrschung der industriellen Komplexität mit SysLM (Systems Lifecycle Management). In: Sendler, U. (Hrsg.) Industrie 4.0. Beherrschung der industriellen Komplexität mit SysLM. (Reihe: Xpert.press). Berlin, Heidelberg: Springer Vieweg, 2013, S. 1-20.

Shostack, G. L. (How to Design a Service):
How to Design a Service. In: European Journal of Marketing. 16. Jg., 1982, Nr. 1, S. 49-63.

Shostack, G. L. (Designing Services):
Designing Services That Deliver. In: Harvard Business Review. 62. Jg., 1984, Nr. 1, S. 133-139.

Sickel, C. (Verkaufsfaktor Kundennutzen):
Verkaufsfaktor Kundennutzen. Konkreten Bedarf ermitteln, aus Kundensicht argumentieren, maßgeschneiderte Lösungen präsentieren. 6. Aufl. Wiesbaden: Springer Gabler, 2013.

Siepmann, D. (I4.0 Technologische Komponenten):
Industrie 4.0 – Technologische Komponenten. In: Roth, A. (Hrsg.) Einführung und Umsetzung von Industrie 4.0. Grundlagen, Vorgehensmodell und Use Cases aus der Praxis. Berlin, Heidelberg: Springer Gabler, 2016, S. 47-72.

Sisinni, E.; Saifullah, A.; Han, S.; Jennehag, U.; Gidlund, M. (Industrial Internet of Things):
Industrial Internet of Things: Challenges, Opportunities, and Directions. In: IEEE Transactions on Industrial Informatics. 14. Jg., 2018, Nr. 11, S. 4724-4734.

Spennemann, F. W. (Organisationsstrukturen):
Gestaltung von Organisationsstrukturen im Werkzeugbau. Dissertation der RWTH Aachen University. Aachen: Shaker, 2001.

Spur, G. (Produktion):
Produktion. In: Grote, K.-H.; Engelmann, F.; Beitz, W.; Syrbe, M.; Beyerer, J.; Spur, G. (Hrsg.) Das Ingenieurwissen: Entwicklung, Konstruktion und Produktion. Berlin: Springer Vieweg, 2014, S. 101-157.

Stachowiak, H. (Modelltheorie):
Allgemeine Modelltheorie. Wien: Springer, 1973.

Stackowiak, R.; Licht, A.; Mantha, V.; Nagode, L. (Big Data):
Big Data and The Internet of Things. Enterprise Information Architecture for A New Age. (Reihe: Expert's voice in the Internet of things). New York: Apress, 2015.

Stahl, R.; Staab, P. (Vermessung des Datenuniversums):
Die Vermessung des Datenuniversums. Datenintegration mithilfe des Statistikstandards SDMX. Berlin: Springer Vieweg, 2017.

Stähler, P. (Digitale Ökonomie):
Geschäftsmodelle in der digitalen Ökonomie – Merkmale, Strategien und Auswirkungen. Dissertation der Universität St. Gallen. Lohmar: Josef Eul, 2001.

Statistisches Bundesamt (Volkswirtschaftliche Gesamtrechnungen):
Volkswirtschaftliche Gesamtrechnungen. Inlandsproduktberechnung, Detaillierte Jahresergebnisse. Fachserie 18 Reihe 1.4, 2020.

Staudter, C.; Hugo, v. C.; Bosselmann, P.; Mollenhauer, J.-P.; Meran, R.; Roenpage, O. (Six Sigma+Lean Toolset):
Design for Six Sigma+Lean Toolset. Mindset für erfolgreiche Innovationen. 2. Aufl. Wiesbaden: Springer Gabler, 2013.

Steiner, R. (Grundkurs Datenbanken):
Grundkurs Relationale Datenbanken. Einführung in die Praxis der Datenbankentwicklung für Ausbildung, Studium und IT-Beruf. 8., erw. und überarb. Aufl. Wiesbaden: Springer Vieweg, 2014.

Strobel, G.; Paukstadt, U.; Becker, J.; Eicker, S. (Smarte Dienstleistungen):
Von smarten Produkten zu smarten Dienstleistungen und deren Auswirkung auf die Wertschöpfung. In: HMD Praxis der Wirtschaftsinformatik. 56. Jg., 2019, Nr. 3, S. 494-513.

Tan, P.-N.; Steinbach, M.; Kumar, V. (Introduction Data Mining):
Introduction to Data Mining. 1. Aufl. Harlow: Pearson, 2014.

Thompson, W. (Data Mining Methods):
Data Mining Methods and the Rise of Big Data. In: Kudyba, S. (Hrsg.) Big Data, Mining, and Analytics. Components of Strategic Decision Making. Boca Raton, London, New York: CRC Press, 2014, S. 71-101.

Tomczak, T. (Forschungsmethoden):
Forschungsmethoden in der Marketingwissenschaft. Ein Plädoyer für den qualitativen Forschungsansatz. In: Marketing - Zeitschrift für Forschung und Praxis. 14. Jg., 1992, Nr. 2, S. 77-87.

Toutenburg, H.; Knöfel, P. (Six Sigma):
Six Sigma. Methoden und Statistik für die Praxis. 2. Aufl. Berlin, Heidelberg: Springer, 2009.

Ulrich, H. (Unternehmung als System):
Die Unternehmung als produktives soziales System. Grundlagen der allgemeinen Unternehmungslehre. (Reihe: Unternehmung und Unternehmungsführung). Bern: Haupt, 1968.

Ulrich, H. (Systemorientierter Ansatz):
Der systemorientierte Ansatz in der Betriebswirtschaftslehre. In: Kortzfleisch, G. v. (Hrsg.) Wissenschaftsprogramm und Ausbildungsziele der Betriebswirtschaftslehre. Bericht von der wissenschaftlichen Tagung in St. Gallen vom 2.-5. Juni 1971. (Reihe: Tagungsberichte des Verbandes der Hochschullehrer für Betriebswirtschaft e. V, Bd. 1). Berlin: Duncker & Humblot, 1971, S. 43-60.

Ulrich, H. (Systembegriff):
Der allgemeine Systembegriff. In: Baetge, J. (Hrsg.) Grundlagen der Wirtschafts- und Sozialkybernetik. Wiesbaden: VS Verlag für Sozialwissenschaften, 1975, S. 33-39.

Ulrich, H. (Management):
Management. (Reihe: Schriftenreihe Unternehmung und Unternehmungsführung, Bd. 13). Bern: Haupt, 1984.

Ulrich, K. T.; Eppinger, S. D.; Yang, M. C. (Product Design):
Product Design and Development. 7. Aufl. New York: McGraw-Hill, 2020.

Ulrich, P.; Hill, W. (Wissenschaftstheoretische Grundlagen):
Wissenschaftstheoretische Grundlagen der Betriebswirtschaftslehre (Teil I). In: Wirtschaftswissenschaftliches Studium (WiST). 5. Jg., 1976, Nr. 7, S. 304-309.

Uygun, Y.; Reynolds, E. B. (Manufacturing Innovation Ecosystems):
Advanced Manufacturing Innovation Ecosystems: The Case of Massachusetts. In: Jeschke, S.; Brecher, C.; Song, H.; Rawat, D. B. (Hrsg.) Industrial Internet of Things. Cybermanufacturing Systems. (Reihe: Springer Series in Wireless Technology). Cham: Springer, 2017, S. 691-715.

van Auken, S. (Observations on Latent Need Revelation):
Observations on latent need revelation through problem detection analysis. In: Journal of Marketing Analytics. 4. Jg., 2016, Nr. 4, S. 147-158.

van den Broeck, J.; Cunningham, S. A.; Eeckels, R.; Herbst, K. (Data Cleaning):
Data Cleaning: Detecting, Diagnosing, and Editing Data Abnormalities. In: PLoS medicine. 2. Jg., 2005, Nr. 10, S. 966-970.

Vargo, S. L.; Lusch, R. F. (New Dominant Logic):
Evolving to a New Dominant Logic for Marketing. In: Journal of Marketing. 68. Jg., 2004, Nr. 1, S. 1-17.

Verband Deutscher Maschinen- und Anlagenbau e. V. (Jahrespressekonferenz 2019):
Konjunkturgrafiken zur Jahrespressekonferenz. Januar 2019. https://pwz.vdma.org/documents/105957/28593300/PK%202019-01-16_Grafiken_1548163439335.pdf/a47269c8-035b-540e-b9d8-cdaa4e76785a; letzter Abruf: 15.02.2020, 2019.

Verband Deutscher Maschinen- und Anlagenbau e. V. (Jahrespressekonferenz 2020):
Jahrespressekonferenz. Januar 2020. https://maschinenbau.kuhn-fach-medien.de/2020/02/14/praezisionswerkzeuge-rueckblick-2019-und-ausblick-2020/; letzter Abruf: 10.12.2020, 2020.

Verband Deutscher Maschinen- und Anlagenbau e. V. (Statistisches Handbuch):
Statistisches Handbuch für den Maschinenbau. Ausgabe 2020, 2020.

Verein Deutscher Ingenieure e. V. (VDI 2815):
VDI 2815. Begriffe für die Produktionsplanung und -steuerung, 1978.

Verein Deutscher Ingenieure e. V. (VDI 2206):
VDI 2206. Entwicklungsmethodik für mechatronische Systeme, 2004.

Wang, R. Y.; Strong, D. M. (Data Accuracy):
Beyond Accuracy: What Data Quality Means to Data Consumers. In: Journal of Management Information Systems. 12. Jg., 1996, Nr. 4, S. 5-34.

Warnecke, H.-J.; Löhr, H.-G.; Kiener, W. (Montagetechnik):
Montagetechnik. Schwerpunkt der Rationalisierung. (Reihe: Produktionstechnik heute, Bd. 7). Mainz: Krausskopf, 1975.

Weber, W.; Kabst, R.; Baum, M. (Einführung in die BWL):
Einführung in die Betriebswirtschaftslehre. 10., aktual. und überarb. Aufl. Wiesbaden: Springer Gabler, 2018.

Weiber, R.; Mohr, L.; Weiber, T. (Butler-Services):
Butler-Services als Dienstleistungen 4.0 zur Entlastung von Konsumenten in ihrem Alltagsprozessen. In: Bruhn, M.; Hadwich, K. (Hrsg.) Dienstleistungen 4.0. Konzepte - Methoden - Instrumente. Bd. 1. Wiesbaden: Springer Fachmedien Wiesbaden, 2017, S. 61-96.

Wenking, M.; Benninghaus, C.; Groggert, S. (Manufacturing Data Analytics):
Die Zukunft von Manufacturing Data Analytics. Implikationen für eine erfolgreiche Datennutzung im produzierenden Umfeld. In: Industrie 4.0 Management. 33. Jg., 2017, Nr. 4, S. 33-37.

Wessner, K. (Marktforschung als Erfolgsfaktor):
Bessere Entscheidungen – Bessere Strategien: Marktforschung als Erfolgsfaktor der Internationalisierung. In: Keuper, F.; Schunk, H. A. (Hrsg.) Internationalisierung deutscher Unternehmen. Strategien, Instrumente und Konzepte für den Mittelstand. 2. Aufl. Wiesbaden: Gabler, 2011, S. 245-265.

Westermann, T.; Anacker, H.; Dumitrescu, R.; Czaja, A. (CPS Reference Architecture):
Reference Architecture and Maturity Levels for Cyber-Physical Systems in the Mechanical Engineering Industry. In: Proceedings of the 2016 IEEE International Symposium on Systems Engineering (ISSE). 3-5 October 2016, Edinburgh, UK: IEEE, 2016, S. 1-6.

Westkämper, E.; Warnecke, H.-J.; Dinkelmann, M.; Haag, H. (Einführung in die Fertigungstechnik):
Einführung in die Fertigungstechnik. (Reihe: Fertigung). 8., aktual. und erw. Aufl. Wiesbaden: Vieweg+Teubner, 2010.

Wildemann, H. (Profitable Serviceleistungen):
Profitable Serviceleistungen oder Service als Kundenbindungsinstrument? In: Barkawi, K.; Baader, A.; Montanus, S. (Hrsg.) Erfolgreich mit After Sales Services. Geschäftsstrategien für Servicemanagement und Ersatzteillogistik. Berlin: Springer, 2006, S. 57-72.

Wöhe, G.; Döring, U. (Betriebswirtschaftslehre):
Einführung in die Allgemeine Betriebswirtschaftslehre. (Reihe: Vahlens Handbücher der Wirtschafts- und Sozialwissenschaften). 23., vollst. neu bearb. Aufl. München: Vahlen, 2008.

Wooldridge, M. (Intelligent Agents):
Intelligent Agents: The Key Concepts. In: Mařík, V.; Štěpánková, O.; Krautwurmová, H.; Luck, M. (Hrsg.) Multi-Agent Systems and Applications II. 9th ECCAI-ACAI/EASSS 2001, AEMAS 2001, HoloMAS 2001. Selected Revised Papers. (Reihe: Lecture Notes in Computer Science, Bd. 2322). Berlin, Heidelberg: Springer, 2002, S. 3-43.

Wortmann, F.; Bilgeri, D.; Weinberger, M.; Fleisch, E. (Ertragsmodelle im Internet der Dinge):
Ertragsmodelle im Internet der Dinge. In: Seiter, M.; Grünert, L.; Berlin, S. (Hrsg.) Betriebswirtschaftliche Aspekte von Industrie 4.0. Wiesbaden: Springer Fachmedien Wiesbaden, 2017, S. 1-28.

Wünderlich, N. V.; Heinonen, K.; Ostrom, A. L.; Patricio, L.; Sousa, R.; Voss, C.; Lemmink, J. (Futurizing Smart Service):
"Futurizing" smart service: implications for service researchers and managers. In: Journal of Services Marketing. 29. Jg., 2015, Nr. 6/7, S. 442-447.

Wünderlich, N. V.; Wangenheim, F. v.; Bitner, M. J. (Smart Interactive Services):
High Tech and High Touch: A Framework for Understanding User Attitudes and Behaviors Related to Smart Interactive Services. In: Journal of Service Research. 16. Jg., 2013, Nr. 1, S. 3-20.

Zerdick, A.; Picot, A.; Schrape, K.; Artopé, A.; Goldhammer, K.; Heger, D. K.; Lange, U. T.; Vierkant, E.; López-Escobar, E.; Silverstone, R. (Internet-Ökonomie):
Die Internet-Ökonomie. Strategien für die digitale Wirtschaft. (Reihe: European Communication Council Report). 3., erw. und überarb. Aufl. Berlin, Heidelberg: Springer, 2001.

Ziskoven, H. H. G. (Getaktete Fertigung):
Methodik zur Gestaltung und Auftragseinplanung einer getakteten Fertigung im Werkzeugbau. Dissertation der RWTH Aachen University. Aachen: Apprimus, 2013.

Zolnowski, A.; Anke, J.; Gudat, J. (Data-Driven Business Models):
Towards a Cost-Benefit-Analysis of Data-Driven Business Models. In: Leimeister, J. M.; Brenner, W. (Hrsg.) Tagungsband. 13. Internationale Tagung Wirtschaftsinformatik. St. Gallen, 2017, S. 181-195.

Zolnowski, A.; Weiss, C.; Bohmann, T. (Service Business Models):
Representing Service Business Models with the Service Business Model Canvas – The Case of a Mobile Payment Service in the Retail Industry. In: Proceedings of the 47th Hawaii International Conference on System Sciences (HICSS-47). 6-9 January 2017, Waikoloa Village, Hawaii: IEEE, 2014, S. 718-727.

Zott, C.; Amit, R. (Business Model Design):
Business Model Design: An Activity System Perspective. In: Long Range Planning. 43. Jg., 2010, Nr. 2, S. 216-226.

Zwanzig, F. (Taktung der Unikatfertigung):
Taktung der Unikatfertigung am Beispiel des Werkzeugbaus. Dissertation der RWTH Aachen University. Aachen: Apprimus, 2010.

Zwicker, R. (Kostenfaktor oder Erfolgsgeheimnis):
Kostenfaktor oder Erfolgsgeheimnis? Der interne Werkzeugbau als Keimzelle des Unternehmenserfolgs. In: Plastverarbeiter. 10. Jg., 2009, Nr. 9, S. 12-14.

Zwicky, F. (Morphologisches Weltbild):
Entdecken, Erfinden, Forschen im Morphologischen Weltbild. München: Droemer Knaur, 1966.

Lebenslauf

Persönliche Daten

Name, Vorname:	Boshof, Julian
Geburtsdatum:	25. April 1992
Geburtsort:	Bad Berleburg
Nationalität:	Deutsch

Ausbildung

2016 – 2017	Master of Science – Wirtschaftsingenieurwesen Fachrichtung Maschinenbau, Vertiefung Produktionstechnik sowie General Business and Economics an der RWTH Aachen University
2011 – 2015	Bachelor of Science – Wirtschaftsingenieurwesen Fachrichtung Maschinenbau, Vertiefung Produktionstechnik an der RWTH Aachen University
2002 – 2011	Allgemeine Hochschulreife, Johannes-Althusius-Gymnasium, Bad Berleburg

Beruflicher Werdegang

Seit 2021	Technische Assistenz des Senior Vice Presidents, Business Unit Dishwashing, Miele & Cie. KG
2020 – 2021	Gruppenleiter, Abteilung Unternehmensentwicklung, Werkzeugmaschinenlabor WZL der RWTH Aachen University
2017 – 2021	Wissenschaftlicher Mitarbeiter, Abteilung Unternehmensentwicklung, Werkzeugmaschinenlabor WZL der RWTH Aachen University
2017 – 2021	Berater, Abteilung Industrieberatung, WBA Aachener Werkzeugbau Akademie GmbH
2013 – 2017	Studentischer Mitarbeiter an diversen Instituten (Werkzeugmaschinenlabor WZL der RWTH Aachen University, Lehrstuhl für internationale Wirtschaftsbeziehungen der RWTH Aachen University)
2011 – 2016	Diverse nationale und internationale Industriepraktika (Mercedes-Benz UK Ltd., Daimler AG, EJOT GmbH & Co. KG)

In der Reihe **Ergebnisse aus der Produktionstechnik** zuletzt erschienen:

Chavan, Prateek:
Substructuring Methods for Efficient Prediction of Spindle-Holder-Tool Assembly Dynamics
ISBN: 978-3-98555-160-6
Erscheinungsdatum: 05.06.2023

Schneidermann, Dennis:
Orchestration von Vertrauen in interorganisationalen Wissensnetzwerken der Fabrikplanung
ISBN: 978-3-98555-153-8
Erscheinungsdatum: 15.05.2023

Welsing, Martin:
Bewertung der ökologischen Nachhaltigkeit von Produktions-netzwerkkonfigurationen
ISBN: 978-3-98555-155-2
Erscheinungsdatum: 19.04.2023

Beckers, Alexander:
Auslegung wirtschaftlich-technologisch optimierter Fertigungsprozessfolgen mittels prozessübergreifender Modellierung
ISBN: 978-3-98555-154-5
Erscheinungsdatum: 18.04.2023

Gipperich, Marius:
Untersuchung eines Zweistrahlprozesses als Ansatz zur Prozessstabilitätserhöhung des drahtbasierten Laserauftragschweißens
ISBN: 978-3-98555-151-4
Erscheinungsdatum: 15.03.2023

Ochel, Tim:
Prognostik zur Resilienzsteigerung im Werkzeugbau
ISBN: 978-3-98555-161-3
Erscheinungsdatum: 22.05.2023

Greipel, Jonathan:
Grouping of Inspection Characteristics to Reduce Costs of Adaptive Inspection Planning in Variant Production
ISBN: 978-3-98555-157-6
Erscheinungsdatum: 03.05.2023

Troß, Nico:
Mehrskalenmodellierung der thermo-mechanischen Werkzeugbelastung beim Trockenwälzfräsen
ISBN: 978-3-98555-158-3
Erscheinungsdatum: 19.04.2023

Nicksch, Christoph:
Konfiguration verteilter Large-Scale Metrology Systeme in rekonfigurierbaren Montageumgebungen
ISBN: 978-3-98555-152-1
Erscheinungsdatum: 20.03.2023

Ahmad, Mubarik:
Anregungsgerechte Auslegung und Tolerierung schnelllaufender Getriebe unter Berücksichtigung kurz- und langwelliger Verzahnungsabweichungen
ISBN: 978-3-98555-130-9
Erscheinungsdatum: 06.03.2023

Edition Wissenschaft
Apprimus

Motschke, Tobias:

Analyse und Modellierung der Dämpfungseigenschaften von Spindellagern

ISBN: 978-3-98555-148-4
Erscheinungsdatum: 06.03.2023

Priwisch, Martin:

Kontaktfreie Bahnlaufregelung zur Herstellung funktionaler Mehrlagensysteme in einem kontinuierlichen Laminierprozess

ISBN: 978-3-98555-139-2
Erscheinungsdatum: 27.02.2023

Frye, Maik:

Recommending Data Preprocessing Pipelines for Machine Learning Applications in Production

ISBN: 978-3-98555-147-7
Erscheinungsdatum: 15.02.2023

Cremer, Sven:

Controlling der Migration in Produktionsnetzwerken

ISBN: 978-3-98555-145-3
Erscheinungsdatum: 09.02.2023

Schmidhuber, Matthias:

Sozio-technische Problemlösungsfähigkeit von PPS-Systemen

ISBN: 978-3-98555- 143-9
Erscheinungsdatum: 07.02.2023

Ohlert, Marius:

Contact between Abrasive Media and Workpiece in Robot-guided Centrifugal Finishing

ISBN: 978-3-98555- 144-6
Erscheinungsdatum: 07.02.2023

Schwarberg, Thomas:

Bestimmung der Logik von Innovationsideen für technische Systeme

ISBN: 978-3-98555- 142-2
Erscheinungsdatum: 07.02.2023

Graberg, Tim:

Operationalisierung von digitalen Schatten im Werkzeugbau

ISBN: 978-3-98555-141-5
Erscheinungsdatum: 06.02.2023

Nienheysen, Philipp:

Werkstattgerechte Schadensanalyse in CFK-Strukturbauteilen mit optisch georteter Ultraschallmesstechnik

ISBN: 978-3-98555-136-1
Erscheinungsdatum: 30.01.2023

Müller, Tobias:

Modellbildung mittels Symbolischer Regression zur Messunsicherheitsbestimmung komplexer Messprozesse

ISBN: 978-3-98555-146-0
Erscheinungsdatum: 30.01.2023

Kreß, Julian Maximilian:

Erbringung hybrider Leistungsangebote in Wertschöpfungsnetzwerken

ISBN: 978-3-98555-128-6
Erscheinungsdatum: 24.01.2023

Behrens, Jan:

Selbstkalibrierung von 5-Achs-Bearbeitungszentren mit Dreh-/Schwenktisch

ISBN: 978-3-98555-124-8
Erscheinungsdatum: 24.01.2023

Edition Wissenschaft
Apprimus